사관 학교

기출문제 정복하기

수학(가)

Preface

사관학교는 문무를 겸비한 지도자를 양성하는 국비 교육기관입니다. 흔히 장교 양성 교육기관으로만 오해하기 쉽지만, 실제로 사관학교는 학사학위를 수여하는 특수 목적 대학입니다. 선진국형 교육 시스템과 최신 설비의 교육시설을 갖추고 있는 최고의 교육기관으로 세계화에 발 맞춰 정보화 시대에 부합하는 교과과정을 편성하고, 인성을 중시하는 교육으로 많은 학생들에게 인기를 얻고 있기도 합니다.
첨단과학기술과 무기체계의 발전에 따라 현대전에서 군인의 역할과 위상이 높아지고 있는 가운데, 올바른 품성과 탁월한 역량을 구비하고 국가와 군에 헌신하며 장차 우리 군을 선도할 군인을 양성하는 것은 가장 중요한 과제이기도 합니다. 이러한 역할을 사관학교가 해나가고 있는 것입니다.

본서는 큰 뜻을 가지고 사관학교에 진학하고자 하는 수험생들에게 도움을 주고자, 총 15개년의 기출문제를 수록하였습니다. 2006학년도부터 2020학년도까지의 기출문제를 통해 사관학교의 출제 경향을 살펴볼 수 있도록 하였습니다. 해를 거듭할수록 문제가 더욱 어렵고 까다로워지고 있습니다. 자세한 해설집을 통해서 자신의 실력을 점검해볼 수 있는 기회가 될 것입니다.

신념을 가지고 도전하는 사람은 반드시 꿈을 이룰 수 있습니다.
서원각이 수험생 여러분의 꿈을 응원합니다.

Contents

01 사관학교 기출문제

02 사관학교 정답 및 해설

Structure

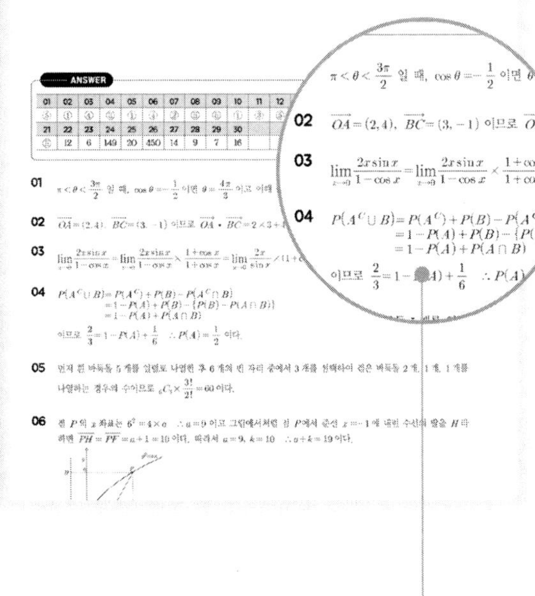

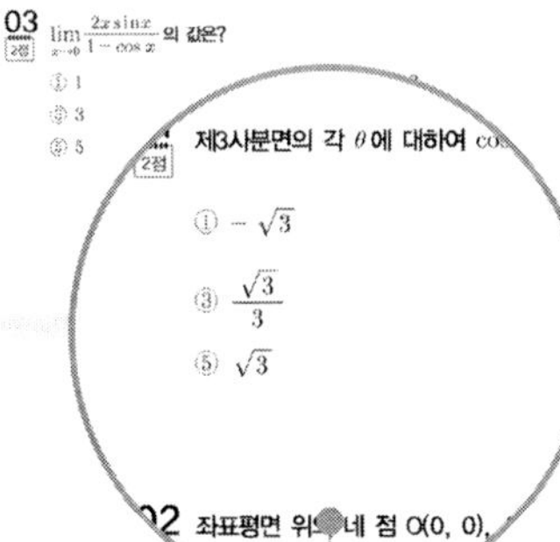

정답 및 해설

상세하고 꼼꼼한 해설을 함께 수록하여 학습 효율을 확실하게 높였습니다.

기출문제

2006학년도부터 2020학년도까지 15개년의 사관학교 기출문제를 수록하여 실전에 완벽하게 대비할 수 있습니다.

※ 2019학년도 모집요강을 바탕으로 작성하였습니다.
자세한 사항은 각 홈페이지를 참고바랍니다.

01 육군사관학교

1. 모집인원 : 330명(여자 40명 포함)

남자 문과 50%, 이과 50%

여자 문과 60%, 이과 40%

2. 입학 자격

① 만 17세 이상 21세 미만의 미혼일 것 : 2000년 3월 2일부터 2004년 3월 1일 사이(만 17세 이상~21세 미만)에 출생한 미혼 남녀

② 「군인사법」 제10조 제2항에 따른 다음 결격사유에 어느 하나에도 해당하지 아니할 것

㉠ 대한민국의 국적을 가지지 아니한 사람 또는 대한민국 국적과 외국 국적을 함께 가지고 있는 사람

※ 복수국적자가 입학을 희망하는 경우는 가입학 등록일 전까지 해당 외국에 국적 포기 신청을 마치고 관련 증빙서류를 제출하여야 함. 이후, 화랑기초훈련 수료일 전까지 해당 외국에서 발급한 「국적포기(상실) 증명서」를 제출하여야 하며, 최종 「외국국적 포기확인서」를 2021년 6월 30일까지 제출하여야 하며, 제출하지 않을 경우 입학이 취소될 수 있음.

㉡ 피성년후견인 또는 피한정후견인

㉢ 파산선고를 받은 사람으로서 복권되지 아니한 사람

㉣ 금고 이상의 형을 선고받고 그 집행이 종료되거나 집행을 받지 아니하기로 확정된 후 5년이 지나지 아니한 사람

㉤ 금고 이상의 형의 집행유예를 선고받고 그 유예기간 중에 있거나 그 유예기간이 종료된 날부터 2년이 지나지 아니한 사람

㉥ 자격정지 이상의 형의 선고유예를 받고 그 유예기간 중에 있는 사람

㉦ 공무원 재직기간 중 직무와 관련하여 「형법」 제355조 또는 제356조에 규정된 죄를 범한 사람으로서 100만원 이상의 벌금형을 선고받고 그 형이 확정된 후 3년이 지나지 아니한 사람

㉧ 「성폭력범죄의 처벌 등에 관한 특례법」 제2조에 따른 성폭력범죄로 100만 원 이상의 벌금형을 선고받고 그 형이 확정된 후 3년이 지나지 아니한 사람

㉨ 미성년자에 대한 다음 각 목의 어느 하나에 해당하는 죄를 저질러 파면 해임되거나 형 또는 치료감호를 선고받아 그 형 또는 치료감호가 확정된 사람(집행유예를 선고받은 후 그 집행유예기간이 경과한 사람을 포함한다)

가) 「성폭력범죄의 처벌 등에 관한 특례법」 제2조에 따른 성폭력범죄

나) 「아동 청소년의 성보호에 관한 법률」 제2조 제2호에 따른 아동 청소년 대상 성범죄

㉩ 탄핵이나 징계에 의하여 파면되거나 해임처분을 받은 날부터 5년이 지나지 아니한 사람

㉪ 법원의 판결 또는 다른 법률에 따라 자격이 정지되거나 상실된 사람

③ 「고등교육법」 제33조 제1항에 따른 학력이 있을 것 : 고등학교를 졸업한 사람이나 법령에 따라 이와 같은 수준 이상의 학력이 있다고 인정된 사람

※ 고등학교 졸업학력 검정고시 응시자는 2018년 9월 1일 이전 합격자에 한해 응시자격이 있음

④ 학칙으로 정하는 신체기준에 맞을 것 : 육군사관생도 선발시험에서 시행하는 신체검사, 체력검정 등의 기준에 합격한 사람

3. 전형 유형

<table>
<tr><th colspan="3" rowspan="3">구분</th><th rowspan="3">정원</th><th rowspan="3">선발방법</th><th colspan="8">배점</th><th rowspan="3">비고</th></tr>
<tr><th rowspan="2">계</th><th rowspan="2">1차
시험</th><th colspan="3">2차시험</th><th rowspan="2">내신</th><th rowspan="2">수능</th></tr>
<tr><th>신체</th><th>면접</th><th>체력</th></tr>
<tr><td rowspan="3">일반전형</td><td rowspan="2">우선
선발</td><td>고교
학교장
추천</td><td>30%</td><td>• 고교학교장 추천 공문 제출(학교당 재교생 3명, 졸업생 2명)
• 고교교사 추천서 제출
• 배점기준에 따라 총점 득점 순으로 성별/계열별로 구분하여 우선선발</td><td>1000</td><td>합
불</td><td>합
불</td><td>640</td><td>160</td><td>200</td><td>–</td><td>선발되지 않은 인원은 적성 우수선발 대상이 됨</td></tr>
<tr><td>적성
우수</td><td>30%</td><td>• 고교교사 추천서 제출
• 배점기준에 따라 총점 득점 순으로 성별/계열별로 구분하여 우선선발</td><td>1000</td><td>300</td><td>합
불</td><td>500</td><td>100</td><td>100</td><td>–</td><td>선발되지 않은 인원 중 2차 시험 합격자는 종합선발 대상이 됨</td></tr>
<tr><td colspan="2">종합
선발</td><td>35%
내외</td><td>• 고교교사 추천서 제출
• 종합선발 최종 성적의 득점 순으로 성별/계열별로 구분하여 선발</td><td>1000</td><td>50</td><td>합
불</td><td>200</td><td>50</td><td>100</td><td>600</td><td>수능포함</td></tr>
<tr><td rowspan="4">특별전형</td><td colspan="2">독립유공자
손자녀 및
국가유공자 자녀</td><td rowspan="3">5%
내외</td><td>• 고교교사 추천서 제출
• 선발심의 대상자 중 전형 내 최종 성적 득점 순으로 선발</td><td rowspan="3">1000</td><td rowspan="3">300</td><td rowspan="3">합
불</td><td rowspan="3">500</td><td rowspan="3">100</td><td rowspan="3">100</td><td rowspan="3">–</td><td rowspan="4">• 선발되지 않은 인원은 적성 우수 선발 대상이 됨
• 적성 우수에 선발되지 않은 인원 중 2차 시험 합격자는 종합선발 대상이 됨
(단, 재외국민 자녀의 경우 남 5배수, 여 8배수 이내 인원에게만 기회부여)</td></tr>
<tr><td rowspan="2">고른
기회</td><td>농어촌
학생</td><td>• 고교교사 추천서 제출
• 선발심의 대상자 중 전형 내 최종 성적 득점 순으로 선발</td></tr>
<tr><td>기초생활
수급자 및
차상위
계층</td><td>• 고교교사 추천서 제출
• 선발심의 대상자 중 전형 내 최종 성적 득점 순으로 선발</td></tr>
<tr><td colspan="2">재외국민자녀</td><td>5명
이내</td><td>• 외국어 : 7개국 언어로 제한(영어, 독일어, 프랑스어, 스페인어, 중국어, 러시아어, 일본어)
• 선발심의 대상자 중 전형 내 최종 성적 득점 순으로 선발</td><td>600</td><td>합
불</td><td>합
불</td><td>500</td><td>100</td><td>–</td><td>–</td></tr>
</table>

4. 1차시험

① **일자** : 매년 7월 말

② **장소** : 전국 9개 지역 15개 고사장

③ **시험 과목 및 범위**

㉠ **시험 과목** : 국어, 영어, 수학(대학수학능력시험과 유사한 형식)

㉡ **출제 범위** : 대학수학능력시험과 동일(영어 듣기 제외)

영역		과목
국어		화법과 작문, 문학, 독서, 언어
영어		영어 I, 영어 II
수학	가형	수학 I, 수학 II, 확률과 통계
	나형	미적분, 확률과 통계, 수학 I

④ **계열별 반영 과목**

㉠ **문과** : 국어, 영어, 수학 나형

㉡ **이과** : 국어, 영어, 수학 가형

⑤ **합격자 선발** : 아래 수식에 의한 1차시험 성적순으로 남자는 전체 모집정원의 5배수, 여자는 8배수 이내의 지원자를 1차시험 합격자로 선발(계열별, 성별 구분 선발)

$$1차시험\ 성적(50점\ 만점\ 기준) = \frac{1}{3}\sum_{i=1}^{3}\left(\frac{과목\ 개인\ 취득\ 표준점수}{과목별\ 최고\ 표준점수}\times 50점\right)$$

5. 2차시험

① **일자 :** 매년 8월 말~9월

② **시험 분야 :** 신체검사, 체력검정, 면접시험

구분	1일차	2일차	
오전	등록, 2차시험 OT, 면접시험 준비	신체검사(A조)	면접시험(B조)
오후	면접시험 준비, 체력검정	면접시험(A조)	신체검사(B조)
야간	신체검사 OT	–	–

※ 조별 1박 2일(교내숙박)

㉠ **신체검사**

- 신체등위(신장/체중) 및 장교 선발 및 입영기준 신체검사로 구분
- 신체등위(신장/체중) 3급인 경우 2차 시험 최종심의위원회에서 합 · 불 결정
- 신체등위 4급 이하인 경우 불합격
- 장교 선발 및 입영기준 신체검사 기준표에서 하나라도 4급 이하인 경우 불합격

㉡ **체력검정**

- 평가 종목 : 오래달리기(남자 1.5km / 여자 1.2km), 윗몸일으키기(2분), 팔굽혀펴기(2분)
- 불합격 기준

– 오래달리기에만 불합격 기준 적용 : 남자 7분 39초 이상, 여자 7분 29초 이상은 불합격

– 2종목 이상 16급(보류) 획득 시 2차 시험 최종심의위원회에서 합불 결정

- 우선선발 지원자의 체력검정 과락 기준 : 오래달리기 종목 기준 별도 적용

㉢ **면접 :** 집단토론, 구술면접, 학교생활, 자기소개, 외적자세, 심리검사, 종합판정 등 총 7개 분야 면접 실시

㉣ **한국사능력검정시험 가산점 :** 우선선발 및 특별전형 합격자 선발 시에만 적용

가. 등급별 가산점

1) 舊 급수체계 (46회 시험('20. 2. 8. 시행)까지 적용)

등급	고급		중급		초급	
	1급	2급	3급	4급	5급	6급
가산점	3점	2.6점	2점	1.6점	1점	0.6점

2) 新 급수체계 (47회 시험('20. 5. 23. 시행)부터 적용)

등급	고급		중급		초급	
	1급	2급	3급	4급	5급	6급
가산점	3점	2.6점	2.2점	1.5점	1.1점	0.7점

나. 성적 유효기간 : 2021년 3월 1일 기준, 3년 이내 검정시험 성적

※ 舊급수체계 인정 시험 회차 : 한국사능력검정시험 39회 ~ 46회

※ 新급수체계 인정 시험 회차 : 한국사능력검정시험 47회

02 해군사관학교

1. 모집인원 : 170명

① 남자 : 150명(문과 45%, 이과 55%)

② 여자 :20명(문과 60%, 이과 40%)

2. 수업연한 : 4년

3. 입학자격

2000년 3월 2일부터 2004년 3월 1일 사이에 출생한 대한민국 국적을 가진 미혼 남 · 여로서, 다음 조건을 모두 갖추어야 함

① 고등학교 졸업자와 2021년 2월 졸업예정자 또는 교육부 장관이 이와 동등 이상의 학력이 있다고 인정한 자('20. 9. 1일 이전 검정고시 합격자)

② 외국에서 12년 이상의 학교 교육과정을 이수하였거나, 정규 고교 교육과정을 이수한 자

③ 군 인사법 제10조 1항의 임용자격이 있는 자

④ 군 인사법 제10조 2항에 의한 결격 사유에 해당되지 않는 자

※ 단, 복수 국적자는 지원 가능하나, 가입교 등록일 전까지 외국국적을 포기하여야만 입학 가능

4. 전형종류

① 고교학교장추천 전형

㉠ 대상 : 해당 고교학교장 추천을 받은 자(학교장 추천인원은 2명 이내)

㉡ 선발인원 : 모집인원의 20% 이내

㉢ 선발절차

- 1차시험 성적 : 과목별 환산식[(과목 개인취득 표준점수 ÷ 과목 최고 표준점수) × 100점]에 의한 3과목 점수의 합계 × $\frac{200}{300}$
- 비교과영역 평가 : 학교장 추천서, 학교생활기록부, 자기소개서
- 1차시험 합격자 발표, 2차시험 등록
- 2차시험 : 신체검사(합 · 불), 체력검정, 면접, 잠재역량평가
- 학교생활기록부 성적 반영
- 우선선발 : 1/2차 시험, 학생부 성적 등을 종합하여 최종합격자 선발

※ 고교학교장추천 전형 지원자 중 2차시험까지 합격하였으나, 해당 전형으로 미선발된 자는 일반우선 전형으로 전환되며, 일반우선 전형에서도 미선발된 자는 종합선발 대상자로 전환

㉣ 선발배점

구분	총점	1차시험	학생부	면접	잠재역량평가 (비교과, 심층면접 등)	체력검정	한국사 가산점	체력 가산점
점수	1,000	200	100	400	200	100	(5)	(3)

② 일반우선 전형

㉠ 선발인원 : 모집인원 55~60% 내외

㉡ 선발절차

- 1차시험 성적 : 과목별 환산식[(과목 개인취득 표준점수 ÷ 과목 최고 표준점수) × 100점]에 의한 3과목 점수의 합계 × $\frac{400}{300}$
- 1차시험 합격자 발표, 2차시험 등록
- 자기소개서 입력(1차시험합격자 필수사항)
- 2차시험 : 신체검사(합 · 불), 체력검정, 면접
- 학교생활기록부 성적 반영
- 우선선발 : 1/2차 시험, 학생부 성적을 종합하여 최종합격자 선발

※ 2차시험 합격자 중 우선선발되지 않은 사람은 종합선발 대상자로 전환

㉢ 선발배점

구분	총점	1차시험	학생부	면접	체력검정	한국사 가산점	체력 가산점
점수	1,000	400	100	400	100	(5)	(3)

③ 독립 · 국가유공자 전형

㉠ 대상 : 독립유공자 (외)손자녀 및 국가유공자 자녀

㉡ 선발인원 : 2명 이내

㉢ 선발절차 : 일반우선 전형과 동일

㉣ 선발배점 : 일반우선 전형과 동일

④ 고른기회 전형

㉠ 대상

㉡ 선발인원 : 4명 이내

㉢ 선발절차 : 일반우선 전형과 동일

㉣ 선발배점 : 일반우선 전형과 동일

⑤ 재외국민자녀 전형

㉠ 대상

㉡ 선발인원 : 2명 이내

㉢ 선발절차 : 일반우선 전형과 동일

㉣ 선발배점

구분	총점	1차시험	학생부 또는 비교내신	면접	체력검정	한국사 가산점	체력 가산점
점수	1,000	400	100	400	100	(5)	(3)

⑥ 종합선발 전형

㉠ 선발인원 : 모집정원 20% 내외

㉡ 선발절차

- 총점 순으로 성별 및 계열별 선발비율에 따라 선발
- 대학수학능력시험 반영 방법

※ 국어, 수학 : (지원자의 해당 과목 표준점수÷해당 과목 전국 최고 표준점수)×200

※ 영어 : 등급별 점수 반영

등급	1	2	3	4	5	6	7	8	9
점수	200	180	160	130	100	80	60	40	20

※ 탐구영역 : (지원자의 해당 과목 표준점수÷해당 과목 전국 최고 표준점수)×50

※ 한국사 배점 : 등급별 점수 반영

등급	1	2	3	4	5	6	7	8	9
점수	50	45	40	35	30	25	20	15	10

※ 총점 환산 : 국어, 영어, 수학, 탐구영역, 한국사 전 과목 취득점수의 합계×500/750

㉢ 선발배점

구분	총점	수능시험	학생부	면접	체력검정	체력 가산점
점수	1,000	500	100	300	100	(3)

5. 1차시험

① 일시 : 매년 7월 말

② 장소 : 전국 12개 중 · 고교

③ 출제형식 및 범위

㉠ 출제형식 : 대학수학능력시험과 유사

㉡ 출제범위 : 대학수학능력시험과 동일(국어 및 영어 듣기 제외)

과목		문항수	비고
국어(공통)		45문항(객관식)	5지선다형
영어(공통)		45문항(객관식)	
수학	가형(이과)	30문항 (객관식 70%, 주관식 30%)	1~21번 5지선다형 22~30번 단답형
	나형(문과)		

6. 2차시험

① 일정 : 매년 8월 말~9월(기간 중 개인별 2박3일)

② 시험 종목 및 방법

구분		주요 내용
공통	신체검사	• 신체검사 기준에 따라 합격 · 불합격 판정
	체력검정	• 3개 종목 : 윗몸일으키기, 팔굽혀펴기, 1500m(남) · 1200m(여)
	면접	• 5개 영역에 대해 심층면접 실시 ※ 국가관 · 역사관 · 안보관, 군인기본자세, 주제토론, 적응력, 종합평가
	AI 면접	• 2차시험 응시 전 별도 기간에 AI 면접 ※ 응시기간 등 세부사항은 1차시험 합격자 대상 별도 공지 예정 ※ AI 면접은 반드시 실시하여야 하며, 면접 결과는 선발과정에 참고자료로 활용됨

03 공군사관학교

1. 모집인원 : 215명(여자 22명 포함)

① 남 · 여 비율 : 남자 90%, 여자 10% 내외

② 계열별 비율

- 남자 : 인문계열 45%, 자연계열 55% 내외
- 여자 : 인문계열 50%, 자연계열 50% 내외

2. 모집전형

구분		내용
일반전형		공중근무자 신체검사 기준 충족자 선발
특별전형	• 재외국민자녀전형 • 독립유공자 (외)손자녀 · 국자유공자 자녀전형 • 고른기회전형(농 · 어촌 학생, 기초생활수급자 · 차상위계층 학생)	
종합선발(정원의 20% 내외) ※ 우선선발 비선발자 대상 '수능' 성적 포함 선발		

3. 지원자격

① 대한민국 국적을 가진 미혼 남 · 여

② 2000년 3월 2일부터 2004년 3월 1일까지 출생한 자

③ 고등학교 졸업자, 2021년 2월 졸업예정자 또는 교육부장관이 이와 동등한 학력이 있다고 인정한 자

④ 군인사법 제10조 2항의 결격사유에 해당되지 않는 자

4. 1차시험

① 시험일자 : 매년 7월 말

② 시험장소 : 전국 16개 시험장

③ 선발인원 : 남자(인문 4배수, 자연 4배수), 여자(인문 6배수, 자연 6배수)

④ 시험과목 및 배점(표준점수 반영)

구분	시험과목	시험시간(소요시간)	배점	비고
수험생 입실 09 : 20~09 : 30				※ 09 : 20까지 시험장 도착, 교실 확인
1교시	국어	09 : 50~10 : 00(10분)	200	시험지 배부 : 인문/자연 '공통'
		10 : 00~11 : 20(80분)		45문항
휴식 11 : 20~11 : 40(20분)				
2교시	영어	11 : 40~11 : 50(10분)	200	시험지 배부 : 인문/자연 '공통'
		11 : 50~13 : 00(70분)		45문항(듣기 제외)
중식 13 : 00~14 : 20(80분)				

3교시	수학	14 : 20~14 : 30(10분)	200	시험지 배부 : 인문 '나'형/자연 '가'형
		14 : 30~16 : 10(100분)		30문항

※ 출제범위는 해당년도 대학수학능력시험과 동일(출제형식 유사)

※ 과목별 '원점수 60점 미만이면서 표준점수 하위 40% 미만'인 자는 불합격

5. 2차시험

① **신체검사** : 신체검사 당일 합격 · 불합격 판정

㉠ 공중근무자 신체검사 기준 적용

㉡ 공중근무자 신체검사 시력 및 굴절 기준 미충족자 중 공군사관학교 신체검사를 통해 PRK/LASIK 수술 적합자는 합격 가능(단, 신체검사 이전에 굴절교정술을 받은 경우 불합격)

② **체력검정** : 합격/불합격, 150점

㉠ **3개 종목** : 오래달리기(남자 1,500m/ 여자 1,200m, 65점), 팔굽혀펴기(40점), 윗몸일으키기(45점)

㉡ **불합격 기준**

- 오래달리기 불합격 기준 해당자
- 3개 종목 중 15등급이 2개 종목 이상인 자
- 총점이 150점 만점에 80점 미만인 자

㉢ 합격자는 취득점수를 최종선발 종합성적에 반영

③ **역사 · 안보관 논술** : 30점

㉠ **논제 형식 및 문항** : 우리나라 역사와 국가안보 관련 지문을 읽고, 그에 대한 수험생의 견해 논술(1문제, 30분 이내로 평가)

㉡ 취득점수는 최종선발 종합성적에 반영

④ **면접** : 300점

㉠ **평가항목** : 품성, 가치관, 책임감, 국가 · 안보관, 학교생활, 자기소개, 가정 · 성장환경, 지원동기, 용모 · 태도 등 9개 항목 및 심리 / 인성검사

㉡ 적격자는 취득점수를 최종선발 종합성적에 반영

6. 최종선발

① **선발기준** : 2차시험 합격자 중 모집단위별(성/계열) 종합성적 서열 순으로 선발

② **종합성적**(1,000점)

구분	1차시험	2차시험			학생부	한능검 가산점	합계
		역사 · 안보관 논술	체력검정	면접			
점수	400점	30점	150점	300점	100점	20점	1,000점

※ 한국사능력검정시험 가산점 부여방법 : 중급 이상 취득점수 × 0.1(고급 성적도 중급 성적과 동일하게 반영) + 10

04 국군간호사관학교

1. 모집인원 : 90명(남자 10% 내외, 여자 90% 내외)

2. 교육기간 : 4년

3. 지원자격

① 2000년 3월 2일부터 2004년 3월 1일 사이에 출생한 대한민국 국적을 가진 미혼 남·여로서 신체 건강하고 사관생도로서 적합한 가치관을 가진 사람

② 고등학교 졸업자 또는 2021년 2월 졸업예정자와 이와 동등 이상의 학력이 있다고 교육부 장관이 인정한 사람

③ 군인사법 제10조 제2항에 의한 결격사유에 해당되지 않는 사람(복수국적자는 기초군사훈련 등록일까지 출입국관리사무소 발급 외국국적포기 확인서 제출 필요)

④ 국군간호사관학교 학칙으로 정하는 신체기준에 적합한 사람

⑤ 현역 복무 부적합 등 불명예 전역한 사람과 본교 또는 각 군 사관학교 및 후보생과정에서 퇴교된 사람(신병으로 인한 퇴교는 제외)은 지원할 수 없음

4. 전형별 모집인원

<table>
<tr><th colspan="2" rowspan="2">구분</th><th rowspan="2">비율</th><th rowspan="2">성별</th><th colspan="3">계열</th><th rowspan="2">비고</th></tr>
<tr><th>계</th><th>인문</th><th>자연</th></tr>
<tr><td colspan="4">총 모집인원</td><td>90</td><td>36</td><td>54</td><td></td></tr>
<tr><td rowspan="2">일반
전형</td><td>우선
선발</td><td>50%
이내</td><td>남/여</td><td>42</td><td>17</td><td>25</td><td></td></tr>
<tr><td>종합
선발</td><td>50%
이내</td><td>남/여</td><td>42</td><td>16</td><td>26</td><td></td></tr>
<tr><td rowspan="3">특별
전형</td><td colspan="3">독립유공자 손자녀 및
국가유공자 자녀 전형</td><td>2</td><td>1</td><td>1</td><td rowspan="2">종합성적 서열이 종합선발 정원의 2배수 이내 선발</td></tr>
<tr><td colspan="3">고른 기회 전형</td><td>2</td><td>1</td><td>1</td></tr>
<tr><td colspan="3">재외국민 자녀 전형</td><td>2</td><td>1</td><td>1</td><td>종합성적 서열이 우선선발 정원의 2배수 이내 선발</td></tr>
</table>

5. 1차시험

① **일자** : 매년 7월 말

② **장소** : 전국 8개 시험장

③ **1차 선발인원** : 모집정원 기준 남자 인문 4배수, 자연 8배수 / 여자 4배수(총점 순)

④ **시험과목 및 배점**(표준점수 반영)

구분	시험과목	시험시간(소요시간)	배점	내용
• 수험생 입실 09 : 00~09 : 20 • 주의사항 및 답안지 작성요령 교육 09 : 30~09 : 50				• 09 : 00까지 도착, 시험장 확인 • 09 : 50 이후는 시험교실 입장불가
1교시	국어(45)	09 : 50~10 : 00(10분)	100	시험지 배부 : 인문/자연 '공통'
		10 : 00~11 : 20(80분)		시험
휴식 11 : 20~11 : 40(20분)				
2교시	영어(45)	11 : 40~11 : 50(10분)	100	시험지 배부 : 인문/자연 '공통'
		11 : 50~13 : 00(70분)		시험, 듣기 제외
중식 13 : 00~14 : 20(80분)				3교시 시작 10분 전 입장완료
3교시	수학(30)	14 : 20~14 : 30(10분)	100	시험지 배부 : 인문 '나'형/자연 '가'형
		14 : 30~16 : 10(100분)		시험

※ 원서접수 시 지원계열과 대학수학능력시험 응시계열, 고교재학 이수계열은 일치해야 함

6. 2차시험

① **일자** : 매년 9월 중

② **일자별 시험내용 및 배점**

구분		내용	배점	
			우선/특별	종합선발
1일차		등록, 신체검사 문진, 다면적 인성검사(MMPI), 역사관 약술(면접 시 활용)	–	–
2일차	신체검사	신체검사 당일 합격 · 불합격 판정	–	–
	체력검정	• 3개종목 : 오래달리기, 윗몸일으키기, 팔굽혀펴기 • 체력검정 결과 종합 합격 · 불합격 판장, 취득점수 최종선발에 반영	50	50
3일차	면접	• 내적영역, 대인영역, 외적 영역 · 역사관 · 안보관 등 • 면접 분과에서 한 분과라도 40% 미만 득점하면 불합격 처리됨	200	150

01 2006학년도 수리영역

02 2007학년도 수리영역

03 2008학년도 수리영역

04 2009학년도 수리영역

05 2010학년도 수리영역

06 2011학년도 수리영역

07 2012학년도 수리영역

08 2013학년도 수리영역

09 2014학년도 수학영역(B형)

10 2015학년도 수학영역(B형)

11 2016학년도 수학영역(B형)

12 2017학년도 수학영역(가형)

13 2018학년도 수학영역(가형)

14 2019학년도 수학영역(가형)

15 2020학년도 수학영역(가형)

PART 01

기출문제 정복하기

01 | 2006학년도 수리영역

▶ 해설은 p. 2에 있습니다.

01 2점

$n=2006$**이고** $a=\frac{3}{4}$**일 때, 세 수** $A,\ B,\ C$**를 각각** $A=\sqrt[n]{a^{n-1}}$, $B=\sqrt[n]{a^{n+1}}$, $C=\sqrt[n+1]{a^n}$ **이라 하자. 다음 중 세 수** $A,\ B,\ C$**의 대소관계로 옳은 것은?**

① $A<B<C$　② $A<C<B$

③ $B<A<C$　④ $B<C<A$

⑤ $C<A<B$

02 3점

이차 이하의 모든 다항함수 $f(x)$**에 대하여 등식** $\int_0^2 f(x)\,dx = af(0)+bf(1)+cf(2)$**이 항상 성립하도록 하는 상수** $a,\ b,\ c$**의 곱** abc**의 값은?**

① 4　② 8

③ $\frac{4}{27}$　④ $\frac{8}{27}$

⑤ $\frac{8}{9}$

03 2점

폐구간 $[a,\ b]$**에서 정의된 함수** $f(x)$**가** $a<x_1<x_2<b$**인 임의의 두 실수** $x_1,\ x_2$**에 대하여**

$\frac{f(x_1)-f(a)}{x_1-a} > \frac{f(x_2)-f(a)}{x_2-a}$**를 만족할 때, 다음 중 함수** $y=f(x)$**의 그래프가 될 수 있는 것은?**

① 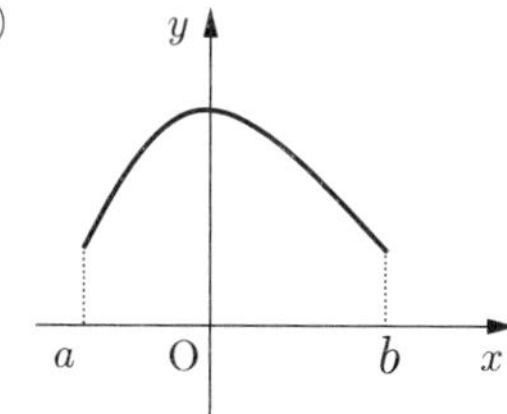

② 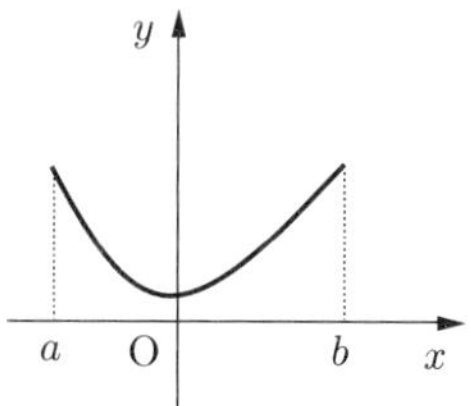

③ 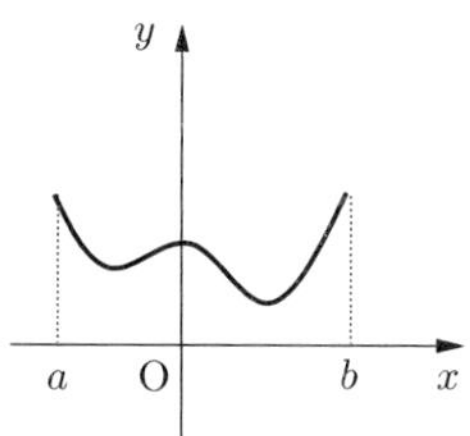

④ 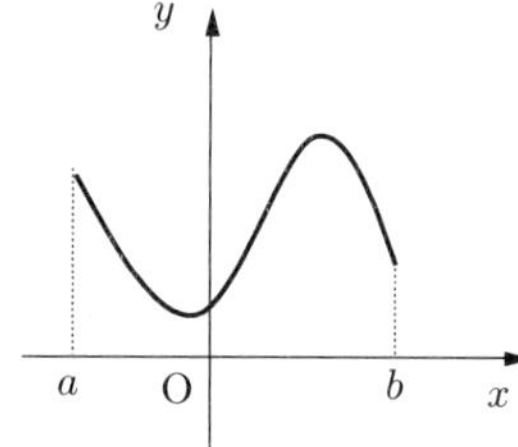

⑤ 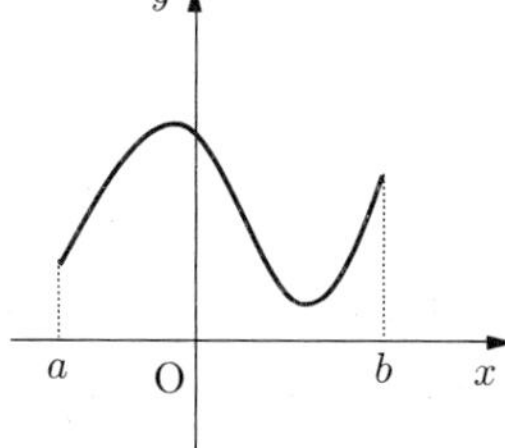

04 2점

반지름의 길이가 1인 구를 두 개의 반구로 나누었다. 그림과 같이 구의 중심 O로부터 거리가 $\frac{1}{2}$인 곳에서 반구의 단면에 수직인 평면으로 반구를 잘랐다. 이 때, 생긴 두 입체 중에서 작은 입체의 부피는?

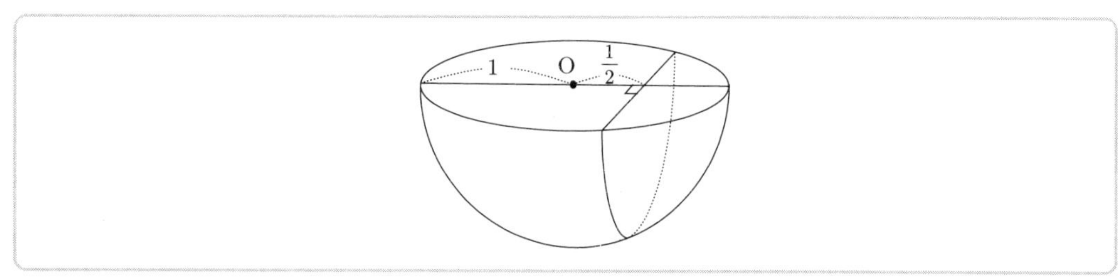

① $\frac{1}{5}\pi$　② $\frac{1}{12}\pi$　③ $\frac{5}{48}\pi$　④ $\frac{2}{27}\pi$　⑤ $\frac{7}{36}\pi$

05 3점 헌혈을 하려는 학생 10명에게 자신의 혈액형을 A형, B형, AB형, O형으로만 기록하도록 하였더니 다음과 같은 결과가 나왔다. 이 때, 이 10명의 학생이 모두 헌혈을 하였고, 각 학생의 혈액을 혈액형만 표시된 혈액팩에 넣었다. 이 10개의 혈액팩 모두를 일렬로 나열하는 방법은 모두 몇 가지인가? (단, 각 혈액팩은 A형, B형, AB형, O형으로만 혈액형이 기록되어 있고, 기록된 혈액형으로만 구별할 수 있다)

> (가) A형인 학생 수와 B형인 학생 수의 합은 AB형인 학생 수와 O형인 학생 수의 합과 같다.
> (나) A형인 학생 수와 AB형인 학생 수의 합은 B형인 학생 수와 O형인 학생 수의 합과 같다.
> (다) A형인 학생 수는 4명이다.

① 2100가지
② 3900가지
③ 4200가지
④ 6300가지
⑤ 12600가지

06 3점 공간에서 원점 O를 중심으로 하고 반지름의 길이가 각각 3, 4인 두 개의 구 S_1, S_2가 있다. 이 때, 구 S_1 위의 임의의 점을 P, 구 S_2 위의 임의의 점을 Q라 하고, 이 P, Q에 대하여 $\overrightarrow{OP}+\overrightarrow{OQ}=\overrightarrow{OR}$을 만족하는 점을 R이라 하자. 다음은 $|\overrightarrow{PQ}+\overrightarrow{OR}|$의 최댓값을 구하는 풀이과정이다. 다음의 과정에서 (가), (나), (다)에 알맞은 것을 순서대로 쓰면?

> [풀이]
> $\overrightarrow{OP}=\vec{p}$, $\overrightarrow{OQ}=\vec{q}$ 라 하면 $\overrightarrow{PQ}+\overrightarrow{OR}=(\vec{q}-\vec{p})+(\vec{q}+\vec{p})$ 이므로
> $|\overrightarrow{PQ}+\overrightarrow{OR}|^2=|\vec{q}-\vec{p}|^2+2(\vec{q}-\vec{p})\cdot(\vec{q}+\vec{p})+|\vec{q}+\vec{p}|^2$
> $=2(\boxed{\text{(가)}})+2(\vec{q}-\vec{p})\cdot(\vec{q}+\vec{p})$ ………… ㉠
> 그런데, $(\vec{q}-\vec{p})\cdot(\vec{q}+\vec{p})\le|\vec{q}-\vec{p}||\vec{q}+\vec{p}|$
> $=\sqrt{|\vec{q}-\vec{p}|^2|\vec{q}+\vec{p}|^2}$
> $=\boxed{\text{(나)}}$ ………… ㉡
> 따라서, ㉠과 ㉡에 의해 $|\overrightarrow{PQ}+\overrightarrow{OR}|$의 최댓값은 $\boxed{\text{(다)}}$이다.

	(가)	(나)	(다)
①	$\lvert\vec{p}\rvert^2+\lvert\vec{q}\rvert^2$	$\sqrt{25-4(\vec{p}\cdot\vec{q})^2}$	$\sqrt{60}$
②	$\lvert\vec{p}\rvert^2+\lvert\vec{q}\rvert^2$	$\sqrt{25^2-4(\vec{p}\cdot\vec{q})^2}$	15
③	$\lvert\vec{p}\rvert^2+\lvert\vec{q}\rvert^2$	$\sqrt{25^2-4(\vec{p}\cdot\vec{q})^2}$	10
④	$\lvert\vec{p}\rvert^2\lvert\vec{q}\rvert^2$	$\sqrt{25-4(\vec{p}\cdot\vec{q})^2}$	10
⑤	$\lvert\vec{p}\rvert^2\lvert\vec{q}\rvert^2$	$\sqrt{25-4(\vec{p}\cdot\vec{q})^2}$	$\sqrt{60}$

07 4점 **쌍곡선 $4x^2-9y^2=36$이 x축과 만나는 점을 각각 A, B라 하고, 직선 $x=t$(단, $t>3$)가 이 쌍곡선과 만나는 점을 각각 C, D라 하자. t의 값이 변함에 따라 두 직선 AC와 BD의 교점 P는 곡선을 그린다. 이 때, 이 곡선의 두 초점 사이의 거리는?**

① $2\sqrt{3}$　② $2\sqrt{5}$
③ $2\sqrt{13}$　④ $2\sqrt{15}$
⑤ $4\sqrt{2}$

08 3점 **자연수 n과 실수 x에 대하여 함수 $F_n(x)$가 $F_n(x)=\int\frac{x^{3n}-1}{x^2+x+1}dx$,**

$F_n(1)=\frac{1}{3n-1}-\frac{1}{3n-2}+\frac{1}{3n-4}-\frac{1}{3n-5}+\cdots+\frac{1}{2}-1$과 같이 정의될 때, $F_n(0)$의 값은?

① $\frac{n(n-1)}{2}$　② $\frac{n(n-1)(n-2)}{6}$
③ $\frac{(n-1)(n-2)}{n+1}$　④ 0
⑤ 1

09 빨간 공 4개와 파란 공 2개가 들어 있는 상자 A가 있다. 상자 A에서 동시에 공 3개를 꺼내어 비어 있는 상자 B에 넣은 다음 다시 상자 B에서 공 1개를 꺼냈다. 상자 B에서 꺼낸 공이 파란 공이었을 때 상자 A에서 상자 B로 옮겨진 공 3개가 빨간 공 2개와 파란 공 1개일 확률은?
3점

① $\frac{1}{6}$
② $\frac{1}{5}$
③ $\frac{1}{2}$
④ $\frac{2}{3}$
⑤ $\frac{3}{5}$

10 다음 그림과 같이 편평한 땅에 거리가 10m 떨어진 두 개의 말뚝이 있다. 두 개의 말뚝에 길이가 14m인 끈을 묶고 이 끈을 팽팽하게 유지하면서 곡선을 그렸다. 두 말뚝을 지나면서 이 곡선에 접하는 직사각형 모양의 꽃밭을 만들었을 때, 이 꽃밭의 넓이는?
3점

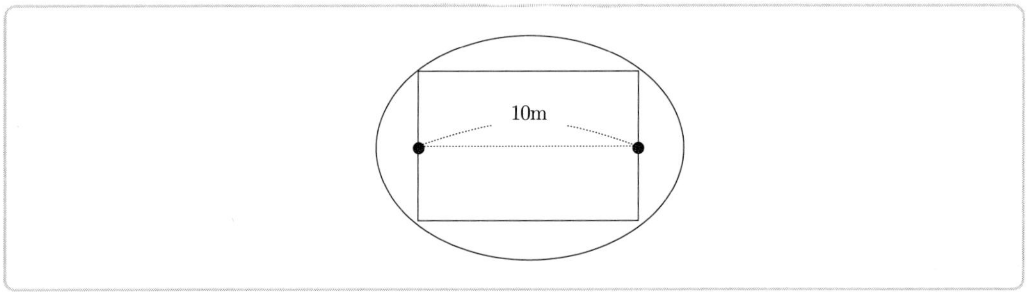

① $\frac{400}{7}\text{m}^2$
② $\frac{420}{7}\text{m}^2$
③ $\frac{440}{7}\text{m}^2$
④ $\frac{460}{7}\text{m}^2$
⑤ $\frac{480}{7}\text{m}^2$

11 3점 어느 항구 A에서 해안선과 인근 섬의 P지점을 운항하는 관광유람선이 있다. 그림과 같이 P지점에서 해안선까지의 최단거리인 지점 B까지의 거리는 3km이고, B로부터 해안선을 따라 7km 떨어진 지점에 A가 위치하고 있다. 이 유람선은 A를 출발하여 해안선을 따라서 어떤 지점까지는 매시 12km의 속력으로 운항한 후, 곧바로 그 지점으로부터 섬의 P지점을 향하여 매시 10km의 속력으로 직선거리를 운항한다. 이 때, 이 유람선이 항구 A를 출발하여 섬의 P지점에 도착하기까지 45분 걸리고 운항거리가 최소가 되도록 운항경로를 정한다면 해안선을 따라서 이동한 거리는? (단, 해안선은 직선을 이루고 있다)

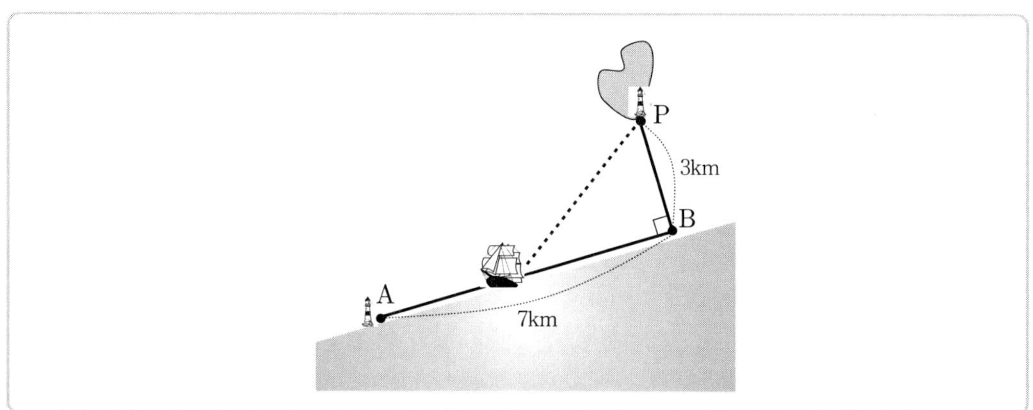

① 2km
② $\frac{21}{11}$km
③ $\frac{25}{11}$km
④ $\frac{27}{11}$km
⑤ 3km

12 3점 자연수 n에 대하여 $f(n)=\left[\frac{n}{4}\right]$이라 하고, 수열 $\{a_n\}$을 $a_1=a_2=a_3=0$, $a_n=\sum_{k=1}^{f(n)}k$ (단, $n=4, 5, 6, \cdots$)으로 정의할 때, $\sum_{n=1}^{28}a_n$의 값은? (단, 실수 x에 대하여 $[x]$는 x보다 크지 않은 최대의 정수이다)

① 204
② 212
③ 220
④ 224
⑤ 252

13 [3점] 어느 대학에서는 공개선발시험으로 40명의 학생을 선발하여 해외연수를 보내려고 한다. 이 시험에 응시한 학생 1600명의 시험성적은 평균 65점, 표준편차 10점인 정규분포를 따른다고 한다. 다음 표준정규분포표를 이용하여 선발된 학생의 최저점수를 구하면?

〈표준정규분포표〉

z	$P(0 \leq Z \leq z)$
1.53	0.4370
1.96	0.4750
2.17	0.4850
2.24	0.4875
2.58	0.4951

① 80.3점
② 84.6점
③ 86.7점
④ 87.4점
⑤ 90.8점

14 [4점] 좌표평면 위의 두 점 $P_1(1, -1)$, $P_2(4, -2)$에 대하여 선분 $\overline{P_1P_2}$를 $2:1$로 내분하는 점을 P_3, 선분 $\overline{P_2P_3}$을 $2:1$로 내분하는 점을 P_4이라 하자. 이와 같은 과정을 계속하여 선분 $\overline{P_nP_{n+1}}$을 $2:1$로 내분하는 점을 P_{n+2}(단, $n=1, 2, 3, \cdots$)라 하자. 이 때, 점 P_n의 좌표를 $P_n(x_n, y_n)$이라 하면 $x_{2005}-y_{2005}$의 값은?

① $6+3^{-2003}$
② $6-3^{-2003}$
③ $5+3^{-2003}$
④ $5-3^{-2003}$
⑤ $5-3^{-2005}$

15 [4점] 실수전체의 집합에서 정의된 다항함수 $f(x)$는 $x=0$에서 미분가능하고, 모든 실수 x에 대하여 $f(2x)=2f(x)$를 만족한다. 이 함수 $f(x)$에 대하여 함수 $g(x)$를 $g(x)=\begin{cases} \dfrac{f(x)}{x} & (x \neq 0) \\ f'(0) & (x=0) \end{cases}$ 으로 정의하자. 다음에서 함수 $g(x)$에 대한 설명으로 옳은 것을 모두 고르면?

> ㉠ 함수 $g(x)$는 $x=0$에서 연속이다.
> ㉡ 모든 실수 x에 대하여 $g(2x)=g(x)$이다.
> ㉢ 함수 $g(x)$는 일차함수이다.

① ㉠
② ㉡
③ ㉠, ㉡
④ ㉡, ㉢
⑤ ㉠, ㉡, ㉢

16 [4점] 두 부등식 $\begin{cases} \log_y(1-x^2) \le 2 \\ 2^y \le 2 \cdot 4^x \end{cases}$ 을 동시에 만족시키는 영역의 넓이는?

① $\frac{1}{4}(\pi+1)$
② $\frac{1}{4}(\pi+3)$
③ $\frac{1}{4}(\pi+5)$
④ $\frac{1}{4}$
⑤ $\frac{9}{4}$

17 [4점] 실수 a, b와 두 행렬 $A=\begin{pmatrix} a & b \\ a & 0 \end{pmatrix}$, $P=\begin{pmatrix} 1 & 0 \\ 1 & 1 \end{pmatrix}$에 대하여 행렬 B를 $B=PAP^{-1}$라 하자. 다음에서 옳은 것을 모두 고르면? (단, E는 단위행렬이고 O는 영행렬이다)

ㄱ $B=O$이면 $A=O$이다.
ㄴ $A^3=E$이면 $B^{100}=B$이다.
ㄷ $AB=E$를 만족하는 행렬 A가 존재한다.

① ㄱ
② ㄱ, ㄴ
③ ㄴ, ㄷ
④ ㄱ, ㄷ
⑤ ㄱ, ㄴ, ㄷ

18 [3점] 삼차함수 $f(x)$에 대하여 두 함수 $g(x)$, $h(x)$를 $g(x)=f'(x)$, $h(x)=g'(x)$로 정의하자. $g(0)=h(0)=0$이고 $f(0)\,h'(0) < 0$일 때, 방정식 $f(x)=0$의 실근에 대한 설명으로 옳은 것은?

① 서로 다른 세 개의 양의 실근을 갖는다.
② 서로 다른 세 개의 음의 실근을 갖는다.
③ 한 개의 양의 실근과 서로 다른 두 개의 음의 실근을 갖는다.
④ 한 개의 음의 실근과 서로 다른 두 개의 양의 실근을 갖는다.
⑤ 한 개의 양의 실근을 갖는다.

19 4점 **다음은 각 항이 정수이고 공차가 d인 등차수열 $\{a_n\}$에 대하여 $a_1 \cdot a_2 \cdot a_3 \cdot a_4 + d^4$이 어떤 정수의 제곱임을 증명하는 과정이다. 다음의 과정에서 (가), (나), (다)에 알맞은 것을 순서대로 쓰면?**

> 수열 $\{a_n\}$이 등차수열이므로 $a_1 = a - 3k$, $a_2 = a - k$, $a_3 = a + k$, $a_4 = a + 3k$이 성립하도록
> $a =$ [(가)], $k =$ [(나)]를 택하면 $a_1 \cdot a_2 \cdot a_3 \cdot a_4 + d^4 = ($[(다)]$)^2$이 성립한다.
> 이 때, [(다)]$= a_2^{\,2} + a_2 d - d^2$이고, a_2와 d는 정수이므로 $a_1 \cdot a_2 \cdot a_3 \cdot a_4 + d^4$는 정수의 제곱이 된다.

	(가)	(나)	(다)
①	$\dfrac{a_2 + a_3}{2}$	$\dfrac{d}{2}$	$a^2 - 5k^2$
②	$\dfrac{a_2 + a_3}{2}$	$\dfrac{d}{2}$	$a^2 - 3k^2$
③	$\dfrac{a_2 + a_3}{2}$	$\dfrac{d}{4}$	$a^2 - 5k^2$
④	$\dfrac{a_1 + a_4}{2}$	$\dfrac{d}{2}$	$a^2 - 3k^2$
⑤	$\dfrac{a_1 + a_4}{2}$	$\dfrac{d}{4}$	$a^2 - 3k^2$

20 3점 **모든 자연수 n에 대하여 각 항이 실수인 두 수열 $\{a_n\}$과 $\{b_n\}$이 $a_{n+1}^{\;2} + 4a_n^{\;2} + (a_1 - 2)^2 = 4a_{n+1}a_n$, $b_n = \log_{\sqrt{2}} a_n$과 같이 정의될 때, $\sum_{k=1}^{m} b_k = 72$가 성립하도록 하는 자연수 m의 값은?**

① 8　　② 9

③ 10　　④ 11

⑤ 12

21 4점 $a_n=3n^2-3n\ (n=1,\ 2,\cdots)$과 같이 정의된 수열 $\{a_n\}$의 첫째항부터 제 n항까지의 합을 S_n이라 할 때, S_n이 처음으로 16자리의 정수가 되도록 하는 n을 10으로 나눈 나머지는?

① 0
② 1
③ 2
④ 8
⑤ 9

22 4점 양궁대회에 참가한 어떤 선수가 활을 쏘아 과녁의 10점 부분을 명중시킨 다음 다시 활을 쏘아 10점 부분을 명중시킬 확률이 $\frac{8}{9}$이고, 10점 부분을 명중시키지 못한 다음 다시 10점 부분을 명중시키지 못할 확률이 $\frac{1}{5}$이다. 이 선수가 반복하여 계속 활을 쏜다고 할 때, n번째에 10점 부분을 명중시킬 확률을 p_n이라 하자. 이 때, $\lim_{n\to\infty} p_n$의 값은?

① $\frac{14}{27}$
② $\frac{17}{27}$
③ $\frac{25}{41}$
④ $\frac{32}{41}$
⑤ $\frac{36}{41}$

23 4점 두 지수함수 $f(x)=9^x+a$, $g(x)=b\cdot 3^x+2$에 대하여 곡선 $y=f(x)$와 곡선 $y=g(x)$의 그래프가 서로 다른 두 점에서 만나고 두 교점의 x 좌표가 $x=\log_3 2,\ \ x=\log_3 k$ (단, $k>2$)일 때, 다음에서 $a,\ b$에 대한 설명으로 옳은 것을 모두 고르면?

㉠ $b^2=4a-8$	㉡ $a=2b-2$	㉢ $a>6$

① ㉡
② ㉠, ㉡
③ ㉡, ㉢
④ ㉠, ㉢
⑤ ㉠, ㉡, ㉢

24 [4점] 그림과 같이 각 층의 높이가 $4\mathrm{m}$인 직육면체 형태의 두 건물 A, B가 있다. 건물 A와 건물 B는 서로 수직으로 붙어 있고, 두 건물의 외벽은 한변의 길이가 $2\mathrm{m}$인 정사각형 모양의 유리창으로 서로 이어져있다. 어떤 사람이 건물 A의 어느 창가에서 건물 B의 유리창을 향하여 레이저 빛을 쏘았는데 이 레이저 빛은 건물 B의 창문의 S지점과 바닥 면의 T지점을 지났다. 다음 중 레이저를 쏜 창가는? (단, 유리창들의 두께는 무시하고, 레이저 빛은 유리창을 통과할 때 굴절되지 않는다고 가정한다)

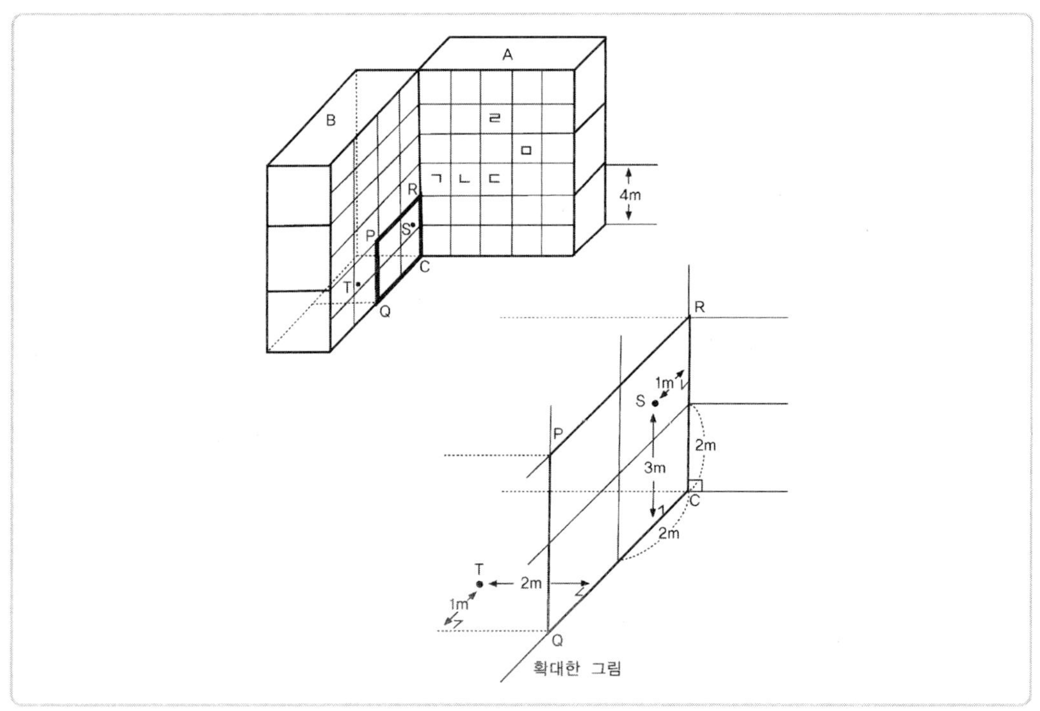

① ㉠　　② ㉡　　③ ㉢　　④ ㉣　　⑤ ㉤

주관식

25 [3점] 행렬 $A=\begin{pmatrix}1 & 2\\ 3 & a\end{pmatrix}$에 대하여 $A^2X=X$를 만족하는 행렬 X가 2개 이상 존재하도록 실수 a의 값을 정할 때, $A\begin{pmatrix}p\\ q\end{pmatrix}=\begin{pmatrix}16\\ 24\end{pmatrix}$를 만족하는 상수 p, q의 합 $p+q$의 값을 구하시오. (단, 행렬 X는 2×1 행렬이다)

(　　　　　　　　)

주관식

26 [3점] 다항함수 $f(x)$에 대하여 $\lim_{x\to\infty}\frac{f(x)}{x^3-2x^2+3x-4}=1$, $\lim_{x\to1}\frac{f(x)}{x^2-3x+2}=4$이 성립하고, 극한 $\lim_{x\to2}\frac{13f(x)}{x^2-3x+2}$이 a로 수렴할 때, 상수 a의 값을 구하시오.

(　　　　　　　　)

주관식

27 [3점] $xy=10$이고 $1\le x\le 10^4$일 때, $(\log_{10}y)^3+3(\log_{10}x)^2-6\log_{10}x+15$의 최댓값을 구하시오.

(　　　　　　　　)

주관식

28 [4점] 동일한 직선도로 위를 같은 방향으로 달리는 두 자동차 A와 B가 있다. 자동차 A가 매시 72km의 속력으로 달리고 있던 중 P지점에 이르렀을 때, P지점에서 100m 앞에 정지하고 있던 자동차 B를 발견하고 제동장치를 작동하여 -5m/초^{2}의 가속도로 운행하였다. A가 제동장치를 작동한지 4초가 되는 순간에 정지하고 있던 B는 6m/초^{2}의 가속도로 출발하였고, 동시에 A는 10m/초^{2}의 가속도로 계속하여 운행하였다. 이 때, P지점에서 A가 B를 추월하는 지점까지의 거리는 몇 m인지를 구하시오.

(　　　　　　　　)

주관식

29 4점

실수 x에 대한 함수 $f(x)$가 $f(x) = {}_6\mathrm{C}_0 + {}_6\mathrm{C}_1\, x^2 + {}_6\mathrm{C}_2\, x^4 + {}_6\mathrm{C}_3\, x^6 + {}_6\mathrm{C}_4\, x^8 + {}_6\mathrm{C}_5\, x^{10} + {}_6\mathrm{C}_6\, x^{12}$ 와 같이 정의될 때, $f(\tan\theta) = 2^{12}$을 만족하는 θ에 대하여 $\dfrac{36\theta}{\pi}$의 값을 구하시오. (단, $0 < \theta < \dfrac{\pi}{2}$)

( )

주관식

30 4점

$a_1 = 1$, $a_{n+1} = a_n^2 + 1$(단, $n = 1, 2, 3, \cdots$)으로 정의되는 수열 $\{a_n\}$에 대하여 수열 $\{r_n\}$의 제 n항 r_n은 a_n을 a_5로 나눈 나머지로 정의하자. 예를 들어 r_1은 a_1을 a_5로 나눈 나머지이고, r_2는 a_2를 a_5로 나눈 나머지이다. 이 때, 다음 그림과 같이 100개의 작은 사각형으로 이루어진 바둑판 모양의 사각형 각 칸에 r_1부터 r_{100}까지의 수를 차례로 채워나갈 때, 글자 모양의 어두운 부분에 채워지는 수들의 합을 구하시오.

r_1	r_2	r_3	r_4	r_5	r_6	r_7	r_8	r_9	r_{10}
r_{11}									r_{20}
r_{21}									r_{30}
r_{31}									r_{40}
r_{41}									r_{50}
r_{51}									r_{60}
r_{61}									r_{70}
r_{71}									r_{80}
r_{81}									r_{90}
r_{91}									r_{100}

( )

02 | 2007학년도 수리영역

▶ 해설은 p. 13에 있습니다.

01 등차수열 $\{a_n\}$에 대하여 $a_6 - a_7 + a_8 = 2007$일 때, a_7의 값은?
2점

① $\frac{2007}{4}$　② 669
③ $\frac{2007}{2}$　④ 2007
⑤ 4014

02 $\left\{\dfrac{(\sqrt{10}+3)^{\frac{1}{2}}+(\sqrt{10}\,d-3)^{\frac{1}{2}}}{(\sqrt{10}+1)^{\frac{1}{2}}}\right\}^2$의 값은?
2점

① $\sqrt{3}$　② 2
③ $\sqrt{5}$　④ 3
⑤ $\sqrt{10}$

03 함수 $f(x)=x^2+k$에 대하여 함수 $g(x)$를 $g(x)=\{f(x)\}^2$이라 할 때, $g'(1)=16$을 만족하는 상수 k의 값은?
2점

① 1　② 2
③ 3　④ 4
⑤ 5

04 어떤 실수 α의 세제곱에 1을 더한 값이 α와 같을 때, 다음 중 α가 존재하는 구간은?
3점

① $(-3,\ -2)$　② $(-2,\ -1)$
③ $(-1,\ 0)$　④ $(0,\ 1)$
⑤ $(1,\ 2)$

05 3점 이차함수 $y=f(x)$의 그래프가 그림과 같을 때, 분수부등식 $\frac{f(x-2)}{f(x)} \leq 0$을 만족하는 모든 정수 x의 값의 합은?

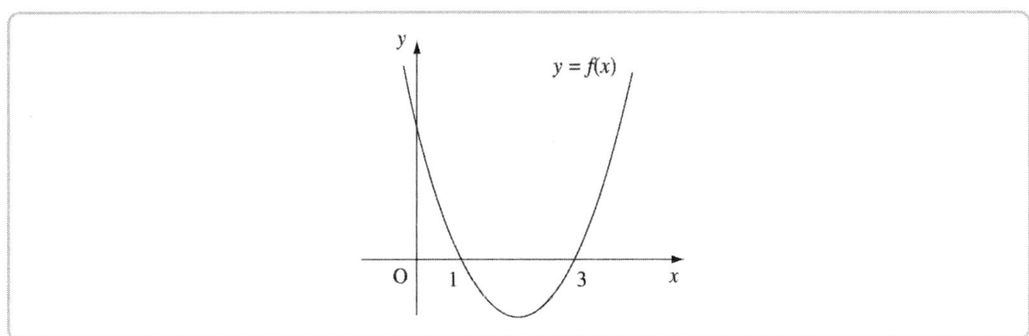

① 11 ② 12 ③ 13 ④ 14 ⑤ 15

06 3점 평면 위에 한 변의 길이가 1인 정삼각형 ABC와 정사각형 BDEC가 그림과 같이 변 BC를 공유하고 있다. 이 때, $\overrightarrow{AC} \cdot \overrightarrow{AD}$의 값은?

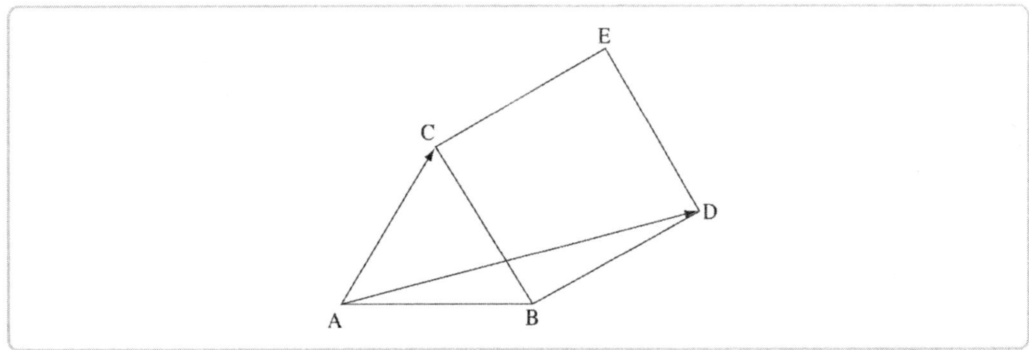

① 1 ② $\sqrt{2}$ ③ $\sqrt{3}$ ④ $\frac{1+\sqrt{2}}{2}$ ⑤ $\frac{1+\sqrt{3}}{2}$

07 이차정사각행렬 A, B에 대하여 $AB=C$일 때, 이를 다음과 같이 나타내기로 하자.

3점

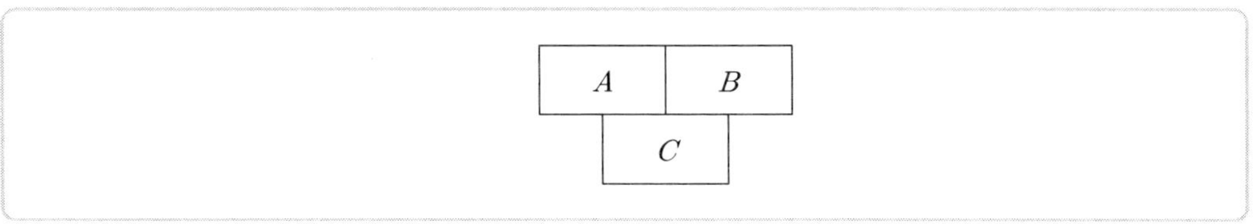

이와 같은 방법으로 아래의 이차정사각행렬 C_1, C_2, C_3, C_4와 D_1, D_2, D_3을 정의할 때, 다음 중에서 항상 옳은 것을 모두 고른 것은? (단, O는 영행렬, E는 단위행렬이다)

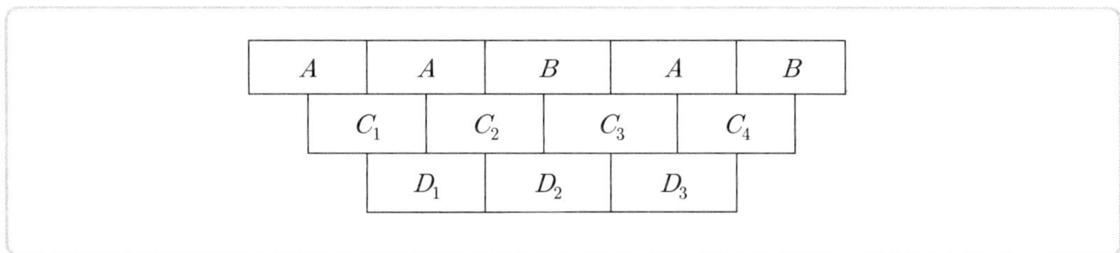

㉠ $C_1=O$ 이면 $A=O$ 이다.
㉡ $C_2=C_3$ 이면 $D_2=D_3$ 이다.
㉢ $D_2=E$ 이면 $D_3=E$ 이다.

① ㉡
② ㉢
③ ㉠, ㉡
④ ㉠, ㉢
⑤ ㉡, ㉢

08 다음의 함수 중 $\lim_{x\to 0} f(x)$의 값이 존재하는 것을 모두 고른 것은?

3점

㉠ $f(x)=x^2\sin\frac{1}{x}$

㉡ $f(x)=\begin{cases} x^2 & (x\text{는 유리수}) \\ 0 & (x\text{는 무리수}) \end{cases}$

㉢ $f(x)=x-[x]$ (단, $[x]$는 x보다 크지 않은 최대의 정수이다)

① ㉠
② ㉡
③ ㉠, ㉡
④ ㉠, ㉢
⑤ ㉠, ㉡, ㉢

09 3점 연속확률변수 X의 확률밀도함수 $f(x)$의 그래프가 그림과 같이 중심이 원점이고 반지름의 길이가 r인 반원의 호가 되도록 상수 r의 값을 정할 때, 확률 $\mathrm{P}\left(X \geq \frac{1}{\sqrt{2\pi}}\right)$의 값은? (단, $-r \leq x \leq r$이다)

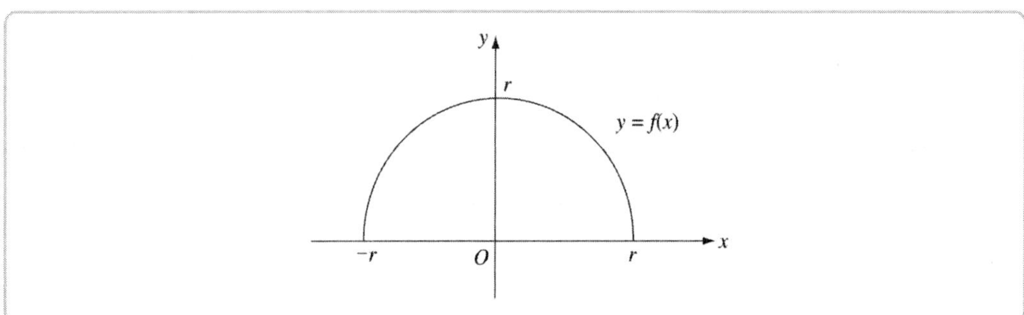

① $\frac{2}{3} - \frac{\sqrt{3}}{4\pi}$ ② $\frac{1}{3} - \frac{\sqrt{3}}{3\pi}$

③ $\frac{2}{3} - \frac{\sqrt{3}}{2\pi}$ ④ $\frac{1}{3} - \frac{\sqrt{3}}{4\pi}$

⑤ $1 - \frac{\sqrt{3}}{\pi}$

10 3점 다항함수 $f(x)$가 $\lim_{x \to 1} \frac{f(x^2) + f(x) + 12}{x-1} = 12$를 만족할 때, 곡선 $y = f(x)$ 위의 점 $(1,\ f(1))$에서의 접선의 y 절편은?

① -12 ② -10

③ -8 ④ -6

⑤ -4

11 [3점] 5개의 제비 중에서 당첨제비가 2개 있다. 갑이 먼저 한 개의 제비를 뽑은 다음 을이 한 개의 제비를 뽑을 때, 갑이 당첨제비를 뽑을 사건을 A, 을이 당첨제비를 뽑을 사건을 B라 하자.
다음 중에서 옳은 것을 모두 고른 것은? (단, 한 번 뽑은 제비는 다시 넣지 않는다)

ㄱ $\mathrm{P}(A)=\mathrm{P}(B)$
ㄴ $\mathrm{P}(B|A)>\mathrm{P}(B|A^c)$
ㄷ $\mathrm{P}(B|A)=\mathrm{P}(A|B)$

① ㄱ　② ㄴ　③ ㄷ　④ ㄱ, ㄴ　⑤ ㄱ, ㄷ

12 [3점] 그림과 같이 반지름의 길이가 1이고 중심각의 크기가 $\frac{\pi}{2}$인 부채꼴 OAB가 있다. 호 AB 위를 움직이는 두 점 P, Q에 대하여 아래에서 옳은 것을 모두 고른 것은?

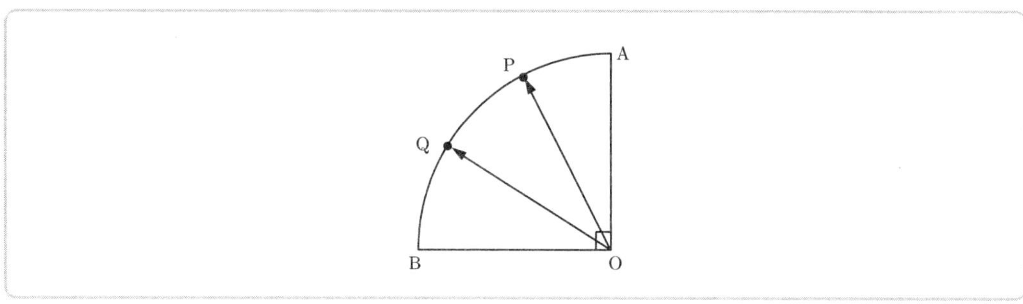

ㄱ $|\overrightarrow{\mathrm{OP}}+\overrightarrow{\mathrm{OQ}}|$의 최솟값은 $\sqrt{2}$이다.
ㄴ $|\overrightarrow{\mathrm{OP}}-\overrightarrow{\mathrm{OQ}}|$의 최댓값은 $\sqrt{2}$이다.
ㄷ $\overrightarrow{\mathrm{OP}}\cdot\overrightarrow{\mathrm{OQ}}$의 최댓값은 1이다.

① ㄴ　② ㄷ　③ ㄱ, ㄴ　④ ㄱ, ㄷ　⑤ ㄱ, ㄴ, ㄷ

13 4점 행렬 $A=\begin{pmatrix} 1 & 0 \\ 1 & 2 \end{pmatrix}$의 역행렬을 B라 할 때, B^n의 $(2,\ 1)$ 성분을 a_n이라 하자. $\sum_{k=1}^{10} a_k$의 값은?

① $-11-\frac{1}{2^{10}}$

② $-10-\frac{1}{2^{10}}$

③ $-9-\frac{1}{2^{10}}$

④ $-10-\frac{1}{2^{11}}$

⑤ $-9-\frac{1}{2^{11}}$

14 3점 수열 $\{S_n\}$에 대하여 $S_n=\sum_{k=1}^{n}\left(\sqrt{1+\frac{k}{n^2}}-1\right)$일 때, 다음은 $\lim_{n\to\infty}S_n$의 값을 구하는 과정이다.

다음의 과정에서 (가), (나), (다)에 알맞은 것은?

> 모든 양의 실수 x에 대하여 $\frac{x}{2+x}<\sqrt{1+x}-1<\frac{x}{2}$가 성립한다.
>
> 자연수 k, $n(k\le n)$에 대하여 $x=\frac{k}{n^2}$를 위 부등식에 대입하여 정리하면
>
> $\frac{k}{2n^2+k}<\sqrt{1+\frac{k}{n^2}}-1<\frac{k}{2n^2}$ 이므로
>
> $\sum_{k=1}^{n}\frac{k}{2n^2+k}<S_n<\frac{1}{2n^2}\sum_{k=1}^{n}k$ 이다.
>
> 이 때, $\lim_{n\to\infty}\frac{1}{2n^2}\sum_{k=1}^{n}k=$ (가) 이고
>
> $\lim_{n\to\infty}\left\{\frac{1}{2n^2}\sum_{k=1}^{n}k-\sum_{k=1}^{n}\frac{k}{2n^2+k}\right\}=\lim_{n\to\infty}\sum_{k=1}^{n}\frac{k^2}{2n^2(2n^2+k)}\le\lim_{n\to\infty}\sum_{k=1}^{n}\frac{k^2}{4n^4}=$ (나) 이므로
>
> $\lim_{n\to\infty}S_n=$ (다) 이다.

	(가)	(나)	(다)
①	$\frac{1}{2}$	0	$\frac{1}{2}$
②	$\frac{1}{2}$	$\frac{1}{2}$	$\frac{1}{2}$
③	$\frac{1}{4}$	0	$\frac{1}{2}$
④	$\frac{1}{4}$	0	$\frac{1}{4}$
⑤	$\frac{1}{4}$	$\frac{1}{2}$	$\frac{1}{4}$

15 3점

함수 $f(x)$ 의 그래프가 그림과 같을 때, 함수 $g(x)$ 를 $g(x)=\int_0^x f(t)dt$ 라 하자. 다음에서 옳은 것을 모두 고른 것은? (단, 두 함수 $f(x)$, $g(x)$ 의 정의역은 $\{x \mid 0 \le x \le 7\}$ 이다)

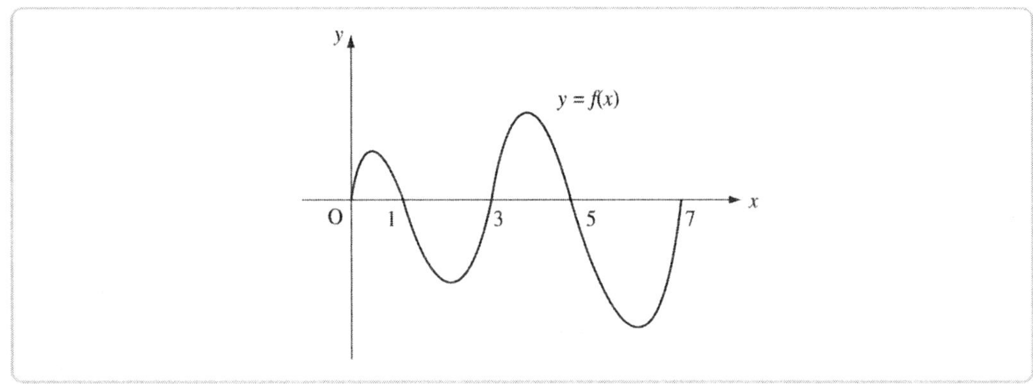

ㄱ. $g(x)$는 $x=5$에서 극댓값을 갖는다.
ㄴ. $g(x)$는 $x=1$에서 최솟값을 갖는다.
ㄷ. $g(5)=g(1)-\left|\int_1^3 f(t)dt\right|+\left|\int_3^5 f(t)dt\right|$

① ㄱ
② ㄴ
③ ㄱ, ㄷ
④ ㄴ, ㄷ
⑤ ㄱ, ㄴ, ㄷ

16 4점 좌표공간 위의 두 점 $A(0, 0, 1)$, $B(1, 0, 0)$이 있다. 점 P가 점 B에서 출발하여 xy평면 위의 직선 $x=1$을 따라 y축의 양의 방향으로 한없이 움직일 때, 선분 AP와 평면 $y-z=0$이 만나는 점을 Q라 하자. 점 Q가 나타내는 자취의 길이는?

① $\frac{\sqrt{2}}{2}$　② $\frac{\sqrt{3}}{2}$　③ $\sqrt{2}$　④ $\sqrt{3}$　⑤ 2

17 4점 그림과 같이 쌍곡선 $x^2-y^2=1$ 위의 점 $P(a, b)$ $(a>1, b>0)$에서의 접선이 x축과 만나는 점을 A, 쌍곡선의 점근선 중 기울기가 양수인 직선과 만나는 점을 B라 하자. 삼각형 OAB의 넓이를 $S(a)$라 할 때, $\lim_{a\to\infty} S(a)$의 값은? (단, O는 원점이다)

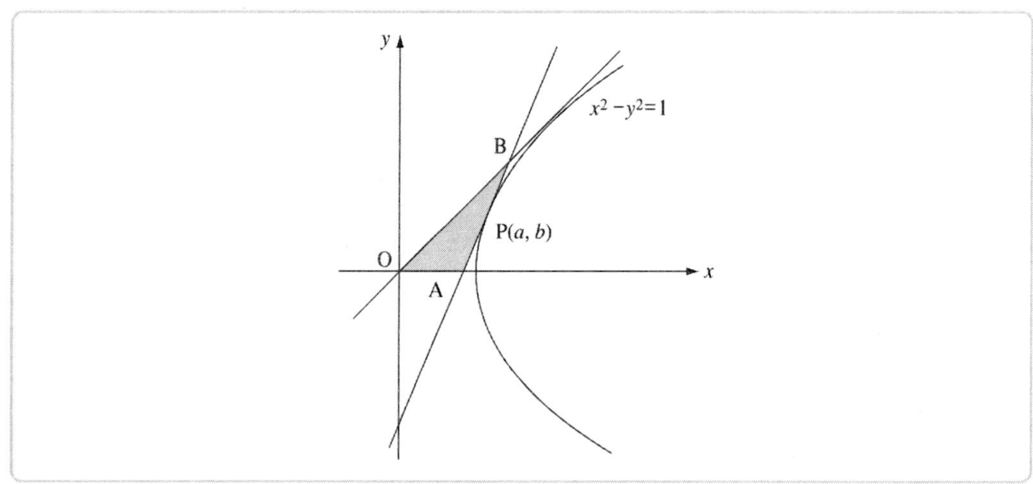

① 1　② $\sqrt{2}$　③ $\sqrt{3}$　④ 2　⑤ $2\sqrt{2}$

18 그림과 같이 서로 합동인 두 타원 C_1, C_2 가 외접하고 있다. 두 점 A, B는 타원 C_1 의 초점, 두 점 C, D는 타원 C_2 의 초점이고, 네 점 A, B, C, D는 모두 한 직선 위에 있다. 두 점 B, C를 초점, 선분 AD를 장축으로 하는 타원을 C_3 이라 하고, 두 타원 C_1, C_3 의 교점을 P라 하자. $\overline{AB}=8$ 이고 $\overline{BC}=6$ 일 때, $\overline{CP}-\overline{AP}$ 의 값은?

[4점]

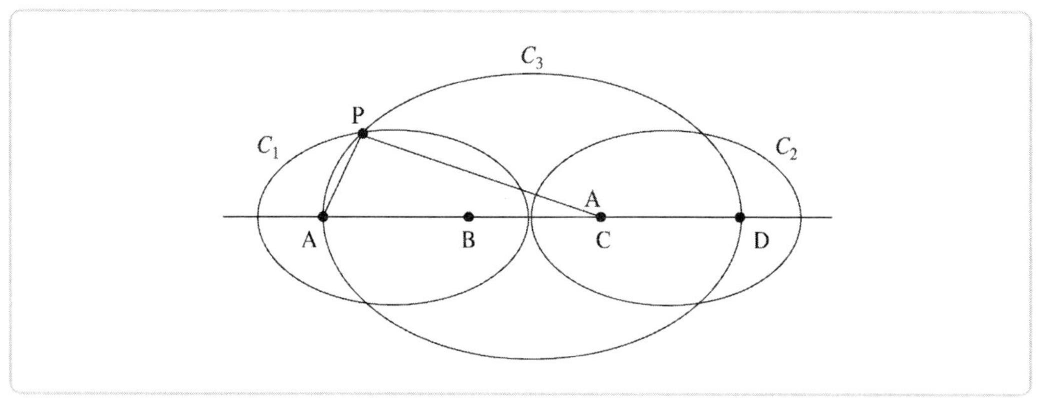

① 7 ② 8 ③ 9 ④ 10 ⑤ 11

19 그림은 제 1행에 1을 시작으로 바로 다음 행에 ↙ 방향으로는 직전의 수에 2를 더한 수를, ↘ 방향으로는
4점 직전의 수의 역수를 나열하는 과정을 반복한 것이다. 예를 들면, 제 3행의 첫 번째 수 5는 직전의 수 3에 2를 더한 수이고, 두 번째 수 $\frac{1}{3}$은 직전의 수 3의 역수이다.

제 10행의 맨 왼쪽부터 (2^8+2)번째에 있는 수는?

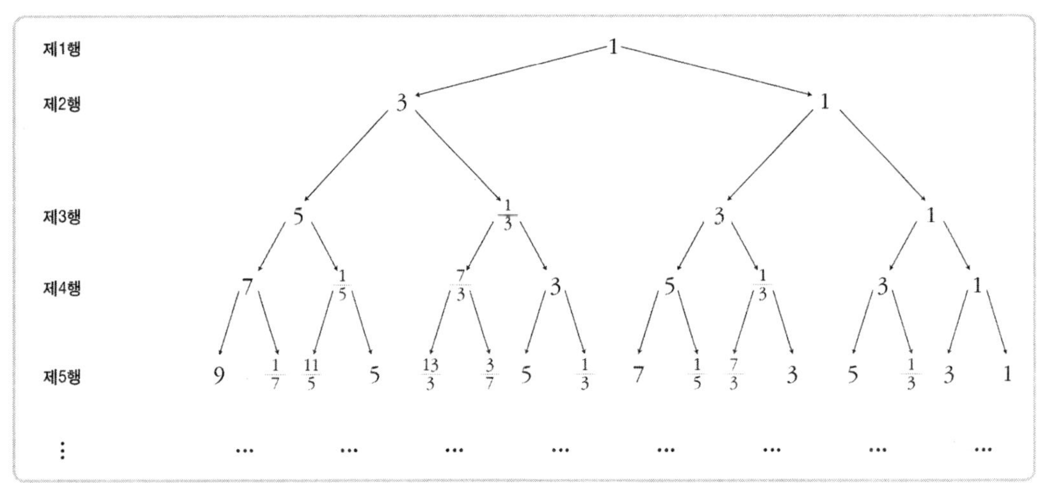

① $\frac{1}{17}$　　② $\frac{1}{15}$

③ 13　　④ 15

⑤ 17

20 4점 세 로그함수 $f(x)=\log_a x$, $g(x)=\log_b x$, $h(x)=\log_c x$의 밑 a, b, c가 이 순서로 등비수열을 이룰 때, 다음에서 옳은 것을 모두 고른 것은?

ㄱ $a+c$의 최솟값은 $2b$이다.

ㄴ $\frac{1}{f(5)}$, $\frac{1}{g(5)}$, $\frac{1}{h(5)}$은 이 순서로 등차수열을 이룬다.

ㄷ $f(x_1)=g(x_2)=h(x_3)=5$이면 x_1, x_2, x_3은 이 순서로 등비수열을 이룬다.

① ㄱ ② ㄴ
③ ㄱ, ㄴ ④ ㄴ, ㄷ
⑤ ㄱ, ㄴ, ㄷ

21 4점 좌표평면 위에 서로 다른 세 점 $\mathrm{A}(0, 1)$, $\mathrm{B}(1, 0)$, $\mathrm{C}(a, b)$가 있다. 선분 AC의 중점을 P_1이라 하고, 선분 BP_1의 중점을 Q_1이라 하자. 또, 선분 AQ_1의 중점을 P_2라 하고, 선분 BP_2의 중점을 Q_2라 하자. 이와 같이 모든 자연수 n에 대하여 선분 BP_n의 중점을 Q_n이라 하고, 선분 AQ_n의 중점을 P_{n+1}이라 하자. n이 한없이 커질 때, 점 P_n은 어떤 점에 한없이 가까워지는가?

① $\left(\frac{3}{4}, \frac{1}{4}\right)$ ② $\left(\frac{2}{3}, \frac{1}{3}\right)$
③ $\left(\frac{1}{2}, \frac{1}{2}\right)$ ④ $\left(\frac{1}{3}, \frac{2}{3}\right)$
⑤ $\left(\frac{1}{4}, \frac{3}{4}\right)$

22 4점 그림과 같이 반지름의 길이가 6인 반구가 평평한 지면 위에 떠 있다. 반구의 밑면이 지면과 평행하고 태양광선이 지면과 $60°$의 각을 이룰 때, 지면에 나타나는 반구의 그림자의 넓이는? (단, 태양광선은 평행하게 비춘다)

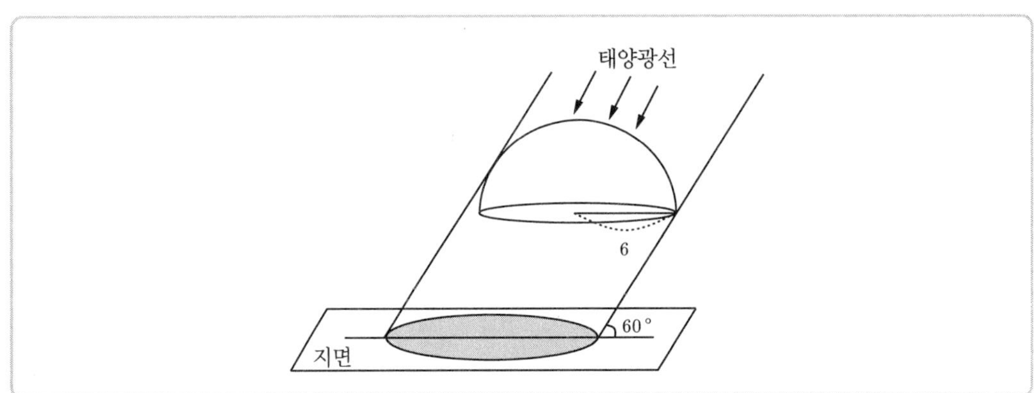

① $6(3+\sqrt{3})\pi$
② $6(3+2\sqrt{3})\pi$
③ $8(2+\sqrt{3})\pi$
④ $8(1+2\sqrt{3})\pi$
⑤ $8(2+3\sqrt{3})\pi$

23 4점 공기는 산소, 수소, 질소 등과 같은 여러 가지 원소들로 이루어져 있다. 지표면에서부터 높이가 x(km)인 곳에서의 어떤 원소의 밀도를 $n(x)$라 하면 관계식 $\log n(x)=\log n_0-kx$ (단, n_0은 지표면에서의 밀도, k는 양의 상수)가 성립한다고 한다. 이 원소의 밀도가 지표면에서의 밀도의 $\frac{1}{2}$배, $\frac{1}{1000}$배가 되는 높이를 각각 x_1, x_2라 할 때, $\frac{x_2}{x_1}$의 값은? (단, $\log 2=0.3$으로 계산한다)

① 5
② 8
③ 10
④ 15
⑤ 20

24 [4점] 한 변의 길이가 1 인 정사각형을 R이라 하자. R의 각 변을 2등분 한 후 [그림 1]과 같이 각 꼭짓점을 중심으로 하고 반지름의 길이가 $\frac{1}{2}$ 인 사분원을 그릴 때, 어두운 부분의 넓이를 S_1이라 하자. R의 각 변을 4등분 한 후 [그림 2]와 같이 각 꼭짓점 및 각 변의 이등분점을 중심으로 하고 반지름의 길이가 $\frac{1}{4}$ 인 사분원과 반원을 그릴 때, 어두운 부분의 넓이를 S_2라 하자. R의 각 변을 8등분 한 후 [그림 3]과 같이 각 꼭짓점 및 각 변의 사등분점을 중심으로 하고 반지름의 길이가 $\frac{1}{8}$ 인 사분원과 반원을 그릴 때, 어두운 부분의 넓이를 S_3이라 하자. 이와 같은 방법으로 S_4, S_5, S_6, $\cdots$ 을 구할 때, $\sum_{n=1}^{\infty} S_n$의 값은?

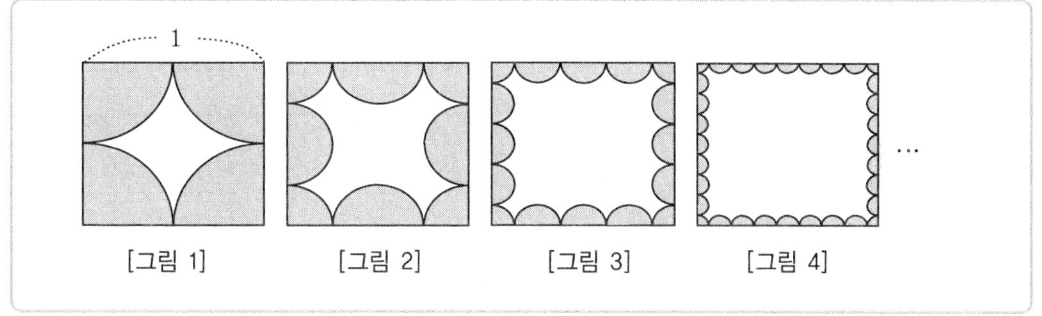

[그림 1] [그림 2] [그림 3] [그림 4]

① $\frac{2}{3}\pi$　　② $\frac{3}{4}\pi$

③ $\frac{7}{9}\pi$　　④ $\frac{7}{8}\pi$

⑤ $\frac{8}{9}\pi$

주관식

25 [3점] 이차함수 $f(x) = -12x(x-a)$에 대하여 $f'(0)+f'(2)=0$일 때, $\int_0^a f(x)dx$의 값을 구하시오.
(단, a는 상수이다)

(　　　　　　　)

주관식

26 3점

수열 $\{a_n\}$의 일반항이 $a_n = n - 4\left[\frac{n}{4}\right]$일 때, $\sum_{n=1}^{25} a_n$의 값을 구하시오. (단, $[x]$는 x보다 크지 않은 최대의 정수이다)

(　　　　　　　　)

주관식

27 3점

좌표공간에 두 점 $\mathrm{A}_1(1, 2, 7)$, $\mathrm{C}_2(3, 4, 5)$가 있다. 그림과 같이 각 면이 xy 평면 또는 yz 평면 또는 zx 평면에 평행한 직육면체 $\mathrm{A_1B_1B_2A_2-D_1C_1C_2D_2}$를 만든다. 면 $\mathrm{A_2B_2C_2D_2}$를 공유하고 $\overline{\mathrm{C_2C_3}} = \frac{1}{2}\overline{\mathrm{C_1C_2}}$가 되도록 그림과 같이 직육면체 $\mathrm{A_2B_2B_3A_3-D_2C_2C_3D_3}$을 만든다. 면 $\mathrm{A_3B_3C_3D_3}$을 공유하고 $\overline{\mathrm{C_3C_4}} = \frac{1}{2}\overline{\mathrm{C_2C_3}}$이 되도록 그림과 같이 직육면체 $\mathrm{A_3B_3B_4A_4-D_3C_3C_4D_4}$를 만든다. 이와 같은 과정을 계속하여 직육면체 $\mathrm{A_nB_nB_{n+1}A_{n+1}-D_nC_nC_{n+1}D_{n+1}}$을 만들 때, n의 값이 한없이 커지면 점 D_n은 점 (a, b, c)에 한없이 가까워진다. abc의 값을 구하시오.

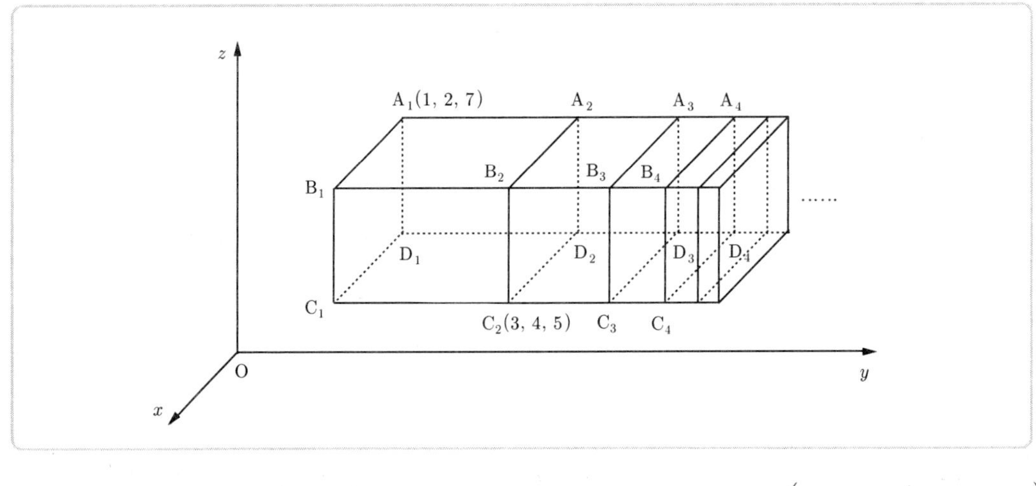

(　　　　　　　　)

주관식

28 삼차함수 $f(x)$가 다음 두 조건을 모두 만족한다. 이 때, $f(4)$의 값을 구하시오.

4점

(가) 곡선 $y=f(x)+1$ 은 $x=1$ 에서 x 축에 접한다.
(나) 곡선 $y=f(x)-1$ 은 $x=-1$ 에서 x 축에 접한다.

(   )

주관식

29 수면에서 수면과 수직인 방향으로 물속을 향해 발사된 총알은 시간이 지날수록 물의 저항에 의해 속도가 줄어든다. 수면에서 1000(m/초)의 속도로 어떤 총알이 발사된 후 t 초 $\left(0 \leq t < \frac{1}{50}\right)$가 지난 순간 총알의 속도를 $v(t)$(m/초)라 하면 관계식 $v(t)=a \cdot b^{100t}$ (단, a 와 b 는 양의 상수)이 성립한다고 하자. 발사 후 $\frac{1}{100}$초가 지난 순간 총알의 속도가 50(m/초)이었다. 총알의 속도가 $100\sqrt{5}$(m/초)가 되는 것은 총알이 발사된 후 p 초가 지난 순간이다. $\frac{1}{p}$ 의 값을 구하시오.

4점

(   )

주관식

30 집합 $X=\{1, 2, 3, 4, 5\}$ 에서 X 로의 함수 중에서 다음 조건을 모두 만족하는 함수 f 의 개수를 구하시오.

4점

(가) f 의 역함수가 존재한다.
(나) $f(1) \neq 1$
(다) $f(2) \neq f(f(1))$

(   )

03 2008학년도 수리영역

▶ 해설은 p. 20에 있습니다.

01 2점

1이 아닌 두 양수 a, b에 대하여 $a^2 \cdot \sqrt[5]{b}=1$이 성립할 때, $\log_a \frac{1}{ab}$의 값은?

① -9　② -3　③ 3　④ 5　⑤ 9

02 2점

행렬 $A=\begin{pmatrix} 2 & 5 \\ -1 & -2 \end{pmatrix}$와 이차 정사각행렬 B에 대하여 행렬 ABA^{-1}의 역행렬이 A일 때, 행렬 B의 모든 성분의 합은?

① -4　② -2　③ 2　④ 4　⑤ 8

03 2점

부등식 $[x]^3-6[x]^2+11[x]-6 \ge 0$을 만족시키는 모든 실수 x의 집합은? (단, $[x]$는 x보다 크지 않은 최대의 정수이다)

① $\{x \mid x \ge 1\}$

② $\{x \mid x \ge 3\}$

③ $\{x \mid 1 \le x \le 3\}$

④ $\{x \mid 1 \le x < 4\}$

⑤ $\{x \mid 1 \le x < 2$ 또는 $x \ge 3\}$

04 실수 전체의 집합에서 미분가능한 함수 $f(x)$가 다음 조건을 만족한다. 이 때, $f(3)$의 값은?

3점

(가) $f'(1)=2$
(나) 모든 실수 x, y에 대하여 $f(x+y)=f(x)+f(y)+xy(x+y)-3$

① 9
② 12
③ 15
④ 18
⑤ 21

05 $a_1=1$이고 모든 자연수 n에 대하여 $a_n < a_{n+1}$인 수열 $\{a_n\}$이 있다. 곡선 $y=x^2$과 x축 및 두 직선 $x=a_n$, $x=a_{n+1}$로 둘러싸인 도형의 넓이가 $14\left(\frac{1}{3}\right)^{n-1}$일 때, $\lim_{n\to\infty} a_n$의 값은?

3점

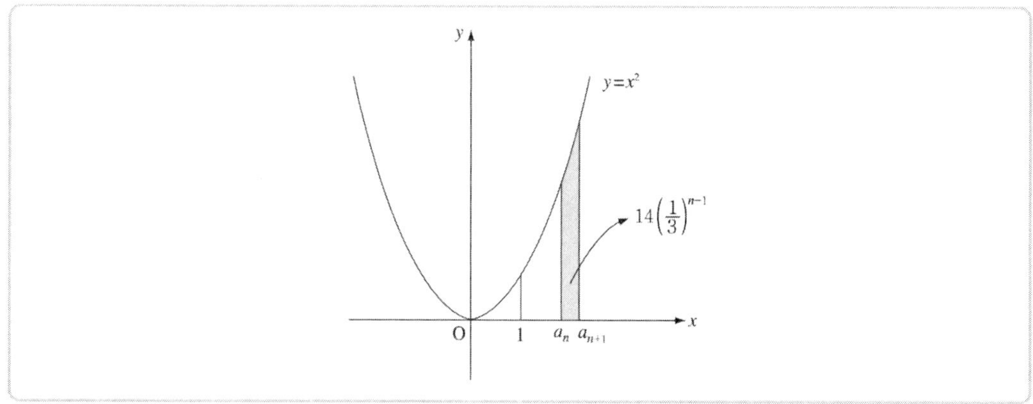

① $5\sqrt[3]{5}$
② $4\sqrt[3]{4}$
③ $3\sqrt[3]{3}$
④ 4
⑤ 5

06 3점 그림과 같이 타원 $\frac{x^2}{100}+\frac{y^2}{75}=1$ 의 두 초점을 F, F′이라 하고, 이 타원 위의 점 P에 대하여 선분 F′P가 타원 $\frac{x^2}{49}+\frac{y^2}{24}=1$ 과 만나는 점을 Q라 하자. $\overline{F'Q}=8$일 때, 선분 FP의 길이는?

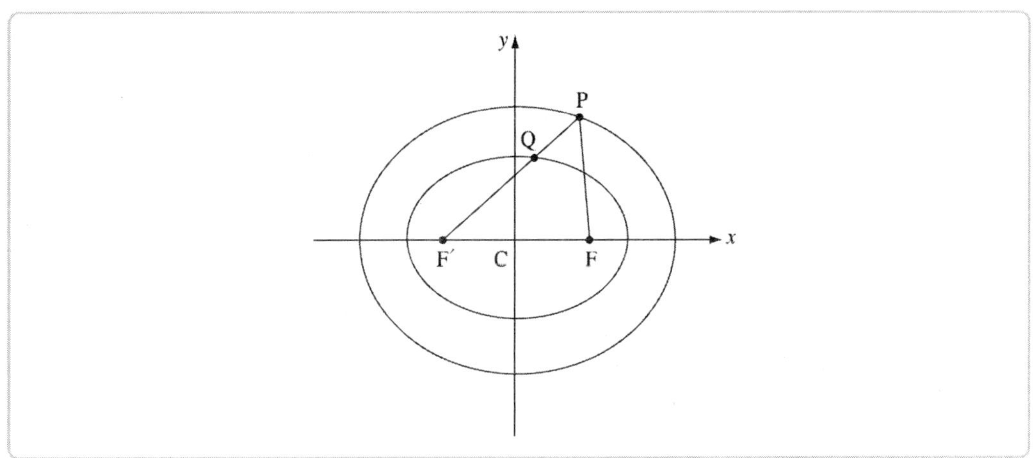

① 7
② $\frac{29}{4}$
③ $\frac{15}{2}$
④ $\frac{31}{4}$
⑤ 8

07 3점 $\angle BAC=60°$ 이고 $\angle BCA>90°$인 둔각삼각형 ABC가 있다. 그림과 같이 $\angle BAC$의 이등분선과 선분 BC의 교점을 D, $\angle BAC$ 의 외각의 이등분선과 선분 BC의 연장선의 교점을 E라 할 때, 다음에서 항상 옳은 것을 모두 고른 것은?

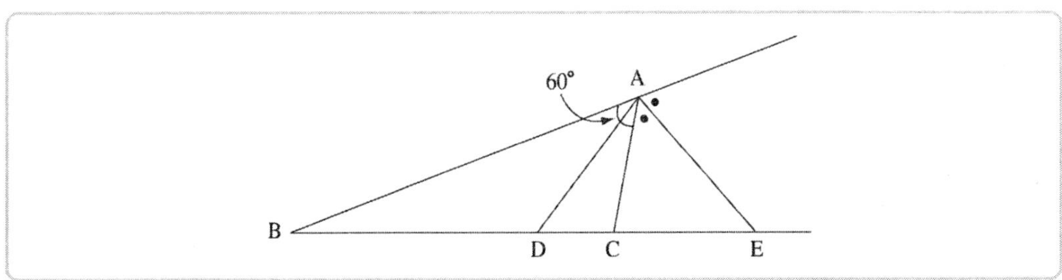

㉠ $\overrightarrow{AB}+\overrightarrow{AC}=2\overrightarrow{AD}$
㉡ $\overrightarrow{AB}\cdot\overrightarrow{AD}>\overrightarrow{AC}\cdot\overrightarrow{AE}$
㉢ $\overrightarrow{AB}\cdot\overrightarrow{AC}>\overrightarrow{AD}\cdot\overrightarrow{AE}$

① ㉠ ② ㉡
③ ㉢ ④ ㉡, ㉢
⑤ ㉠, ㉡, ㉢

08 3점

함수 $f(x)=x^3$에 대하여 A_n, B_n을 다음과 같이 정의하자. $A_n=\sum_{k=1}^{n}f\left(\frac{k-1}{n}\right)\frac{1}{n}$, $B_n=\sum_{k=1}^{n}\left\{1-f\left(\frac{k}{n}\right)\right\}\frac{1}{n}$ 일 때, 다음에서 옳은 것을 모두 고른 것은?

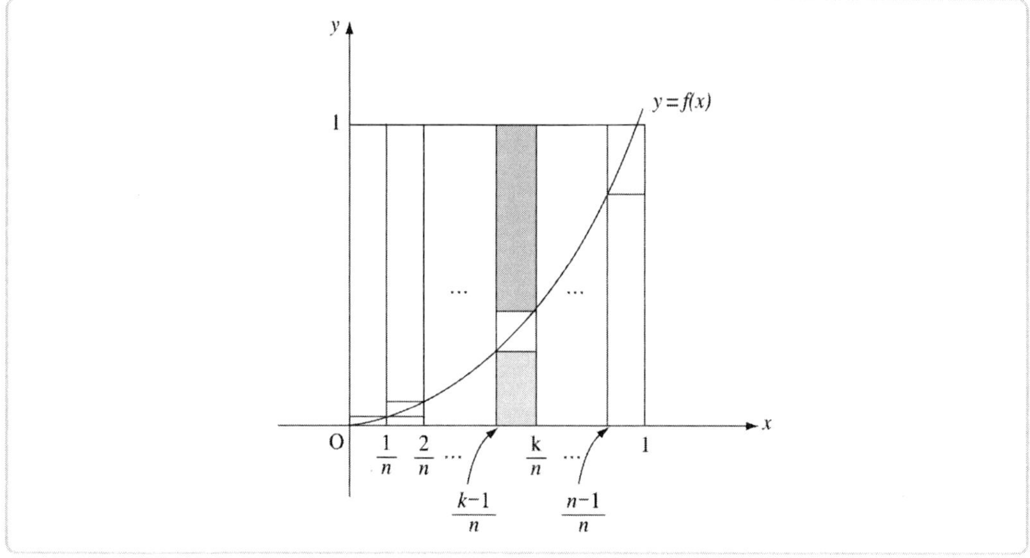

㉠ $\lim_{n\to\infty}(A_n+B_n)=1$
㉡ $\lim_{n\to\infty}B_n=\frac{3}{4}$
㉢ $\lim_{n\to\infty}(A_n-B_n)=-\frac{1}{4}$

① ㉠ ② ㉠, ㉡
③ ㉠, ㉢ ④ ㉡, ㉢
⑤ ㉠, ㉡, ㉢

09 함수 $f(x)$의 그래프가 그림과 같을 때, 다음에서 옳은 것을 모두 고른 것은?
4점

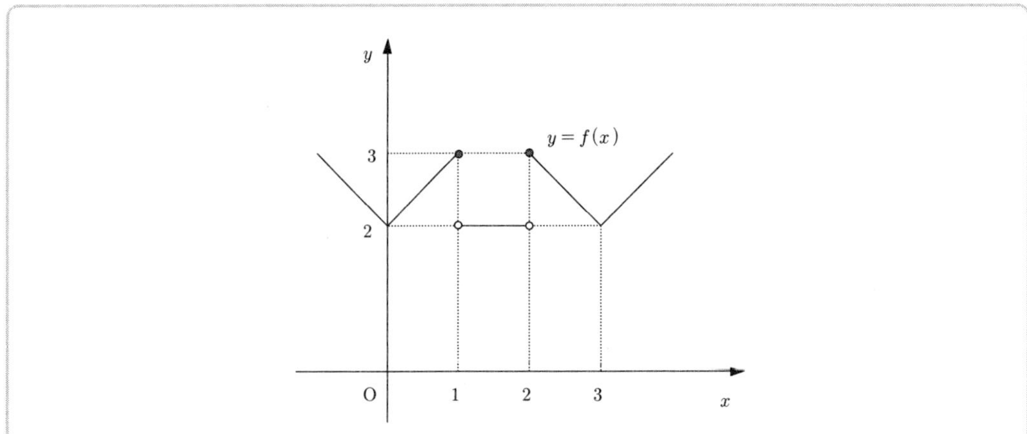

㉠ $\lim_{x\to 0}(f\circ f)(x)=2$

㉡ $\lim_{x\to 1-0}(f\circ f)(x)=\lim_{x\to 2+0}(f\circ f)(x)$

㉢ 함수 $(f\circ f)(x)$는 $x=3$에서 연속이다.

① ㉠
② ㉡
③ ㉢
④ ㉠, ㉢
⑤ ㉡, ㉢

10 삼차함수 $f(x)=x^3-3x$가 있다. 임의의 양의 실수 a에 대하여 $f(a)\ge f(b)$를 만족시키는 음의 실수 b의 최댓값은?
3점

① -6
② -5
③ -4
④ -3
⑤ -2

11 충분히 크고 비어 있는 물탱크에 다음과 같은 방법으로 물을 넣고 빼는 시행을 한다. 물탱크의 물의 양이 두 번째로 100L가 될 때까지 걸리는 시간은?
[4점]

> (가) 물을 넣기 시작한 지 t분 $(0 \le t \le 20)$이 지난 순간, 물탱크에 넣는 물의 부피의 변화율은 $(t+8)$(L/분)이다.
> (나) 물의 양이 130L가 되는 순간부터는 물탱크의 밑바닥에 있는 출구를 열어 물을 뺀다. 이 때, 빠져 나가는 물의 부피의 변화율은 26(L/분)으로 일정하다. 단, 물탱크의 출구를 열어도 (가)의 방법으로 계속 물을 넣는다.

① 10분
② 12분
③ 14분
④ 16분
⑤ 18분

12 중심이 O이고 반지름의 길이가 1인 구와, 점 O로부터 같은 거리에 있고 서로 수직인 두 평면 α, β가 있다. 그림과 같이 두 평면 α, β의 교선이 구와 만나는 점을 각각 A, B라 하자. 삼각형 OAB가 정삼각형일 때, 점 O와 평면 α 사이의 거리는?
[4점]

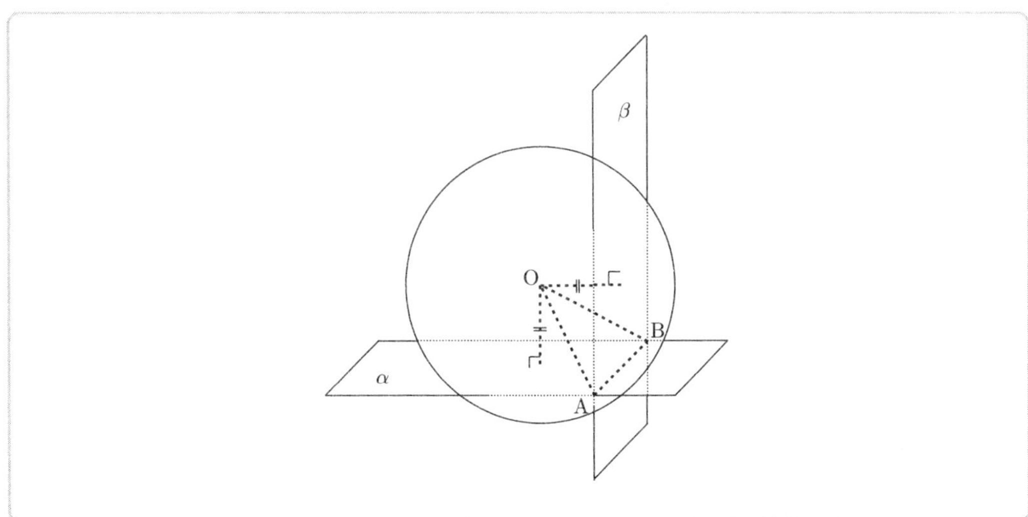

① $\dfrac{\sqrt{2}}{5}$
② $\dfrac{\sqrt{6}}{4}$
③ $\dfrac{\sqrt{5}}{5}$
④ $\dfrac{\sqrt{3}}{6}$
⑤ $\dfrac{\sqrt{2}}{2}$

13 3점 n이 자연수일 때, $2n$명의 학생을 두 명씩 n개의 조로 나누는 방법의 수를 a_n이라 하자. 이 때, $\frac{a_{11}}{a_{10}}$의 값은?

① 18 ② 19 ③ 20 ④ 21 ⑤ 22

14 4점 그림은 모든 모서리의 길이가 같은 정사각뿔 $\mathrm{O-ABCD}$와 정사면체 $\mathrm{O-CDE}$를 면 OCD가 공유하도록 붙여놓은 것이다. 평면 ABCD와 평면 CDE가 이루는 각의 크기를 θ라 할 때, $\cos^2\theta$의 값은?

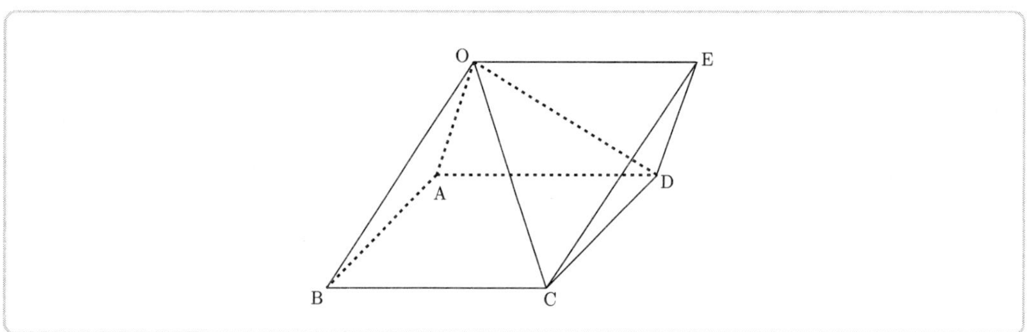

① $\frac{1}{2}$ ② $\frac{1}{3}$ ③ $\frac{1}{4}$ ④ $\frac{2}{9}$ ⑤ $\frac{1}{9}$

15 3점

두 수열 $\{a_n\}$, $\{b_n\}$이 모든 항이 양수인 등차수열일 때, 다음은 수열 $\{\sqrt{a_n b_n}\}$이 등차수열이면 $\frac{b_n}{a_n}=$ (가) 임을 증명한 것이다. 위의 증명에서 (가), (나), (다)에 알맞은 것은?

[증명]

수열 $\{\sqrt{a_n b_n}\}$ 이 등차수열이므로 모든 자연수 n 에 대하여

$\sqrt{a_n b_n}+\sqrt{a_{n+2} b_{n+2}}=\sqrt{\boxed{(나)}}$ …… ㉠

또, 두 수열 $\{a_n\}$, $\{b_n\}$이 등차수열이므로

$a_n+a_{n+2}=2a_{n+1}$ …… ㉡

$b_n+b_{n+2}=2b_{n+1}$ …… ㉢

㉡, ㉢을 ㉠에 대입한 후, 양변을 제곱하여 정리하면

$2\sqrt{a_n b_n a_{n+2} b_{n+2}}=a_n b_{n+2}+a_{n+2} b_n$

다시 위 식의 양변을 제곱하여 정리하면

$a_{n+2} b_n=\boxed{(다)}$ …… ㉣

따라서 ㉡㉢㉣에서

$\frac{b_n}{a_n}=\boxed{(가)}$

	(가)	(나)	(다)
①	$\frac{a_{n+1}}{b_{n+1}}$	$2a_{n+1}b_{n+1}$	$2a_n b_{n+2}$
②	$\frac{a_{n+1}}{b_{n+1}}$	$4a_{n+1}b_{n+1}$	$a_n b_{n+2}$
③	$\frac{b_{n+1}}{a_{n+1}}$	$2a_{n+1}b_{n+1}$	$2a_n b_{n+2}$
④	$\frac{b_{n+1}}{a_{n+1}}$	$4a_{n+1}b_{n+1}$	$a_n b_{n+2}$
⑤	$\frac{b_{n+1}}{a_{n+1}}$	$4a_{n+1}b_{n+1}$	$2a_n b_{n+2}$

16 3점 **첫째항이 1, 공비가 $\frac{1}{2}$ 인 등비수열 $\{a_n\}$에 대하여 S_n, T_n을 $S_n=\sum_{k=1}^{n}a_k$, $T_n=\sum_{k=n}^{\infty}a_k$와 같이 정의하자. 다음에서 옳은 것을 모두 고른 것은?**

> ㉠ $a_n+S_n=2$(단, $n=1,\ 2,\ 3,\ \cdots$)
> ㉡ $T_n=a_{n-1}$(단, $n=2,\ 3,\ 4,\ \cdots$)
> ㉢ $\lim_{n\to\infty}(S_n+T_n)=\sum_{k=1}^{\infty}a_k$

① ㉠
② ㉡
③ ㉠, ㉡
④ ㉡, ㉢
⑤ ㉠, ㉡, ㉢

17 3점 **확률변수 X는 정규분포 $\mathrm{N}(0,\ \sigma^2)$을 따르고, 확률변수 Z는 표준정규분포 $\mathrm{N}(0,\ 1^2)$을 따른다. 두 확률변수 X, Z의 확률밀도함수를 각각 $f(x)$, $g(x)$라 할 때, 다음 조건이 모두 성립한다. 두 곡선 $y=f(x)$, $y=g(x)$로 둘러싸인 부분의 넓이가 0.096일 때, X의 표준편차 σ의 값을 아래 표준정규분포표를 이용하여 구한 것은?**

> (가) $\sigma>1$
> (나) 두 곡선 $y=f(x)$, $y=g(x)$는 $x=-1.5$, $x=1.5$일 때 만난다.

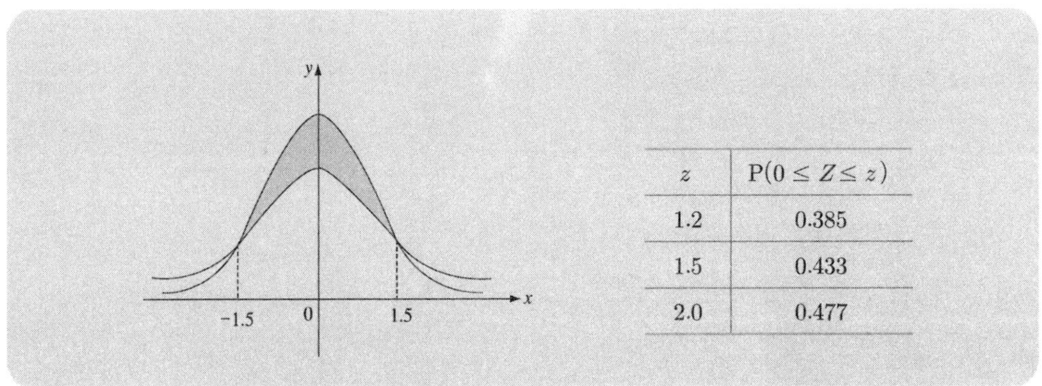

z	$\mathrm{P}(0\le Z\le z)$
1.2	0.385
1.5	0.433
2.0	0.477

① 1.20
② 1.25
③ 1.50
④ 1.75
⑤ 2.00

18 [4점] 어느 농장에서 생산된 포도송이의 무게는 평균 $600\,\mathrm{g}$, 표준편차 $100\,\mathrm{g}$ 인 정규분포를 따른다고 한다. 이 농장에서 생산된 포도송이 중 임의로 100 송이를 추출할 때, 포도송이의 무게가 $636\,\mathrm{g}$ 이상인 것이 42 송이 이상일 확률을 오른쪽 표준정규분포표를 이용하여 구한 것은?

z	$\mathrm{P}(0 \le Z \le z)$
0.36	0.14
1.00	0.34
1.25	0.39
2.00	0.48

① 0.02
② 0.11
③ 0.14
④ 0.16
⑤ 0.36

19 [3점] 그림과 같이 두 곡선 $y=\log_2 x$, $y=-\log_2 x$ 가 직선 $x=n$ (n은 2 이상의 자연수)과 만나는 점을 각각 A_n, B_n 이라 하고, 점 A_n 을 지나고 x 축과 평행한 직선이 곡선 $y=-\log_2 x$ 와 만나는 점을 C_n 이라 하자. 점 $\mathrm{D}(1,\,0)$에 대하여 두 삼각형 $\mathrm{A}_n\mathrm{B}_n\mathrm{D}$, $\mathrm{A}_n\mathrm{C}_n\mathrm{D}$ 의 넓이를 각각 S_n, T_n 이라 할 때, $\lim_{n\to\infty}\frac{T_n}{S_n}$ 의 값은?

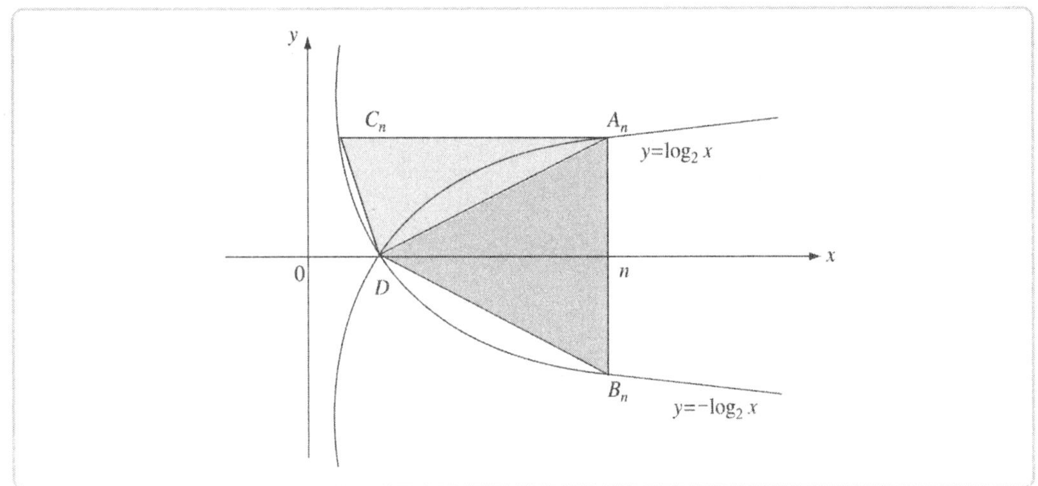

① $\frac{1}{2}$
② $\frac{5}{8}$
③ $\frac{3}{4}$
④ $\frac{7}{8}$
⑤ 1

20 [4점] [표 1]은 20개의 행과 20개의 열로 이루어진 표에 자연수를 규칙적으로 적어놓은 것이다. [표 2]는 [표 1]의 홀수 번째 행에 있는 수와, 짝수 번째 열에 있는 수를 모두 지운 것이다. [표 2]에 남아 있는 모든 자연수의 합은?

	제1열	제2열	제3열	제4열	제5열	…	제k열	…	제20열
제1행	1	2	3	4	5	…	k	…	20
제2행	2	2	3	4	5	…	k	…	20
제3행	3	3	3	4	5	…	k	…	20
제4행	4	4	4	4	5	…	k	…	20
제5행	5	5	5	5	5	…	k	…	20
⋮	⋮	⋮	⋮	⋮	⋮	⋮	⋮	⋮	⋮
제k행	k	k	k	k	k	…	k	…	⋮
⋮	⋮	⋮	⋮	⋮	⋮	⋮	⋮	⋮	⋮
제20행	20	20	20	20	20	…	…	…	20

[표 1]

	제1열	제2열	제3열	제4열	제5열	…	제20열
제1행							
제2행	2		3		5	…	
제3행							
제4행	4		4		5	…	
제5행							
⋮	⋮		⋮		⋮	⋮	
제20행	20		20		20	…	

[표 2]

① 1024
② 1155
③ 1225
④ 1280
⑤ 1385

21 4점 밑면의 반지름의 길이가 25, 모선의 길이가 100인 원뿔이 있다. 자연수 n에 대하여 그림과 같이 모선 $\overline{AB}$를 n등분한 점 중 꼭짓점 A에 가까운 점부터 차례로 $P_1,\ P_2,\ P_3,\ \cdots,\ P_{n-1}$이라 하고, 점 B를 P_n이라 하자. 또, 점 $P_k(k=1,\ 2,\ 3,\ \cdots,\ n)$에서 원뿔의 옆면을 한 바퀴 돌아서 점 P_k로 되돌아오는 최단 경로의 길이를 l_k라 할 때, $S_n=\sum_{k=1}^{n} l_k$라 하자. 이 때, $\lim_{n\to\infty}\frac{S_n}{n}$의 값은?

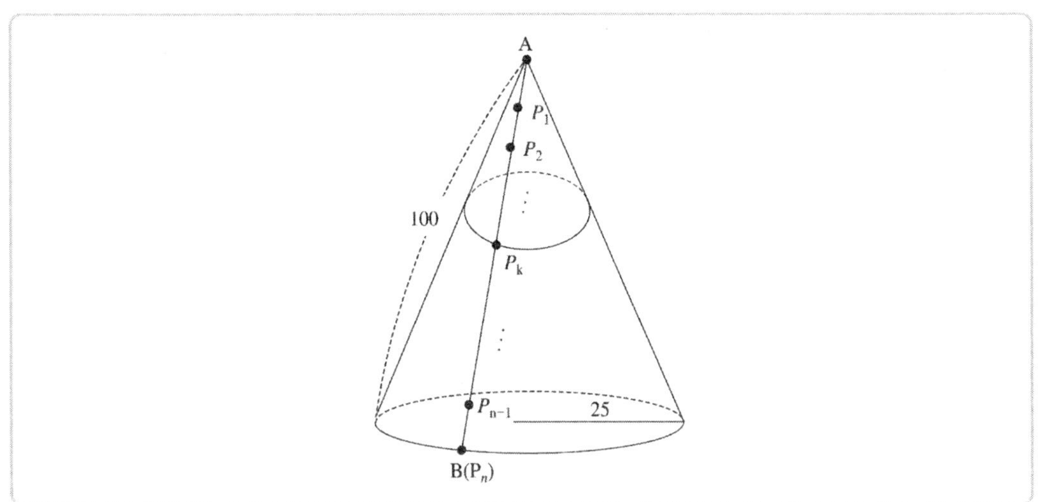

① $50\sqrt{2}$　② $75\sqrt{2}$　③ $100\sqrt{2}$　④ $125\sqrt{2}$　⑤ $150\sqrt{2}$

22 4점 좌표평면 위의 원점에 놓인 점 P가 1개의 동전을 던질 때마다 다음과 같이 움직인다고 한다. 예를 들어, 동전을 3번 던져서 차례로 앞면, 앞면, 뒷면이 나왔을 때 점 P가 지나간 자취는 그림과 같고, 이 자취는 직선 $y=\frac{3}{2}$과 두 점에서 만난다. 동전을 5번 던질 때, 점 P가 지나간 자취와 직선 $y=\frac{3}{2}$이 오직 한 점에서 만날 확률은?

앞면이 나오면 x축의 방향으로 1만큼, y축의 방향으로 1만큼 평행이동하고,
뒷면이 나오면 x축의 방향으로 1만큼, y축의 방향으로 -1만큼 평행이동한다.

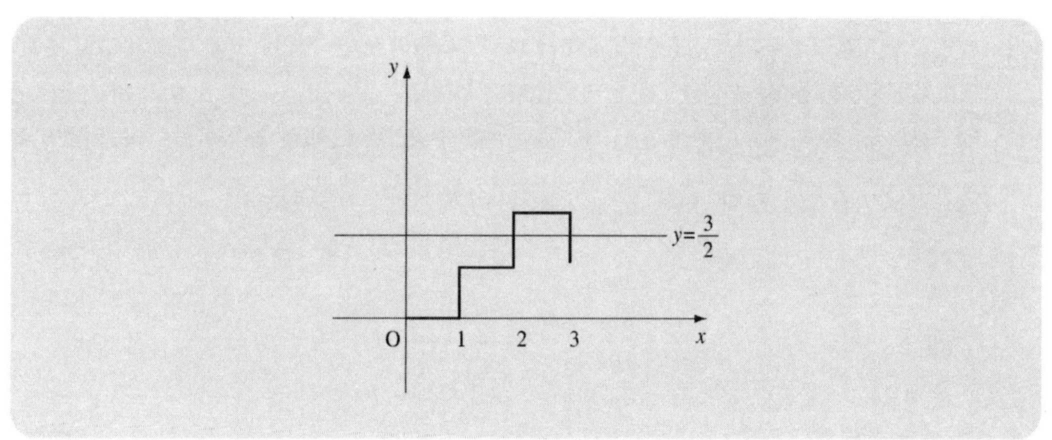

① $\frac{3}{32}$ ② $\frac{1}{8}$

③ $\frac{5}{32}$ ④ $\frac{7}{32}$

⑤ $\frac{1}{4}$

23 4점 그림과 같이 정사각형과 서로 합동인 5개의 원으로 이루어진 놀이판이 있다. 각 원의 중심은 정사각형의 네 꼭짓점과 두 대각선이 만나는 점이다. 서로 다른 5개의 돌 중에서 3개를 뽑아 3개의 원 안에 각각 1개씩 올려놓는 방법의 수는? (단, 회전하여 같은 경우는 한 가지로 계산한다)

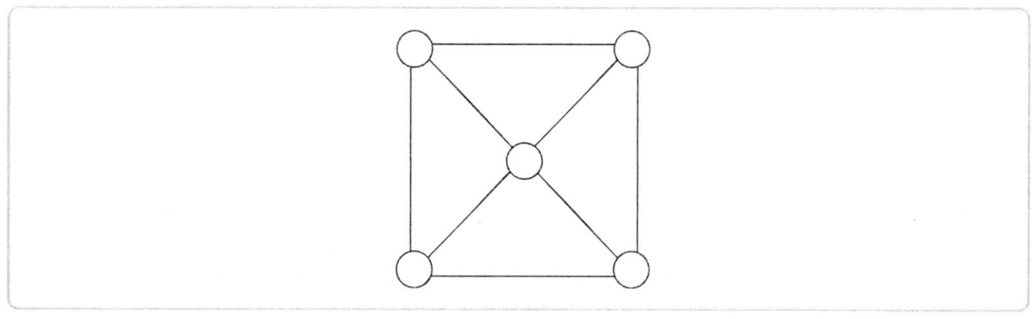

① 150 ② 160

③ 170 ④ 190

⑤ 200

24 어떤 영화의 흥행수입을 분석한 결과, 개봉한 후 50일째까지의 총 흥행수입이 400억 원이고, 개봉한 후 100일째까지의 총 흥행수입이 640억 원이라고 한다. 이 영화를 개봉한 후 n일째까지의 총 흥행수입을 $f(n)$ (억 원)이라 하면 $f(n)=a(1-b^n)$ (단, a, b는 양의 상수, n은 자연수)이 성립한다고 하자. 이 영화의 총 흥행수입이 처음으로 800억 원을 넘어서는 날은 개봉한 후 며칠 째인가? (단, $\log 2=0.30$, $\log 3=0.48$로 계산한다)

4점

① 140일
② 150일
③ 160일
④ 170일
⑤ 180일

주관식

25 방정식 $3(1-\log_2 x)^2-2(1-\log_2 x)-4=0$의 두 근을 각각 α, β라 할 때, $\alpha^3\beta^3$의 값을 구하시오.

3점

( )

주관식

26 $x\neq 2$인 모든 실수 x에서 정의된 두 함수 $f(x)$, $g(x)$가 다음 두 조건을 만족한다.

3점

이 때, $\lim_{x\to 2}\dfrac{4f(x)-40g(x)}{2f(x)-g(x)}$의 값을 구하시오.

(가) $\lim_{x\to 2}\{2f(x)+g(x)\}=1$
(나) $\lim_{x\to 2}g(x)=\infty$

( )

주관식

27 y축을 준선으로 하고 초점이 x축 위에 있는 두 포물선이 있다. 두 포물선이 y축에 대하여 서로 대칭이고, 두 포물선의 꼭짓점 사이의 거리는 4이다. 두 포물선에 동시에 접하고 기울기가 양수인 직선을 그을 때, 두 접점 사이의 거리를 d라 하자. d^2의 값을 구하시오.

3점

( )

주관식

28 4점 좌표공간에서 구 $(x-12)^2+(y-5)^2+(z-10)^2=100$ 이 xy 평면과 접하는 점을 A 라 하고, 구 위를 움직이는 점을 P 라 하자. 이 때, $\overrightarrow{OA} \cdot \overrightarrow{OP}$ 의 최댓값을 구하시오. (단, O는 원점이다)

( )

주관식

29 4점 좌표공간에서 집합 $\{(x, y, z) \mid x^2+(z-1)^2 \le 1,\ \ y=0,\ 0 \le z \le 1\}$이 나타내는 도형을 C 라 하자. 점 $A(0, -1, 2)$와 도형 C 위의 점 P를 지나는 직선이 xy 평면과 만나는 점을 Q라 하면 점 Q가 나타내는 도형의 넓이는 $\frac{b}{a}$ 이다. 이 때, $a+b$의 값을 구하시오. (단, a, b는 서로소인 자연수이다)

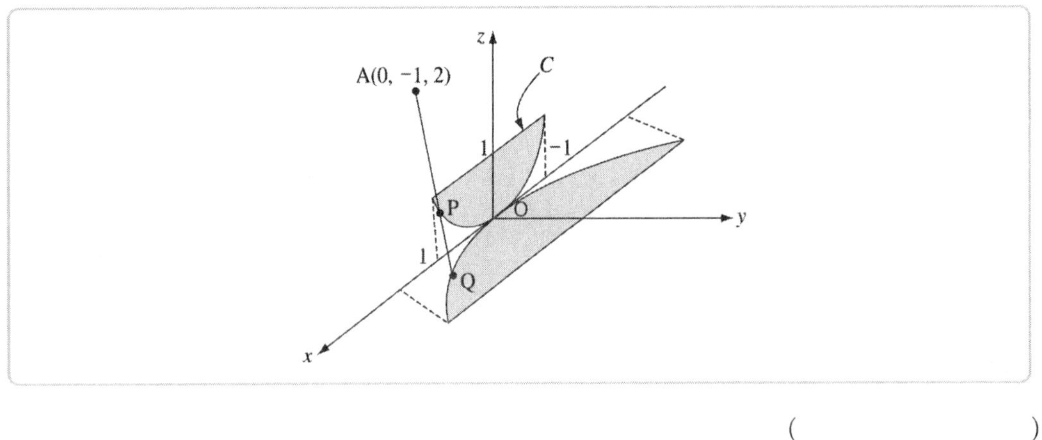

( )

주관식

30 4점 자연수 n에 대하여 2.52^{10n}의 최고자리의 숫자를 a_n이라 하자. 예를 들어, $2.52^{10} \fallingdotseq 1.03 \times 10^4$, $2.52^{20} \fallingdotseq 1.06 \times 10^8$, $2.52^{30} \fallingdotseq 1.10 \times 10^{12}$이므로 $a_1=a_2=a_3=1$ 이다. $a_n > 1$ 을 만족시키는 자연수 n의 최솟값을 구하시오. (단, $\log 2 = 0.3010$, $\log 2.52 = 0.4014$로 계산한다)

( )

04 | 2009학년도 수리영역

▶ 해설은 p. 29에 있습니다.

01 2점

등비수열 $\{a_n\}$에 대하여 $a_1+a_2+a_3=48$, $a_4+a_5+a_6=12$일 때, $a_7+a_8+a_9$의 값은?

① 1 ② 2 ③ 3 ④ 4 ⑤ 8

02 2점

다항함수 $f(x)$가 $\lim_{x\to\infty}\frac{f(x)-2x^3}{3x^2}=1$, $\lim_{x\to 0}\frac{f(x)}{x}=-12$를 만족시킬 때, $f(1)$의 값은?

① -7 ② -5 ③ -3 ④ 1 ⑤ 2

03 3점

행렬 $A=\begin{pmatrix}1 & -1\\3 & -2\end{pmatrix}$에 대하여 집합 X를 $X=\{A^n\,|\,n$은 자연수$\}$라 하자. 집합 X의 두 원소 P, Q가 다음 두 조건을 만족시킬 때, Q의 모든 성분의 합은?

> (가) P의 모든 성분의 합은 -3이다.
> (나) $PQ=E$ (단, E는 단위행렬이다)

① -3 ② -2 ③ 2 ④ 1 ⑤ 3

04 세 개의 주사위를 동시에 던질 때 나오는 눈의 수를 각각 a, b, c라 하자. 이때 세 수 a, b, c의 최대공약수가 2일 확률은?
3점

① $\frac{2}{27}$
② $\frac{17}{216}$
③ $\frac{19}{216}$
④ $\frac{5}{54}$
⑤ $\frac{25}{216}$

05 두 수열 $\{a_n\}$, $\{b_n\}$이 다음 조건을 모두 만족할 때, 이 때, $\lim_{n\to\infty}(a_n+b_n)$의 값은?
3점

(가) $a_1 = 10$, $b_1 = 1$

(나) $\begin{pmatrix} a_{n+1} \\ b_{n+1} \end{pmatrix} = \begin{pmatrix} \frac{1}{2} & \frac{1}{2} \\ 1 & 0 \end{pmatrix} \begin{pmatrix} a_n \\ b_n \end{pmatrix}$ $(n=1,\ 2,\ 3,\ \cdots)$

① 12
② 14
③ 16
④ 18
⑤ 20

06 그림은 함수 $f(x)=a|x-1|+b$ (a, b는 상수)의 그래프이다. 이 때, 방정식 $f(x)+2=\sqrt{2f(x)+7}$ 의 모든 실근의 곱은?

3점

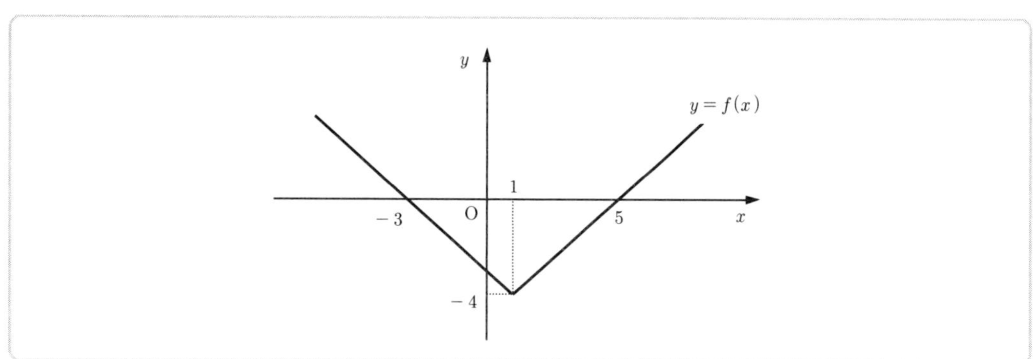

① -24　② -18　③ -9　④ 0　⑤ 9

07 모든 실수 x에 대하여 두 함수 $f(x)$, $g(x)$가 $f(x)=\begin{cases} 2x+1 & (x\neq 0) \\ 2 & (x=0) \end{cases}$, $g(x)=\cos\pi x$로 정의될 때, $\lim_{x\to 0}(f\circ g)(x)+\lim_{x\to 0}(g\circ f)(x)$의 값은?

3점

① -1　② 1　③ 2　④ 3　⑤ 4

08 3점 그림과 같은 직사각형 모양의 도로가 있다. P 지점에서 출발하여 Q 지점까지 도로를 따라 최단 거리로 갈 때, 도중에 방향을 바꾸는 횟수가 모두 7 번이 되는 경로의 수는?

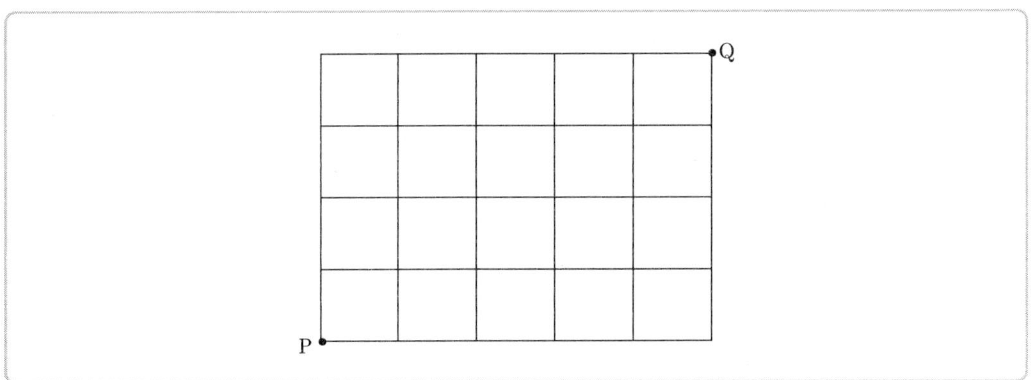

① 8
② 9
③ 10
④ 11
⑤ 12

09 4점 함수 $f(x)=\lim_{n\to\infty}\frac{2x^{2n+1}+x^2+1}{x^{2n}+1}$에 대한 설명 중 아래에서 옳은 것을 모두 고른 것은?

> ㉠ $x=-1$에서 연속이다.
> ㉡ $x=0$에서 극솟값 1을 갖는다.
> ㉢ $x=1$에서 미분가능하다.

① ㉠
② ㉡
③ ㉢
④ ㉠, ㉡
⑤ ㉡, ㉢

10 [3점] 어느 전자 회사에서는 신제품을 홍보하기 위해 7월 1일에 인터넷 사이트를 개설하여 한 달간 운영하였다. 이 사이트의 7월 1일의 회원 수가 2만 명이었고, 전날에 비해 매일 일정한 비율로 회원 수가 증가하여 7월 7일의 회원 수는 7월 1일의 회원 수보다 21% 증가하였다. 7월 4일의 회원 수가 7월 1일의 회원 수보다 A% 증가하였다고 할 때, A의 값은?

① 9　② 9.5　③ 10　④ 10.5　⑤ 11

11 [3점] 서류전형 후 필기시험을 실시하는 어느 시험에서 720명이 서류 전형에 합격하였다. 서류전형 합격자는 필기시험에서 A, B, C, D 4과목 중 2과목을 반드시 선택해야 하고, 각 과목을 선택할 확률은 모두 같다고 한다. 4과목 중 A, B를 선택한 서류전형의 합격자의 수가 110명 이상 145명 이하일 확률을 오른쪽 표준정규분포표를 이용하여 구한 것은?

z	$\mathrm{P}(0 \leq Z \leq z)$
1.0	0.3413
1.5	0.4332
2.0	0.4772
2.5	0.4938

① 0.0166　② 0.1359　③ 0.1525　④ 0.8351　⑤ 0.9104

12 [3점] 두 함수 $f(x)=2x^3-3x^2$, $g(x)=x^2-1$에 대하여 방정식 $(g \circ f)(x)=0$의 서로 다른 실근의 개수는?

① 1　② 2　③ 3　④ 4　⑤ 5

13 [3점] 그림과 같이 포물선 $y^2=4x$의 초점 F를 지나는 직선이 포물선과 만나는 두 점을 각각 P, Q라 하고, 두 점 P, Q에서 준선에 내린 수선의 발을 각각 A, B라 하자. $\overline{PF}=5$일 때, 사각형 ABQP의 넓이는?

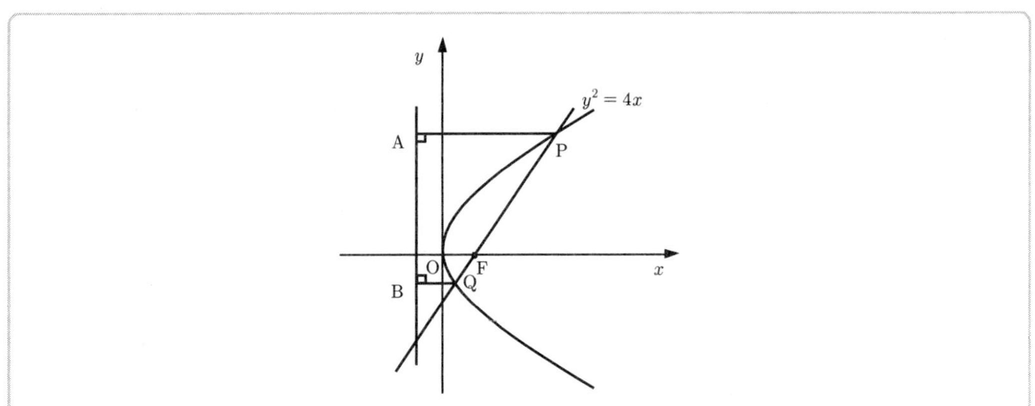

① $\dfrac{57}{4}$　　② $\dfrac{115}{8}$　　③ 15　　④ $\dfrac{125}{8}$　　⑤ $\dfrac{135}{8}$

14 [4점] 양의 실수 전체의 집합에서 연속인 함수 $f(x)$가 모든 자연수 n에 대하여 $\displaystyle\int_n^{n+1} f(x)dx=\frac{1}{n^2+2n}$를 만족시킬 때, $\displaystyle\lim_{n\to\infty} n\left(\int_1^n f(x)dx-\frac{3}{4}\right)$의 값은?

① -1　　② $-\dfrac{1}{2}$　　③ 0　　④ $\dfrac{1}{2}$　　⑤ 1

15 4점 다음은 모든 자연수 n에 대하여 등식 $\sum_{k=1}^{n} k^2\left\{\frac{1}{k(2k+1)}+\frac{1}{(k+1)(2k+3)}+\frac{1}{(k+2)(2k+5)}+\cdots+\frac{1}{n(2n+1)}\right\}=\frac{n(n+3)}{12}$이 성립함을 수학적귀납법으로 증명한 것이다. 다음의 증명에서 (가), (나), (다)에 알맞은 것을 차례대로 나열한 것은?

[증명]

(1) $n=1$일 때 (좌변)$=\frac{1}{3}$, (우변)$=\frac{1}{3}$이므로 주어진 등식은 성립한다.

(2) $n=m$일 때 성립한다고 가정하면

$$\sum_{k=1}^{m} k^2\left\{\frac{1}{k(2k+1)}+\frac{1}{(k+1)(2k+3)}+\frac{1}{(k+2)(2k+5)}+\cdots+\frac{1}{m(2m+1)}\right\}=\frac{m(m+3)}{12}$$

이제, $n=m+1$일 때 성립함을 보이자.

$$\sum_{k=1}^{m+1} k^2\left\{\frac{1}{k(2k+1)}+\frac{1}{(k+1)(2k+3)}+\frac{1}{(k+2)(2k+5)}+\cdots+\frac{1}{(m+1)(2m+3)}\right\}$$

$$=\sum_{k=1}^{m} k^2\left\{\frac{1}{k(2k+1)}+\frac{1}{(k+1)(2k+3)}+\frac{1}{(k+2)(2k+5)}+\cdots+\frac{1}{(m+1)(2m+3)}\right\}+\frac{\boxed{(가)}}{2m+3}$$

$$=\sum_{k=1}^{m} k^2\left\{\frac{1}{k(2k+1)}+\frac{1}{(k+1)(2k+3)}+\frac{1}{(k+2)(2k+5)}+\cdots+\frac{1}{\boxed{(나)}}\right\}$$

$$+\frac{1}{(m+1)(2m+3)}\sum_{k=1}^{m} k^2+\frac{\boxed{(가)}}{2m+3}$$

$$=\frac{m(m+3)}{12}+\frac{1}{(m+1)(2m+3)}\sum_{k=1}^{m+1}\boxed{(다)}$$

$$=\frac{(m+1)(m+4)}{12}$$

그러므로 $n=m+1$일 때도 성립한다.

따라서 (1), (2)에 의하여 모든 자연수 n에 대하여 주어진 등식은 성립한다.

	(가)	(나)	(다)
①	m	$(m+1)(2m+3)$	$(k-1)^2$
②	m	$m(2m+1)$	$(k-1)^2$
③	$m+1$	$m(2m+1)$	$(k-1)^2$
④	$m+1$	$(m+1)(2m+3)$	k^2
⑤	$m+1$	$m(2m+1)$	k^2

16 4점 이차정사각행렬 $A=\begin{pmatrix} a & b \\ c & d \end{pmatrix}$에 대하여 $f(A)=a+d$라 하자. 세 이차정사각행렬 A, B, C에 대하여 다음 중 항상 옳은 것을 모두 고른 것은?

㉠ $f(A-B)=f(A)-f(B)$
㉡ $f(AB)=f(BA)$
㉢ 영행렬이 아닌 행렬 C와 역행렬을 갖는 두 행렬 A, B에 대하여 $M=ACA^{-1}-BCB^{-1}$라 하면 $f(M)=0$이다.

① ㉠
② ㉠, ㉡
③ ㉠, ㉢
④ ㉡, ㉢
⑤ ㉠, ㉡, ㉢

17 4점 그림과 같이 장축의 길이가 4, 단축의 길이가 2인 타원이 있다. 이 타원의 두 초점 F, F′에 대하여 삼각형 AF′F의 넓이가 $\sqrt{2}$가 되도록 타원 위의 점 A를 정할 때, $\angle F'AF=\theta$라 하면 $\cos\theta$의 값은?

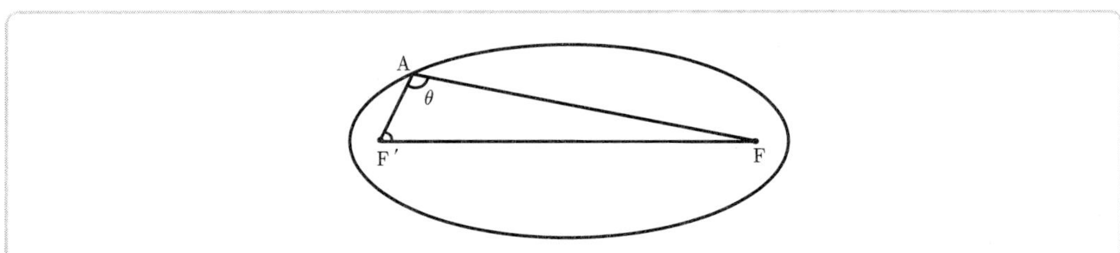

① $-\frac{1}{2}$
② $-\frac{1}{3}$
③ $-\frac{1}{4}$
④ $-\frac{1}{5}$
⑤ $-\frac{1}{6}$

18 4점 함수 $f(x)=|2^x-2|$의 그래프 위의 세 점 $(a,\ f(a))$, $(b,\ f(b))$, $(c,\ f(c))$가 $0<a<b<c$와 $f(a)>f(b)>f(c)$를 만족할 때, 다음 중에서 항상 옳은 것을 모두 고른 것은?

ㄱ $0<c<1$
ㄴ $0<f(a)+f(b)+f(c)<3$
ㄷ 방정식 $f(x)-a=0$은 서로 다른 두 실근을 갖는다.

① ㄱ
② ㄴ
③ ㄷ
④ ㄱ, ㄴ
⑤ ㄴ, ㄷ

19 3점 사관학교 생도의 60%는 입교 전에 확률과 통계 과목을 배웠고, 40%는 배우지 않았다고 한다. 확률과 통계 과목을 배운 생도들의 20%, 배우지 않은 생도들의 10%는 통계학 성적이 A학점이었다. 임의로 한 명의 생도를 뽑았더니 그 생도의 통계학 성적이 A학점이었을 때, 그 생도가 입교 전에 확률과 통계 과목을 배웠을 확률은?

① $\frac{5}{8}$
② $\frac{11}{16}$
③ $\frac{3}{4}$
④ $\frac{13}{16}$
⑤ $\frac{7}{8}$

20 4점 $f(x)=\log_2 x$라 할 때, $0<x<1$에서 방정식 $\log_2\left[\frac{f(x)}{[f(x)]}\right]=0$을 만족시키는 모든 x의 값을 가장 큰 수부터 차례대로 나열한 것을 $a_1,\ a_2,\ a_3,\ \cdots$이라 하자. 이 때, $\sum_{n=1}^{\infty} a_n$의 값은? (단, $[x]$는 x보다 크지 않은 최대의 정수이다)

① $\frac{1}{2}$
② $\frac{2}{3}$
③ $\frac{3}{4}$
④ 1
⑤ 2

21 그림과 같이 두 개의 정사면체 OABC와 OABC′가 면 OAB를 공유하고 있다. 벡터 $\overrightarrow{OC'} = p\,\overrightarrow{OA} + q\,\overrightarrow{OB} + r\,\overrightarrow{OC}$ 를 만족시키는 상수 p, q, r에 대하여 $p+q+r$의 값은?

3점

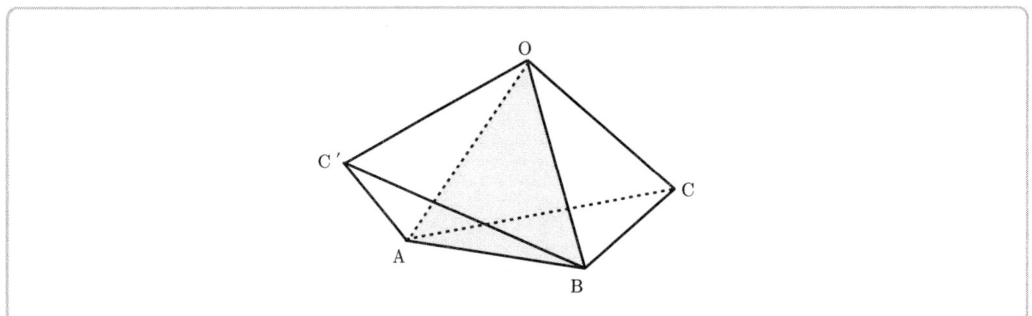

① $\frac{1}{4}$

② $\frac{1}{3}$

③ $\frac{1}{2}$

④ $\frac{2}{3}$

⑤ $\frac{3}{4}$

22 그림과 같은 $\overline{AD}=1$, $\overline{AB}=\sqrt{6}$, $\angle ADB = 90°$인 평행사변형 ABCD에서 $\overrightarrow{AD}=\vec{a}$, $\overrightarrow{AB}=\vec{b}$라 놓는다. 꼭짓점 D에서 선분 AC에 내린 수선의 발을 E라 할 때, 벡터 $\overrightarrow{AE}=k(\vec{a}+\vec{b})$를 만족시키는 실수 k의 값은?

4점

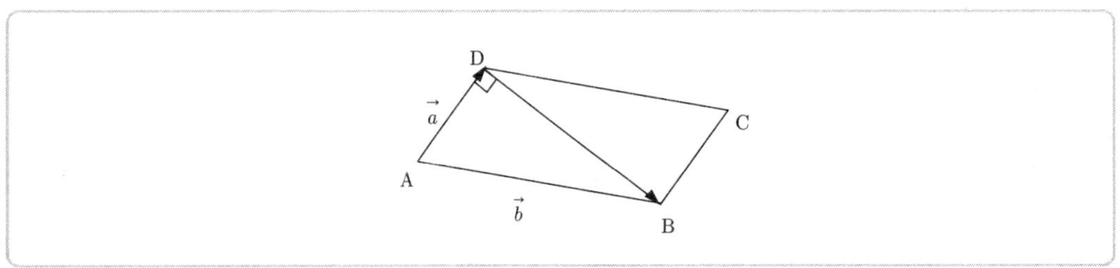

① $\frac{1}{6}$

② $\frac{2}{9}$

③ $\frac{5}{18}$

④ $\frac{1}{3}$

⑤ $\frac{\sqrt{6}}{6}$

23 [4점] 좌표공간에서 평면 $y=(\tan 75°)x$ 위의 도형 S를 벡터 $\vec{v}=(1,\ -1,\ 0)$에 평행한 광선으로 비추었더니, zx 평면에 나타난 도형 S의 그림자는 중심이 $(4,\ 0,\ 0)$이고 반지름의 길이가 3인 원이 되었다. 이 때, 도형 S의 넓이는?

① $3\sqrt{3}\pi$　　② $4\sqrt{3}\pi$

③ $\dfrac{9\sqrt{6}}{4}\pi$　　④ $3\sqrt{6}\pi$

⑤ $\dfrac{9\sqrt{6}}{2}\pi$

24 [4점] 다음은 좌표공간에 있는 세 점 A(3, 0, 2), B(0, 2, 1), C(1, 1, 1)를 꼭짓점으로 하는 삼각형 ABC의 외접원의 중심 P의 좌표를 벡터를 이용하여 구하는 과정이다. 아래 과정에서 (가), (나), (다), (라)에 해당하는 수를 모두 더하면?

> $\overrightarrow{CA}=\vec{a}$, $\overrightarrow{CB}=\vec{b}$라 하면 적당한 실수 p, q에 대하여
> $\overrightarrow{CP}=p\vec{a}+q\vec{b}$로 나타낼 수 있다.
> $|\overrightarrow{CP}|=|\overrightarrow{AP}|$에서
> $|\overrightarrow{CP}|^2=|\overrightarrow{CP}-\vec{a}|^2$
> $\therefore\ |\vec{a}|^2=$ (가) $\times(p|\vec{a}|^2+q\vec{a}\cdot\vec{b})$ …… ㉠
> 마찬가지로
> $|\overrightarrow{CP}|=|\overrightarrow{BP}|$에서
> $|\vec{b}|^2=$ (나) $\times(q|\vec{b}|^2+p\vec{a}\cdot\vec{b})$ …… ㉡
> $\vec{a}=(2,\ -1,\ 1)$, $\vec{b}=(-1,\ 1,\ 0)$, $\vec{a}\cdot\vec{b}=-3$이므로
> ㉠, ㉡으로부터
> $\therefore\ p=$ (다), $q=$ (라)
> 따라서 $\overrightarrow{CP}=(1,\ 2,\ 3)$이므로 삼각형 ABC의 외접원의 중심은 P(2, 3, 4)이다.
>
> P
> B　$\vec{b}$　C　$\vec{a}$　A

① 11　　② 12

③ 13　　④ 14

⑤ 15

주관식

25 2점

세 실수 $a,\ b,\ c$가 $ab=12,\ bc=8,\ 2^a=27$을 만족시킬 때, 4^c의 값을 구하시오.

(　　　　　　　　)

주관식

26 3점

정적분 $\displaystyle\int_2^6 \frac{x^2(x^2+2x+4)}{x+2}dx+\int_6^2 \frac{4(y^2+2y+4)}{y+2}dy$의 값을 구하시오.

(　　　　　　　　)

주관식

27 3점

그림과 같이 A 지점에서 직선 l에 내린 수선의 발을 A′, B지점에서 내린 수선의 발을 B′라 하자. $\overline{AA'}=15\text{km}$, $\overline{BB'}=75\text{km}$, $\overline{A'B'}=90\sqrt{3}\,\text{km}$이고 직선 l 위에 있는 P는 $\overline{AP}+\overline{PB}$의 값이 최소가 되는 점이다. 갑과 을은 동시에 출발하여 갑은 A에서 P를 거쳐 B에, 을은 B에서 P를 거쳐 A에 도착하였다. 두 사람이 만난 순간부터 각각 갑은 1시간 후에 B에 도착하였고, 을은 9시간 후에 A에 도착하였다. 을이 B에서 출발하여 갑과 만났을 때까지 이동한 거리를 $x$km라 할 때, x의 값을 구하시오. (단, 갑과 을은 각각 일정한 속력으로 직선 방향으로 이동한다)

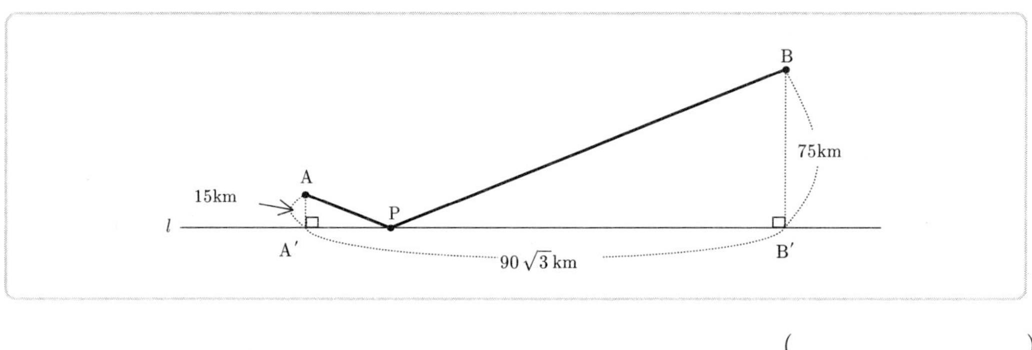

(　　　　　　　　)

주관식

28 [4점] 두 수열 $\{a_n\}$, $\{b_n\}$이 모든 자연수 n에 대하여 $a_1=1$, $a_2=3$, $a_{n+1}=\frac{a_n+a_{n+2}}{2}$,

$\sum_{k=1}^{n} a_k b_k=(4n^2-1)2^n+1$을 만족시킬 때, b_6의 값을 구하시오. (　　　　　)

주관식

29 [4점] 어느 임업연구소의 A, B 두 연구원이 소나무 군락지의 소나무들의 생장 상태를 알아보기 위하여 100 그루의 소나무들을 각각 a, b 그루로 나누어 키를 조사하였더니 오른쪽 표와 같은 결과를 얻었다. A, B 두 연구원이 각자 95%의 신뢰도로 군락지의 소나무들의 키의 평균을 추정하였더니 신뢰구간의 길이가 같았다. 소나무들의 키의 분포는 정규분포를 따른다고 할 때, $|a-b|$의 값을 구하시오. (단, 표준정규분포에서 $\mathrm{P}(0\le Z\le 1.96)=0.475$로 계산한다) (　　　　　)

	표본의 크기	표준편차
A연구원	a그루	3cm
B연구원	b그루	4cm

주관식

30 [4점] 그림과 같이 $\overline{\mathrm{OA}}=3$, $\overline{\mathrm{OB}}=2$, $\angle\mathrm{AOB}=30°$인 삼각형 OAB가 있다. 연립부등식 $3x+y\ge 2$, $x+y\le 2$, $y\ge 0$을 만족시키는 x, y에 대하여 벡터 $\overrightarrow{\mathrm{OP}}=x\overrightarrow{\mathrm{OA}}+y\overrightarrow{\mathrm{OB}}$의 종점 P가 존재하는 영역의 넓이를 S라 할 때, S^2의 값을 구하시오.

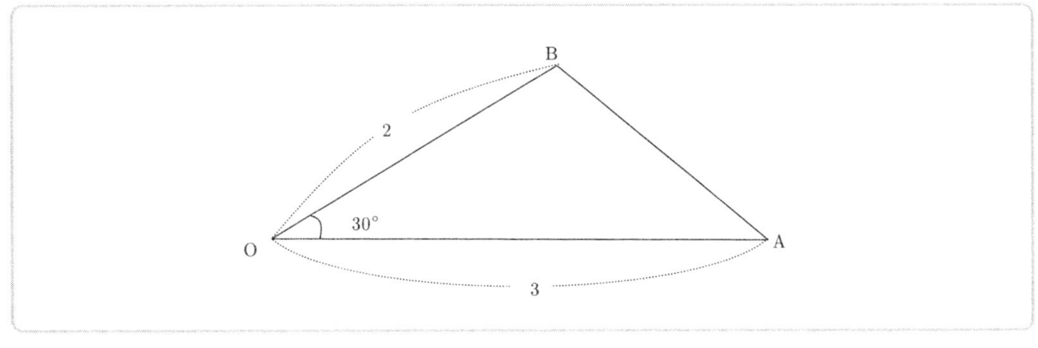

(　　　　　)

05 2010학년도 수리영역

▶ 해설은 p. 39에 있습니다.

01 $(\sqrt[3]{-16}+\sqrt[3]{250})^3$ 의 값은?

2점

① 48 ② 54

③ 72 ④ 96

⑤ 108

02 점 $\mathrm{A}(-2,\ 4)$ 에서 포물선 $y^2=4x$ 에 그은 두 접선의 기울기의 곱은?

2점

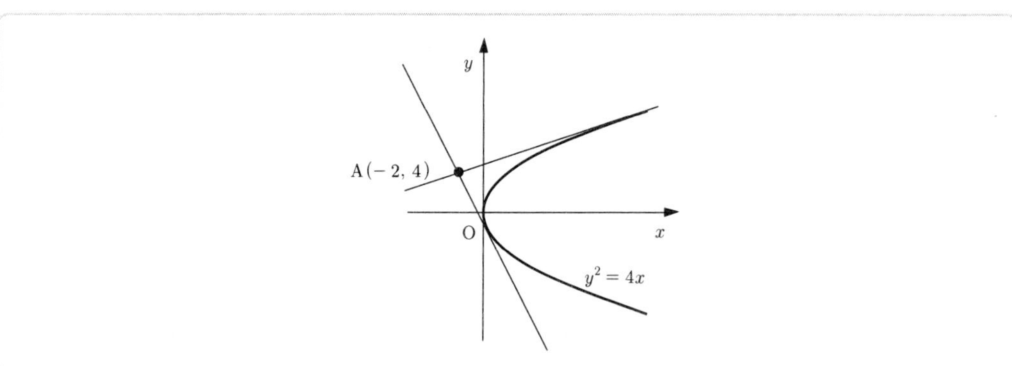

① $-\frac{1}{4}$ ② $-\frac{3}{8}$

③ $-\frac{1}{2}$ ④ $-\frac{5}{8}$

⑤ $-\frac{3}{4}$

03 2점 $\lim_{x\to2}\frac{\sqrt{6-x}-2}{\sqrt{3-x}-1}$ 의 값은?

① $\frac{1}{3}$　　② $\frac{1}{2}$

③ $\frac{2}{3}$　　④ $\frac{3}{2}$

⑤ 2

04 3점 한 변의 길이가 8인 정사각형 ABCD 에서 그림과 같이 변 AB 를 $3:1$로 내분하는 점을 E, 변 CD 를 $3:1$로 내분하는 점을 F 라 하자. 변 BC 위의 양 끝점이 아닌 점 P 에 대하여 두 직각삼각형 EBP, PCF 의 둘레의 길이의 합이 28 일 때, $10\overline{BP}$ 의 값은?

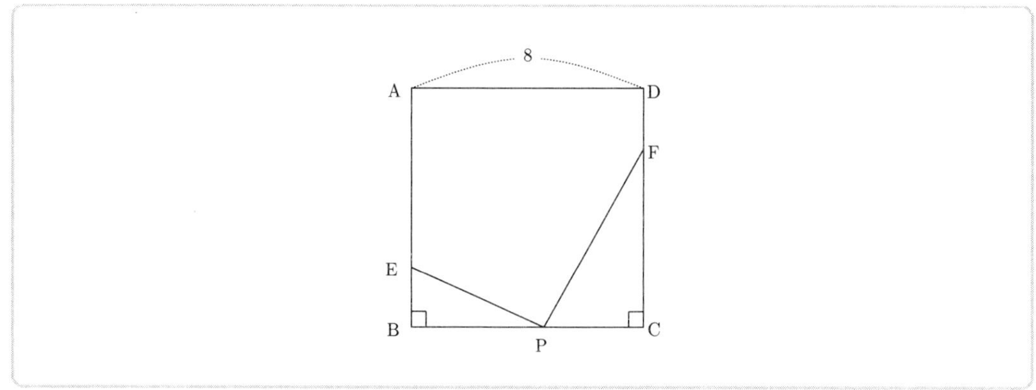

① 45　　② 48

③ 51　　④ 53

⑤ 55

05 3점 다음은 r이 자연수일 때 $n \geq r$인 모든 자연수 n에 대하여 등식 $\sum_{i=r}^{n} {}_{i}\mathrm{C}_{r} = {}_{n+1}\mathrm{C}_{r+1}$이 성립함을 수학적 귀납법으로 증명하는 과정이다. 다음 증명에서 (가), (나), (다)에 알맞은 것은?

[증명]

(1) $n=r$일 때

(좌변)$= {}_{r}\mathrm{C}_{r} =$ (가), (우변)$= {}_{r+1}\mathrm{C}_{r+1} =$ (가)

이므로 주어진 등식이 성립한다.

(2) $n=k$ $(k \geq r)$일 때 주어진 등식이 성립한다고 가정하면 $\sum_{i=r}^{k} {}_{i}\mathrm{C}_{r} = {}_{k+1}\mathrm{C}_{r+1}$이다.

$n=k+1$일 때 성립함을 보이자.

$$\sum_{i=r}^{k+1} {}_{i}\mathrm{C}_{r} = {}_{k+1}\mathrm{C}_{r+1} + \boxed{\text{(나)}}$$

$$= \boxed{\text{(다)}} + \frac{(k+1)!}{(k+1-r)!\,r!} = \frac{(k+2)!}{(k+1-r)!\,(r+1)!}$$

$$= {}_{k+2}\mathrm{C}_{r+1}$$

따라서 $n=k+1$일 때 주어진 등식이 성립한다.

(1), (2)에 의하여 $n \geq r$인 모든 자연수 n에 대하여 주어진 등식이 성립한다.

	(가)	(나)	(다)
①	1	${}_{k+1}\mathrm{C}_{r}$	$\frac{(k+1)!}{(k-r)!\,(r+1)!}$
②	1	${}_{k+1}\mathrm{C}_{r}$	$\frac{(k+1)!}{(k+1-r)!\,r!}$
③	1	${}_{k+1}\mathrm{C}_{r+1}$	$\frac{(k+1)!}{(k-r)!\,(r+1)!}$
④	r	${}_{k+1}\mathrm{C}_{r+1}$	$\frac{(k+1)!}{(k+1-r)!\,r!}$
⑤	r	${}_{k+1}\mathrm{C}_{r}$	$\frac{(k+1)!}{(k+1-r)!\,r!}$

06 좌표평면에서 그림과 같이 직선 $x=2$ 위를 움직이는 점 A에 대하여 선분 OA가 원 $x^2+y^2=1$과 만나는 점을 B라 하자. 평면 위의 점 P가 다음 조건을 모두 만족시키며 움직이면 점 P가 나타내는 도형은 어떤 쌍곡선의 일부가 된다. 이때, 이 쌍곡선의 점근선 중 기울기가 양수인 점근선의 방정식은? (단, O는 원점이다)

3점

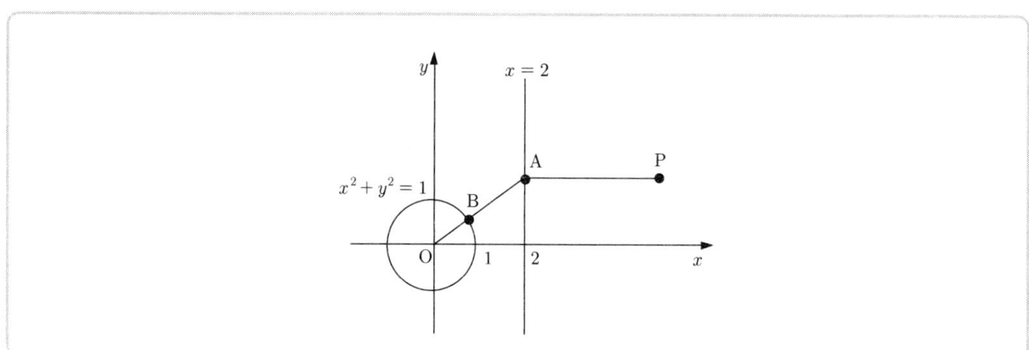

- $\overline{AP}=2\overline{AB}$
- 직선 AP는 직선 $x=2$와 수직이다.
- 점 P의 x좌표는 2보다 크다.

① $y=\frac{1}{3}x$　　② $y=\frac{\sqrt{2}}{3}x$

③ $y=\frac{\sqrt{3}}{3}x$　　④ $y=\frac{1}{2}x$

⑤ $y=\frac{\sqrt{2}}{2}x$

07 두 수열 $\{a_n\}$, $\{b_n\}$을 모든 자연수 n에 대하여 $a_n=\log_2(n!)$, $b_n=a_{n+1}-a_n$으로 정의할 때, 옳은 것만을 다음 중 모두 고른 것은?

3점

ㄱ $b_{15}=4$

ㄴ $9<\sum_{k=1}^{5}b_k<10$

ㄷ n이 짝수일 때 b_n의 값은 무리수이다.

① ㄱ　　② ㄱ, ㄴ

③ ㄱ, ㄷ　　④ ㄴ, ㄷ

⑤ ㄱ, ㄴ, ㄷ

08 3점 어느 보안 전문회사에서 바이러스 감염 여부를 진단하는 프로그램을 개발하였다. 그 진단 프로그램은 바이러스에 감염된 컴퓨터를 감염되었다고 진단할 확률이 94%이고, 바이러스에 감염되지 않은 컴퓨터를 감염되지 않았다고 진단할 확률이 98%이다. 실제로 바이러스에 감염된 컴퓨터 200대와 바이러스에 감염되지 않은 컴퓨터 300대에 대해 이 진단 프로그램으로 바이러스 감염 여부를 검사하려고 한다. 이 500대의 컴퓨터 중 임의로 한 대를 택하여 이 진단 프로그램으로 감염 여부를 검사하였더니 바이러스에 감염되었다고 진단하였을 때, 이 컴퓨터가 실제로 감염된 컴퓨터일 확률은?

① $\frac{94}{97}$　② $\frac{92}{97}$

③ $\frac{90}{97}$　④ $\frac{47}{49}$

⑤ $\frac{47}{50}$

09 3점 다음은 어느 보석 상점에서 판매하는 다이아몬드 가격표의 일부이다. 이 상점에서 판매하는 다이아몬드의 무게가 x캐럿일 때, 그 가격 $f(x)$만원은 $f(x)=a(b^x-1)$ (단, $a>0$, $b>1$인 상수)로 주어진다고 한다. 이때, 이 상점에서 판매하는 무게가 1.5캐럿인 다이아몬드의 가격은?

무게(캐럿)	가격(만원)
0.3	70
0.6	210

① 1875 만원　② 1965 만원

③ 1980 만원　④ 2170 만원

⑤ 2250 만원

10 3점 2009년 8월 초 판매 가격이 200만원인 노트북컴퓨터의 판매 가격은 매월 초 직전 달보다 1%씩 계속 인하된다고 하자. 어느 은행에 2009년 8월 초부터 2010년 7월 초까지 매월 초마다 일정한 금액을 적립하여, 12개월 후인 2010년 8월 초에 원금과 이자를 모두 찾아 바로 노트북컴퓨터를 구입하기로 하였다. 이 은행은 월이율이 1%이고 매월마다 복리로 계산한다고 할 때, 매월 초에 적립해야 할 최소금액은? (단, $0.99^{12}=0.89$, $1.01^{12}=1.13$으로 계산하고 천원 단위에서 반올림하며, 세금은 고려하지 않는다)

① 11 만원　② 12 만원

③ 13 만원　④ 14 만원

⑤ 15 만원

11 3점 임의의 실수 x 에 대하여 $x = n + \alpha$(n은 정수, $0 \le \alpha < 1$)일 때, n을 x의 정수부분, α를 x의 소수부분이라 하자. $10 < a < b < 50$인 두 자연수 a, b에 대하여 $\log_2 a$의 소수부분과 $\log_2 b$의 소수부분이 같을 때 순서쌍 (a, b)의 개수는?

① 15 ② 16 ③ 17 ④ 18 ⑤ 19

12 3점 파장이 λ이고 강도가 I_0인 광선이 어떤 용액을 통과하면 이 용액에 광선이 흡수되어 입사광의 강도가 감소된다. 광선이 농도가 c인 용액을 통과한 거리가 d일 때의 광선의 강도를 I라 하면 I와 입사광의 강도 I_0 사이에는 $I = I_0 \times 10^{-acd}$, $a = \dfrac{4\pi k}{\lambda}$ (단, k는 소멸계수)인 관계가 성립하고, 이 용액의 흡광도 A를 $A = \log I_0 - \log I$로 정의한다. 파장이 λ_1인 광선이 농도가 0이 아닌 어떤 용액을 통과한 거리가 d_1일 때의 흡광도를 A_1, 파장이 $2\lambda_1$인 광선이 동일한 농도의 이 용액을 통과한 거리가 $4d_1$일 때의 흡광도를 A_2라 하자. 이때, 소멸계수 k가 일정하다고 할 때 $\dfrac{A_2}{A_1}$의 값은? (단, $\lambda_1 d_1 \neq 0$이다)

① 8 ② 2 ③ 1 ④ $\dfrac{1}{2}$ ⑤ $\dfrac{1}{8}$

13 3점 폐구간 $[0, 1]$에서 $0 < f(x) < 1$를 만족시키는 다항함수 $f(x)$에 대하여 옳은 것만을 다음 중 모두 고른 것은?

ㄱ. $f(a) = a$인 실수 a가 개구간 $(0, 1)$에 적어도 하나 존재한다.
ㄴ. $f'(b) < 1$인 실수 b가 개구간 $(0, 1)$에 적어도 하나 존재한다.
ㄷ. 개구간 $(0, 1)$의 모든 x에 대하여 $\int_0^x f(t)\,dt < x$이다.

① ㄱ ② ㄴ ③ ㄱ, ㄴ ④ ㄴ, ㄷ ⑤ ㄱ, ㄴ, ㄷ

14 3점 x, y에 대한 연립방정식 $\begin{cases} ax+by=p \\ cx+dy=q \end{cases}$에서 행렬 A, B를 $A=\begin{pmatrix} a & b \\ c & d \end{pmatrix}$, $B=\begin{pmatrix} a & p \\ c & q \end{pmatrix}$라 하자. 옳은 것만을 다음 중 모두 고른 것은? (단, a, b, c, d, p, q는 모두 0이 아닌 상수)

> ㉠ A의 역행렬이 존재하면 연립방정식은 오직 한 쌍의 해를 갖는다.
> ㉡ A, B의 역행렬이 모두 존재하지 않으면 연립방정식의 해는 무수히 많다.
> ㉢ A의 역행렬이 존재할 때, 실수 k_1, k_2에 대하여 $k_1\begin{pmatrix} a \\ c \end{pmatrix}+k_2\begin{pmatrix} b \\ d \end{pmatrix}=\begin{pmatrix} 0 \\ 0 \end{pmatrix}$이면 $k_1=k_2=0$이다.

① ㉠ ② ㉠, ㉡
③ ㉠, ㉢ ④ ㉡, ㉢
⑤ ㉠, ㉡, ㉢

15 4점 다음은 서로 다른 두 점에서 만나는 두 곡선 $y=x^2$과 $y=ax^2+bx+c$에 대하여 $d=b^2-4c(a-1)$이라 하고, 두 곡선으로 둘러싸인 부분의 넓이를 S라 할 때 $S=\dfrac{d\sqrt{d}}{6(a-1)^2}$임을 증명하는 과정이다. 다음 증명에서 (가), (나), (다)에 들어갈 식으로 알맞은 것은? (단, $a\neq 0$이고 a, b, c는 실수)

> [증명]
> 두 곡선 $y=x^2$과 $y=ax^2+bx+c$가 서로 다른 두 점에서 만나므로 이차방정식 $(a-1)x^2+bx+c=0$은 서로 다른 두 실근 $\alpha, \beta(\alpha<\beta)$를 갖는다.
> 따라서 $a\neq 1$, $d>0$이고 $\beta-\alpha=$ (가) ……… ㉠
> 그런데 $\displaystyle\int_\alpha^\beta\{(a-1)x^2+bx+c\}\,dx=($ (나) $)\int_\alpha^\beta(x-\alpha)(x-\beta)\,dx=$ (다) ……… ㉡
> 따라서 ㉠과 ㉡에 의해 두 곡선으로 둘러싸인 부분의 넓이 S는 $S=\left|\text{(다)}\right|=\dfrac{d\sqrt{d}}{6(a-1)^2}$

	(가)	(나)	(다)
①	$\dfrac{\sqrt{d}}{\lvert a-1\rvert}$	$1-a$	$\dfrac{1-a}{6}(\beta-\alpha)^3$
②	$\dfrac{\sqrt{d}}{\lvert a-1\rvert}$	$a-1$	$\dfrac{a-1}{6}(\beta-\alpha)^3$
③	$\dfrac{\sqrt{d}}{a-1}$	$1-a$	$\dfrac{a-1}{6}(\beta-\alpha)^3$
④	$\dfrac{\sqrt{d}}{\lvert a-1\rvert}$	$a-1$	$\dfrac{1-a}{6}(\beta-\alpha)^3$
⑤	$\dfrac{\sqrt{d}}{a-1}$	$a-1$	$\dfrac{1-a}{6}(\beta-\alpha)^3$

16 4점 **좌표평면 위에 네 점 $\mathrm{O}(0, 0)$, $\mathrm{A}(1, 0)$, $\mathrm{B}(1, 1)$, $\mathrm{C}(0, 1)$을 꼭짓점으로 하는 정사각형 OABC 가 있다. 곡선 $y=x^4$과 직선 $y=k(0<k<1)$에 의해 정사각형 OABC 를 네 영역으로 나눌 때, 그림과 같이 네 영역의 넓이를 각각 S_1, S_2, S_3, S_4라 하자. 이때, $|S_1-S_3|+|S_2-S_4|$의 최솟값은?**

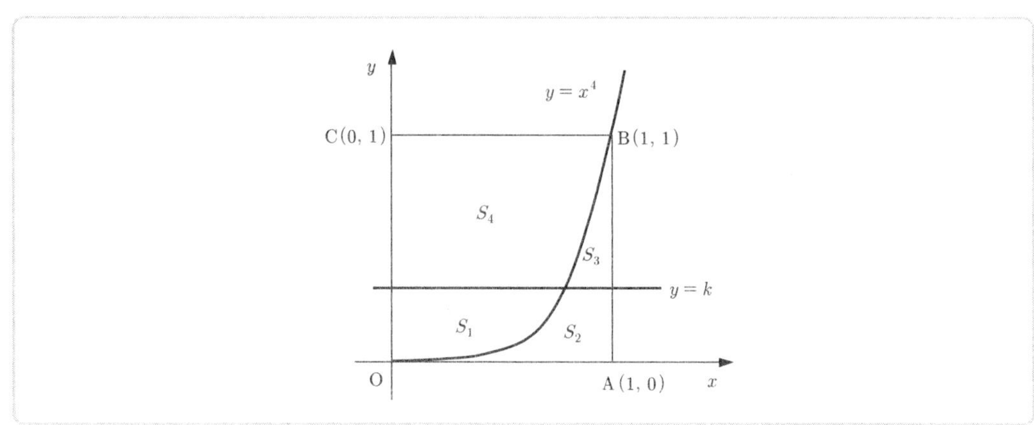

① $\dfrac{2}{5}$

② $\dfrac{1}{2}$

③ $\dfrac{3}{5}$

④ $\dfrac{2}{3}$

⑤ $\dfrac{3}{4}$

17 4점 좌표공간에서 두 점 $\mathrm{A}(4,\ 0,\ 0)$, $\mathrm{B}(-4,\ 0,\ 0)$과 움직이는 점 P에 대하여 $\overrightarrow{\mathrm{OA}}=\vec{a}$, $\overrightarrow{\mathrm{OB}}=\vec{b}$, $\overrightarrow{\mathrm{OP}}=\vec{p}$라 할 때, 다음 조건을 모두 만족시키는 점 P가 나타내는 도형의 길이는? (단, O는 원점이다)

- $(\vec{p}-\vec{a})\cdot(\vec{p}-\vec{b})=0$
- $(\vec{p}-\vec{a})\cdot(\vec{p}-\vec{a})=16$

① $2\sqrt{2}\,\pi$　② $2\sqrt{3}\,\pi$　③ 4π　④ $4\sqrt{2}\,\pi$　⑤ $4\sqrt{3}\,\pi$

18 4점 그림과 같이 곡선 $y=x^2$ 위의 점 $\mathrm{P}(2a,\ 4a^2)$에서의 접선 l이 x축과 만나는 점을 A라 하고, 점 A를 지나고 접선 l에 수직인 직선이 y축과 만나는 점을 B라 하자. 삼각형 OAB에 내접하는 원의 반지름의 길이를 $r(a)$라 할 때, $\lim_{a\to\infty} r(a)$의 값은? (단, $a>0$, O는 원점이다)

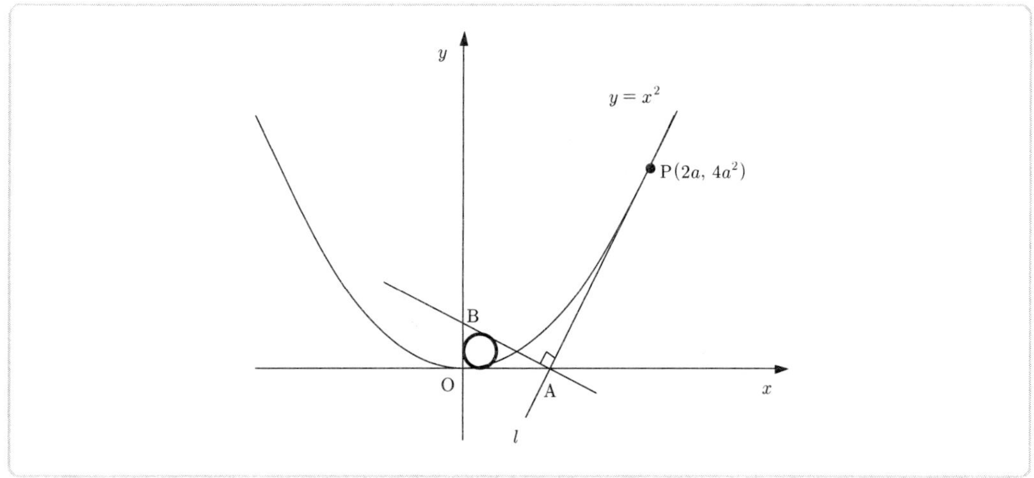

① $\frac{\sqrt{3}}{6}$　② $\frac{\sqrt{2}}{4}$　③ $\frac{1}{8}$　④ $\frac{1}{6}$　⑤ $\frac{3}{16}$

19 4점 [그림 1]과 같이 한 변의 길이가 1인 정사각형 $\mathrm{A_1B_1C_1D_1}$의 네 꼭짓점에서 반지름의 길이가 $\overline{\mathrm{A_1B_1}}$인 사분원을 그리고, 정사각형 $\mathrm{A_1B_1C_1D_1}$의 내부에서 각 사분원끼리 만나는 점을 각각 $\mathrm{A_2}$, $\mathrm{B_2}$, $\mathrm{C_2}$, $\mathrm{D_2}$라 하자. 또 [그림 2]와 같이 정사각형 $\mathrm{A_2B_2C_2D_2}$의 네 꼭짓점에서 반지름의 길이가 $\overline{\mathrm{A_2B_2}}$인 사분원을 그리고, 정사각형 $\mathrm{A_2B_2C_2D_2}$의 내부에서 각 사분원끼리 만나는 점을 각각 $\mathrm{A_3}$, $\mathrm{B_3}$, $\mathrm{C_3}$, $\mathrm{D_3}$이라 하자.

이와 같은 과정을 계속하여 모든 자연수 n에 대하여 정사각형 $\mathrm{A}_n\mathrm{B}_n\mathrm{C}_n\mathrm{D}_n$의 네 꼭짓점에서 반지름의 길이가 $\overline{\mathrm{A_nB_n}}$인 사분원을 그리고, 정사각형 $\mathrm{A}_n\mathrm{B}_n\mathrm{C}_n\mathrm{D}_n$의 내부에서 각 사분원끼리 만나는 점을 각각 A_{n+1}, B_{n+1}, C_{n+1}, D_{n+1}이라 하자. 모든 자연수 n에 대하여 정사각형 $\mathrm{A}_n\mathrm{B}_n\mathrm{C}_n\mathrm{D}_n$의 넓이를 S_n이라 할 때, $\sum_{n=1}^{\infty} S_n$의 값은?

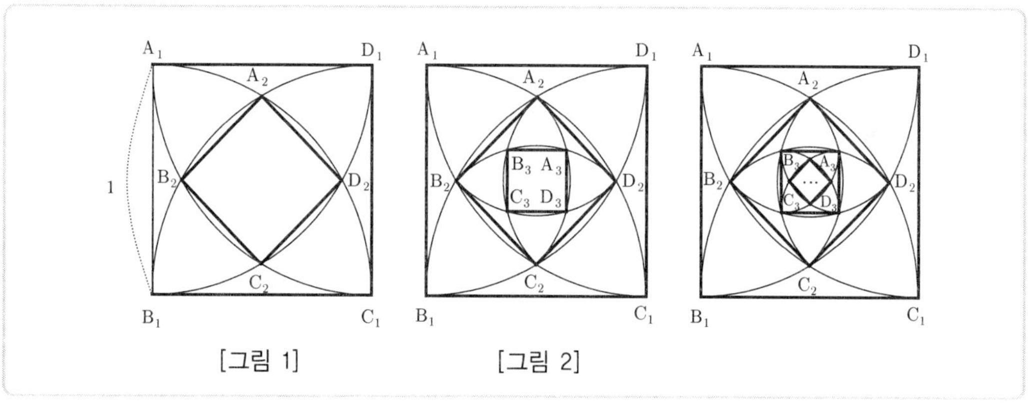

[그림 1] [그림 2]

① $\dfrac{1+\sqrt{3}}{2}$　② $\dfrac{2+\sqrt{3}}{2}$

③ $\dfrac{2+\sqrt{3}}{3}$　④ $\dfrac{2+2\sqrt{3}}{3}$

⑤ $\dfrac{1+3\sqrt{3}}{3}$

20 4점 좌표공간에서 세 점 $A(1, 0, 0)$, $B(0, 2, 0)$, $C(0, 0, 3)$을 지나는 평면을 α라 하자. 그림과 같이 평면 α와 xy평면의 이면각 중에서 예각인 것을 이등분하면서 선분 AB를 포함하는 평면을 β라 할 때, 평면 β가 z축과 만나는 점의 z좌표는?

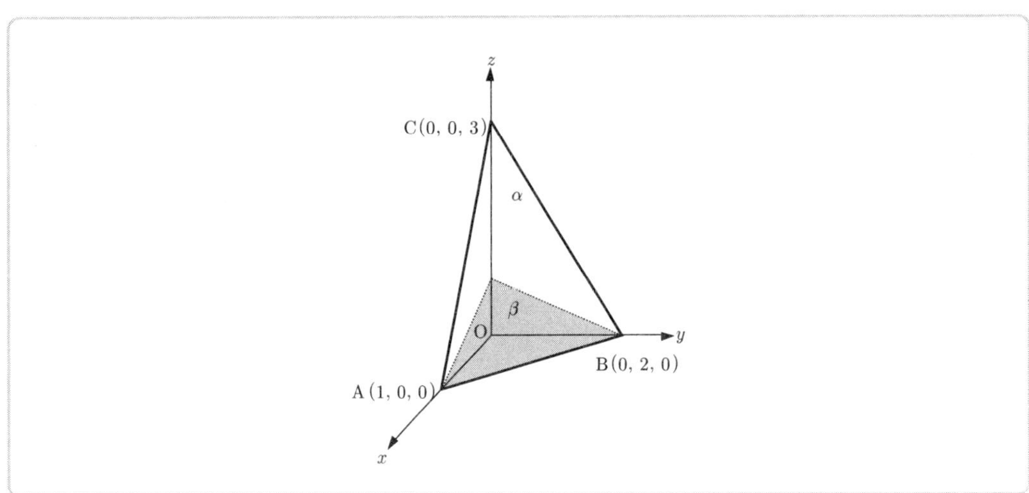

① $\frac{2}{3}$　　② $\frac{3}{4}$

③ $\frac{8}{9}$　　④ $\frac{5}{4}$

⑤ $\frac{4}{3}$

21 4점 어느 자영업자의 하루 매출액은 평균이 30만원이고 표준편차가 4만원인 정규분포를 따른다고 한다. 이 자영업자는 하루 매출액이 31만원 이상일 때마다 1,000원씩을 자선단체에 기부하고 31만원 미만일 때는 기부를 하지 않는다고 한다. 이와 같은 추세가 계속된다고 할 때, 600일 동안 영업하여 기부할 총 금액이 222,000원 이상이 될 확률을 오른쪽 표준정규분포표를 이용하여 구한 것은?

[표준정규분포표]

z	$P(0 \le Z \le z)$
0.25	0.10
0.50	0.19
1.00	0.34
1.50	0.43

① 0.69　　② 0.84

③ 0.90　　④ 0.93

⑤ 0.98

22 [4점] 좌표공간에 네 점 $A(0, 1, 0)$, $B(1, 1, 0)$, $C(1, 0, 0)$, $D(0, 0, 1)$ 이 있다. 그림과 같이 점 P는 원점 O에서 출발하여 사각형 OABC의 둘레를 $O \to A \to B \to C \to O \to A \to B \to \cdots$ 의 방향으로 움직이며, 점 Q는 원점 O에서 출발하여 삼각형 OAD의 둘레를 $O \to A \to D \to O \to A \to D \to \cdots$ 의 방향으로 움직인다. 두 점 P, Q가 원점 O에서 동시에 출발하여 각각 매초 1의 일정한 속력으로 움직인다고 할 때, 옳은 것만을 다음 중 모두 고른 것은?

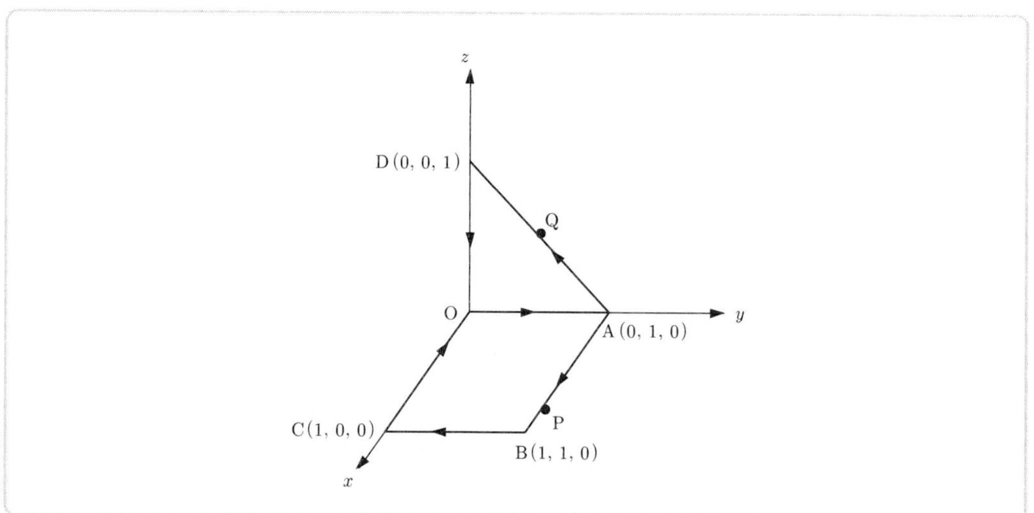

ㄱ. 두 점 P, Q가 출발 후 원점에서 다시 만나는 경우는 없다.
ㄴ. 출발 후 4초가 되는 순간 두 점 P, Q 사이의 거리는 $\frac{\sqrt{2}}{2}$ 이다.
ㄷ. 출발 후 2초가 되는 순간 두 점 P, Q 사이의 거리는 $\sqrt{2}$ 이다.

① ㄱ
② ㄴ
③ ㄱ, ㄴ
④ ㄱ, ㄷ
⑤ ㄴ, ㄷ

23 [4점] 최대공약수가 5!, 최소공배수가 13!이 되는 두 자연수 k, $n(k \le n)$의 순서쌍 (k, n)의 개수는?

① 25
② 27
③ 32
④ 36
⑤ 49

24 다음 등식을 만족시키는 세 실수 a, b, c가 있다. 이때, 세 실수 a, b, c의 대소 관계를 옳게 나타낸 것은?
4점

$$\left(\frac{1}{3}\right)^{a}=2a, \qquad \left(\frac{1}{3}\right)^{2b}=b, \qquad \left(\frac{1}{2}\right)^{2c}=c$$

① $a<b<c$　　② $a<c<b$
③ $b<a<c$　　④ $b<c<a$
⑤ $c<a<b$

주관식
25 다음 세 조건을 모두 만족시키는 두 이차정사각행렬 A, B가 있다. 이때, 두 실수 x, y의 곱 xy의 값을 구하시오.
3점

- $A+B=\begin{pmatrix} 2 & 6 \\ x & 12 \end{pmatrix}$
- $A-B=\begin{pmatrix} 6 & y \\ -2 & -4 \end{pmatrix}$
- $A^2-B^2=AB-BA$

(　　　　　　　　)

주관식
26 다음 세 조건을 모두 만족시키는 실수 전체의 집합에서 정의된 함수 $f(x)$가 있다. 이때, $0<x<10$에서 함수 $y=[f(x)]$의 불연속점의 개수를 구하시오. (단, $[x]$는 x보다 크지 않은 최대의 정수이다)
3점

- $-1\le x\le 1$일 때, $f(x)=3x^2$
- 모든 실수 x에 대하여 $f(1-x)=f(1+x)$
- 모든 실수 x에 대하여 $f(-x)=f(x)$

(　　　　　　　　)

주관식

27 5차다항식 $P(x)$에 대하여, $P(x)$를 $(x-1)^3$으로 나누면 나머지가 8이고, $P(x)$를 $(x+1)^3$으로 나누면 나머지가 -8일 때, $P(2)$의 값을 구하시오.

3점

(　　　　　　　　)

주관식

28 좌표평면 위에 그림과 같이 원점을 중심으로 하고 반지름의 길이가 20 이하의 자연수인 반원이 20개 있다. $1 \leq k \leq 19$인 모든 자연수 k에 대하여 반지름의 길이가 k인 반원과 반지름의 길이가 $k+1$인 반원 사이의 영역을 $2k+1$등분한 다음, 각 부분에 시계 바늘이 도는 방향과 반대방향으로 자연수를 차례대로 나열하였다. 이때, 직선 $y=x$와 맨 바깥쪽 영역이 만나는 어두운 부분에 들어간 수를 구하시오.
(단, 반지름의 길이가 1인 반원의 내부에는 1을 나열한다)

4점

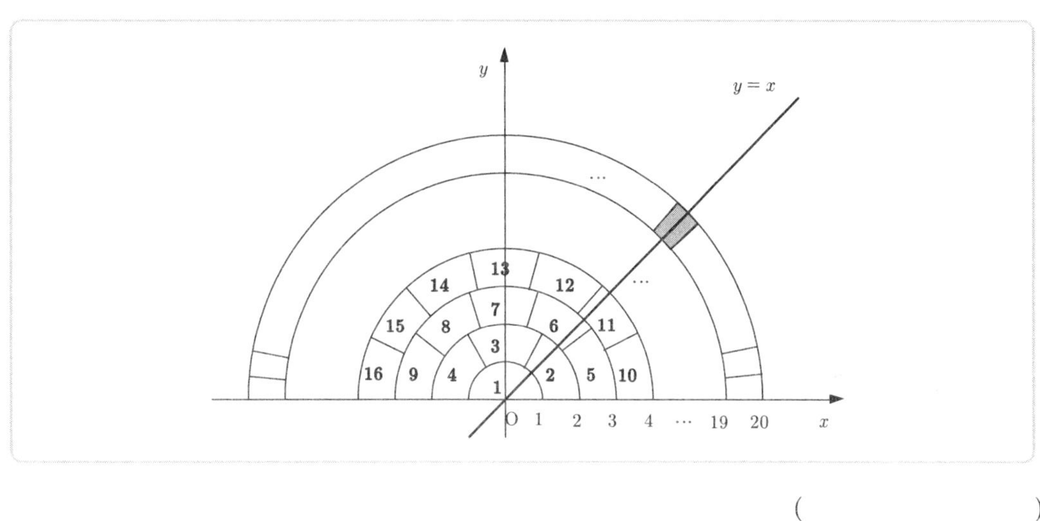

(　　　　　　　　)

주관식

29 좌표평면 위에서 점 P는 한 번의 이동으로 다음의 [규칙 1] 또는 [규칙 2]를 따라 이동한다. 예를 들어, 원점 O에 있는 점 P가 두 번의 이동으로 도달할 수 있는 곳을 표시하면 그림과 같다. 점 P가 [규칙 1]을 따라 이동할 확률은 $\frac{1}{3}$이고 [규칙 2]를 따라 이동할 확률은 $\frac{2}{3}$일 때, 위와 같은 규칙으로 점 P가 원점 O에서부터 다섯 번의 이동으로 점 $(8,\ 7)$에 도달할 확률은 $\frac{q}{p}$이다. 이때, 서로소인 두 자연수 p, q의 합 $p+q$의 값을 구하시오. (단, 매번 이동하는 사건은 서로 독립이다)

4점

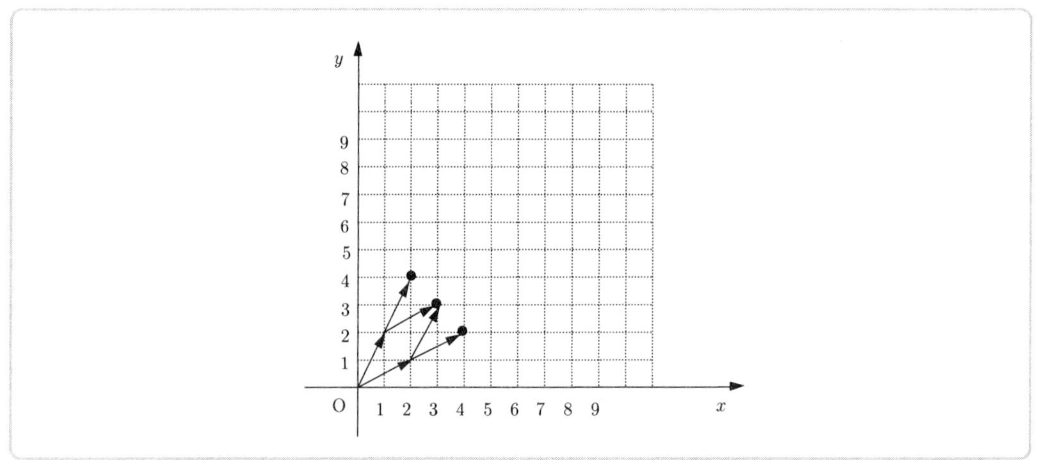

[규칙 1] x축의 양의 방향으로 1만큼, y축의 양의 방향으로 2만큼 이동한다.
[규칙 2] x축의 양의 방향으로 2만큼, y축의 양의 방향으로 1만큼 이동한다.

(　　　　　　　　)

주관식

30 구 $(x-3)^2+(y-2)^2+(z-3)^2=27$과 그 내부를 포함하는 입체를 xy평면으로 잘라 구의 중심이 포함된 부분을 남기고 나머지 부분을 버린다. 남아있는 부분을 다시 yz평면으로 잘라 구의 중심이 포함된 부분을 남기고 나머지 부분을 버린다. 이때, 마지막에 남아있는 부분에서 두 평면에 의해 잘린 단면의 넓이는 $a\pi+b$이다. 두 자연수 a, b의 합 $a+b$의 값을 구하시오.

4점

(　　　　　　　　)

06 2011학년도 수리영역

▶ 해설은 p. 50에 있습니다.

01 2점

수열 $\{a_n\}$에 대하여 $\sum_{n=1}^{\infty}\left(\frac{a_n}{n}-3\right)=7$일 때, $\lim_{n\to\infty}\frac{2a_n+3n-1}{a_n-1}$의 값은?

① 1　② 3　③ 5　④ 7　⑤ 9

02 2점

두 사건 A, B에 대하여 $\mathrm{P}(A)=0.4$, $\mathrm{P}(B)=0.5$, $\mathrm{P}(A\cup B)=0.8$일 때, $\mathrm{P}(A^C|B)+\mathrm{P}(A|B^C)$의 값은?

① 1.1　② 1.2　③ 1.3　④ 1.4　⑤ 1.5

03 2점

두 벡터 $\vec{a}$, $\vec{b}$가 $|\vec{a}|=3$, $|\vec{b}|=5$, $|\vec{a}+\vec{b}|=7$을 만족시킬 때, $(2\vec{a}+3\vec{b})\cdot(2\vec{a}-\vec{b})$의 값은?

① -1　② -3　③ -5　④ -7　⑤ -9

04 2점

$10^{0.76}$의 정수부분은? (단, $\log 2=0.3010$, $\log 3=0.4771$로 계산한다)

① 5　② 6　③ 7　④ 8　⑤ 9

05 무리방정식 $2\sqrt{1-x}+2\sqrt{x}=1+\sqrt{3}$의 두 실근을 α, β라 할 때, $|\alpha-\beta|$의 값은?
3점

① $\frac{1}{5}$ ② $\frac{1}{4}$
③ $\frac{1}{3}$ ④ $\frac{1}{2}$
⑤ $\frac{3}{4}$

06 부등식 $\frac{1}{2^x-1}+\frac{1}{4^x+2^x+1}\leq\frac{8}{8^x-1}$을 만족시키는 정수 x의 개수는?
3점

① 0 ② 1
③ 2 ④ 3
⑤ 4

07 좌표평면에서 직선 $y=mx+8$이 곡선 $y=x^3+2x^2-3x$와 서로 다른 두 점에서 만날 때, 실수 m의 값은?
3점

① $\frac{1}{2}$ ② $\frac{2}{3}$
③ 1 ④ $\frac{3}{2}$
⑤ 2

08 함수 $f(x)=\frac{x^3}{9}$의 역함수를 $g(x)$라 할 때, $\lim_{n\to\infty}\sum_{k=1}^{n}g\left(\frac{3k}{n}\right)\frac{1}{n}$의 값은?
3점

① $\frac{9}{4}$ ② $\frac{15}{4}$
③ $\frac{21}{4}$ ④ $\frac{27}{4}$
⑤ $\frac{33}{4}$

09 [3점] 좌표평면에서 포물선 $y^2=4px\,(p>0)$의 초점을 F, 준선을 l이라 하자. 점 F를 지나고 x축에 수직인 직선과 포물선이 만나는 점 중 제1사분면에 있는 점을 P라 하자. 또, 제1사분면에 있는 포물선 위의 점 Q에 대하여 두 직선 QP, QF가 준선 l과 만나는 점을 각각 R, S라 하자. $\overline{\mathrm{PF}}:\overline{\mathrm{QF}}=2:5$일 때, $\dfrac{\overline{\mathrm{QF}}}{\overline{\mathrm{FS}}}$의 값은?

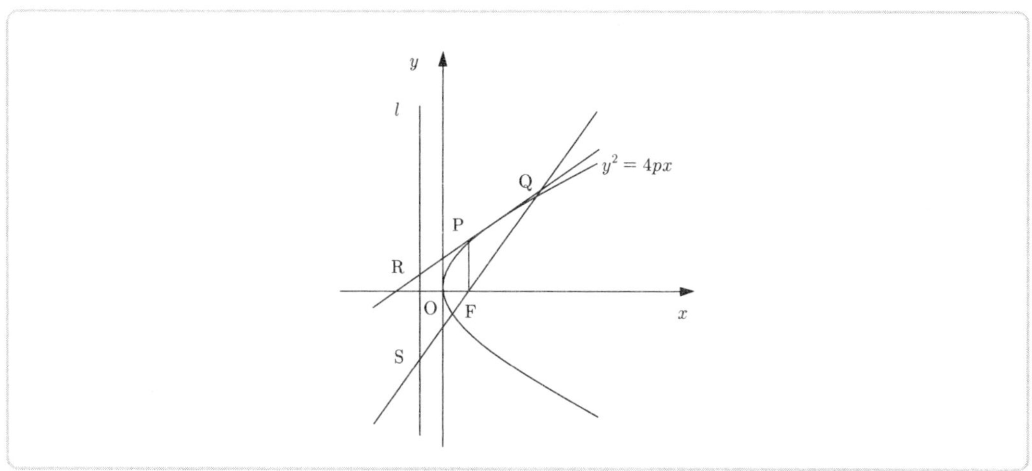

① $\dfrac{5}{3}$　② $\dfrac{3}{2}$　③ $\dfrac{4}{3}$　④ $\dfrac{5}{4}$　⑤ $\dfrac{6}{5}$

10 [3점] 두 사격선수 A, B가 한 번의 사격에서 10점을 얻을 확률은 각각 $\dfrac{3}{4}$, $\dfrac{2}{3}$라고 한다. 두 선수가 임의로 순서를 정하여 각각 한 번씩 사격하였더니 먼저 사격한 선수만 10점을 얻었다고 한다. 이때, 먼저 사격한 선수가 A이었을 확률은?

① $\dfrac{1}{2}$　② $\dfrac{9}{17}$　③ $\dfrac{3}{5}$　④ $\dfrac{2}{3}$　⑤ $\dfrac{9}{13}$

11 3점 세 곡선 $y=\sqrt{x+2}$, $y=\sqrt{-x+2}$, $y=\sqrt{2x-4}$로 둘러싸인 부분을 x축의 둘레로 회전시킬 때 생기는 회전체의 부피는?

① 10π
② 12π
③ 14π
④ 16π
⑤ 18π

12 3점 최고차항의 계수가 양수인 사차함수 $y=f(x)$의 도함수 $y=f'(x)$의 그래프가 x축과 서로 다른 세 점 $A(\alpha,\ 0)$, $B(\beta,\ 0)$, $C(\gamma,\ 0)$ $(\alpha<\beta<\gamma)$에서 만난다. 옳은 것만을 다음 중에서 모두 고른 것은?

> ㉠ 방정식 $f(x)=k$ (k는 실수)가 서로 다른 세 실근을 가지면 함수 $f(x)$의 극댓값은 k이다.
> ㉡ $f(\alpha)f(\beta)f(\gamma)<0$이면 방정식 $f(x)=0$은 서로 다른 두 실근을 가진다.
> ㉢ 방정식 $f(x)=0$이 서로 다른 네 실근을 갖기 위한 필요충분조건은 $f(\alpha)<0,\ f(\gamma)<0$이다.

① ㉡
② ㉢
③ ㉠, ㉡
④ ㉠, ㉢
⑤ ㉡, ㉢

13 3점 어떤 기계 장치는 작동하기 시작한 순간부터 시간이 지남에 따라 그 정확도가 점점 떨어진다고 한다. 이 기계가 작동하기 시작하여 t시간이 되는 순간의 정확도를 I(%)라 하면 관계식 $I=a\log(t+7)+b$($a,\ b$는 상수, $0\le t\le 200$)가 성립한다고 한다. 처음 이 기계가 작동하기 시작한 순간의 정확도는 100이며, 작동하기 시작하여 28시간이 되는 순간의 정확도는 79라고 한다. 이 기계가 작동하기 시작하여 63시간이 되는 순간의 정확도는? (단, $\log 2=0.3$으로 계산한다)

① 55
② 60
③ 65
④ 70
⑤ 75

14 [4점] 그림과 같이 지면과 이루는 각의 크기가 θ 인 평평한 유리판 위에 반구가 엎어져있다. 햇빛이 유리판에 수직인 방향으로 비출 때 지면 위에 생기는 반구의 그림자의 넓이를 S_1, 햇빛이 유리 판과 평행한 방향으로 비출 때 지면 위에 생기는 반구의 그림자의 넓이를 S_2 라 하자.

$S_1 : S_2 = 3 : 2$ 일 때, $\tan\theta$ 의 값은? (단, θ 는 예각이다)

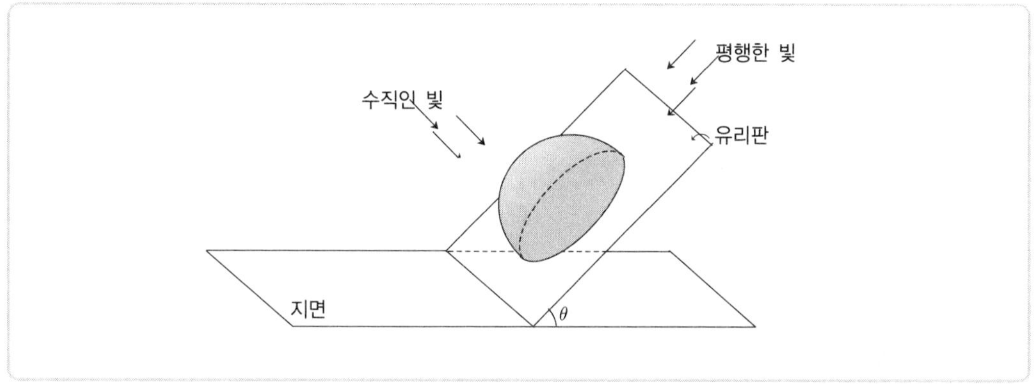

① $\frac{1}{3}$　　② $\frac{\sqrt{2}}{3}$　　③ $\frac{\sqrt{3}}{3}$　　④ $\frac{2}{3}$　　⑤ $\frac{3}{4}$

15 3점 **다음은 2 이상의 모든 자연수 n에 대하여 부등식 $\frac{1\cdot 2}{n+1}+\frac{2\cdot 3}{n+2}+\frac{3\cdot 4}{n+3}+\cdots+\frac{n(n+1)}{n+n}<\frac{(n+1)^2}{4}$ … (*)이 성립함을 수학적귀납법으로 증명한 것이다. 다음의 증명에서 (가)에 알맞은 수를 a라 하고, (나), (다)에 알맞은 식을 각각 $f(m)$, $g(m)$이라 할 때, $af(3)g(3)$의 값은?**

> [증명]
> 부등식 (*)의 좌변을 S_n이라 하자.
>
> (i) $n=2$일 때, (좌변)$=S_2=$ (가), (우변)$=\frac{9}{4}$이므로 (*)은 성립한다.
>
> (ii) $n=m$ ($m=2, 3, 4, \cdots$)일 때 (*)이 성립한다고 가정하자.
>
> $S_m=\frac{1\cdot 2}{m+1}+\frac{2\cdot 3}{m+2}+\frac{3\cdot 4}{m+3}+\cdots+\frac{m(m+1)}{m+m}$ 이고,
>
> $S_{m+1}=\frac{1\cdot 2}{(m+1)+1}+\frac{2\cdot 3}{(m+1)+2}+\cdots+\frac{(m+1)(m+2)}{(m+1)+m+1}$ 이므로
>
> $S_{m+1}-S_m=-2\left(\frac{1}{m+1}+\frac{2}{m+2}+\frac{3}{m+3}+\cdots+\frac{m}{2m}\right)+$ (나) $+\frac{m+2}{2}$
>
> 한편, $\frac{1}{m+1}+\frac{2}{m+2}+\cdots+\frac{m}{2m}>\frac{1}{m+m}+\frac{2}{m+m}+\cdots+\frac{m}{2m}=$ (다) 이고
>
> (나) $<\frac{2m+1}{4}$ 이므로 $S_{m+1}-S_m<\frac{2m+3}{4}$ 이다.
>
> 따라서 $S_{m+1}<S_m+\frac{2m+3}{4}<\frac{(m+2)^2}{4}$ 이므로 (*)은 $n=m+1$일 때도 성립한다.
>
> 그러므로 (i), (ii)에서 2 이상의 모든 자연수 n에 대하여 (*)이 성립한다.

① $\frac{13}{7}$ ② $\frac{20}{7}$

③ $\frac{26}{7}$ ④ $\frac{33}{7}$

⑤ $\frac{39}{7}$

16 그림과 같이 $\overline{AB}=\sqrt{2}$, $\overline{AD}=2$인 직사각형 ABCD 에서 다음 [단계]와 같은 순서로 도형을 만들어 나간다. 이와 같은 과정을 계속하여 [단계 n]에서 그려진 두 원의 넓이의 합을 S_n이라 할 때, $\sum_{n=1}^{\infty} S_n$의 값은?

4점

[단계 1] 직사각형 ABCD의 긴 두 변의 중점을 잇는 선분을 그린 다음, 한 쪽 직사각형에 두 대각선을 그려 네 개의 이등변삼각형을 만든다. 이 중 꼭지각의 크기가 둔각인 두 이등변삼각형에 내접하는 원을 각각 그린 후 이 두 원의 넓이의 합을 S_1이라 하자.

[단계 2] [단계 1]에서 대각선이 그려지지 않은 직사각형의 긴 두 변의 중점을 잇는 선분을 그린 다음, 한 쪽 직사각형에 두 대각선을 그려 네 개의 이등변삼각형을 만든다. 이 중 꼭지각의 크기가 둔각인 두 이등변삼각형에 내접하는 원을 각각 그린 후 이 두 원의 넓이의 합을 S_2라 하자.

[단계 3] [단계 2]에서 대각선이 그려지지 않은 직사각형의 긴 두 변의 중점을 잇는 선분을 그린 다음, 한 쪽 직사각형에 두 대각선을 그려 네 개의 이등변삼각형을 만든다. 이 중 꼭지각의 크기가 둔각인 두 이등변삼각형에 내접하는 원을 각각 그린 후 이 두 원의 넓이의 합을 S_3이라 하자.

⋮

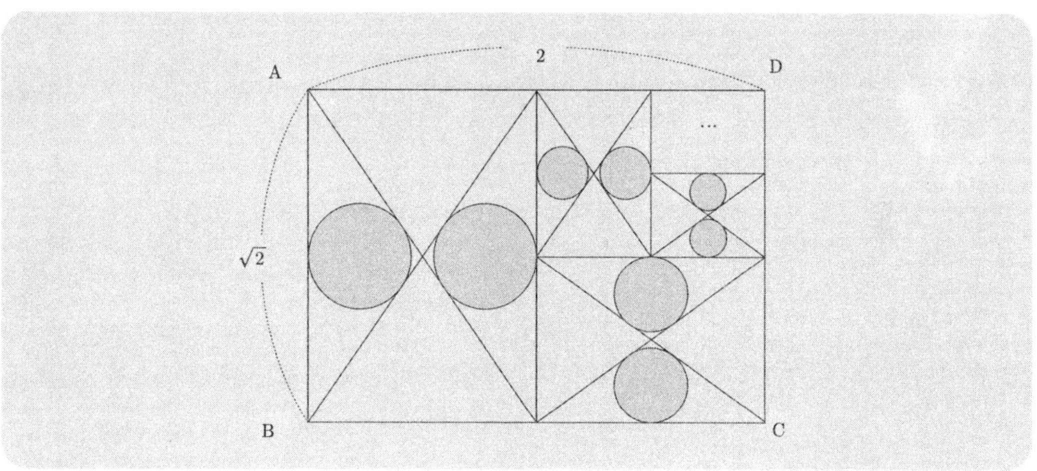

① $2\pi(5-2\sqrt{6})$　② $2\pi(3-\sqrt{6})$

③ $2\pi(5-\sqrt{6})$　④ $4\pi(3-\sqrt{6})$

⑤ $4\pi(5-\sqrt{6})$

17 좌표평면 위를 움직이는 점 P는 다음과 같은 규칙으로 x축 또는 y축과 평행한 방향으로 이동한다. 예를 들어, 그림과 같이 점 P가 원점을 출발하여 11회 이동하면 점 $(2,\ 1)$에 도착한다. 점 P가 원점을 출발하여 k회 이동하면 점 $(0,\ 10)$에 도착한다. k의 값은? (단, 각각의 반직선에 도착하기 전에는 진행 방향을 바꾸지 않는다)

4점

> (가) 1회 이동거리는 1이고, 처음에는 원점을 출발하여 점 $(1, 0)$으로 이동한다.
> (나) 점 P가 반직선 $y=-x+1\ (x \geq 1)$ 위의 점에 도착하면 y축의 양의 방향으로 이동하고, 반직선 $y=x\ (x>0)$ 위의 점에 도착하면 x축의 음의 방향으로 이동한다.
> (다) 점 P가 반직선 $y=-x\ (x<0)$ 위의 점에 도착하면 y축의 음의 방향으로 이동하고, 반직선 $y=x\ (x<0)$ 위의 점에 도착하면 x축의 양의 방향으로 이동한다.

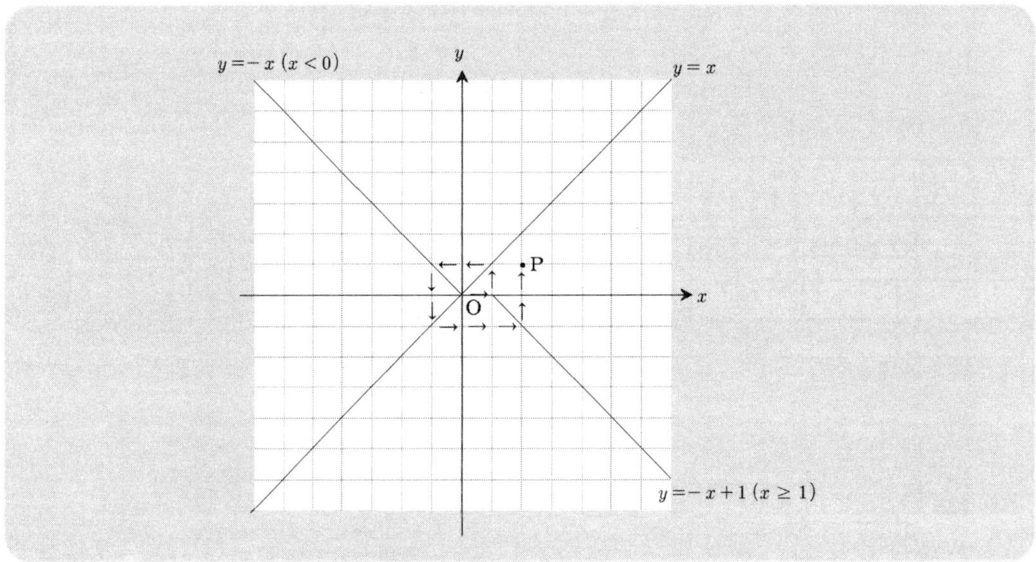

① 350
② 360
③ 370
④ 380
⑤ 390

18 [4점] 좌표공간에 5개의 점 $A(0,\ 0,\ 4-t)$, $B(t,\ 0,\ 0)$, $C(0,\ t,\ 0)$, $D(-t,\ 0,\ 0)$, $E(0,\ -t,\ 0)$을 꼭짓점으로 하는 사각뿔 $A-BCDE$가 있다. $0<t<4$일 때, 이 사각뿔의 부피가 최대가 되도록 하는 실수 t의 값은?

① $\frac{2}{3}$　② $\frac{4}{3}$　③ 2　④ $\frac{8}{3}$　⑤ $\frac{10}{3}$

19 [4점] 한 모서리의 길이가 1인 정육면체 $ABCD-EFGH$를 다음 두 조건을 만족시키도록 좌표공간에 놓는다. 위의 조건을 만족시키는 상태에서 이 정육면체를 y축의 둘레로 회전시킬 때, 점 B가 그리는 도형은 점 $(0,\ a,\ 0)$을 중심으로 하고 반지름의 길이가 r인 원이다. 이때, a, r의 곱 ar의 값은? (단, 점 G의 y좌표는 양수이다)

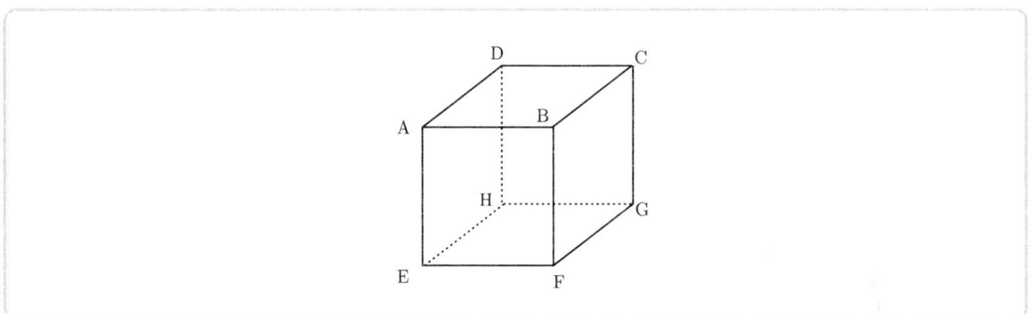

(가) 꼭짓점 A는 원점에 놓이도록 한다.
(나) 꼭짓점 G는 y축 위에 놓이도록 한다.

① $\frac{1}{6}$　② $\frac{\sqrt{2}}{6}$　③ $\frac{1}{3}$　④ $\frac{\sqrt{2}}{3}$　⑤ $\frac{\sqrt{3}}{3}$

20 4점

두 함수 $f(x)=[x]$, $g(x)=\sin\pi x$에 대하여 옳은 것만을 다음 중에서 모두 고른 것은? (단, $[x]$는 x보다 크지 않은 최대의 정수이다)

ㄱ 함수 $f(x)g(x)$는 $x=0$에서 연속이다.
ㄴ 함수 $(f\circ g)(x)$는 모든 정수에서 연속이다.
ㄷ 함수 $(g\circ f)(x)$는 모든 실수에서 연속이다.

① ㄱ
② ㄴ
③ ㄱ, ㄷ
④ ㄴ, ㄷ
⑤ ㄱ, ㄴ, ㄷ

21 4점

이차정사각행렬을 원소로 갖는 집합 M은 $M=\{A\mid A^2=A\}$로 정의된다. 다음 중 옳은 것을 모두 고른 것은? (단, E는 단위행렬이다)

ㄱ $X^2\in M$이면 $X\in M$이다.
ㄴ $X\in M$이면 $E-X\in M$이다.
ㄷ $X\in M$, $Y\in M$이고 $XY=-YX$이면 모든 자연수 m, n에 대하여$X^m+Y^n\in M$이다.

① ㄱ
② ㄴ
③ ㄷ
④ ㄱ, ㄴ
⑤ ㄴ, ㄷ

22 4점

그림과 같이 직선 $y=\frac{2}{3}$가 두 곡선 $y=\log_a x$, $y=\log_b x$와 만나는 점을 각각 P, Q라 하자. 점 P를 지나고 x축에 수직인 직선이 곡선 $y=\log_b x$와 x축과 만나는 점을 각각 A, B라 하고, 점 Q를 지나고 x축에 수직인 직선이 곡선 $y=\log_a x$와 x축과 만나는 점을 각각 C, D라 하자. $\overline{PA}=\overline{AB}$이고, 사각형 PAQC의 넓이가 1일 때, 두 상수 a, b의 곱 ab의 값은? (단, $1<a<b$이다)

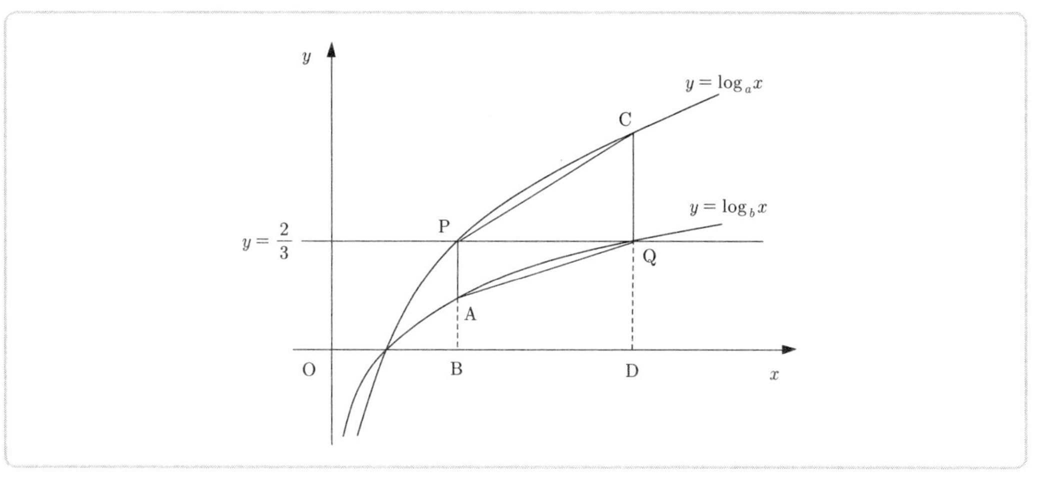

① $12\sqrt{2}$ ② $14\sqrt{2}$
③ $16\sqrt{2}$ ④ $18\sqrt{2}$
⑤ $20\sqrt{2}$

23 [4점] 그림과 같이 직사각형 모양으로 이루어진 도로망이 있고, 이 도로망의 9개의 지점에 ● 이 표시되어 있다. A 지점에서 B 지점까지 가는 최단경로 중에서 ● 이 표시된 9개의 지점 중 오직 한 지점만을 지나는 경로의 수는?

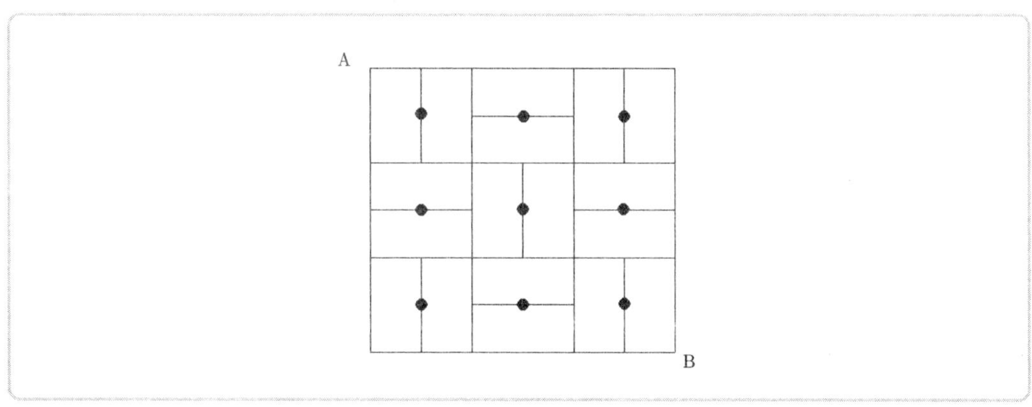

① 30 ② 32
③ 34 ④ 36
⑤ 38

24 4점 어느 선박 부품 공장에서 만드는 부품의 길이 X는 평균이 100, 표준편차가 0.6인 정규분포를 따른다고 한다. 이 공장에서 만든 부품 중에서 9개를 임의추출한 표본의 길이의 평균을 $\overline{X}$라 할 때, 표본평균 $\overline{X}$와 모평균의 차가 일정한 값 c 이상이면 부품의 제조과정에 대한 전면적인 조사를 하기로 하였다. 부품의 제조 과정에 대한 전면적인 조사를 하게 될 확률이 5% 이하가 되도록 상수 c의 값을 정할 때, c의 최솟값은? (단, 단위는 mm이고, 오른쪽 표준정규분포표를 이용한다)

① 0.196
② 0.258
③ 0.330
④ 0.392
⑤ 0.475

z	$\mathrm{P}(0 \le Z \le z)$
1.65	0.450
1.96	0.475
2.58	0.495

주관식
25 3점 x, y에 대한 연립방정식 $\begin{pmatrix} -b & a-5 \\ 2a & 2b \end{pmatrix}\begin{pmatrix} x \\ y \end{pmatrix} = \begin{pmatrix} x+3y \\ -2y \end{pmatrix}$가 $x=0$, $y=0$ 이외의 해를 갖도록 하는 실수 a, b에 대하여 좌표평면에서 점 $(a,\ b)$가 나타내는 도형의 넓이는 S이다. $\dfrac{S}{\pi}$의 값을 구하시오.

( )

주관식
26 3점 다항식 $f(x)$가 다음 두 조건을 만족시킨다. $\lim\limits_{x \to 3} \dfrac{f(x)}{x-3}$의 값을 구하시오.

(가) $\lim\limits_{x \to \infty} \dfrac{f(x)}{x^2+2x+3} = \dfrac{11}{3}$

(나) $\lim\limits_{x \to 0} \dfrac{f(x)}{x} = -11$

( )

주관식

27 3점

좌표평면에서 타원 $\frac{x^2}{25}+\frac{y^2}{16}=1$ 위의 점 $\mathrm{P}\left(3,\ \frac{16}{5}\right)$에서의 접선을 l이라 하자. 타원의 두 초점 F, F′과 직선 l 사이의 거리를 각각 d, d'이라 할 때, dd'의 값을 구하시오.

(   )

주관식

28 4점

중심이 O이고 반지름의 길이가 1인 구 위에 고정된 점 A가 있고, $\overline{\mathrm{AP}}=1$을 만족시키면서 이 구 위를 움직이는 점 P가 있다. 이때, 선분 AP 위의 점 Q가 $\overrightarrow{\mathrm{AP}}\cdot\overrightarrow{\mathrm{OQ}}\geq 0$을 만족시킬 때, 점 Q가 존재하는 영역의 넓이는 $\frac{q}{p}\sqrt{3}\pi$이다. $p+q$의 값을 구하시오. (단, p, q는 서로소인 자연수이다)

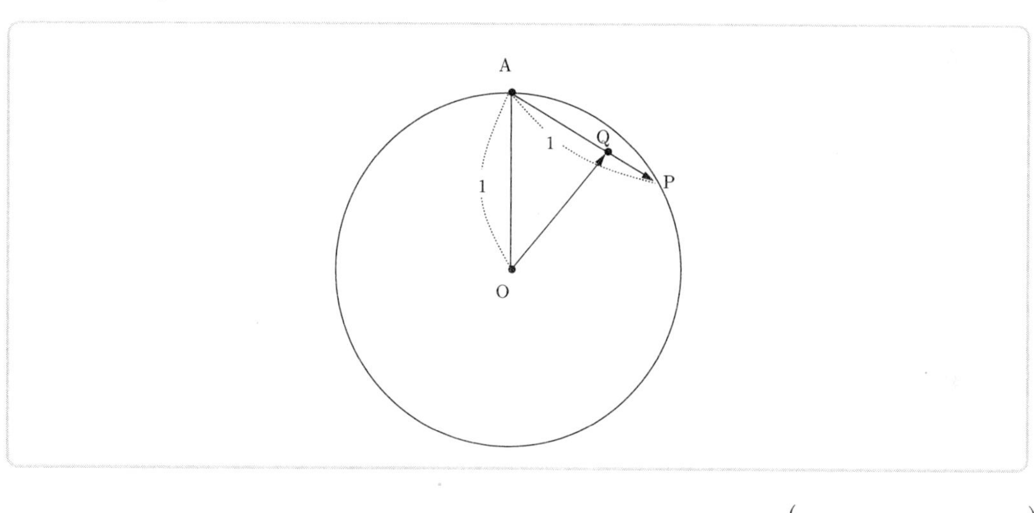

(   )

주관식

29 4점

주머니 속에 빨간 공 5개, 파란 공 5개가 들어있다. 이 주머니에서 5개의 공을 동시에 꺼낼 때, 꺼낸 공 중에서 더 많은 색의 공의 개수를 확률변수 X라 하자. 예를 들어 꺼낸 공이 빨간 공 2개, 파란 공 3개이면 $X=3$이다. $Y=14X+14$라 할 때 확률변수 Y의 평균을 구하시오.

(   )

주관식

30 **그림과 같이 정삼각형을 붙여서 만든 도형 위에 흰색과 검은색의 바둑돌을 정삼각형의 각 꼭짓점 위에 나열하는데, 제 n 행에는 $(n+1)$ 개의 돌을 다음과 같은 규칙으로 나열한다. $(n=1,\ 2,\ 3,\ \cdots)$ 다음의 규칙대로 바둑돌을 나열한 다음 제 n 행에 놓인 흰색의 바둑돌에는 n 을 적고, 각 행에 놓인 검은색의 바둑돌에는 그 돌과 가장 가까운 4 개 또는 6 개의 흰색의 바둑돌에 적힌 숫자의 합을 적는다. 이때, 198 이 적힌 바둑돌의 개수를 구하시오.**

4점

> (가) 제1행에는 모두 흰색의 바둑돌을 나열한다.
> (나) 제$(3n-1)$ 행에는 맨 왼쪽부터 흰색, 검은색, 흰색의 바둑돌 3개를 n회 반복하여 나열 한다.
> (다) 제 $3n$ 행에는 맨 왼쪽에 검은색의 바둑돌을 1개 놓은 다음 그 오른쪽으로 흰색, 흰색, 검은색의 바둑돌 3개를 n회 반복하여 나열한다.
> (라) 제$(3n+1)$ 행에는 맨 왼쪽에 흰색의 바둑돌을 2개 나열한 다음 그 오른쪽으로 검은색, 흰색, 흰색의 바둑돌 3개를 n회 반복하여 나열한다.

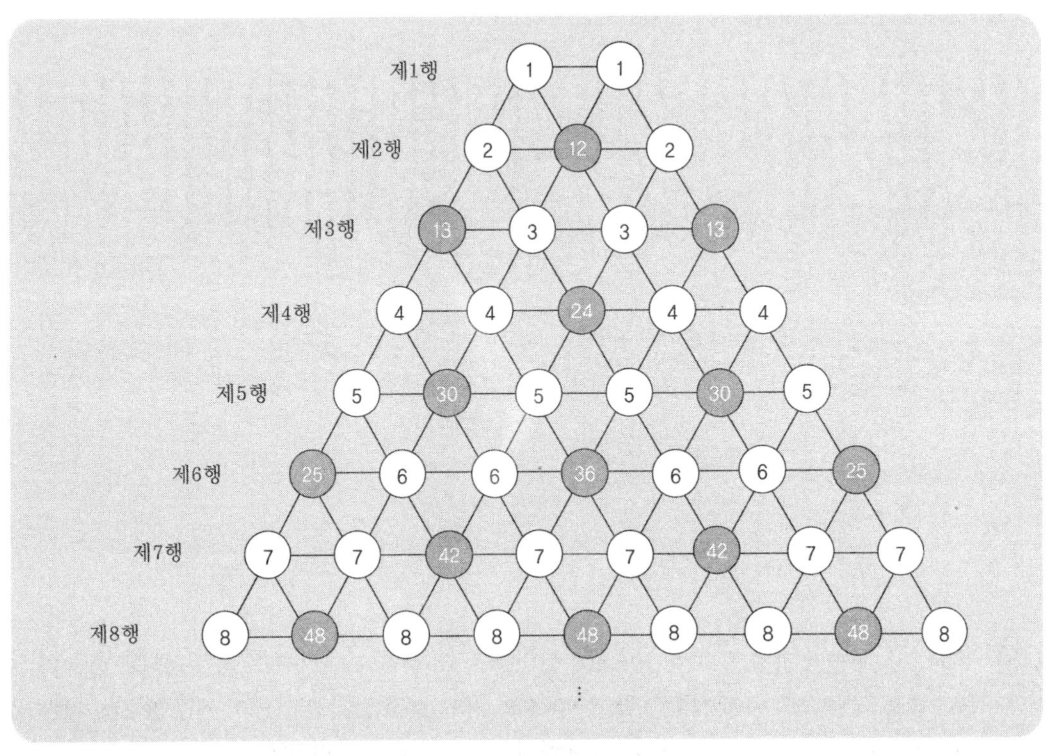

( )

07 2012학년도 수리영역

▶ 해설은 p. 59에 있습니다.

01 2점 자연수 n에 대하여 $a_n = \sqrt{4n+1-2\sqrt{4n^2+2n}}$, $b_n = \sqrt{2n+1-2\sqrt{n^2+n}}$ 이라 할 때, $\lim_{n\to\infty} \frac{a_n}{b_n}$의 값은?

① $-\frac{\sqrt{2}}{2}$ ② $-\frac{\sqrt{2}}{4}$
③ 1 ④ $\frac{\sqrt{2}}{4}$
⑤ $\frac{\sqrt{2}}{2}$

02 2점 함수 $f(x) = x\ln x$에 대하여 등식 $f(e^2) - f(e) = e(e-1)f'(c)$를 만족시키는 c가 열린 구간 (e, e^2)에 존재한다. $\ln c$의 값은?

① $\frac{3}{e}$ ② $\frac{e+2}{e}$
③ $\frac{2}{e-1}$ ④ $\frac{e}{e-1}$
⑤ $\frac{2e}{e+1}$

03 3점 자연수 n에 대하여 $S_n = \frac{3}{n\sqrt{n}} \sum_{k=1}^{n} \sqrt{n+2k}$ 일 때, $\lim_{n\to\infty}(S_n+1)$의 값은?

① $2\sqrt{3}$ ② $3\sqrt{3}$
③ $4\sqrt{3}$ ④ $6\sqrt{3}$
⑤ $9\sqrt{3}$

04 3점

좌표평면 위를 움직이는 점 P 의 시각 t 에서의 x, y 좌표가 각각 $x = t - \sin 2t$, $y = 1 - \cos 2t$ 일 때, 점 P 의 속력의 최댓값은? (단, $t \geq 0$)

① 3
② $2\sqrt{3}$
③ 4
④ $3\sqrt{2}$
⑤ $2\sqrt{5}$

05 3점

$0 < x < 2\pi$ 에서 삼각방정식 $3\sin x + 3\sin x \cos 2x - 6\sin x \cos x - \cos x + 1 = 0$ 의 모든 실근의 합은?

① $\frac{5}{2}\pi$
② 3π
③ $\frac{7}{2}\pi$
④ 4π
⑤ $\frac{9}{2}\pi$

06 3점

이산확률변수 X가 값 x를 가질 확률이 $P(X = x) = \frac{{}_6C_x}{k}$ 일 때, 확률변수 X의 기댓값을 m 이라 하면 $mk^2 = 2^a \times 3^b \times 7^c$ 이다. 세 자연수 a, b, c 의 합 $a+b+c$ 의 값은? (단, $x = 1, 2, 3, 4, 5, 6$ 이고 k 는 상수이다)

① 8
② 9
③ 10
④ 11
⑤ 12

07 3점 지질학에서 암석의 연대를 측정하는 방법 중 하나로 포타슘-40은 방사선 분해과정을 거쳐 일정한 비율로 아르곤-40으로 바뀌는 점을 이용한 포타슘 - 아르곤연대측정법을 사용한다. 암석이 생성되어 t 년이 되었을 때, 포타슘-40과 아르곤-40의 양을 각각 $P(t)$, $A(t)$ 라 하면 $2^t = \left\{1+8.3\times\dfrac{A(t)}{P(t)}\right\}^c$ (단, c는 상수이다)이 성립한다고 하자. 이 방법으로 암석의 연대를 측정하였을 때 포타슘-40의 양이 아르곤-40의 양의 20 배인 암석이 생성된 것은 k 년 전이다. k 의 값은? (단, $\log 1.415 = 0.15$, $\log 2 = 0.30$ 으로 계산한다.)

① $\dfrac{1}{3}c$　② $\dfrac{1}{2}c$　③ $2c$　④ $3c$　⑤ $4c$

08 3점 어떤 시행에서 일어날 수 있는 모든 결과의 집합을 S라 하자. S의 부분집합인 세 사건 A, B, C는 다음 조건을 만족한다. $\mathrm{P}(A)=\dfrac{1}{2}$, $\mathrm{P}(B)=\dfrac{1}{3}$, $\mathrm{P}(C)=\dfrac{2}{3}$ 일 때, $\mathrm{P}(A|C)+\mathrm{P}(B|C)$ 의 값은?

(가) $A\cup B\cup C=S$
(나) 사건 $A\cap B$와 사건 C는 서로 배반이다.
(다) 사건 A와 사건 B는 서로 독립이다.

① $\dfrac{1}{6}$　② $\dfrac{1}{4}$　③ $\dfrac{1}{3}$　④ $\dfrac{1}{2}$　⑤ $\dfrac{2}{3}$

09 3점 좌표평면 위에서 원점을 중심으로 하여 $\frac{\pi}{3}$ 만큼 회전시키는 회전변환에 의하여 점 A 가 옮겨지는 점을 B 라 하고, 원점을 중심으로 하여 $-\frac{7}{12}\pi$ 만큼 회전시키는 회전변환에 의하여 점 B 가 옮겨지는 점을 C 라 하자. 점 B 의 x 좌표가 -1 이고, 점 C 는 x 축 위의 점일 때, 점 A 의 x 좌표와 y 좌표의 곱은?

① $2-2\sqrt{3}$
② $4-2\sqrt{3}$
③ $2\sqrt{3}-1$
④ $2+2\sqrt{3}$
⑤ $4+2\sqrt{3}$

10 3점 그림과 같이 쌍곡선 $4x^2-y^2=4$ 위의 점 $\mathrm{P}(\sqrt{2},\ 2)$ 에서의 접선을 l 이라 하고, 이 쌍곡선의 두 점근선 중 기울기가 양수인 것을 m , 기울기가 음수인 것을 n 이라 하자. l 과 m 의 교점을 Q, l 과 n 의 교점을 R 이라 할 때, $\overline{\mathrm{QR}}=k\overline{\mathrm{PQ}}$ 를 만족시키는 k 의 값은?

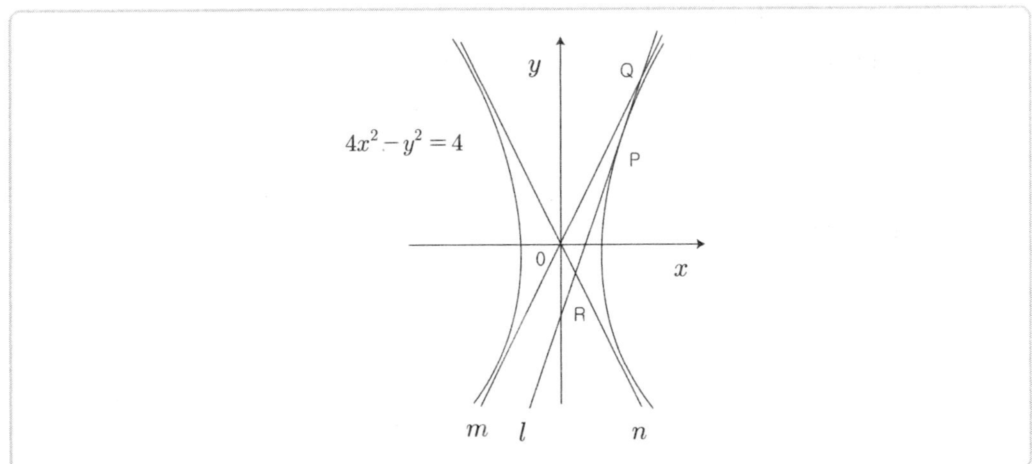

① $\sqrt{2}$
② $\frac{3}{2}$
③ 2
④ $\frac{7}{3}$
⑤ $1+\sqrt{2}$

11 두 함수 $y=f(x)$ 와 $y=g(x)$ 의 그래프가 그림과 같다. 다음 중 옳은 것만을 모두 고른 것은?

3점

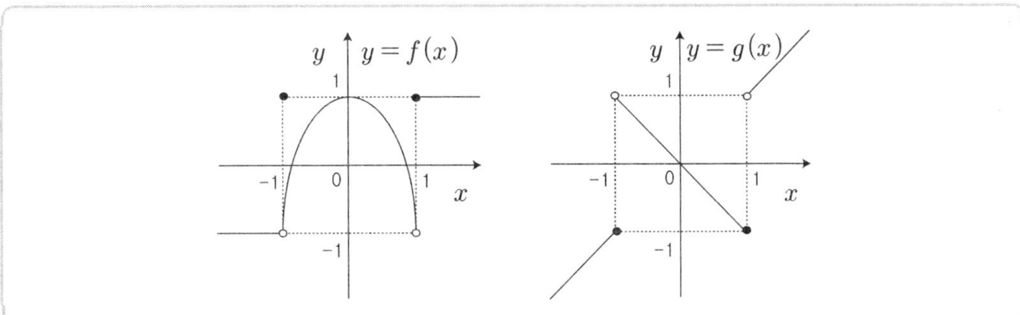

㉠ $\lim_{x \to -1} g(f(x))=1$

㉡ $\lim_{x \to -1} f(g(x))=-1$

㉢ 함수 $y=f(g(x))$의 불연속점의 개수는 2개이다.

① ㉠　　② ㉡　　③ ㉢　　④ ㉠, ㉢　　⑤ ㉡, ㉢

12 좌표공간 위의 네 점 $A(2,\ 0,\ 0)$, $B(0,\ 2,\ 0)$, $C(0,\ 0,\ 4)$, $D(2,\ 2,\ 4)$에 대하여 그림과 같이 사면체 DABC의 꼭짓점 D에서 삼각형 ABC에 내린 수선의 발을 H라 할 때, 선분 DH의 길이는?

3점

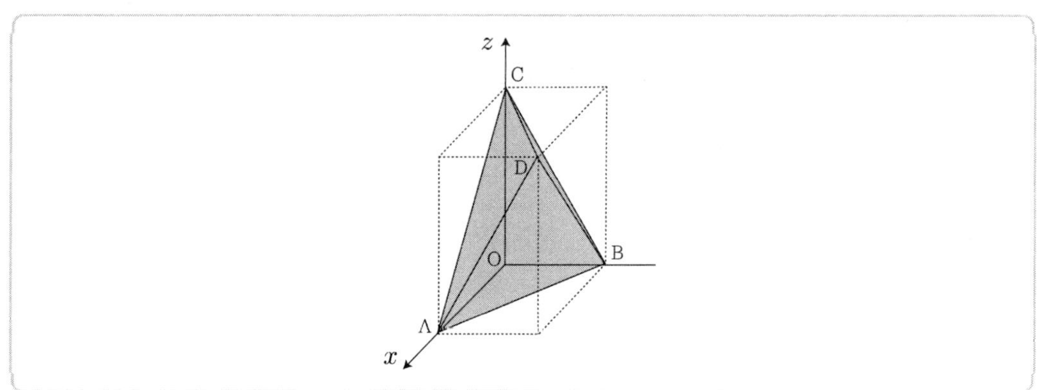

① $\frac{5}{3}$

② 2

③ $\frac{7}{3}$

④ $\frac{8}{3}$

⑤ 3

13 무리함수 $f(x)=\sqrt{x+1}$과 자연수 n에 대하여 그림과 같이 $y=f(x)$의 그래프 위의 한 점 $P_n(n,\ f(n))$에서 x축에 내린 수선의 발을 Q_n, y축에 내린 수선의 발을 R_n이라 하자. 점 $A(-1,\ 0)$에 대하여 사각형 $AQ_nP_nR_n$의 넓이를 S_n, 삼각형 AQ_nP_n의 넓이를 T_n이라 할 때, $\lim_{n\to\infty}\frac{S_n+T_n}{S_n-T_n}$의 값은?

3점

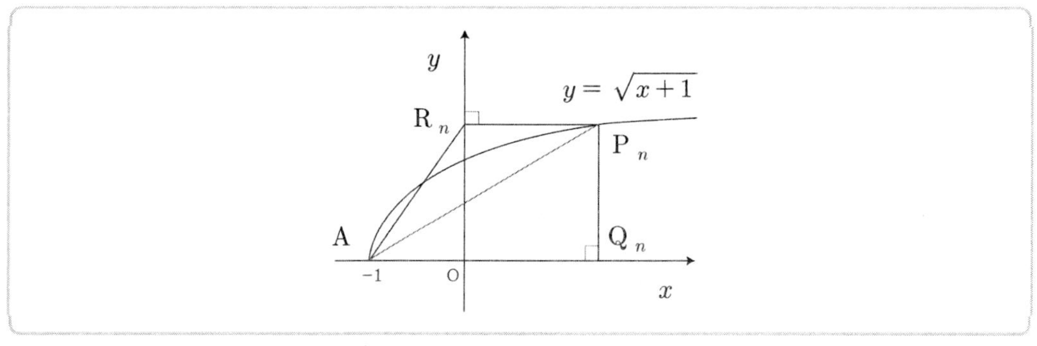

① 1

② 2

③ 3

④ 4

⑤ 5

14 그림과 같이 $x=a$ 에서 극댓값, $x=b$ 에서 극솟값을 가지는 삼차함수 $f(x)$ 가 있다. $(0<a<b)$

3점

함수 $g(x)=e^{-x^2}f(x)$ 에 대하여 다음 중 옳은 것만을 모두 고른 것은?

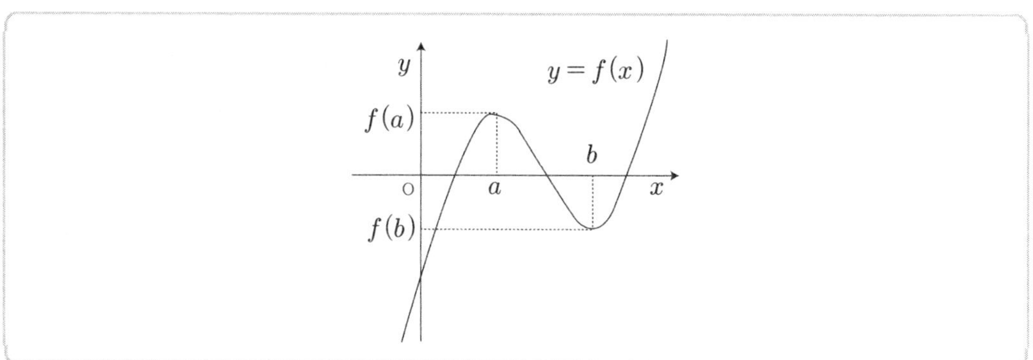

㉠ $g'(0)>0$

㉡ $f'(a)+g'(a)>0$

㉢ $g(b)g'(b)>0$

① ㉠

② ㉡

③ ㉠, ㉡

④ ㉡, ㉢

⑤ ㉠, ㉡, ㉢

15 그림과 같이 한 변의 길이가 $1+\sqrt{3}$ 인 정사각형 ABCD 가 있다. 두 변 AB 와 BC 를 $1:\sqrt{3}$ 으로 내분
3점
하는 점을 각각 P, Q 라 하고, 두 변 CD 와 DA 를 $\sqrt{3}:1$로 내분하는 점을 각각 R, S 라 하자. 이때, 두 선분 PR, QS 의 교점을 T 라 하고, 네 사각형 APTS, PBQT, TQCR, STRD 를 만든다. 먼저 사각형 APTS 의 네 변의 중점을 연결하여 만든 사각형을 A_1, 사각형 A_1 의 네 변의 중점을 연결하여 만든 사각형을 A_2, 사각형 A_2 의 네 변의 중점을 연결하여 만든 사각형을 A_3 라 하자. 또, 사각형 PBQT 의 네 변의 중점을 연결하여 만든 사각형을 B_1, 사각형 B_1 의 네 변의 중점을 연결하여 만든 사각형을 B_2, 사각형 B_2 의 네 변의 중점을 연결하여 만든 사각형을 B_3 라 하자. 또, 사각형 TQCR 의 네 변의 중점을 연결하여 만든 사각형을 C_1, 사각형 C_1 의 네 변의 중점을 연결하여 만든 사각형을 C_2, 사각형 C_2 의 네 변의 중점을 연결하여 만든 사각형을 C_3 라 하자. 또, 사각형 STRD 의 네 변의 중점을 연결하여 만든 사각형을 D_1, 사각형 D_1 의 네 변의 중점을 연결하여 만든 사각형을 D_2, 사각형 D_2 의 네 변의 중점을 연결하여 만든 사각형을 D_3 라 하자.

이와 같은 과정을 계속하여 사각형 A_n, B_n, C_n, D_n 의 네 변의 중점을 연결하여 만든 사각형을 각각 A_{n+1}, B_{n+1}, C_{n+1}, D_{n+1} 이라 하자. 사각형 A_n, B_n, C_n, D_n 의 넓이를 각각 a_n, b_n, c_n, d_n 이라 할 때, $\sum_{n=1}^{\infty}(a_n-b_n+c_n-d_n)=p+q\sqrt{3}$ 을 만족시키는 두 유리수 p, q의 합 $p+q$의 값은?

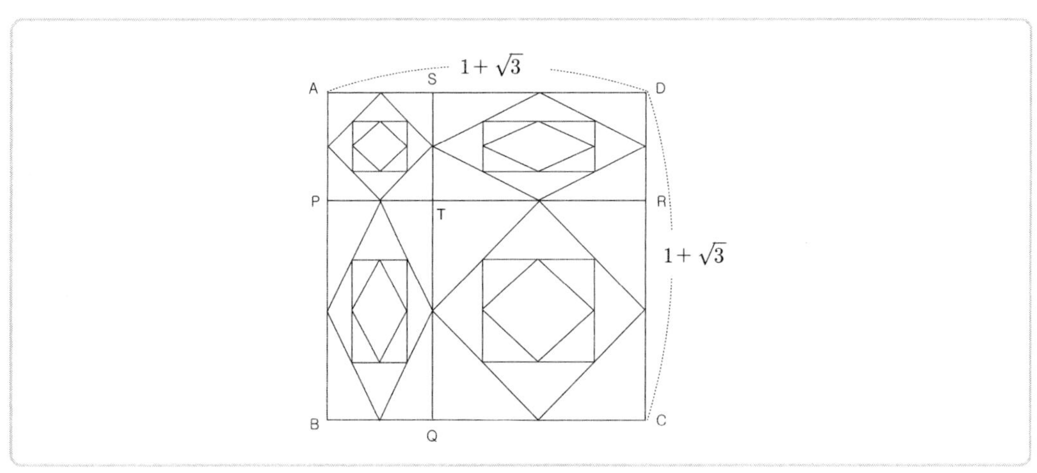

① -2 ② -1
③ 0 ④ 1
⑤ 2

16 4점 **이차정사각행렬** A, B**가** $A^2B^3=O$**를 만족시킬 때, 다음 중 옳은 것만을 모두 고른 것은? (단,** O**는 영행렬이고,** E**는 단위행렬이다.)**

ㄱ. 행렬 AB의 역행렬이 존재하지 않는다.
ㄴ. 행렬 A의 역행렬이 존재하면 $AB=BA$이다.
ㄷ. $2A-B=E$이면 $(AB)^{2012}=O$이다.

① ㄱ
② ㄱ, ㄴ
③ ㄱ, ㄷ
④ ㄴ, ㄷ
⑤ ㄱ, ㄴ, ㄷ

17 4점 **자연수** n **에 대하여 집합** A_n, B_n **을** $A_n=\{(n,\ k)\mid k\le n^2+n,\ k$는 자연수$\}$, $B_n=\{(n,\ k)\mid k\le \frac{1}{2}n+5,\ k$는 자연수$\}$**라 하자. 집합** A_n-B_n **의 원소의 개수를** a_n **이라 할 때,** $\sum_{n=1}^{20} a_n$ **의 값은?**

① 2883
② 2886
③ 2889
④ 2892
⑤ 2895

18 4점 **다음은 모든 자연수 n에 대하여 부등식 $\sum_{k=1}^{n} \frac{[\log 3^k]}{k} \leq [\log 3^n]$ …… $(*)$이 성립함을 증명한 것이다. 다음의 (가), (나), (다)에 알맞은 식을 각각 $f(i)$, $g(m)$, $h(m)$이라 할 때, $f(n)+g(n)-h(n)=9$를 만족시키는 자연수 n의 값은? (단, $[x]$는 x보다 크지 않은 최대의 정수이다)**

[증명]

(1) $n=1$일 때, (좌변) $=[\log 3]$, (우변) $=[\log 3]$이므로 $(*)$이 성립한다.

(2) 임의의 자연수 i에 대하여

$a_i = \sum_{k=1}^{i} \frac{[\log 3^k]}{k}$, $b_i=(i+1)(a_{i+1}-a_i)$라 하면 $b_i=$ (가) 이다.

이때, $n \leq m$ (m은 자연수)일 때, $(*)$이 성립한다고 가정하면 $a_i \leq [\log 3^i]$ (단, i는 m 이하의 자연수이다)

이제, $n=m+1$일 때, $(*)$이 성립함을 보이자.

$$\sum_{k=1}^{m} b_k = (m+1)a_{m+1} - \sum_{k=1}^{m} a_k - a_1$$

이므로 $(m+1)a_{m+1} = \sum_{k=1}^{m} a_k +$ (나)

그런데 $[\log 3^k]+[\log 3^{m+1-k}] \leq [\log 3^{m+1}]$이므로

$$\begin{aligned}(m+1)a_{m+1} &\leq \sum_{k=1}^{m}[\log 3^k]+\sum_{k=1}^{m+1}[\log 3^k] \\ &= \sum_{k=1}^{m}\left([\log 3^k]+[\log 3^{m+1-k}]\right)+\text{(다)} \\ &\leq m[\log 3^{m+1}]+[\log 3^{m+1}] \\ &= (m+1)[\log 3^{m+1}]\end{aligned}$$

$\therefore a_{m+1} \leq [\log 3^{m+1}]$

그러므로 $n=m+1$일 때도 $(*)$이 성립한다.

따라서 (1)과 (2)에 의해 모든 자연수 n에 대하여 $(*)$이 성립한다.

① 4 ② 6
③ 8 ④ 10
⑤ 12

19 4점 **좌표평면 위를 움직이는 두 점** $A(2+\sin\theta,\ 2\sqrt{3}+\sqrt{3}\sin\theta)$, $B(\cos\theta,\ -\sqrt{3}\cos\theta)$ **와 점** $C(1,\ 0)$ **에 대하여 선분**AB **의 중점을** M **이라 하고,** $\overline{CM}$ **이 최대일 때 점** M **을** D, $\overline{CM}$ **이 최소일 때 점** M **을** E **라 하자. 다음 중 옳은 것만을 있는 대로 고른 것은? (단,** $0 \le \theta < 2\pi$ **)**

ㄱ 점 M이 그리는 도형은 타원이다.
ㄴ $\overline{CD}+\overline{CE}=2\sqrt{3}$
ㄷ $\angle DOE=\alpha$ 라 하면 $\tan\alpha=\frac{2}{5}\sqrt{6}$ 이다. (단, O는 원점이다)

① ㄱ
② ㄴ
③ ㄱ, ㄴ
④ ㄴ, ㄷ
⑤ ㄱ, ㄴ, ㄷ

20 4점 **다음 중 함수** $f(x)=\frac{1}{x}\ln x$ **에 대하여 옳게 설명한 것을 있는 대로 고른 것은?**

ㄱ 함수 $f(x)$ 의 최댓값은 $\frac{1}{e}$ 이다.
ㄴ $2011^{2012}>2012^{2011}$
ㄷ 열린 구간 $(0,\ e)$ 에서 $y=f(x)$ 의 그래프는 위로 볼록하다.

① ㄱ
② ㄱ, ㄴ
③ ㄱ, ㄷ
④ ㄴ, ㄷ
⑤ ㄱ, ㄴ, ㄷ

21 4점 **곡선** $y=e^{-x}$ **위의 점** $P(-1,\ e)$ **에서의 접선** l **이** x**축과 만나는 점을** Q **라 하고, 점** Q **를 지나고 접선** l **에 수직인 직선과 곡선** $y=e^{-x}$ **이 만나는 점을** R **라 하자. 직선** PQ**, 직선** QR **과 곡선** $y=e^{-x}$ **으로 둘러싸인 도형을** x**축 둘레로 회전한 회전체의 부피는?**

① $\pi\left(\frac{e^2}{2}-\frac{5}{6e^2}\right)$
② $\pi\left(\frac{e^2}{3}-\frac{5}{6e^2}\right)$
③ $\pi\left(\frac{e^2}{6}-\frac{1}{2e^2}\right)$
④ $\pi\left(\frac{e^2}{6}-\frac{5}{6e^2}\right)$
⑤ $\pi\left(\frac{e^2}{6}-\frac{2}{3e^2}\right)$

22 4점 $\overline{AB}=1$, $\overline{BC}=2$ 인 삼각형 ABC 의 변 BC 의 중점을 M 이라 하고, $\angle BAM=\alpha$, $\angle CAM=\beta$ 라 하자. $\cos 2\alpha=\frac{1}{4}$ 일 때, $8\cos(2\alpha-\beta)$ 의 값은?

① $\sqrt{15}$
② 4
③ $\sqrt{17}$
④ $3\sqrt{2}$
⑤ $\sqrt{19}$

23 4점 $0<a<b<1$ 일 때, 직선 $y=1$ 이 $y=\log_a x$ 의 그래프와 $y=\log_b x$ 의 그래프와 만나는 점을 각각 P, Q 라 하고, 직선 $y=-1$ 이 $y=\log_a x$ 의 그래프와 $y=\log_b x$ 의 그래프와 만나는 점을 각각 R, S 라 하자. 네 직선 PS, PR, QS, QR 의 기울기를 각각 α, β, γ, δ 라 할 때, 다음 중 옳은 것은?

① $\delta<\alpha<\beta<\gamma$
② $\gamma<\alpha<\delta<\beta$
③ $\gamma<\alpha<\beta<\delta$
④ $\gamma<\alpha=\delta<\beta$
⑤ $\alpha=\delta<\beta<\gamma$

24 4점 1 보다 큰 실수 a 에 대하여 두 함수 $f(x)=a^{2x}$, $g(x)=a^{x+1}-2$ 가 있다. 실수 전체의 집합에서 정의된 함수 $h(x)$ 를 $h(x)=|f(x)-g(x)|$ 라 하자. $y=h(x)$ 의 그래프에 대한 설명으로 다음 중 옳은 것만을 모두 것은?

> ㉠ $a=2\sqrt{2}$ 일 때 $y=h(x)$ 의 그래프와 x 축은 한 점에서 만난다.
> ㉡ $a=4$ 일 때 $x_1<x_2<\frac{1}{2}$ 이면 $h(x_1)>h(x_2)$ 이다.
> ㉢ $y=h(x)$ 의 그래프와 직선 $y=1$ 이 오직 한 점에서 만나는 a 의 값이 존재한다.

① ㉠
② ㉠, ㉡
③ ㉠, ㉢
④ ㉡, ㉢
⑤ ㉠, ㉡, ㉢

주관식

25 2점 등차수열 $\{a_n\}$ 의 첫째항부터 제 n 항까지의 합을 S_n 이라 하자. $a_{10}-a_1=27$, $S_{10}=a_{10}$ 일 때, S_{10} 의 값을 구하여라. (단, $n=1, 2, 3, \cdots$)

( )

주관식

26 [3점] $2\sum_{k=1}^{5} x_k + 3\sum_{k=6}^{10} x_k = 8$ 을 만족시키는 서로 다른 순서쌍 $(x_1,\ x_2,\ x_3,\ \cdots,\ x_{10})$ 의 개수를 구하여라.

(단, x_i 는 음이 아닌 정수이고 $i=1,\ 2,\ 3,\ \cdots,\ 10$ 이다)

(　　　　　　　　)

주관식

27 [4점] 삼차항의 계수가 1 인 삼차함수 $f(x)$ 에 대하여 두 집합 $A,\ B$ 를 각각 $A=\left\{x \,\middle|\, \dfrac{(x-2)^2}{(x-4)(x-6)} \le 0\right\}$, $B=\{x \mid (x-6)f(x) \ge 0\}$ 라 하면 두 집합 A 와 B 는 다음 조건을 만족시킨다. $f(10)$ 의 값을 구하여라.

㉠ $A \cap B = \{2\} \cup \{x \mid 5 \le x < 6\}$
㉡ $A^C \cap B^C = \{x \mid 3 < x \le 4\}$

(　　　　　　　　)

주관식

28 [4점] 그림과 같이 좌표평면 위에서 원 $x^2+y^2-2x-4y-11=0$ 과 직선 $y=2x$ 가 만나는 두 점을 P, Q 라 하고 직선 $y=2x$ 위에 있지 않은 원 위의 한 점을 R 라 하자. $\angle \mathrm{QPR}=\alpha$, $\angle \mathrm{RQP}=\beta$ 에 대하여 행렬 $A=\begin{pmatrix} \sin\alpha & \sin\beta \\ \cos\alpha & \cos\beta \end{pmatrix}$ 가 $8A^2=4A+7E$ 를 만족시킬 때, 삼각형 PQR 의 넓이는 S 이다. S^2 의 값을 구하여라. (단, E 는 단위행렬이다)

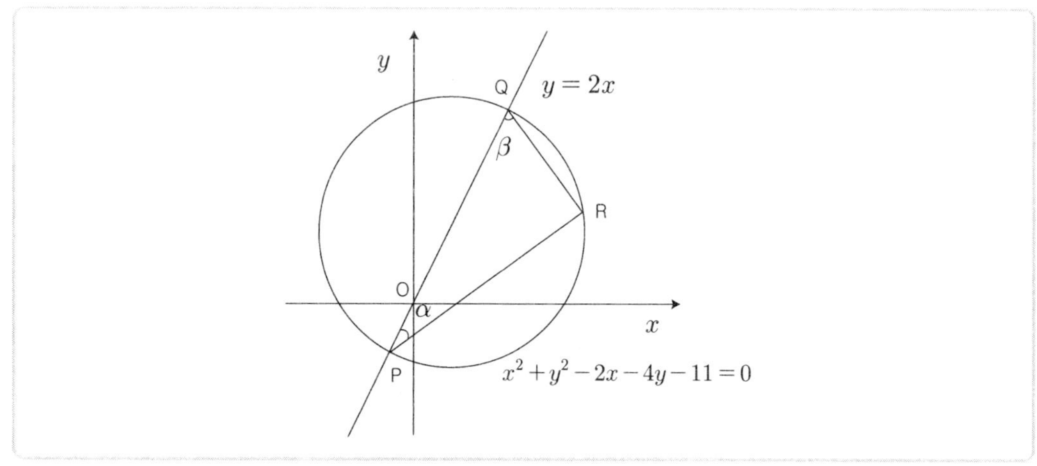

(　　　　　　　　)

주관식

29 4점

수열 $\{a_n\}$, $\{b_n\}$이 3이상인 모든 자연수 n에 대하여 $\sin\frac{\pi}{n}=\frac{a_n}{2+a_n}=\frac{b_n}{2-b_n}$을 만족시킬 때, $\frac{1}{\pi^3}\lim_{n\to\infty}n^3(a_n+b_n)(a_n-b_n)$의 값을 구하여라.

(　　　　　　　　)

주관식

30 4점

그림과 같이 사면체 OABC에서 삼각형 OAB와 삼각형 CAB는 모두 정삼각형이고, 삼각형 OAB와 삼각형 CAB가 이루는 이면각의 크기는 $\frac{\pi}{3}$이다. 정삼각형 OAB의 무게중심을 G, 점 O에서 선분 CG에 내린 수선의 발을 H라 하자. $\overrightarrow{OA}=\vec{a}$, $\overrightarrow{OB}=\vec{b}$, $\overrightarrow{OC}=\vec{c}$라 할 때, $\overrightarrow{OH}=p\vec{a}+q\vec{b}+r\vec{c}$를 만족시키는 세 상수 p, q, r에 대하여 $28(p+q+r)$의 값을 구하여라.

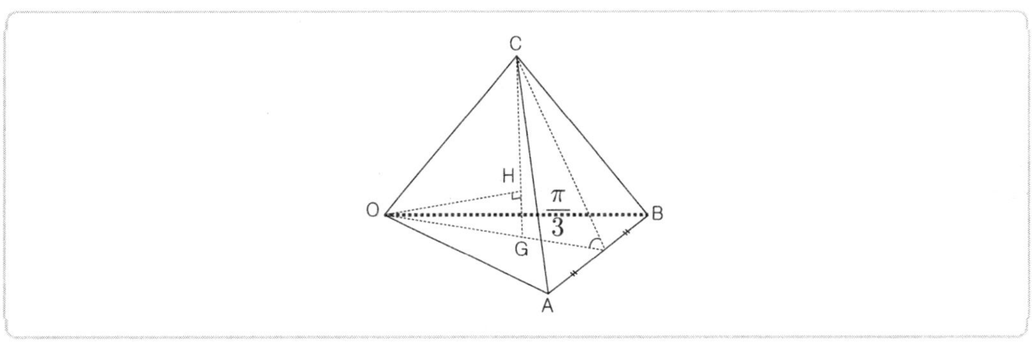

(　　　　　　　　)

08 2013학년도 수리영역

▶ 해설은 p. 68에 있습니다.

01 2점

$\sqrt[6]{9^5} \times 24^{-\frac{2}{3}}$ 의 값은?

① $\frac{1}{3}$ ② $\frac{3}{4}$

③ $\frac{3}{2}$ ④ 2

⑤ 3

02 2점

$\lim_{x \to \frac{\pi}{2}} \frac{\cos^2 x}{(2x-\pi)^2}$ 의 값은?

① $\frac{1}{4}$ ② $\frac{1}{2}$

③ 1 ④ 2

⑤ 4

03 2점

곡선 $x^2+xy+y^2=7$ 위의 점 $(2,\ 1)$에서의 접선의 기울기는?

① $-\frac{3}{2}$ ② $-\frac{5}{4}$

③ -1 ④ $-\frac{3}{4}$

⑤ $-\frac{1}{2}$

04 3점 $\lim_{n\to\infty}\frac{4}{n}\sum_{k=1}^{n}\sqrt{2-\left(\frac{k}{n}\right)^2}$ 의 값은?

① $\pi+1$
② $\pi+2$
③ $\pi+3$
④ $\pi+4$
⑤ $\pi+5$

05 3점 정규분포 $N(50,\ 10^2)$을 따르는 모집단에서 임의로 25개의 표본을 뽑았을 때의 표본평균을 $\overline{X}$라 하자. 오른쪽 표준정규분포표를 이용하여 $P(48 \le \overline{X} \le 54)$의 값을 구한 것은?

① 0.5328
② 0.6247
③ 0.7745
④ 0.8185
⑤ 0.9104

z	$P(0 \le Z \le z)$
0.5	0.1915
1.0	0.3413
1.5	0.4332
2.0	0.4772

06 3점 어느 인터넷 동호회에서 한 종류의 사은품 10개를 정회원 2명, 준회원 2명에게 모두 나누어 주려고 한다. 정회원은 2개 이상, 준회원은 1개 이상을 받도록 나누어 주는 방법의 수는? (단, 사은품은 서로 구별하지 않는다.)

① 20
② 25
③ 30
④ 35
⑤ 40

07 3점 그림과 같이 $0<a<b<1$인 두 실수 a, b에 대하여 곡선 $y=a^x$ 위의 두 점 A, B의 x좌표는 각각 $\frac{b}{4}$, a이고, 곡선 $y=b^x$ 위의 두 점 C, D의 x좌표는 각각 b, 1이다. 두 선분 AC와 BD가 모두 x축과 평행할 때, a^2+b^2의 값은?

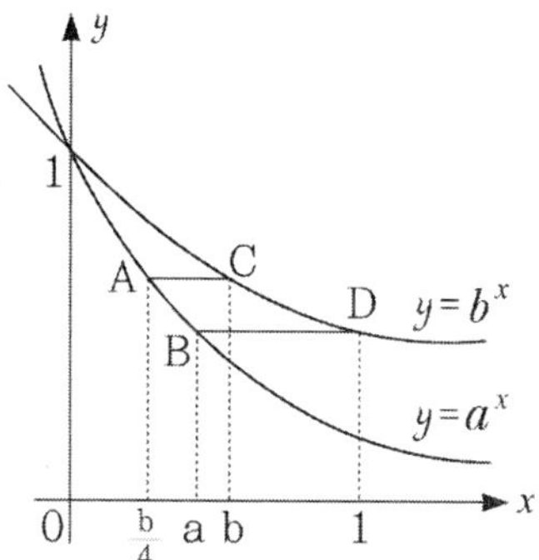

① $\frac{7}{16}$

② $\frac{1}{2}$

③ $\frac{9}{16}$

④ $\frac{5}{8}$

⑤ $\frac{11}{16}$

08 3점 어느 지역에 서식하는 어떤 동물의 개체 수에 대한 변화를 조사한 결과, 지금으로부터 t년 후에 이 동물의 개체 수를 N이라 하면 등식 $\log N = k + t\log\frac{4}{5}$ (단, k는 상수)가 성립한다고 한다. 이 동물의 현재 개체 수가 5000일 때, 개체 수가 처음으로 1000보다 적어지는 때는 지금으로부터 n년 후이다. 자연수 n의 값은? (단, $\log 2 = 0.3010$으로 계산한다.)

① 4 ② 6

③ 8 ④ 10

⑤ 12

09 3점 행렬 $M=\begin{pmatrix} 1 & -1 \\ 3 & -2 \end{pmatrix}$로 나타내어지는 일차변환에 의하여 점 A(1, 2)가 옮겨지는 점을 B, 행렬 M^3으로 나타내어지는 일차변환에 의하여 점 C(2, 0)이 옮겨지는 점을 D라 하자. 두 벡터 $\overrightarrow{OB}$와 $\overrightarrow{BD}$가 이루는 각의 크기를 θ라 할 때, $\cos\theta$의 값은? (단, O는 원점이다.)

① $-\frac{2\sqrt{5}}{5}$ ② $-\frac{\sqrt{5}}{5}$

③ $-\frac{1}{2}$ ④ $-\frac{\sqrt{3}}{3}$

⑤ $-\frac{\sqrt{2}}{2}$

10 3점 두 실수 $x, y(x>y)$가 $x+y=1, xy=-1$을 만족시킬 때, 수열 $\{a_n\}$을

$a_n=\sum_{k=1}^{n}x^{n-k}y^{k-1}$ $(n=1, 2, 3, \dots)$으로 정의하자. 다음은 수열 $\{a_n\}$의 제 n항을 구하는 과정이다.

> $x+y=1, xy=-1$에서 두 실수 x, y는 방정식 t^2-t+(가)$=0$의 두 근이다.
>
> 한편 $a_n=\sum_{k=1}^{n}x^{n-k}y^{k-1}$
>
> $=x^{n-1}+x^{n-2}y+\dots+y^{n-1}$ ......(＊)
>
> (＊)은 첫째항이 x^{n-1}이고 공비가 $\frac{y}{x}$인 등비수열의 첫째항부터 제 n항까지의 합이므로
>
> $a_n=\frac{(\text{나})}{\sqrt{5}}$

위의 과정에서 (가)에 들어갈 수를 m, (나)에 알맞은 식을 $f(n)$이라 할 때, $m+\{f(3)\}^2$의 값은?

① 17 ② 19 ③ 21 ④ 23 ⑤ 25

11 3점 포물선 $y^2=8x$의 초점 F를 지나는 직선이 포물선과 만나는 두 점을 A, B라 하자. $\overline{AF}:\overline{BF}=3:1$일 때, 선분 AB의 길이는?

① $\frac{26}{3}$ ② $\frac{28}{3}$ ③ 10 ④ $\frac{32}{3}$ ⑤ $\frac{34}{3}$

12 3점 그림과 같이 쌍곡선 $\frac{x^2}{a^2}-\frac{y^2}{b^2}=1$의 한 초점 $F(c,\ 0)$을 지나고 y축에 평행한 직선이 이 쌍곡선과 만나는 점을 각각 A, B라 하자. $\overline{AB}=\sqrt{2}c$일 때, a와 b 사이의 관계식은? (단, $a>0,\ b>0,\ c>0$)

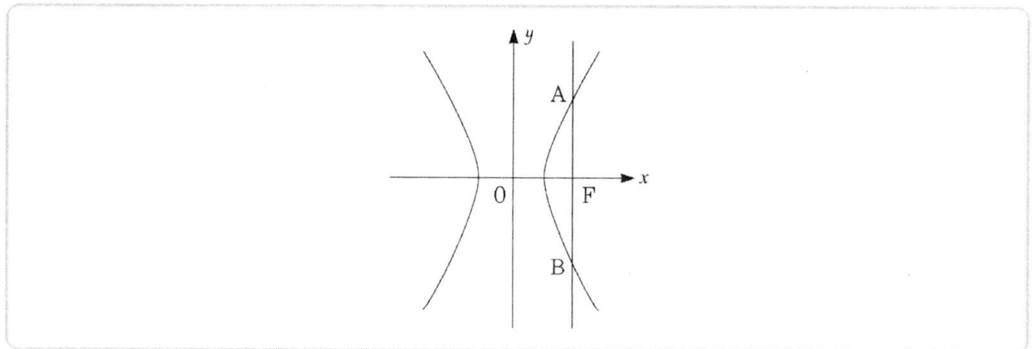

① $a=b$
② $a=\sqrt{2}b$
③ $2a=3b$
④ $a=\sqrt{3}b$
⑤ $a=2b$

13 3점 모든 실수 x에서 정의된 함수 $f(x)=2\sin 2x+4\sin x-4\cos x+1$의 최댓값과 최솟값의 합은?

① $4-4\sqrt{2}$
② $4-3\sqrt{2}$
③ $4-2\sqrt{2}$
④ $5-2\sqrt{2}$
⑤ $5-\sqrt{2}$

14 3점 모든 실수 x에서 정의된 함수 $f(x)=\int_1^x (x^2-t)dt$에 대하여 직선 $y=6x-k$가 곡선 $y=f(x)$에 접할 때, 양수 k의 값은?

① $\frac{11}{2}$
② $\frac{13}{2}$
③ $\frac{15}{2}$
④ $\frac{17}{2}$
⑤ $\frac{19}{2}$

15 4점

그림과 같이 좌표평면에서 원점 O와 점 A(3, 0)을 잇는 선분 OA를 반지름으로 하고 중심각의 크기가 $\frac{\pi}{3}$인 부채꼴 OAB가 있다. 일차변환 f를 나타내는 행렬이 $\begin{pmatrix} \frac{\sqrt{6}}{4} & -\frac{\sqrt{2}}{4} \\ \frac{\sqrt{2}}{4} & \frac{\sqrt{6}}{4} \end{pmatrix}$일 때, 일차변환 f에 의하여 부채꼴 OAB가 옮겨진 도형을 D라 하자. 도형 D 의 내부와 부채꼴 OAB의 내부의 공통부분을 나타내는 도형을 E_1이라 하고, 일차변환 f에 의하여 도형 E_1이 옮겨진 도형을 E_2라 하자. 두 도형 E_1, E_2의 넓이를 각각 S_1, S_2라 할 때, S_1+S_2의 값은?

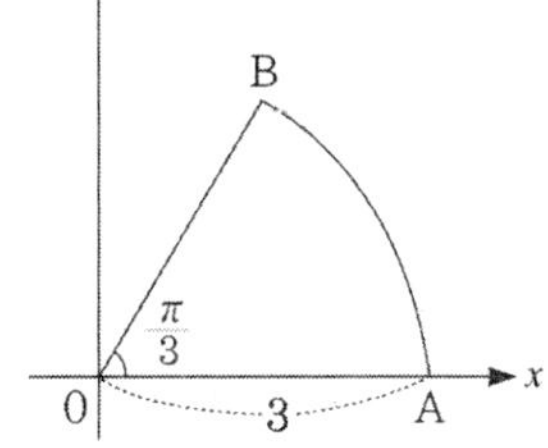

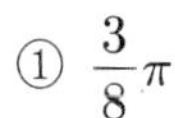

① $\frac{3}{8}\pi$
② $\frac{7}{16}\pi$
③ $\frac{1}{2}\pi$
④ $\frac{9}{16}\pi$
⑤ $\frac{5}{8}\pi$

16 4점

함수 $y=f(x)$의 그래프가 그림과 같다. 다음에서 옳은 것만을 있는 대로 고른 것은?

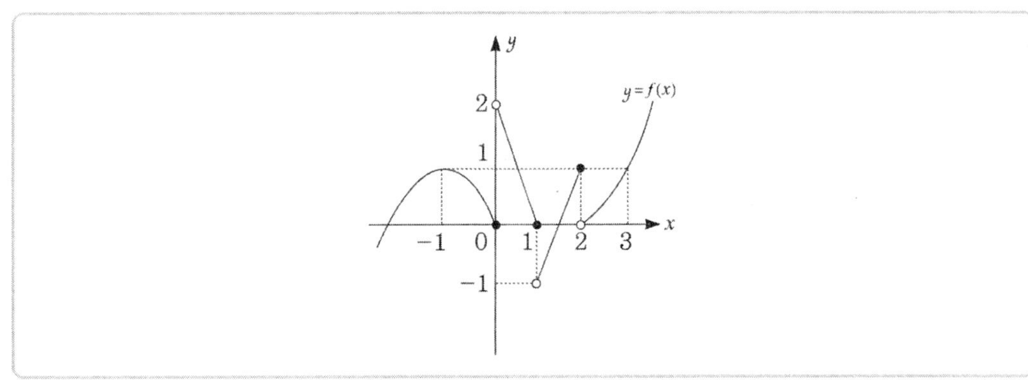

㉠ 함수 $f(x-1)$은 $x=0$에서 연속이다.
㉡ 함수 $f(x)f(-x)$는 $x=1$에서 연속이다.
㉢ 함수 $f(f(x))$는 $x=3$에서 불연속이다.

① ㉠
② ㉠, ㉡
③ ㉠, ㉢
④ ㉡, ㉢
⑤ ㉠, ㉡, ㉢

17 세 이차정사각행렬 A, B, C가 $(AB)^2=A^2B^2$, $BA=AC$를 만족시킬 때, 옳은 것만을 다음에서 있는 대로 고른 것은?
3점

ㄱ. $B^2A=AC^2$
ㄴ. B의 역행렬이 존재하면 $A^2B=A^2C$이다.
ㄷ. AC의 역행렬이 존재하면 $B=C$ 이다.

① ㄱ
② ㄱ, ㄴ
③ ㄱ, ㄷ
④ ㄴ, ㄷ
⑤ ㄱ, ㄴ, ㄷ

18 모든 실수 x에서 정의된 함수 $f(x)$가 $x=a$에서 미분가능하기 위한 필요충분조건인 것만을 다음에서 있는 대로 고른 것은?
4점

ㄱ. $\lim_{h\to0}\frac{f(a+h^2)-f(a)}{h^2}$의 값이 존재한다.
ㄴ. $\lim_{h\to0}\frac{f(a+h^3)-f(a)}{h^3}$의 값이 존재한다.
ㄷ. $\lim_{h\to0}\frac{f(a+h)-f(a-h)}{2h}$의 값이 존재한다.

① ㄱ
② ㄴ
③ ㄷ
④ ㄱ, ㄷ
⑤ ㄴ, ㄷ

19 4점 닫힌 구간 $\left[0,\ \frac{\pi}{2}\right]$에서 정의된 함수 $f(x)=\frac{\sin 2x}{1+\sin x}$에 대하여 옳은 것만을 다음에서 있는 대로 고른 것은?

〈보기〉

㉠ $f(x) \geq 0$

㉡ $f'(c)=0$인 c가 열린 구간 $\left(0,\ \frac{\pi}{2}\right)$에 존재한다.

㉢ 함수 $f(x)$의 그래프와 x축으로 둘러싸인 부분의 넓이는 $2-2\ln 2$이다.

① ㉠ ② ㉡
③ ㉠, ㉡ ④ ㉠, ㉢
⑤ ㉠, ㉡, ㉢

20 4점 $x>0$에서 정의된 함수 $f(x)=\frac{(\ln x)^6}{x^2}$에 대하여 옳은 것만을 다음에서 있는 대로 고른 것은? (단, $\lim_{x\to\infty}\frac{(\ln x)^6}{x^2}=0$이다.)

㉠ $x=e^3$에서 극댓값을 갖는다.

㉡ $x=e$에서 극솟값을 갖는다.

㉢ $x>0$에서 $f(x)=1$방정식 의 실근의 개수는 3이다.

① ㉠ ② ㉠, ㉡
③ ㉠, ㉢ ④ ㉡, ㉢
⑤ ㉠, ㉡, ㉢

21 [4점] 그림은 어떤 정보 x를 0과 1의 두 가지 중 한 가지의 송신 신호로 바꾼 다음 이를 전송하여 수신 신호를 얻는 경로를 나타낸 것이다. 이때 송신 신호가 전송되는 과정에서 수신 신호가 바뀌는 경우가 생기는 데, 각각의 경우에 따른 확률은 다음과 같다.

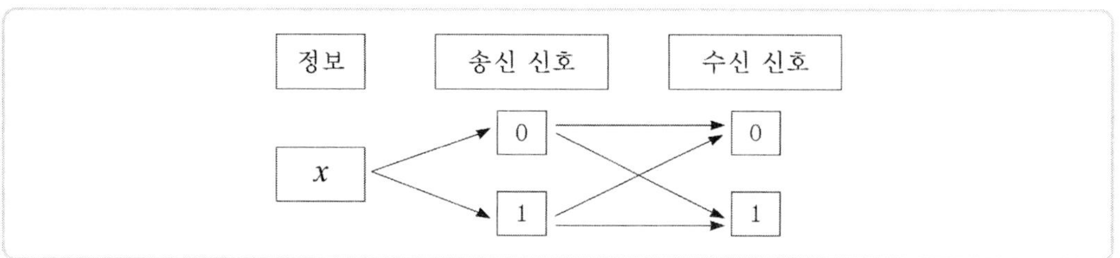

(가) 정보 x가 0, 1의 송신 신호로 바뀔 확률은 각각 0.4, 0.6이다.
(나) 송신 신호 0이 수신 신호 0, 1로 전송될 확률은 각각 0.95, 0.05이다.
(다) 송신 신호 1이 수신 신호 0, 1로 전송될 확률은 각각 0.05, 0.95이다.

정보 x를 전송한 결과 수신 신호가 1이었을 때, 송신 신호가 1이었을 확률은?

① $\frac{54}{59}$　② $\frac{55}{59}$　③ $\frac{56}{59}$　④ $\frac{57}{59}$　⑤ $\frac{58}{59}$

22 4점 [그림 1]과 같이 좌표평면 위에 중심이 원점이고 반지름의 길이가 4인 큰 원 C_1과 반지름의 길이가 1인 작은 원 C_2가 점 (4, 0)에서 외접하고 있다. 이때 작은 원 위의 한 점을 P라 하자. [그림 2]와 같이 원 C_2가 원 C_1에 접한 상태로 굴러갈 때, 두 원의 중심을 연결한 선분이 x축의 양의 방향과 이루는 각의 크기를 θ라 하자. θ의 값이 0에서 $\frac{\pi}{2}$까지 변할 때, 점 (4, 0)에서 출발한 점 P가 움직인 거리는?

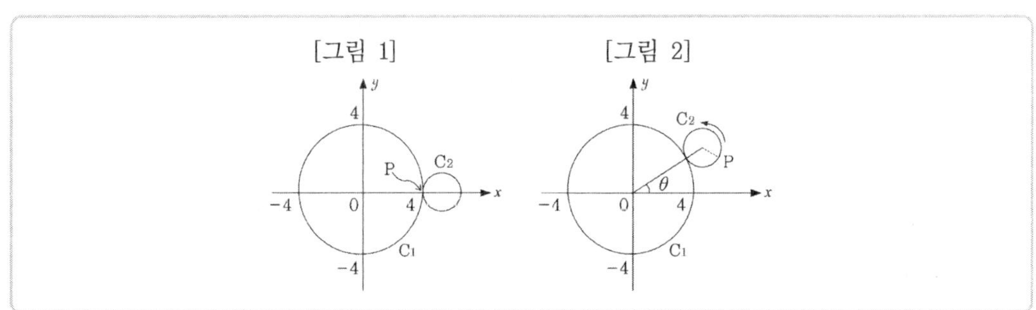

① 8
② 9
③ 10
④ 11
⑤ 12

23 4점 두 수열 $\{a_n\}$, $\{b_n\}$을 다음과 같이 정의하자.

(가) $a_1 = 0,\ b_1 = 2$

(나) n이 짝수이면 $a_n = a_{n-1} + \frac{b_{n-1}}{n},\ b_n = b_{n-1} - \frac{b_{n-1}}{n}$이다.

(다) n이 1보다 큰 홀수이면 $a_n = a_{n-1} - \frac{a_{n-1}}{n},\ b_n = b_{n-1} - \frac{a_{n-1}}{n}$이다.

$a_{41} = \frac{q}{p}$일 때, $p+q$의 값은? (단, p, q는 서로소인 자연수이다.)

① 79
② 80
③ 81
④ 82
⑤ 83

24 [4점] 그림과 같이 반지름의 길이가 3인 두 원을 서로의 중심을 지나도록 그렸을 때, 두 원의 내부에서 겹친 부분이 나타내는 도형을 F_1이라 하자. F_1의 내부에 반지름의 길이가 같고 서로의 중심을 지나는 두 원을 F_1과 접하면서 반지름의 길이가 최대가 되도록 그렸을 때, 그려진 두 원의 내부에서 겹친 부분이 나타내는 도형을 F_2라 하자. F_2의 내부에 반지름의 길이가 같고 서로의 중심을 지나는 두 원을 F_2와 접하면서 반지름의 길이가 최대가 되도록 그렸을 때, 그려진 두 원의 내부에서 겹친 부분이 나타내는 도형을 F_3이라 하자. 이와 같은 방법으로 계속하여 도형 F_n을 그려 나갈 때, F_n의 둘레의 길이를 l_n이라 하자.

$\sum_{n=1}^{\infty} l_n$의 값은?

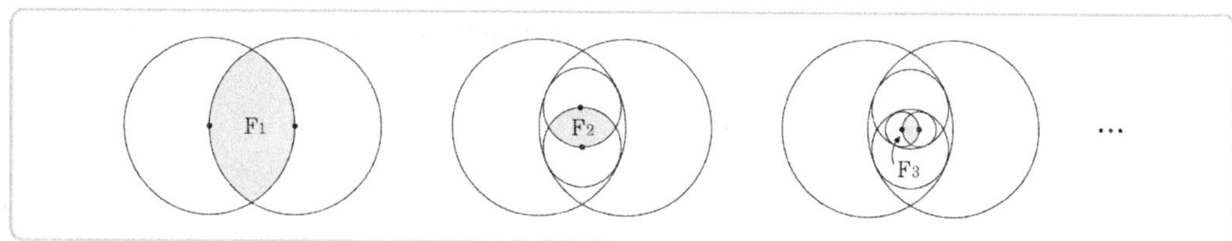

① $2\pi(1+\sqrt{7})$
② $\frac{8\pi}{3}(1+\sqrt{7})$
③ $\frac{4\pi}{3}(2+\sqrt{7})$
④ $2\pi(2+\sqrt{7})$
⑤ $\frac{5\pi}{3}(2+\sqrt{7})$

주관식
25 [3점] 분수방정식 $\frac{1}{x}+\frac{1}{x-12}=\frac{2}{5}$의 모든 실근의 합을 구하시오.

(　　　　　　　　)

주관식
26 [3점] 좌표공간 위의 점 $A(4,\ 6,\ 7)$에서 두 점 $B(1,\ -1,\ 2)$, $C(5,\ -3,\ 8)$을 지나는 직선까지의 거리를 d라 할 때, d^2의 값을 구하시오.

(　　　　　　　　)

주관식

27 [4점] 두 곡선 $y=\ln x+3$, $y=\ln\frac{1}{x}+3$과 직선 $x=e$로 둘러싸인 부분을 x축의 둘레로 회전시킬 때 생기는 회전체의 부피는 V이다. $\frac{V}{\pi}$의 값을 구하시오.

(　　　　　　　　)

주관식

28 [4점] 그림과 같은 정육면체 $ABCD-EFGH$에서 네 모서리 AD, CD, EF, EH의 중점을 각각 P, Q, R, S라 하고, 두 선분 RS와 EG의 교점을 M이라 하자. 평면 PMQ와 평면 $EFGH$가 이루는 예각의 크기를 θ라 할 때, $\tan^2\theta+\sec^2\theta$의 값을 구하시오.

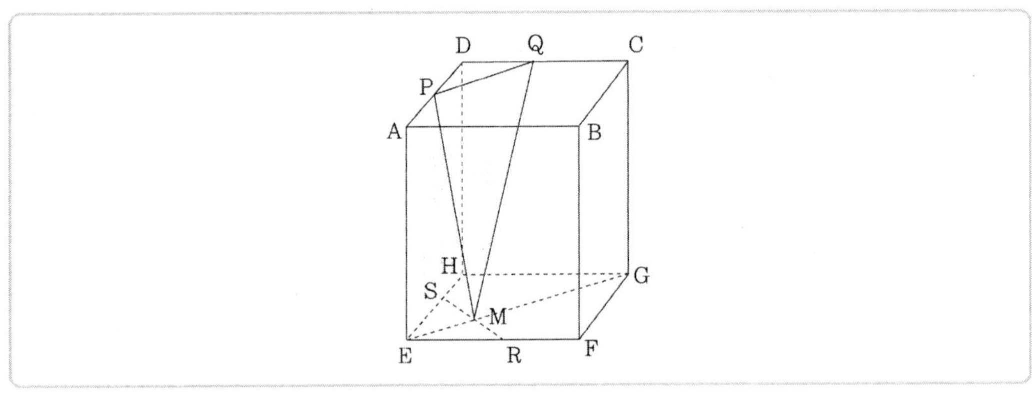

(　　　　　　　　)

주관식

29 [4점] 다음과 같이 두 수 0과 1만을 사용하여 제 n행에 n자리의 자연수를 크기순으로 모두 나열해 나간다. $(n=1,\ 2,\ 3,)\cdots$

제1형	1
제2형	10, 11
제3형	100, 101, 110, 111
제4형	1000, 1001, 1010, 1011, 1100, 1101, 1110, 1111
…	…

제 n행에 나열한 모든 수의 합을 a_n이라 하자. 예를 들어, $a_2=21$, $a_3=422$이다.

$\lim_{n\to\infty}\frac{a_n}{20^n}=\frac{q}{p}$일 때, $p+q$의 값을 구하시오. (단, p, q는 서로소인 자연수이다.)

(　　　　　　)

주관식

30 [4점] 세 다항함수 $f(x)$, $g(x)$, $h(x)$가 다음 조건을 만족시킨다.

> (가) $f(1)=1$, $g(1)=2$
> (나) 모든 실수 x, y에 대하여 $f(xy+1)=xg(y)+h(x+y)$이다.

이때 $\int_0^3 \{f(x)+g(x)+h(x)\}dx$의 값을 구하시오.

(　　　　　　)

09 2014학년도 수학영역(B형)

▶ 해설은 p. 78에 있습니다.

01 $\log_2(4\sqrt{2}-\sqrt{10})-\log_2(4-\sqrt{5})$의 값은?

2점

① $\frac{1}{4}$
② $\frac{1}{2}$
③ $\frac{3}{4}$
④ 1
⑤ $\frac{5}{4}$

02 $\lim_{x\to 1}\frac{\ln x}{x^3-1}$의 값은?

2점

① $\frac{1}{3}$
② $\frac{1}{2}$
③ 1
④ $\frac{3}{2}$
⑤ 2

03 두 벡터 $\vec{a}$, $\vec{b}$에 대하여 $|\vec{a}|=2$, $|\vec{b}|=3$, $|3\vec{a}-2\vec{b}|=6$일 때, 내적 $\vec{a}\cdot\vec{b}$의 값은?

2점

① 1
② 2
③ 3
④ 4
⑤ 5

04 1008, 1233과 같이 각 자리의 숫자의 합이 9인 네 자리의 자연수의 개수는?

3점

① 165
② 170
③ 175
④ 180
⑤ 185

05 3점 주머니 속에 1, 2, 3, 4, 5의 수가 각각 하나씩 적힌 5개의 공이 들어 있다. 이 주머니에서 임의로 3개의 공을 동시에 꺼내어 적힌 수를 확인하고 다시 집어넣는 시행을 한다. 이와 같은 시행을 25회 반복할 때, 꺼낸 3개의 공에 적힌 수들 중 두 수의 합이 나머지 한 수와 같은 경우가 나오는 횟수를 확률변수 X라 하자. 확률변수 X^2의 평균 $E(X^2)$의 값은?

① 102 ② 104 ③ 106 ④ 108 ⑤ 110

06 3점 $0<\alpha<\beta<\frac{\pi}{2}$인 두 수 α, β가 $\sin\alpha\sin\beta=\frac{\sqrt{3}+1}{4}$, $\cos\alpha\cos\beta=\frac{\sqrt{3}-1}{4}$을 만족시킬 때, $\cos(3\alpha+\beta)$의 값은?

① -1 ② $-\frac{\sqrt{3}}{2}$ ③ $-\frac{\sqrt{2}}{2}$ ④ $\frac{1}{2}$ ⑤ 0

두 연속함수 $f(x)$, $g(x)$에 대하여 두 수열 $\{a_n\}$, $\{b_n\}$을 다음과 같이 정의하자. 7번과 8번의 두 물음에 답하시오. [07~08]

$$a_n=\int_0^n f(x)dx,\ b_n=\int_{n-1}^n g(x)dx\quad(n=1,\ 2,\ 3,\ \ldots)$$

07 3점 $f(x)=\sqrt{x}$, $g(x)=f(x)+1$일 때, a_3+b_4의 값은?

① 5 ② $\frac{16}{3}$ ③ $\frac{17}{3}$ ④ 6 ⑤ $\frac{19}{3}$

08 $f(x)=g(x)$ 이고 $b_n=2n+3$ 일 때, a_{10} 의 값은?
3점

① 110
② 120
③ 130
④ 140
⑤ 150

09 모든 실수 x 에서 미분가능하고 역함수가 존재하는 함수 $f(x)$ 에 대하여 $\lim_{x\to1}\frac{f(x)-2}{x-1}=\frac{1}{2}$,
3점

$\lim_{x\to2}\frac{f(x)-3}{x-2}=4$ 가 성립한다. 함수 $f(x)$ 의 역함수를 $g(x)$ 라 할 때, $\lim_{x\to3}\frac{g(g(x))-1}{x-3}$ 의 값은?

① $\frac{1}{4}$
② $\frac{1}{2}$
③ 1
④ 2
⑤ 4

10 그림과 같이 곡선 $y=\sin\frac{\pi}{2}x\ (0\le x\le 2)$ 와 직선 $y=k(0<k<1)$ 가 있다. 곡선 $y=\sin\frac{\pi}{2}x$ 와 직선 $y=k$, y 축으로 둘러싸인 부분의 넓이를 S_1, 곡선 $y=\sin\frac{\pi}{2}x$ 와 직선 $y=k$ 로 둘러싸인 부분의 넓이를 S_2 라 하자. $S_2=2S_1$ 일 때, 상수 k 의 값은?
3점

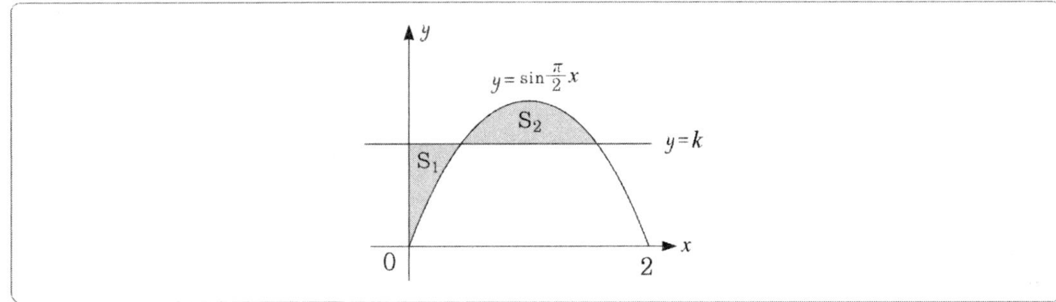

① $\frac{1}{2\pi}$
② $\frac{1}{\pi}$
③ $\frac{3}{2\pi}$
④ $\frac{2}{\pi}$
⑤ $\frac{5}{2\pi}$

11 3점 수직선 위의 원점에 위치한 점 A가 있다. 주사위 1개를 던질 때 3의 배수의 눈이 나오면 점 A를 양의 방향으로 3만큼 이동하고, 그 이외의 눈이 나오면 점 A를 음의 방향으로 2만큼 이동하는 시행을 한다. 이와 같은 시행을 72회 반복할 때, 점 A의 좌표를 확률변수 X라 하자. 확률 $P(X \geq 11)$의 값을 오른쪽 표준정규분포표를 이용하여 구한 것은?

z	$P(0 \leq Z \leq z)$
1.00	0.3413
1.25	0.3944
1.50	0.4332
1.75	0.4599
2.00	0.4772

① 0.0228
② 0.0401
③ 0.0608
④ 0.1056
⑤ 0.1587

12 3점 두 이차정사각행렬 A, B가 $A^2 - A = O$, $A - B = E$를 만족시킬 때, 옳은 것만을 다음에서 있는 대로 고른 것은? (단, O는 영행렬이고, E는 단위행렬이다.)

> ㉠ $AB = O$
> ㉡ $A \neq E$이면 A의 역행렬은 존재하지 않는다.
> ㉢ $A+B$의 역행렬이 존재한다.

① ㉠　② ㉠, ㉡
③ ㉠, ㉢　④ ㉡, ㉢
⑤ ㉠, ㉡, ㉢

13 3점 곡선 $x^2 + (y-1)^2 = 1$ $(y \geq 1)$과 두 직선 $x = -1$, $x = 1$ 및 x축으로 둘러싸인 부분을 x축의 둘레로 회전시켜 생기는 회전체의 부피는?

① $\frac{1}{2}\pi^2 + \frac{5}{3}\pi$　② $\frac{1}{2}\pi^2 + \frac{10}{3}\pi$
③ $\pi^2 + \frac{5}{3}\pi$　④ $\pi^2 + \frac{10}{3}\pi$
⑤ $2\pi^2 + \frac{5}{3}\pi$

14 [4점] 두 함수 $f(x)=e^{x}(x^2+ax+b)$, $g(x)=e^{-x}(x^2+ax+b)$는 각각 $x=-3$, $x=2$에서 극댓값을 갖는다. 두 함수 $f(x)$, $g(x)$의 극솟값을 각각 m_1, m_2라 할 때, m_1+m_2의 값은? (단, a, b는 상수이다.)

① $-2e$
② $-e-1$
③ 0
④ $e-1$
⑤ $2e$

15 [4점] 그림과 같이 반지름의 길이가 2이고 중심각의 크기가 $\frac{\pi}{3}$인 부채꼴 OAB에서 선분 OA의 중점을 M이라 하자. 점 P는 두 선분 OM과 BM위를 움직이고, 점 Q는 호 AB위를 움직인다. $\overrightarrow{OR}=\overrightarrow{OP}+\overrightarrow{OQ}$를 만족시키는 점 R가 나타내는 영역 전체의 넓이는?

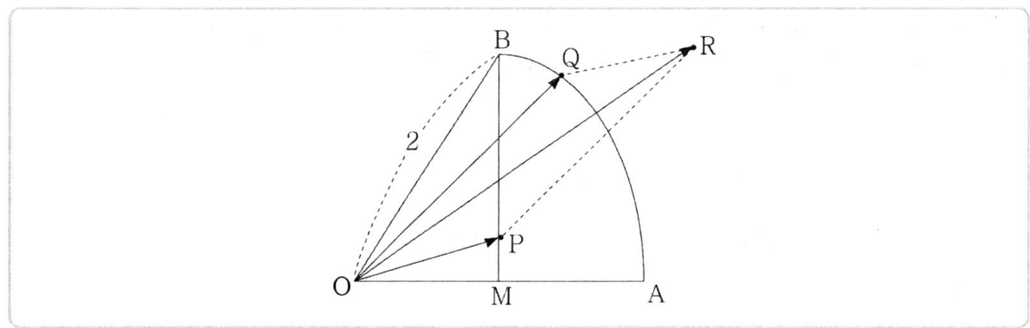

① $\sqrt{3}$
② 2
③ $2\sqrt{3}$
④ 4
⑤ $3\sqrt{3}$

16 4점

첫째항이 −8인 수열 $\{a_n\}$에 대하여 $a_{n+1}-2\sum_{k=1}^{n}\frac{a_k}{k}=2^{n+1}(n^2+n+2)\ (n\geq 1)$이 성립한다. 다음은 수열 $\{a_n\}$의 일반항을 구하는 과정의 일부이다. (가), (나), (다)에 알맞은 식을 각각 $f(n)$, $g(n)$, $h(n)$이라 할 때, $\frac{f(4)}{g(5)}+h(6)$의 값은?

> 주어진 식에 의하여
>
> $a_n-2\sum_{k=1}^{n-1}\frac{a_k}{k}=2^n(n^2-n+2)\ (n\geq 2)$이다.
>
> 따라서 2 이상의 자연수 n에 대하여
>
> $a_{n+1}-a_n-\frac{2}{n}a_n=$ [(가)]이므로
>
> $a_{n+1}-\frac{n+2}{n}a_n=$ [(가)]이다.
>
> $b_n=\frac{a_n}{n(n+1)}$이라 하면
>
> $b_{n+1}-b_n=$ [(나)] $(n\geq 2)$이고,
>
> $b_2=0$이므로
>
> $b_n=$ [(다)] $(n\geq 2)$이다.
>
> ⋮

① 65　② 70　③ 75　④ 80　⑤ 85

17 4점 한 변의 길이가 1인 정육각형 ABCDEF에서 길이가 2인 대각선의 교점을 O라 하자. 그림과 같이 꼭짓점 A, B, C, D, E, F를 중심으로 하여 점 O를 시계 방향으로 60°만큼 회전시키면서 호를 그린 다음, 이들 호의 길이를 이등분하는 점을 각각 A_1, B_1, C_1, D_1, E_1, F_1이라 하자. 정육각형 $A_1B_1C_1D_1E_1F_1$에서 꼭짓점 A_1, B_1, C_1, D_1, E_1, F_1을 중심으로 하여 점 O를 시계 방향으로 60°만큼 회전시키면서 호를 그린 다음, 이들 호의 길이를 이등분하는 점을 각각 A_2, B_2, C_2, D_2, E_2, F_2라 하자. 정육각형 $A_2B_2C_2D_2E_2F_2$에서 꼭짓점 A_2, B_2, C_2, D_2, E_2, F_2를 중심으로 하여 점 O를 시계 방향으로 60°만큼 회전시키면서 호를 그린 다음, 이들 호의 길이를 이등분하는 점을 각각 A_3, B_3, C_3, D_3, E_3, F_3이라 하자. 이와 같은 과정을 계속하여 n번째 얻은 정육각형 $A_nB_nC_nD_nE_nF_n$의 넓이를 S_n이라 할 때, $\sum_{n=1}^{\infty} S_n$의 값은?

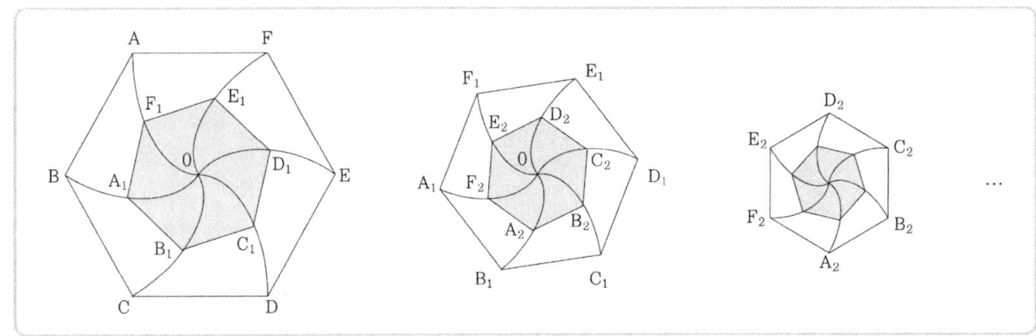

① $\frac{7-3\sqrt{3}}{4}$　　② $\frac{7-2\sqrt{3}}{4}$

③ $\frac{9-4\sqrt{3}}{4}$　　④ $\frac{9-3\sqrt{3}}{4}$

⑤ $\frac{9-2\sqrt{3}}{4}$

18 4점 $0 \le x \le \pi$에서 정의된 함수 $f(x)=\frac{\cos x}{\sin x+2}$에 대하여 곡선 $y=f(x)$와 x축, y축으로 둘러싸인 부분의 넓이를 S_1, 곡선 $y=f(x)$와 x축 및 직선 $x=\pi$로 둘러싸인 부분의 넓이를 S_2라 하자. S_1+S_2의 값은?

① $\ln\frac{3}{2}$　　② $\ln\frac{4}{3}$

③ $2\ln\frac{3}{2}$　　④ $2\ln\frac{4}{3}$

⑤ $4\ln\frac{3}{2}$

19  4점

그림과 같이 평면 α와 한 점 A에서 만나는 정삼각형 ABC가 있다. 두 점 B, C의 평면 α 위로의 정사영을 각각 B', C'이라 하자. $\overline{\mathrm{AB'}}=\sqrt{5}$, $\overline{\mathrm{B'C'}}=2$, $\overline{\mathrm{C'A}}=\sqrt{3}$일 때, 정삼각형 ABC의 넓이는?

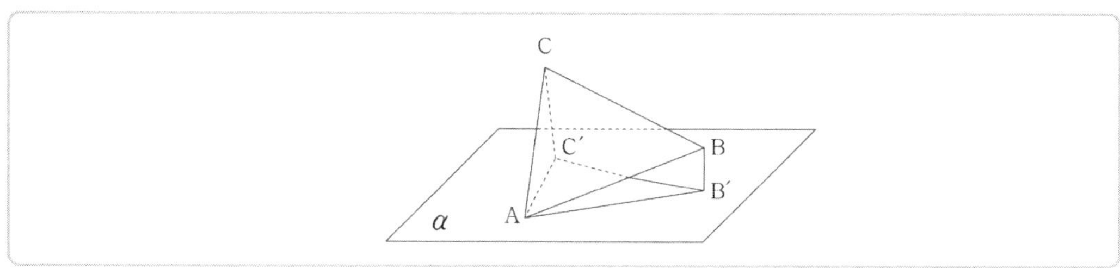

① $\sqrt{3}$　　② $\dfrac{2+\sqrt{3}}{2}$

③ $\dfrac{3+\sqrt{3}}{2}$　　④ $\dfrac{1+2\sqrt{3}}{2}$

⑤ $\dfrac{3+2\sqrt{3}}{2}$

20 4점

함수 $f(x)=x\sin x$에 대하여 옳은 것만을 다음에서 있는 대로 고른 것은?

ㄱ. 함수 $f(x)$는 $x=0$에서 극솟값을 갖는다.
ㄴ. 직선 $y=x$는 곡선 $y=f(x)$에 접한다.
ㄷ. 함수 $f(x)$가 $x=a$에서 극댓값을 갖는 a가 구간 $\left(\dfrac{\pi}{2}, \dfrac{3}{4}\pi\right)$에 존재한다.

① ㄱ　　② ㄱ, ㄴ

③ ㄱ, ㄷ　　④ ㄴ, ㄷ

⑤ ㄱ, ㄴ, ㄷ

21 4점 함수 $f(x)$가 다음 조건을 만족시킨다. $\int_0^3 f(x)dx$의 값은?

(가) $0 \le x \le 1$일 때, $f(x) = e^x - 1$이다.
(나) 모든 실수 x에 대하여 $f(x+1) = -f(x) + e - 1$이다.

① $2e-3$
② $2e-1$
③ $2e+1$
④ $2e+3$
⑤ $2e+5$

주관식
22 3점 좌표평면에서 x축에 대한 대칭변환을 f, 원점을 중심으로 60°만큼 회전하는 회전변환을 g라 하자. 일차변환 $(g \circ f)^{-1}$을 나타내는 행렬을 $\begin{pmatrix} \frac{1}{2} & a \\ b & -\frac{1}{2} \end{pmatrix}$이라 할 때, $100(a^2+b^2)$의 값을 구하시오.

(　　　　　　　　)

주관식
23 3점 표는 어느 학교의 두 동아리 A, B 의 남학생 수와 여학생 수를 나타낸 것이다.

구분 / 동아리	남학생(명)	여학생(명)	합계(명)
A	8	16	24
B	12	12	24

다음은 여름방학이 지난 후 두 동아리 A, B의 변동된 학생 수에 대한 설명이다. $x+y$의 값을 구하시오.

(가) 동아리 A에서는 남학생 x명이 새로 가입하여 동아리 A의 학생 중에서 남학생의 비율이 y%가 되었다.
(나) 동아리 B에서는 여학생 x명이 탈퇴하여 동아리 B의 학생 중에서 남학생의 비율이 $(y+25)$%가 되었다.

(　　　　　　　　)

주관식
24 3점 한 모서리의 길이가 $6\sqrt{6}$ 인 정사면체 ABCD에 대하여 등식 $\overrightarrow{PB}+\overrightarrow{PC}+\overrightarrow{PD}=2\overrightarrow{PA}$ 를 만족시키는 점 P가 있다. 삼각형 BCD의 무게중심을 G라 할 때, 선분 PG의 길이를 구하시오.

(　　　　　　　　　　)

주관식
25 3점 그림과 같이 타원 $\frac{x^2}{25}+\frac{y^2}{16}=1$ 의 두 초점을 각각 $F,\ F'$ 이라 하자. 타원 위의 한 점 P와 x축 위의 한 점 Q에 대하여 $\overline{PF}:\ \overline{PF'}=\overline{QF}:\ \overline{QF'}=2:3$ 일 때, $\overline{PQ}^2$ 의 값을 구하시오. (단, 점 Q 는 타원 외부의 점이다.)

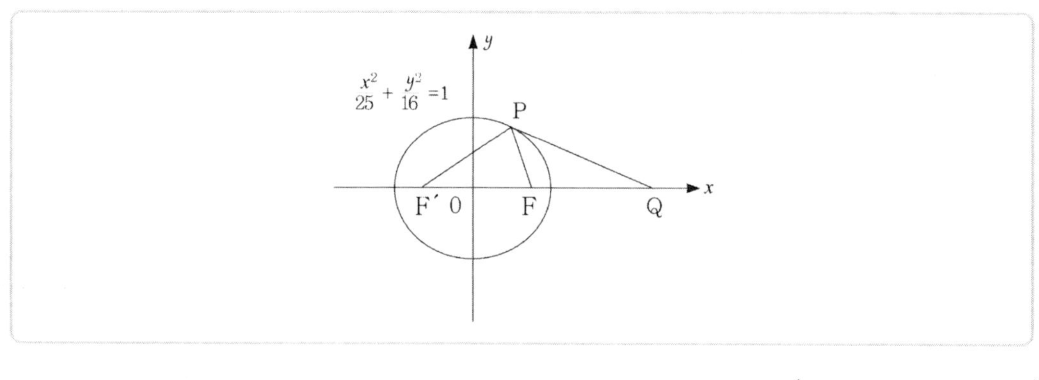

(　　　　　　　　　　)

주관식
26 4점 지호와 영수는 가위바위보를 한 번 할 때마다 다음과 같은 규칙으로 사탕을 받는 게임을 한다. 게임을 시작하고 나서 지호가 받은 사탕의 총 개수가 5인 경우가 생길 확률은 $\frac{k}{243}$ 이다. 자연수 k의 값을 구하시오. (단, 두 사람이 각각 가위, 바위, 보를 낼 확률은 같다.)

(가) 이긴 사람은 2개의 사탕을 받고, 진 사람은 1개의 사탕을 받는다.
(나) 비긴 경우에는 두 사람 모두 1개의 사탕을 받는다.

(　　　　　　　　　　)

주관식

27 4점 그림과 같이 길이가 2인 선분 AB를 지름으로 하는 반원 위를 움직이는 점 C가 있다. 호 BC의 길이를 이등분하는 점을 M이라 하고, 두 점 C, M에서 선분 AB에 내린 수선의 발을 각각 D, N이라 하자. $\angle CAB=\theta$라 할 때, 사각형 CDNM의 넓이를 $S(\theta)$라 하자. $\lim_{\theta \to +0} \frac{S(\theta)}{\theta^3}=a$일 때, $16a$의 값을 구하시오.

(단, 점 C는 선분 AB의 양 끝점이 아니다.)

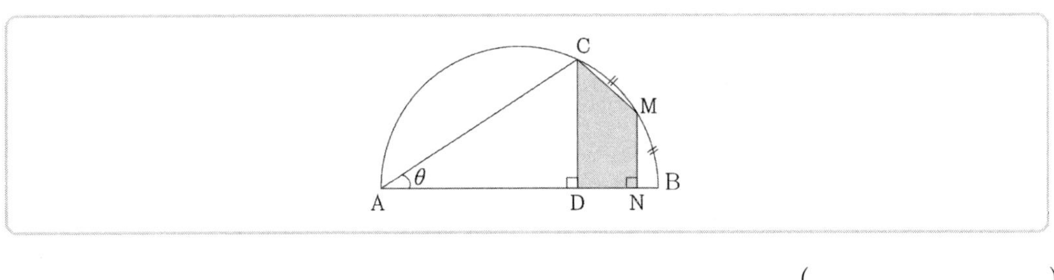

( )

주관식

28 4점 좌표공간에 여섯 개의 점 A(0, 0, 2), B(2, 0, 0), C(0, 2, 0), D(−2, 0, 0), E(0, −2, 0), F(0, 0, −2)를 꼭짓점으로 하는 정팔면체 ABCDEF가 있다. 이 정팔면체와 평면 $x+y+z=0$이 만나서 생기는 도형의 넓이를 S라 할 때, S^2의 값을 구하시오.

( )

주관식

29 그림과 같이 좌표평면에서 세 점 (4, 0), (−4, 0), (0, 2)를 지나는 포물선이 있다. $-4<x<4$인 범위에서 포물선 위를 움직이는 점을 P라 할 때, 점 P를 중심으로 하고 x축에 접하는 원을 그린 다음, 반직선 OP와 이 원의 교점 중에서 원점 O로부터 더 멀리 있는 점을 Q라 하자. 점 Q가 그리는 도형과 x축 및 직선 $x=-4$, $x=4$로 둘러싸인 부분을 x축의 둘레로 회전시켜 생기는 회전체의 부피는 $\frac{q}{p}\pi$이다. $p+q$의 값을 구하시오. (단, p, q는 서로소인 자연수이다.) [4점]

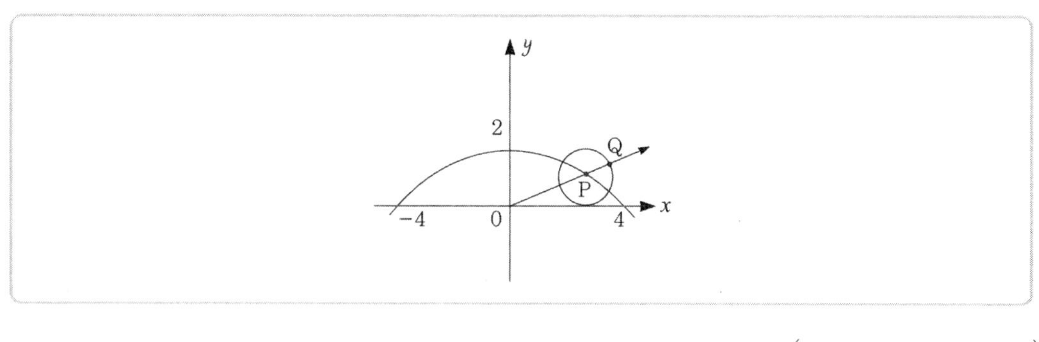

(　　　　　)

주관식

30 자연수 n에 대하여 $\log n$의 지표와 가수를 각각 $f(n)$, $g(n)$이라 하자. 좌표평면 위의 점 $P_n(f(n),\ g(n))$이 연립부등식 $\begin{cases} y \ge \frac{1}{3}x \\ 0 \le y \le \frac{1}{2} \end{cases}$의 영역에 속하도록 하는 자연수 n의 개수를 다음의 상용로그표를 이용하여 구하시오. [4점]

x	$\log x$
2.1	0.3222
2.2	0.3424
3.1	0.4914
3.2	0.5051

(　　　　　)

10 | 2015학년도 수학영역(B형)

▶ 해설은 p. 90에 있습니다.

01 $\log_2 9 \times \log_3 8$ 의 값은?

2점

① 2　　② 3　　③ 4　　④ 5　　⑤ 6

02 두 행렬 $A=\begin{pmatrix} -3 & -5 \\ 2 & 3 \end{pmatrix}$, $B=\begin{pmatrix} 4 & 5 \\ -2 & 1 \end{pmatrix}$에 대하여 행렬 $AX=A+B$를 만족시키는 행렬 X의 모든 성분의 합은?

2점

① 9　　② 11　　③ 13　　④ 15　　⑤ 17

03 두 벡터 $\vec{a}$, $\vec{b}$가 이루는 각의 크기가 $60°$ 이고, $|\vec{a}|=2$, $|\vec{b}|=3$일 때, $|\vec{a}-2\vec{b}|$의 값은?

2점

① $3\sqrt{2}$　　② $2\sqrt{6}$　　③ $2\sqrt{7}$　　④ $4\sqrt{2}$　　⑤ 6

04 함수 $f(x)=8\sin x+4\cos 2x+1$의 최댓값은?
3점

① 6 ② 7
③ 8 ④ 9
⑤ 10

05 그림과 같이 정사각형 모양으로 연결된 도로망이 있다.

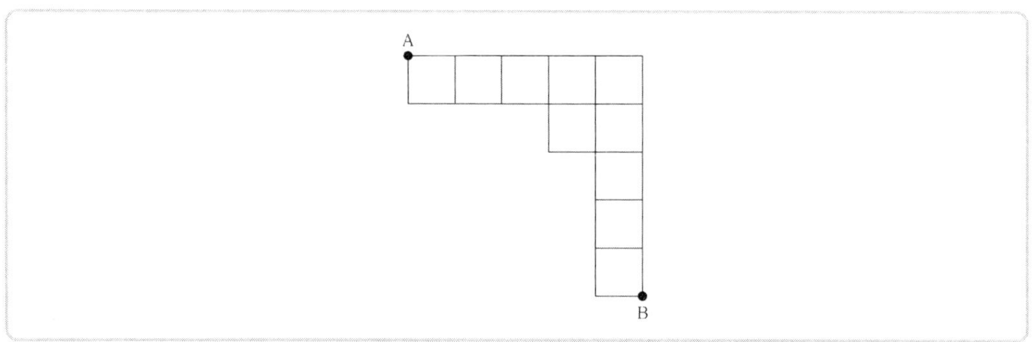

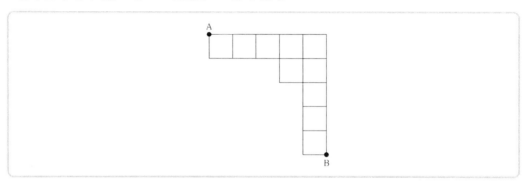

이 도로망을 따라 A 지점에서 출발하여 B 지점까지 최단거리로 가는 경우의 수는?

① 40 ② 42
③ 44 ④ 46
⑤ 48

06 좌표평면에서 원점을 중심으로 90° 만큼 회전하는 회전변환을 f, 원점을 닮음의 중심으로 하고 닮음비가 $k(k>0)$인 닮음변환을 g라 하자. 합성변환 $g\circ f$에 의하여 원 $C_1:(x-5)^2+y^2=16$이 옮겨진 원을 C_2라 할 때, 두 원 C_1, C_2가 외접하기 위한 모든 k의 값의 합은?
3점

① $\frac{10}{3}$ ② $\frac{31}{9}$
③ $\frac{32}{9}$ ④ $\frac{11}{3}$
⑤ $\frac{34}{9}$

07 3점 어느 상품의 수요량이 D, 공급량이 S일 때의 판매가격을 P라 하면 관계식 $\log_2 P = C + \log_3 D - \log_9 S$ (단, C는 상수)가 성립한다고 한다. 이 상품의 수요량이 9배로 증가하고 공급량이 3배로 증가하면 판매가격은 k배로 증가한다. k의 값은?

① $\sqrt{2}$
② $\sqrt{3}$
③ 2
④ $2\sqrt{2}$
⑤ $3\sqrt{3}$

08 3점 함수 $f(x) = \begin{cases} -1 & (x < -2) \\ x+1 & (-2 \le x < 2) \\ 3 & (x \ge 2) \end{cases}$가 있다. 그림은 두 함수 $y = f(x)$, $y = \frac{x+1}{x}$의 그래프를 나타낸 것이다.

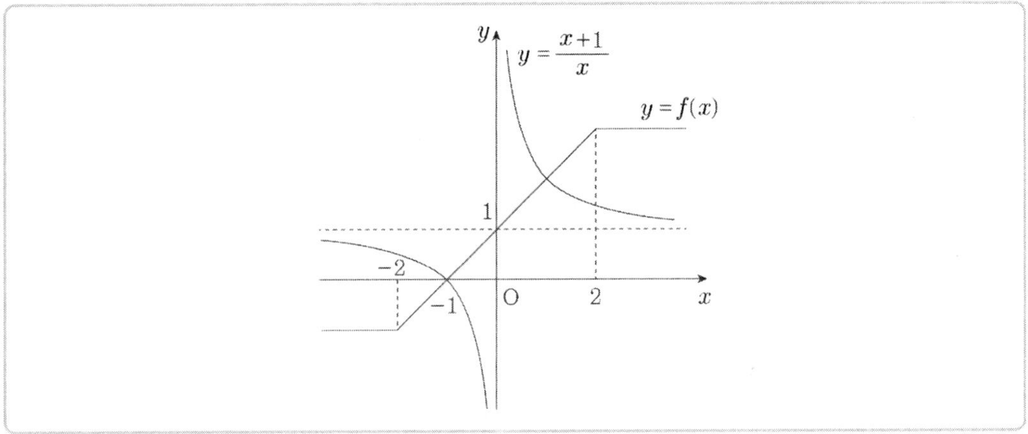

집합 $\left\{ x \,\middle|\, \frac{x+1}{f(x)} > x,\ x\text{는 } |x| < 10\text{인 정수} \right\}$의 원소의 개수는?

① 3
② 5
③ 7
④ 9
⑤ 11

09 포물선 $y^2=8x$의 초점 F를 지나는 직선 l이 포물선과 만나는 두 점을 각각 A, B라 하자. $\overline{AB}=14$를 만족시키는 직선 l의 기울기를 m이라 할 때, 양수 m의 값은?

3점

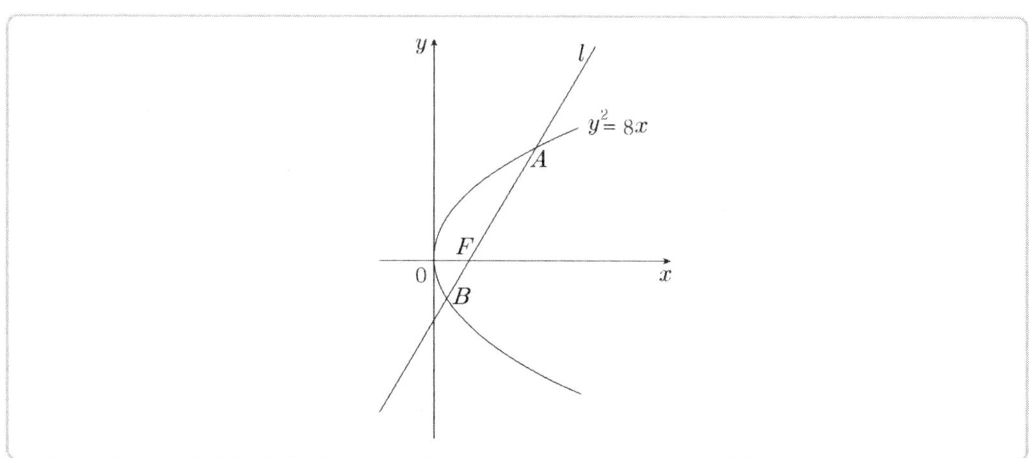

① $\frac{\sqrt{6}}{3}$　　② $\frac{2\sqrt{2}}{3}$　　③ 1　　④ $\frac{2\sqrt{3}}{3}$　　⑤ $\sqrt{2}$

10 정규분포를 따르는 두 연속확률변수 X, Y가 다음 조건을 만족시킨다.

3점

㉠ $E(X)=10$
㉡ $Y=3X$

$P(X\leq k)=P(Y\geq k)$를 만족시키는 상수 k의 값은?

① 14　　② 15　　③ 16　　④ 17　　⑤ 18

11 3점 주머니 A에는 흰 공 2개, 검은 공 4개가 들어 있고, 주머니 B에는 흰 공 4개, 검은 공 2개가 들어 있다. 주머니 A에서 임의로 2개의 공을 꺼내어 주머니 B에 넣고 섞은 다음 주머니 B에서 임의로 2개의 공을 꺼내어 주머니 A에 넣었더니 두 주머니에 있는 검은 공의 개수가 서로 같아졌다. 이때 주머니 A에서 꺼낸 공이 모두 검은 공이었을 확률은?

① $\frac{6}{11}$　② $\frac{13}{22}$　③ $\frac{7}{11}$　④ $\frac{15}{22}$　⑤ $\frac{8}{11}$

12 3점 좌표평면에서 두 점 A$(-3,\ 0)$, B$(3,\ 0)$을 초점으로 하고 장축의 길이가 8인 타원이 있다. 초점이 B이고 원점을 꼭짓점으로 하는 포물선이 타원과 만나는 한 점을 P라 할 때, 선분 PB의 길이는?

① $\frac{22}{7}$　② $\frac{23}{7}$　③ $\frac{24}{7}$　④ $\frac{25}{7}$　⑤ $\frac{26}{7}$

13 3점 모든 실수에서 연속이고 역함수가 존재하는 함수 $y=f(x)$의 그래프는 제1사분면에 있는 두 점 $(2,\ a)$, $(4,\ a+8)$을 지난다. 함수 $f(x)$의 역함수를 $g(x)$라 할 때,

$\lim_{n\to\infty}\frac{2}{n}\sum_{k=1}^{n}f\left(2+\frac{2k}{n}\right)+\lim_{n\to\infty}\frac{8}{n}\sum_{k=1}^{n}g\left(a+\frac{8k}{n}\right)=50$을 만족시키는 상수 a의 값은?

① 7　② 8　③ 9　④ 10　⑤ 11

14 그림은 좌표평면에서 반지름의 길이가 2이고 중심각의 크기가 90° 인 부채꼴 OAB를 나타낸 것이다. 선분 OA가 x축의 양의 방향과 이루는 각의 크기가 30° 일 때, 부채꼴 OAB의 내부를 x축의 둘레로 회전시켜 생기는 회전체의 부피는? (단, O는 원점이고, 점 B는 제2사분면에 있다)

4점

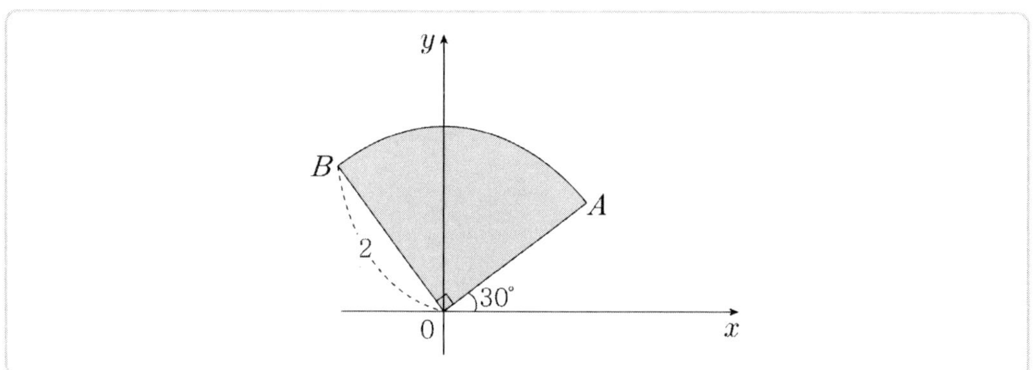

① $\dfrac{4(\sqrt{3}+1)}{3}\pi$

② $\dfrac{5(\sqrt{3}+1)}{3}\pi$

③ $2(\sqrt{3}+1)\pi$

④ $\dfrac{7(\sqrt{3}+1)}{3}\pi$

⑤ $\dfrac{8(\sqrt{3}+1)}{3}\pi$

15 4점 그림과 같이 직선 $x=t\ (0<t<1)$이 세 곡선 $y=1-\frac{x^2}{2}$, $y=\sqrt{1-x^2}$, $y=\sin^4 x$ 및 x축과 만나는 점을 각각 A, B, C, D라 하자. 두 삼각형 AOB, COD의 넓이를 각각 S_1, S_2라 할 때, $\lim_{t\to+0}\frac{S_1}{S_2}$의 값은? (단, O는 원점이다)

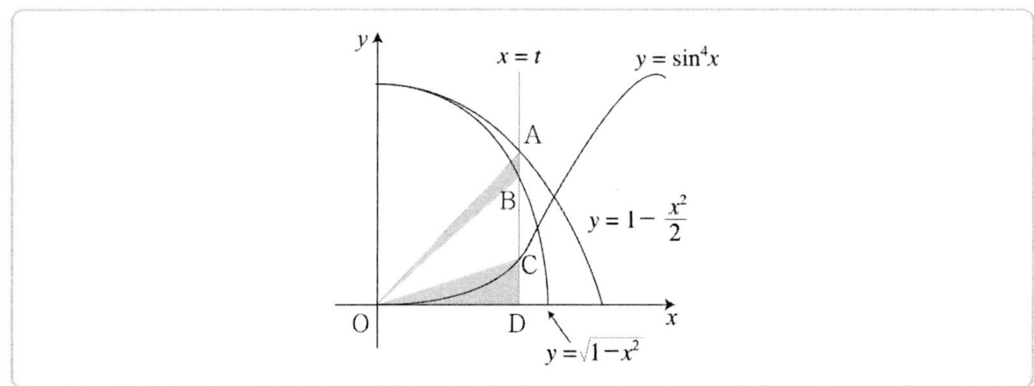

① $\frac{1}{8}$
② $\frac{1}{4}$
③ $\frac{3}{8}$
④ $\frac{1}{2}$
⑤ $\frac{5}{8}$

16 4점 두 이차정사각행렬 A, B가 $AB=O$, $(A+2B)(2A-B)=E$를 만족시킬 때, <보기>에서 옳은 것만을 있는 대로 고른 것은? (단, E는 단위행렬이고, O는 영행렬이다)

㉠ $BA=O$
㉡ 행렬 $A+B$의 역행렬이 존재한다.
㉢ $A^2+B^2=\frac{1}{2}E$이면 $B=O$이다.

① ㉡
② ㉢
③ ㉠, ㉡
④ ㉠, ㉢
⑤ ㉠, ㉡, ㉢

17 그림과 같이 $\overline{\mathrm{AB}}=\overline{\mathrm{AC}}=5$, $\overline{\mathrm{BC}}=6$인 이등변삼각형 ABC가 있다. 선분 BC의 중점 M_1을 잡고 두 선분 AB, AC 위에 각각 점 B_1, C_1을 $\angle \mathrm{B}_1\mathrm{M}_1\mathrm{C}_1=90^\circ$이고 $\overline{\mathrm{B}_1\mathrm{C}_1}//\overline{\mathrm{BC}}$가 되도록 잡아 직각삼각형 $\mathrm{B}_1\mathrm{M}_1\mathrm{C}_1$을 만든다. 선분 $\mathrm{B}_1\mathrm{C}_1$의 중점 M_2를 잡고 두 선분 AB_1, AC_1 위에 각각 점 B_2, C_2를 $\angle \mathrm{B}_2\mathrm{M}_2\mathrm{C}_2=90^\circ$이고 $\overline{\mathrm{B}_2\mathrm{C}_2}//\overline{\mathrm{B}_1\mathrm{C}_1}$이 되도록 잡아 직각삼각형 $\mathrm{B}_2\mathrm{M}_2\mathrm{C}_2$를 만든다. 이와 같은 과정을 계속하여 n번째 만든 직각삼각형 $\mathrm{B}_n\mathrm{M}_n\mathrm{C}_n$의 넓이를 S_n이라 할 때, $\sum_{n=1}^{\infty} S_n$의 값은? [4점]

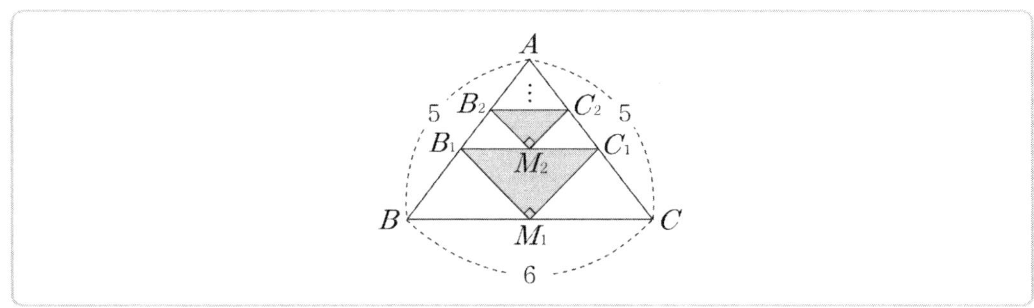

① $\frac{47}{11}$

② $\frac{48}{11}$

③ $\frac{49}{11}$

④ $\frac{50}{11}$

⑤ $\frac{51}{11}$

18 수열 $\{a_n\}$이 다음 조건을 만족시킨다.

4점

(Ⅰ) $a_1=2$이고 $a_n < a_{n+1}$ $(n \ge 1)$이다.

(Ⅱ) $b_n=\frac{1}{2}\left(n+1-\frac{1}{n+1}\right)$ $(n \ge 1)$이라 할 때, 좌표평면에서 네 직선 $x=a_n$, $x=a_{n+1}$, $y=0$, $y=b_nx$에 동시에 접하는 원 T_n이 존재한다.

다음은 수열 $\{a_n\}$의 일반항을 구하는 과정이다.

원점을 O라 하고, 원 T_n의 반지름의 길이를 r_n이라 하자.
직선 $x=a_n$과 두 직선 $y=0$, $y=b_nx$의 교점을 각각 A_n, B_n이라 하고,
원 T_n과 세 직선 $x=a_n$, $y=b_nx$, $y=0$의 접점을 각각 C_n, D_n, E_n이라 하면

$\overline{\mathrm{A}_n\mathrm{B}_n}=a_nb_n$이고 $\overline{\mathrm{OB}_n}=a_n\sqrt{\boxed{(가)}+b_n^2}$이다.

$$\overline{\mathrm{OD}_n}=\overline{\mathrm{OB}_n}+\overline{\mathrm{B}_n\mathrm{D}_n}=\overline{\mathrm{OB}_n}+\overline{\mathrm{B}_n\mathrm{C}_n}$$

$$=a_n\sqrt{\boxed{(가)}+b_n^2}+a_nb_n-r_n$$

$$\overline{\mathrm{OE}_n}=a_n+r_n$$

$\overline{\mathrm{OD}_n}=\overline{\mathrm{OE}_n}$이므로

$$r_n=\frac{a_n\left(b_n-1+\sqrt{\boxed{(가)}+b_n^2}\right)}{2}$$

$$\therefore\ a_{n+1}=a_n+2r_n=\left(\boxed{(나)}\right)\times a_n \quad (n \ge 1)$$

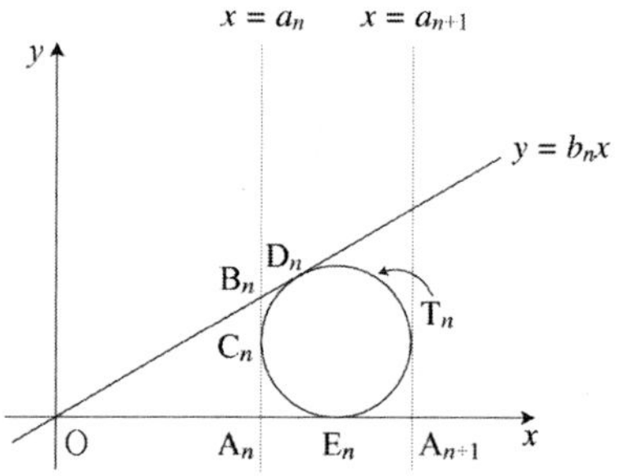

이때 $a_1=2$이고

$$a_n=\boxed{}\times a_{n-1}=\boxed{}\times a_{n-2}=\cdots=\boxed{}\times a_1$$

이므로

$$a_n=\boxed{(다)}$$

위의 과정에서 (가)에 알맞은 수를 p라 하고, (나), (다)에 알맞은 식을 각각 $f(n)$, $g(n)$이라 할 때, $p+f(4)+g(4)$의 값은?

① 54
② 55
③ 56
④ 57
⑤ 58

19 4점 자연수 n에 대하여 $\log n$의 지표를 $f(n)$, 가수를 $g(n)$이라 할 때, 좌표평면에서 점 A_n의 좌표를 $(f(n),\ g(n))$이라 하자. 10보다 크고 1000보다 작은 두 자연수 $k,\ m\ (k<m)$에 대하여 세 점 $\mathrm{A}_1,\ \mathrm{A}_k,\ \mathrm{A}_m$이 한 직선 위에 있을 때, $k+m$의 최댓값은?

① 988
② 990
③ 992
④ 994
⑤ 996

20 4점 그림은 어떤 사면체의 전개도이다. 삼각형 BEC는 한 변의 길이가 2인 정삼각형이고, $\overline{\mathrm{AC}}=4$, $\angle\mathrm{ABC}=\angle\mathrm{CFA}=90^\circ$이다. 이 전개도로 사면체를 만들 때, 두 면 ACF, ABC가 이루는 예각의 크기를 θ라 하자. $\cos\theta$의 값은?

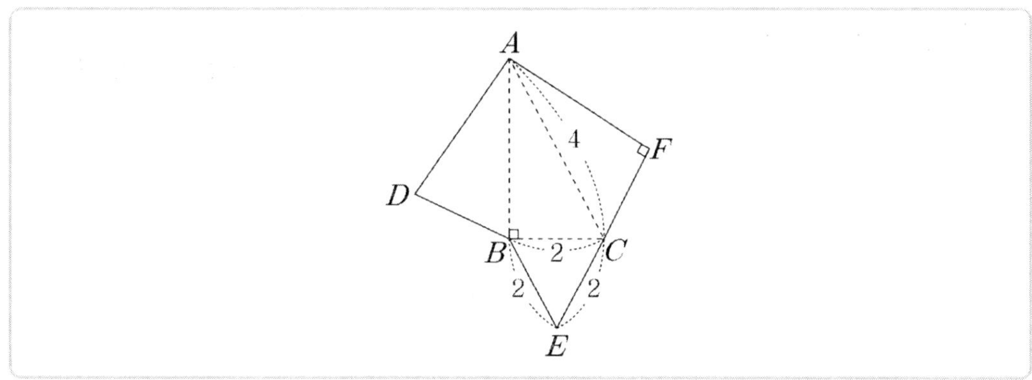

① $\frac{1}{6}$
② $\frac{\sqrt{2}}{6}$
③ $\frac{1}{4}$
④ $\frac{\sqrt{3}}{6}$
⑤ $\frac{1}{3}$

21 4점 좌표평면에 중심이 $(0,\ 2)$이고 반지름의 길이가 1인 원 C가 있고, 이 원 위의 점 P가 점 $(0,\ 3)$의 위치에 있다. 원 C는 직선 $y=3$에 접하면서 x축의 양의 방향으로 미끄러지지 않고 굴러간다. 그림은 원 C가 굴러간 거리가 t일 때, 점 P의 위치를 나타낸 것이다.

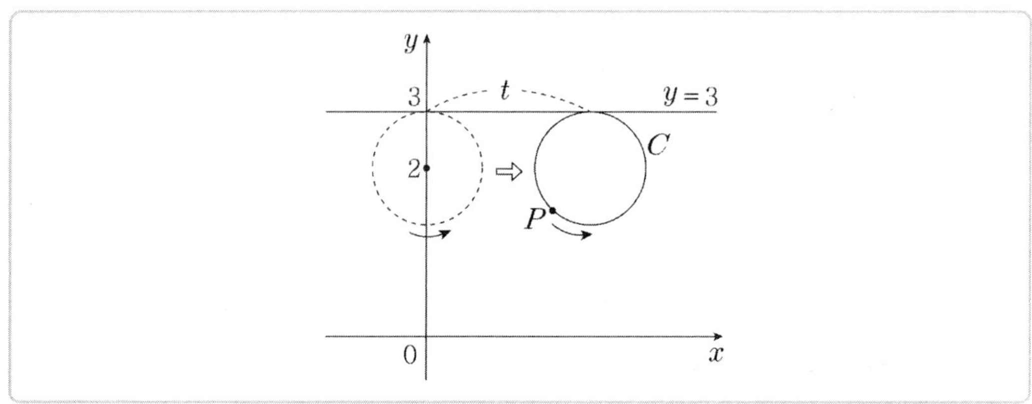

점 P가 나타내는 곡선을 F라 하자. $t=\frac{2}{3}\pi$일 때 곡선 F 위의 점에서의 접선의 기울기는?

① $-\sqrt{3}$
② $-\sqrt{2}$
③ $-\frac{\sqrt{3}}{2}$
④ $-\frac{\sqrt{2}}{2}$
⑤ $-\frac{\sqrt{3}}{3}$

주관식
22 3점 등차수열 $\{a_n\}$에서 $a_2+a_4=16,\ a_8+a_{12}=58$일 때, a_{17}의 값을 구하시오.

(　　　　　　　　)

주관식
23 3점 방정식 $\sqrt{x+3}=|x|-3$의 모든 근의 합을 구하시오.

(　　　　　　　　)

주관식

24 다항함수 $f(x)$가 다음 조건을 만족시킨다.

3점

> ㉠ 모든 실수 x에 대하여 $\int_0^x t^2 f'(t)dt = \frac{3}{2}x^4 + kx^3$이다.
>
> ㉡ $x=1$에서 극솟값 7을 갖는다.

$f(10)$의 값을 구하시오.(단, k는 상수이다)

( )

주관식

25 자연수 n에 대하여 함수 $f(x)=x^n \ln x$의 최솟값을 $g(n)$이라 하자. $g(n) \le -\frac{1}{6e}$을 만족시키는 모든 n의 값의 합을 구하시오.

3점

( )

주관식

26 이차함수 $f(x)=ax^2$에 대하여 구간 $[0,\ 2]$에서 정의된 연속확률변수 X의 확률밀도함수 $g(x)$가 $g(x)=\begin{cases} f(x) & (0 \le x < 1) \\ f(x-1)+f(1) & (1 \le x \le 2) \end{cases}$일 때, $\mathrm{P}(a \le X \le a+1)=\frac{q}{p}$이다. $p+q$의 값을 구하시오. (단, p와 q는 서로소인 자연수이다)

4점

( )

주관식

27 두 함수 $f(x)=\frac{1}{x}$, $g(x)=\frac{k}{x}\ (k>1)$에 대하여 좌표평면에서 직선 $x=2$가 두 곡선 $y=f(x)$, $y=g(x)$와 만나는 점을 각각 P, Q라 하자. 곡선 $y=f(x)$에 대하여 점 P에서의 접선을 l, 곡선 $y=g(x)$에 대하여 점 Q에서의 접선을 m이라 하자. 두 직선 l, m이 이루는 예각의 크기가 $\frac{\pi}{4}$일 때, 상수 k에 대하여 $3k$의 값을 구하시오.

4점

( )

주관식

28 좌표공간에서 구 $(x-6)^2+(y+1)^2+(z-5)^2=16$ 위의 점 P와 yz 평면 위에 있는 원 $(y-2)^2+(z-1)^2=9$ 위의 점 Q 사이의 거리의 최댓값을 구하시오.

4점

( )

주관식

29 한 변의 길이가 4인 정사각형 ABCD에서 변 AB와 변 AD에 모두 접하고 점 C를 지나는 원을 O라 하자. 원 O 위를 움직이는 점 X에 대하여 두 벡터 $\overrightarrow{AB}$, $\overrightarrow{CX}$의 내적 $\overrightarrow{AB}\cdot\overrightarrow{CX}$의 최댓값은 $a-b\sqrt{2}$이다. $a+b$의 값을 구하시오.(단, a와 b는 자연수이다)

4점

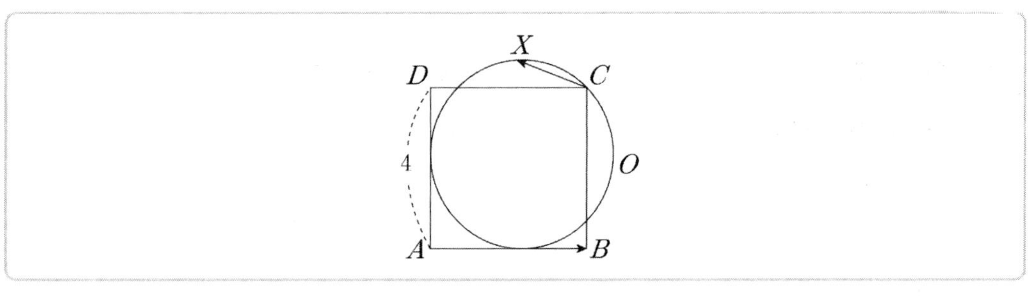

( )

주관식

30 함수 $f(x)=-xe^{2-x}$과 상수 a가 다음 조건을 만족시킨다.

4점

> 곡선 $y=f(x)$ 위의 점 $(a, f(a))$에서의 접선의 방정식을 $y=g(x)$라 할 때, $x<a$이면 $f(x)>g(x)$이고, $x>a$이면 $f(x)<g(x)$이다.

곡선 $y=f(x)$와 접선 $y=g(x)$ 및 y축으로 둘러싸인 부분의 넓이는 $k-e^2$이다. k의 값을 구하시오.

( )

11 2016학년도 수학영역(B형)

▶ 해설은 p. 101에 있습니다.

01 2점 ${}_{3}\mathrm{H}_{1}+{}_{3}\mathrm{H}_{2}+{}_{3}\mathrm{H}_{3}$의 값은?

① 11 ② 13 ③ 15 ④ 17 ⑤ 19

02 2점 두 이차정사각행렬 A, B에 대하여 $(A+B)\begin{pmatrix}1\\1\end{pmatrix}=\begin{pmatrix}3\\6\end{pmatrix}$이고 행렬 A의 모든 성분의 합이 2일 때, 행렬 B의 모든 성분의 합은?

① 3 ② 4 ③ 5 ④ 6 ⑤ 7

03 2점 좌표공간에서 두 점 $\mathrm{A}(2,\ 3,\ -1)$, $\mathrm{B}(-1,\ 3,\ 2)$에 대하여 선분 AB를 $1:2$로 내분하는 점의 좌표를 $(a,\ b,\ c)$라 할 때, $a+b+c$의 값은?

① 2 ② 3 ③ 4 ④ 5 ⑤ 6

04 두 행렬 $A=\begin{pmatrix} 2 & 1 \\ 1 & 1 \end{pmatrix}$, $B=\begin{pmatrix} a & b \\ c & d \end{pmatrix}$가 있다. 행렬 AB로 나타내어지는 일차변환에 의하여 두 점 (1, 0), (0, 1)이 각각 두 점 (0, 2), (−2, 0)으로 옮겨질 때, $a+b+c+d$의 값은?
3점

① -4
② -2
③ 0
④ 2
⑤ 4

05 쌍곡선 $7x^2-ay^2=20$ 위의 점 (2, b)에서의 접선이 점 (0, −5)를 지날 때, $a+b$의 값은? (단, a, b는 상수이다.)
3점

① 4
② 5
③ 6
④ 7
⑤ 8

06 연속함수 $f(x)$가 모든 실수 x에 대하여 $f(x)=e^x+\int_0^1 tf(t)dt$를 만족시킬 때, $\int_0^1 f(x)dx$의 값은?
3점

① $e-1$
② $e+1$
③ $2e-1$
④ $2e$
⑤ $2e+1$

07 어느 과수원에서 생산되는 사과의 무게는 평균이 350g이고 표준편차가 30g인 정규분포를 따르고, 배의 무게는 평균이 490g이고 표준편차가 40g인 정규분포를 따른다고 한다. 이 과수원에서 생산된 사과 중에서 임의로 선택한 9개의 무게의 총합을 X(g)이라 하고, 이 과수원에서 생산된 배 중에서 임의로 선택한 4개의 무게의 총합을 Y(g)이라 하자. $X \geq 3240$이고 $Y \geq 2008$일 확률을 오른쪽 표준정규분포표를 이용하여 구한 것은? (단, 사과의 무게와 배의 무게는 서로 독립이다.)
3점

z	$P(0 \leq Z \leq z)$
0.4	0.16
0.6	0.23
0.8	0.29
1.0	0.34

① 0.0432
② 0.0482
③ 0.0544
④ 0.0567
⑤ 0.0614

08 3점 어느 액체의 끓는 온도 T(℃)와 증기압 P(mmHg) 사이에는 다음 관계식이 성립한다.

$\log P = k - \dfrac{1000}{T+250}$ (단, k는 상수)

이 액체의 끓는 온도가 0℃ 일 때와 50℃ 일 때의 증기압을 각각 P_1(mmHg), P_2(mmHg)라 할 때, $\dfrac{P_2}{P_1}$의 값은?

① $10^{\frac{1}{4}}$ ② $10^{\frac{1}{3}}$
③ $10^{\frac{1}{2}}$ ④ $10^{\frac{2}{3}}$
⑤ $10^{\frac{3}{4}}$

09 3점 주머니에 흰 공 1개, 파란 공 2개, 검은 공 3개가 들어 있다. 이 주머니에서 임의로 1개의 공을 꺼내어 색을 확인한 후 꺼낸 공과 같은 색의 공을 1개 추가하여 꺼낸 공과 함께 주머니에 넣는다. 이와 같은 시행을 두 번 반복하여 두 번째 꺼낸 공이 검은 공이었을 때, 첫 번째 꺼낸 공도 검은 공이었을 확률은? (단, 공의 크기와 모양은 모두 같다.)

① $\dfrac{3}{7}$ ② $\dfrac{10}{21}$
③ $\dfrac{11}{21}$ ④ $\dfrac{4}{7}$
⑤ $\dfrac{13}{21}$

10 3점 $0 \le x \le \pi$에서 함수 $f(x) = 2\sin\left(x+\dfrac{\pi}{3}\right) + \sqrt{3}\cos x$는 $x=\theta$일 때 최댓값을 갖는다. $\tan\theta$의 값은?

① $\dfrac{\sqrt{3}}{12}$ ② $\dfrac{\sqrt{3}}{6}$
③ $\dfrac{\sqrt{3}}{4}$ ④ $\dfrac{\sqrt{3}}{3}$
⑤ $\dfrac{\sqrt{3}}{2}$

◈ 좌표평면에서 매개변수 θ로 나타내어진 곡선 $x=2\cos\theta+\cos 2\theta$, $y=2\sin\theta+\sin 2\theta$에 대하여 11번과 12번의 두 물음에 답하시오. (단, θ는 실수이다.) [11~12]

11 3점

$\theta=\frac{\pi}{6}$에 대응하는 이 곡선 위의 점에서의 접선의 기울기는?

① -2
② $-\sqrt{3}$
③ -1
④ $-\frac{\sqrt{3}}{2}$
⑤ $-\frac{1}{2}$

12 3점

$0\le\theta\le\pi$일 때, 이 곡선의 길이는?

① 6
② 8
③ 10
④ 12
⑤ 14

13 3점

이차함수 $f(x)=x^2+2kx+2k^2+k$가 있다. x에 대한 방정식 $\frac{1}{\sqrt{f(x)+3}}-\frac{1}{f(x)}=\frac{3}{f(x)\sqrt{f(x)+3}}$이 서로 다른 두 개의 실근을 갖도록 하는 모든 정수 k의 값의 합은?

① -2
② -1
③ 0
④ 1
⑤ 2

14 [4점] $x \geq 0$에서 정의된 함수 $f(x)=\dfrac{4}{1+x^2}$의 역함수를 $g(x)$라 할 때, $\lim_{n\to\infty}\dfrac{1}{n}\sum_{k=1}^{n} g\left(1+\dfrac{3k}{n}\right)$의 값은?

① $\dfrac{\pi-\sqrt{3}}{3}$

② $\dfrac{\pi+\sqrt{3}}{3}$

③ $\dfrac{4\pi-3\sqrt{3}}{9}$

④ $\dfrac{4\pi+3\sqrt{3}}{9}$

⑤ $\dfrac{2\pi-\sqrt{3}}{3}$

15 [4점] 그림과 같이 반지름의 길이가 2이고 중심각의 크기가 $90°$인 부채꼴 OAB가 있다. 선분 OB 위에 $\overline{\mathrm{OC}}=\dfrac{1}{3}$인 점 C를 잡고, 점 C를 지나고 선분 OA와 평행한 직선을 l이라 하자. 호 AB 위를 움직이는 점 P에서 선분 OB와 직선 l에 내린 수선의 발을 각각 Q, R이라 할 때, 삼각형 PQR의 넓이의 최댓값은?

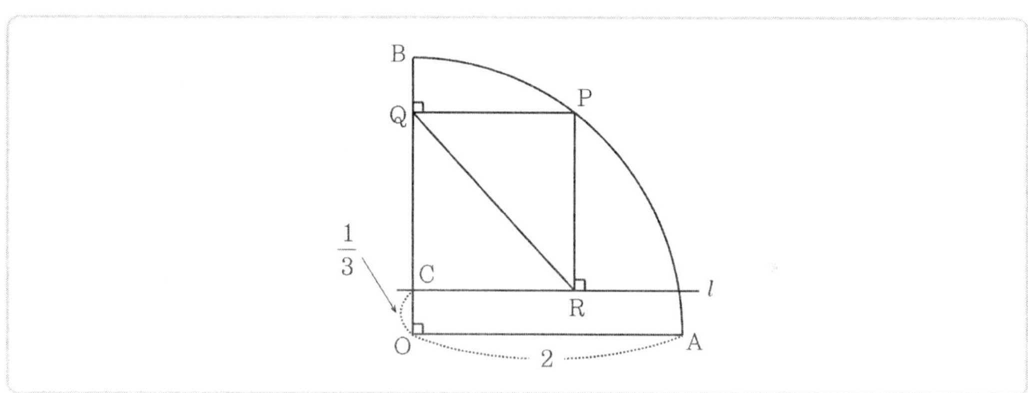

① $\dfrac{\sqrt{7}}{8}$

② $\dfrac{\sqrt{7}}{6}$

③ $\dfrac{5\sqrt{7}}{24}$

④ $\dfrac{\sqrt{7}}{4}$

⑤ $\dfrac{7\sqrt{7}}{24}$

16 [4점] 한 변의 길이가 2인 정사각형 $A_1B_1C_1D_1$이 있다. 그림과 같이 변 A_1D_1의 중점을 M_1이라 할 때, 두 삼각형 $A_1B_1M_1$과 $M_1C_1D_1$에 각각 내접하는 두 원을 그리고, 두 원에 색칠하여 얻은 그림을 R_1이라 하자.

그림 R_1에서 두 꼭짓점이 변 B_1C_1 위에 있고 삼각형 $M_1B_1C_1$에 내접하는 정사각형 $A_2B_2C_2D_2$를 그린 후 변 A_2D_2의 중점을 M_2라 할 때, 두 삼각형 $A_2B_2M_2$과 $M_2C_2D_2$에 각각 내접하는 두 원을 그리고, 두 원에 색칠하여 얻은 그림을 R_2이라 하자.

그림 R_2에서 두 꼭짓점이 변 B_2C_2 위에 있고 삼각형 $M_2B_2C_2$에 내접하는 정사각형 $A_3B_3C_3D_3$를 그린 후 변 A_3D_3의 중점을 M_3라 할 때, 두 삼각형 $A_3B_3M_3$과 $M_3C_3D_3$에 각각 내접하는 두 원을 그리고, 두 원에 색칠하여 얻은 그림을 R_3이라 하자.

이와 같은 과정을 계속하여 n번째 얻은 그림 R_n에 색칠되어 있는 부분의 넓이를 S_n이라 할 때, $\lim_{n\to\infty} S_n$의 값은?

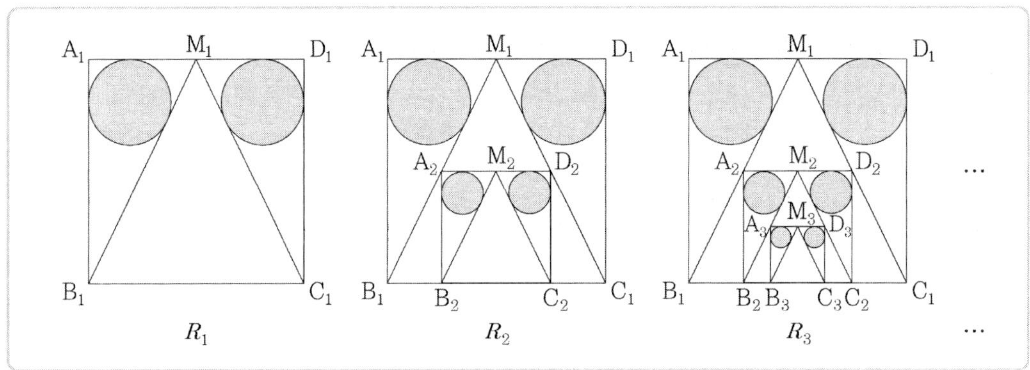

① $\dfrac{4(7-3\sqrt{5})}{3}\pi$

② $\dfrac{4(8-3\sqrt{5})}{3}\pi$

③ $\dfrac{5(7-3\sqrt{5})}{3}\pi$

④ $\dfrac{5(8-3\sqrt{5})}{3}\pi$

⑤ $\dfrac{5(9-4\sqrt{5})}{3}\pi$

17 4점 수열 $\{a_n\}$은 $a_1=-\frac{5}{3}$ 이고 $a_{n+1}=-\frac{3a_n+2}{a_n}$ $(n\geq 1)\cdots\cdots(*)$를 만족시킨다. 다음은 일반항 a_n을 구하는 과정이다.

> $(*)$에서 $a_{n+1}+2=-\frac{a_n+\boxed{\text{(가)}}}{a_n}$ $(n\geq 1)$이다.
>
> 여기서 $b_n=\frac{1}{a_n+2}$ $(n\geq 1)$이라 하면 $b_1=3$이고 $b_{n+1}=2b_n-\boxed{\text{(나)}}$ $(n\geq 1)$이다.
>
> 수열 $\{b_n\}$의 일반항을 구하면 $b_n=\boxed{\text{(다)}}$ $(n\geq 1)$이므로
>
> $a_n=\frac{1}{\boxed{\text{(다)}}}-2$ $(n\geq 1)$이다.

위의 (가)와 (나)에 알맞은 수를 각각 p, q라 하고, (다)에 알맞은 식을 $f(n)$이라 할 때, $p\times q\times f(5)$의 값은?

① 54　② 58　③ 62　④ 66　⑤ 70

18 4점 함수 $f(x)=\begin{cases}1+\sin x & (x\leq 0)\\ -1+\sin x & (x>0)\end{cases}$에 대하여 〈보기〉에서 옳은 것만을 있는 대로 고른 것은?

> 〈보기〉
>
> ㉠ $\lim_{x\to 0}f(x)f(-x)=-1$
>
> ㉡ 함수 $f(f(x))$는 $x=\frac{\pi}{2}$에서 연속이다.
>
> ㉢ 함수 $\{f(x)\}^2$은 $x=0$에서 미분가능하다.

① ㉠　② ㉠, ㉡　③ ㉠, ㉢　④ ㉡, ㉢　⑤ ㉠, ㉡, ㉢

19 좌표공간에서 구 $(x-2)^2+(y-2)^2+(z-1)^2=9$와 xy평면이 만나서 생기는 원 위의 한 점을 P라 하자.
4점 점 P에서 이 구와 접하고 점 A$(3,\ 3,\ -4)$를 지나는 평면을 α라 할 때, 원점과 평면 α 사이의 거리는?

① $\frac{14}{3}$
② 5
③ $\frac{16}{3}$
④ $\frac{17}{3}$
⑤ 6

20 한 변의 길이가 8인 정사각형을 밑면으로 하고 높이가 $4+4\sqrt{3}$ 인 정육면체 ABCD−EFGH가 있다. 그
4점 림과 같이 이 직육면체의 바닥에 $\angle EPF=90^\circ$ 인 삼각기둥 EFP−HGQ가 놓여있고 그 위에 구를 삼각기둥과 한 점에서 만나도록 올려놓았더니 이 구가 밑면 ABCD와 직육면체의 네 옆면에 모두 접하였다. 태양광선의 밑면과 수직인 방향으로 구를 비출 때, 삼각기둥의 두 옆면 PFGQ, EPQH에 생기는 구의 그림자의 넓이를 각각 S_1, S_2 $(S_1>S_2)$라 하자. $S_1+\frac{1}{\sqrt{3}}S_2$의 값은?

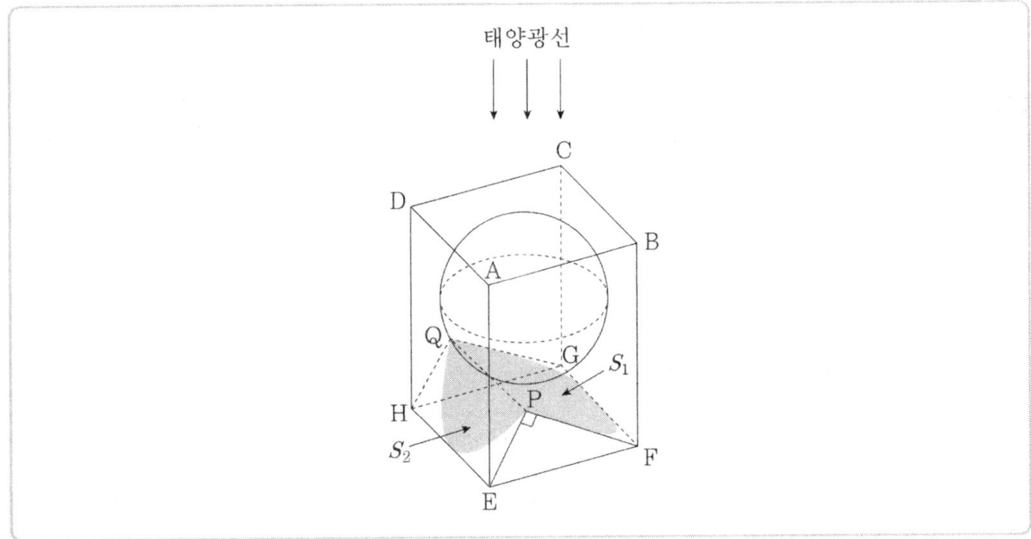

① $\frac{20\sqrt{3}}{3}\pi$
② $8\sqrt{3}\pi$
③ $\frac{28\sqrt{3}}{3}\pi$
④ $\frac{32\sqrt{3}}{3}\pi$
⑤ $12\sqrt{3}\pi$

21 [4점] 양수 x에 대하여 $\log x$의 지표와 가수를 각각 $f(x)$, $g(x)$라 하자. $1 < x < 10^5$인 x에 대하여 다음 두 조건을 만족시키는 모든 실수 x의 값의 곱을 A라 할 때, $\log A$의 값은? (단, $\log 3 = 0.4771$로 계산한다.)

(가) $\sum_{k=1}^{5} g(x^k) = g(x^{10}) + 2$

(나) $\sum_{k=1}^{3} f(kx) = 3f(x)$

① 19　② 20　③ 21　④ 22　⑤ 23

주관식

22 [3점] 수열 $\{a_n\}$이 $a_1 = 1$, $a_{n+1} = a_n + 3n$ $n \geq 1$일 때, a^7의 값을 구하시오.

(　　　　　　　)

주관식

23 [3점] 일차변환 f를 나타내는 행렬이 $\begin{pmatrix} \frac{1}{3} & -\frac{1}{3} \\ \frac{1}{3} & \frac{1}{3} \end{pmatrix}$이다. 합성변환 $f \circ f$에 의하여 좌표평면 위의 네 점 $\mathrm{A}(2,\ 0)$, $\mathrm{B}(2,\ 2)$ $\mathrm{C}(-3,\ 4)$ $\mathrm{D}(-3,\ -3)$이 옮겨진 네 점을 꼭짓점으로 하는 사각형의 넓이를 S라 할 때, $81S$의 값을 구하시오.

(　　　　　　　)

주관식

24 [3점] 타원 $2x^2 + y^2 = 16$의 두 초점을 F, F'이라 하자. 이 타원 위의 점 P에 대하여 $\frac{\overline{\mathrm{PF}'}}{\overline{\mathrm{PF}}} = 3$일 때, $\overline{\mathrm{PF}} \times \overline{\mathrm{PF}'}$의 값을 구하시오.

(　　　　　　　)

주관식

25 이차정사각행렬 A가 다음 조건을 만족시킨다. (단, E는 단위행렬이다.)

3점

(가) $A-E$의 역행렬은 $A-3E$이다.
(나) $A\begin{pmatrix}-1\\2\end{pmatrix}=\begin{pmatrix}2\\0\end{pmatrix}$

$A\begin{pmatrix}3\\0\end{pmatrix}=\begin{pmatrix}x\\y\end{pmatrix}$를 만족시키는 실수 x, y에 대하여 $x+y$의 값을 구하시오.

(　　　　　　　)

주관식

26 이차함수 $f(x)$가 $f(1)=2$, $f'(1)=\lim_{x\to 0}\frac{inf(x)}{x}+\frac{1}{2}$을 만족시킬 때, $f(8)$의 값을 구하시오.

4점

(　　　　　　　)

주관식

27 좌표평면에서 곡선 $y=\cos 2x$가 두 직선 $x=t$, $x=-t$ $\left(0<t<\frac{\pi}{4}\right)$와 만나는 점을 각각 P, Q라 하고, 곡선 $y=\cos 2x$가 y축과 만나는 점을 R이라 하자. 세 점 P, Q, R를 지나는 원의 중심을 $\mathrm{C}(0,\ f(t))$라 할 때, $\lim_{t\to+0}f(t)=\alpha$이다. 100α의 값을 구하시오.

4점

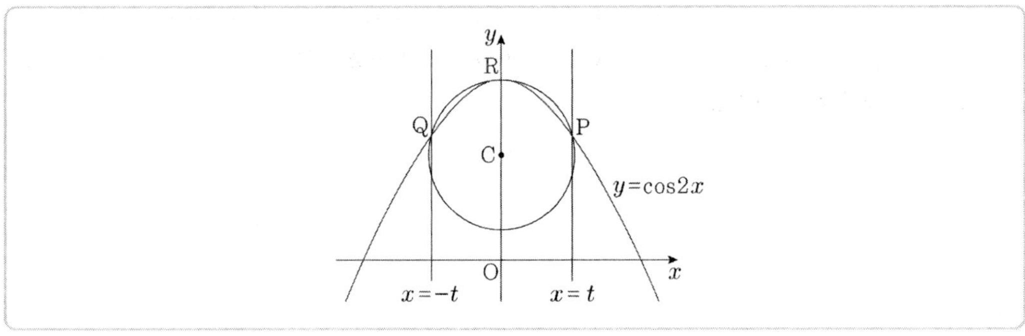

(　　　　　　　)

주관식

28 그림과 같이 밑면의 지름의 길이와 높이가 모두 4인 원기둥이 있다. 밑면의 지름 AB를 포함하는 평면으로 이 원기둥을 잘랐을 때 생기는 단면이 원기둥의 밑면과 이루는 각의 크기를 θ라 하면 $\tan\theta = 2$이다. 이 단면을 직선 AB를 회전축으로 하여 회전시켜 생기는 회전체의 부피를 V라 할 때, $\dfrac{3V}{\pi}$의 값을 구하시오.

4점

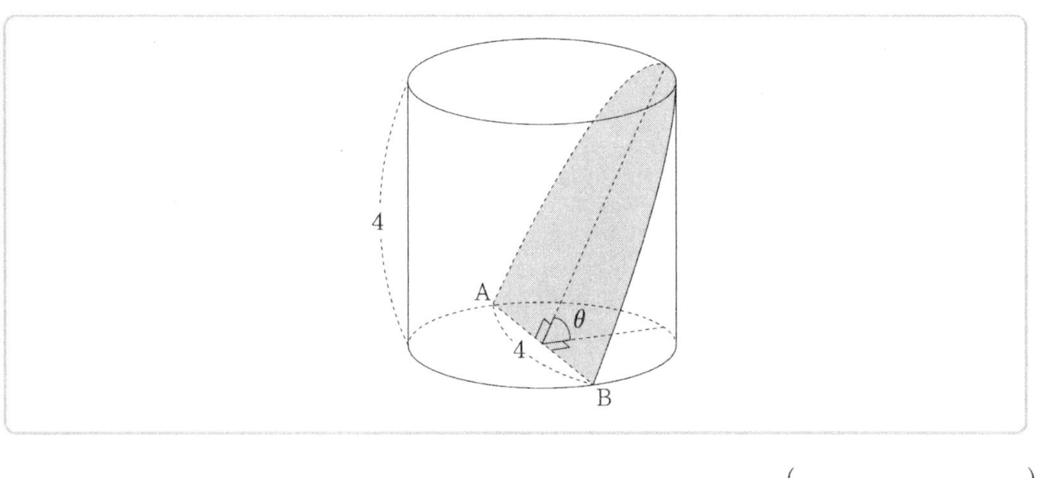

(　　　　　　　　)

주관식

29 바닥에 놓여 있는 5개의 동전 중 임의로 2개의 동전을 선택하여 뒤집는 시행을 하기로 한다. 2개의 동전은 앞면이, 3개의 동전은 뒷면이 보이도록 바닥에 놓여있는 상태에서 이 시행을 3번 반복한 결과 2개의 동전은 앞면이, 3개의 동전은 뒷면이 보이도록 바닥에 놓여 있을 확률을 p라 할 때, $125p$의 값을 구하시오. (단, 동전의 크기와 모양은 모두 같다.)

4점

(　　　　　　　　)

주관식

30 [4점] 그림과 같이 옆면은 모두 합동인 이등변삼각형이고 밑면은 한 변의 길이가 2인 정사각형인 사각뿔 $\mathrm{O-ABCD}$에서 $\angle \mathrm{AOB}=30^{\circ}$이다. 점 A에서 출발하여 사각뿔의 옆면을 따라 모서리 OB 위의 한 점과 모서리 OC 위의 한 점을 거쳐 점 D에 도착하는 최단경로를 l이라 하자. l 위를 움직이는 점 P에 대하여 $\overrightarrow{\mathrm{AB}} \cdot \overrightarrow{\mathrm{OP}}$의 최댓값을 $a\sqrt{3}+b$라 할 때, a^2+b^2의 값을 구하시오. (단, a, b는 유리수이다.)

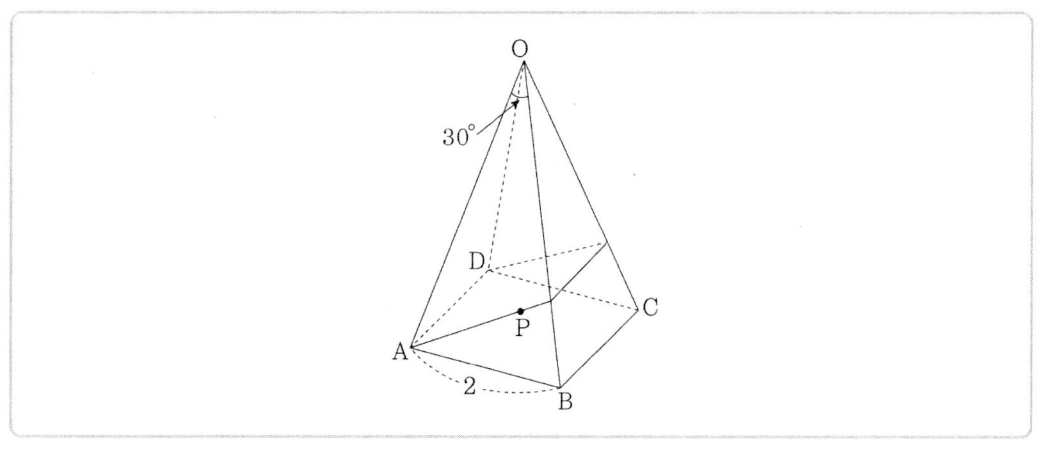

(　　　　　　　　)

12 2017학년도 수학영역(가형)

▶ 해설은 p. 116에 있습니다.

01 2점

$\int_{1}^{2} \frac{1}{x^2}\,dx$ 의 값은?

① $\frac{1}{10}$　② $\frac{1}{8}$　③ $\frac{1}{6}$　④ $\frac{1}{4}$　⑤ $\frac{1}{2}$

02 2점

이항분포 $\mathrm{B}\left(n, \frac{1}{4}\right)$을 따르는 확률변수 X의 평균이 5일 때, 자연수 n의 값은?

① 12　② 14　③ 16　④ 18　⑤ 20

03 2점

좌표공간에서 세 점 $\mathrm{A}(6, 0, 0)$, $\mathrm{B}(0, 3, 0)$, $\mathrm{C}(0, 0, -3)$을 꼭짓점으로 하는 삼각형 ABC의 무게중심을 G라 할 때, 선분 OG의 길이는? (단, O는 원점이다.)

① $\sqrt{2}$　② 2　③ $\sqrt{6}$　④ $2\sqrt{2}$　⑤ $\sqrt{10}$

04 자연수 10의 분할 중에서 짝수로만 이루어진 것의 개수는?

3점

① 7　　② 8

③ 9　　④ 10

⑤ 11

05 한 개의 주사위를 던질 때 짝수의 눈이 나오는 사건을 A, 소수의 눈이 나오는 사건을 B라 하자. $\mathrm{P}(B|A)-\mathrm{P}(B|A^C)$의 값은? (단, A^C은 A의 여사건이다.)

3점

① $-\frac{1}{3}$　　② $-\frac{1}{6}$

③ 0　　④ $\frac{1}{6}$

⑤ $\frac{1}{3}$

06 $\lim_{x \to \frac{\pi}{2}} (1-\cos x)^{\sec x}$의 값은?

3점

① $\frac{1}{e^2}$　　② $\frac{1}{e}$

③ 1　　④ e

⑤ e^2

07 확률변수 X의 확률분포를 표로 나타내면 다음과 같다.
3점

X	0	1	2	합계
$\mathrm{P}(X=x)$	a	b	c	1

$\mathrm{E}(X)=1$, $\mathrm{V}(X)=\dfrac{1}{4}$ 일 때, $\mathrm{P}(X=0)$의 값은?

① $\dfrac{1}{32}$
② $\dfrac{1}{16}$
③ $\dfrac{1}{8}$
④ $\dfrac{1}{4}$
⑤ $\dfrac{1}{2}$

08 그림과 같이 한 변의 길이가 2인 정삼각형 ABC를 밑면으로 하고 $\overline{\mathrm{OA}}=2$, $\overline{\mathrm{OA}}\perp\overline{\mathrm{AB}}$, $\overline{\mathrm{OA}}\perp\overline{\mathrm{AC}}$ 인 사면체 OABC가 있다. $|\overrightarrow{\mathrm{OA}}+\overrightarrow{\mathrm{OB}}-\overrightarrow{\mathrm{OC}}|$의 값은?
3점

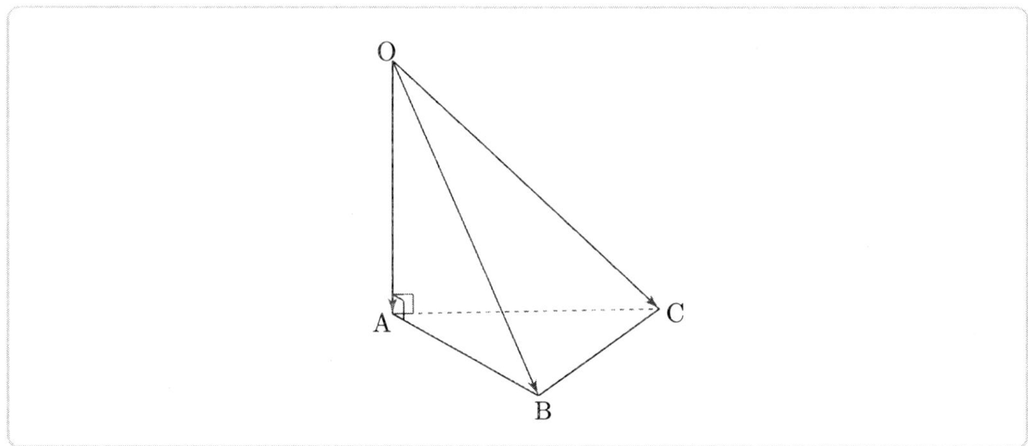

① 2
② $2\sqrt{2}$
③ $2\sqrt{3}$
④ 4
⑤ $2\sqrt{5}$

09 두 학생 A, B를 포함한 8명의 학생을 임의로 3명, 3명, 2명씩 3개의 조로 나눌 때, 두 학생 A, B가 같은 조에 속할 확률은?
3점

① $\frac{1}{8}$　② $\frac{1}{4}$　③ $\frac{3}{8}$　④ $\frac{1}{2}$　⑤ $\frac{5}{8}$

10 그림과 같이 포물선 $y^2=4x$ 위의 한 점 P를 중심으로 하고 준선과 점 A에서 접하는 원이 x축과 만나는 두 점을 각각 B, C라 하자. 부채꼴 PBC의 넓이가 부채꼴 PAB의 넓이의 2배일 때, 원의 반지름의 길이는? (단, 점 P의 x좌표는 1보다 크고, 점 C의 x좌표는 점 B의 x좌표보다 크다.)
3점

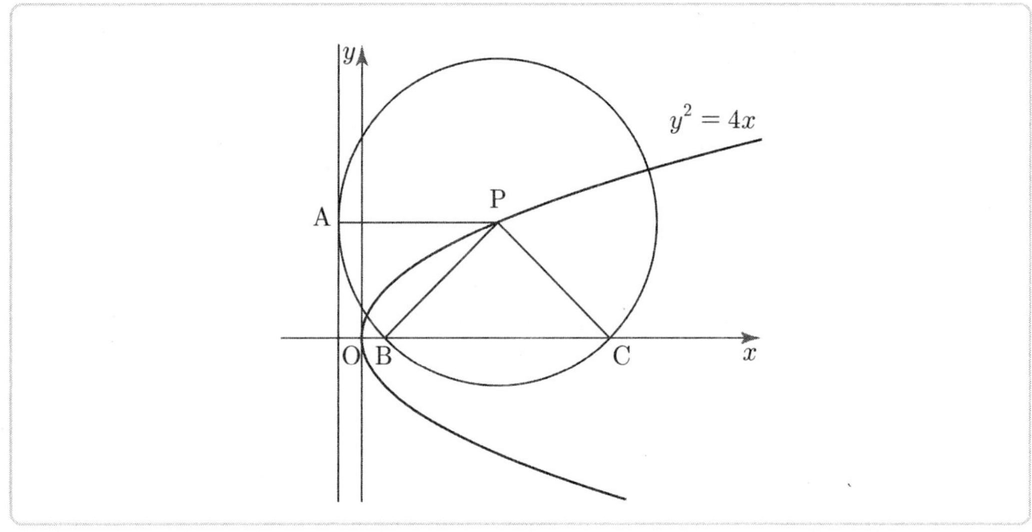

① $2+2\sqrt{3}$　② $3+2\sqrt{2}$　③ $3+2\sqrt{3}$　④ $4+2\sqrt{2}$　⑤ $4+2\sqrt{3}$

11 [3점]

어느 공장에서 생산하는 군용 위장크림 1개의 무게는 평균이 m, 표준편차가 σ인 정규분포를 따른다고 한다. 이 공장에서 생산하는 군용 위장크림 중에서 임의로 택한 1개의 무게가 50 이상일 확률은 0.1587이다.
이 공장에서 생산하는 군용 위장크림 중에서 임의추출한 4개의 무게의 평균이 50 이상일 확률을 오른쪽 표준정규분포표를 이용하여 구한 것은? (단, 무게의 단위는 g이다.)

z	$\mathrm{P}(0 \le Z \le z)$
0.5	0.1915
1.0	0.3413
1.5	0.4332
2.0	0.4772

① 0.0228
② 0.0668
③ 0.1587
④ 0.3085
⑤ 0.4332

12 [3점]

곡선 $y = \tan\dfrac{x}{2}$와 직선 $x = \dfrac{\pi}{2}$ 및 x축으로 둘러싸인 부분의 넓이는?

① $\dfrac{1}{4}\ln 2$
② $\dfrac{1}{2}\ln 2$
③ $\ln 2$
④ $2\ln 2$
⑤ $4\ln 2$

13 [3점]

그림과 같이 곡선 $y = |\log_a x|$가 직선 $y = 1$과 만나는 점을 각각 A, B라 하고 x축과 만나는 점을 C라 하자. 두 직선 AC, BC가 서로 수직이 되도록 하는 모든 양수 a의 값의 합은? (단, $a \neq 1$)

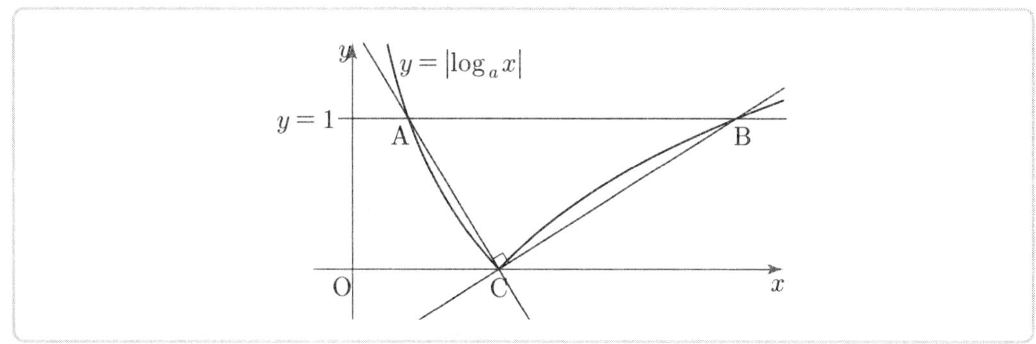

① 2
② $\dfrac{5}{2}$
③ 3
④ $\dfrac{7}{2}$
⑤ 4

14 같은 종류의 볼펜 6개, 같은 종류의 연필 6개, 같은 종류의 지우개 6개가 필통에 들어 있다. 이 필통에서 8개를 동시에 꺼내는 경우의 수는? (단, 같은 종류끼리는 서로 구별하지 않는다.)
4점

① 18
② 24
③ 30
④ 36
⑤ 42

15 그림과 같이 한 모서리의 길이가 12인 정사면체 ABCD에서 두 모서리 BD, CD의 중점을 각각 M, N이라 하자. 사각형 BCNM의 평면 AMN 위로의 정사영의 넓이는?
4점

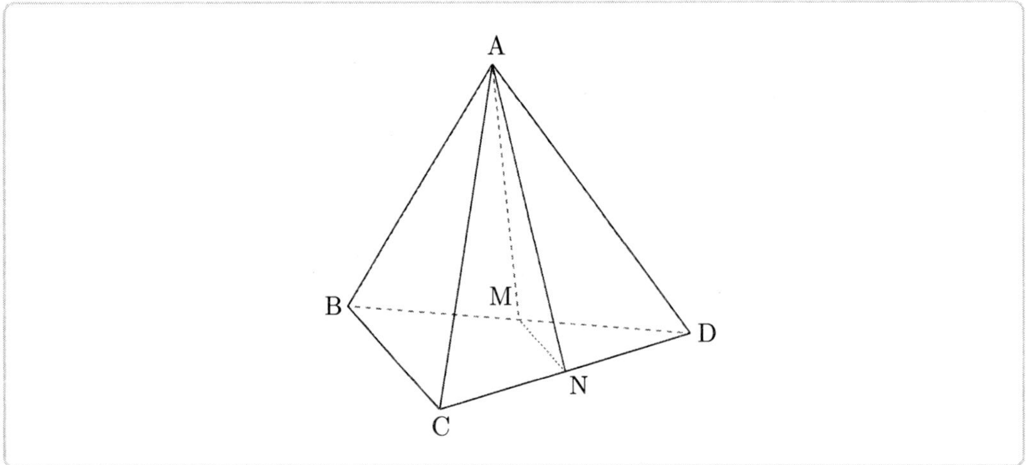

① $\dfrac{15\sqrt{11}}{11}$

② $\dfrac{18\sqrt{11}}{11}$

③ $\dfrac{21\sqrt{11}}{11}$

④ $\dfrac{24\sqrt{11}}{11}$

⑤ $\dfrac{27\sqrt{11}}{11}$

16 4점 **자연수 n에 대하여 $S_n = 1 - \frac{1}{3} + \frac{1}{5} - \frac{1}{7} + \cdots + (-1)^{n-1} \cdot \frac{1}{2n-1}$이라 할 때, 다음은 $\lim_{n \to \infty} S_n$의 값을 구하는 과정이다.**

> $1 - x^2 + x^4 - x^6 + \cdots + (-1)^{n-1} \cdot x^{2n-2} = \boxed{(가)} - (-1)^n \cdot \frac{x^{2n}}{1+x^2}$ 이므로
>
> $$S_n = 1 - \frac{1}{3} + \frac{1}{5} - \frac{1}{7} + \cdots + (-1)^{n-1} \cdot \frac{1}{2n-1}$$
> $$= \int_0^1 \{1 - x^2 + x^4 - x^6 + \cdots + (-1)^{n-1} \cdot x^{2n-2}\} dx$$
> $$= \int_0^1 \boxed{(가)}\, dx - (-1)^n \int_0^1 \frac{x^{2n}}{1+x^2} dx$$
>
> 이다. 한편, $0 \le \frac{x^{2n}}{1+x^2} \le x^{2n}$ 이므로 $0 \le \int_0^1 \frac{x^{2n}}{1+x^2} dx \le \int_0^1 x^{2n} dx = \boxed{(나)}$
>
> 이다. 따라서 $\lim_{n \to \infty} \int_0^1 \frac{x^{2n}}{1+x^2} dx = 0$이므로 $\lim_{n \to \infty} S_n = \int_0^1 \boxed{(가)}\, dx$ 이다.
>
> $x = \tan\theta \left(-\frac{\pi}{2} < \theta < \frac{\pi}{2}\right)$로 놓으면
>
> $$\lim_{n \to \infty} S_n = \int_0^1 \boxed{(가)}\, dx = \int_0^{\frac{\pi}{4}} \frac{\sec^2\theta}{1+\tan^2\theta} d\theta = \boxed{(다)}$$ 이다.

위의 (가), (나)에 알맞은 식을 각각 $f(x)$, $g(n)$, (다)에 알맞은 수를 k라 할 때, $k \times f(2) \times g(2)$의 값은?

① $\frac{\pi}{40}$
② $\frac{\pi}{60}$
③ $\frac{\pi}{80}$
④ $\frac{\pi}{100}$
⑤ $\frac{\pi}{120}$

17 4점

좌표공간에 평행한 두 평면 $\alpha: 2x-y+2z=0$, $\beta: 2x-y+2z=6$ 위에 각각 점 $\mathrm{A}(0,\ 0,\ 0)$, $\mathrm{B}(2,\ 0,\ 1)$이 있다. 평면 α 위의 점 P와 평면 β 위의 점 Q에 대하여 $\overline{\mathrm{AQ}}+\overline{\mathrm{QP}}+\overline{\mathrm{PB}}$의 최솟값은?

① 6
② $\sqrt{37}$
③ $\sqrt{38}$
④ $\sqrt{39}$
⑤ $2\sqrt{10}$

18 4점

함수 $f(x)=\int_1^x e^{t^3}dt$에 대하여 $\int_0^1 xf(x)\,dx$의 값은?

① $\frac{1-e}{2}$
② $\frac{1-e}{3}$
③ $\frac{1-e}{4}$
④ $\frac{1-e}{5}$
⑤ $\frac{1-e}{6}$

19 4점

실수 t에 대하여 다음 조건을 만족시키는 점 P가 나타내는 도형의 둘레의 길이를 $f(t)$라 하자.

(가) 점 P는 구 $x^2+y^2+z^2=25$ 위의 점이다.
(나) 점 $\mathrm{A}(t+5,\ 2t+4,\ 3t-2)$에 대하여 $\overrightarrow{\mathrm{OP}}\cdot\overrightarrow{\mathrm{AP}}=0$이다.

〈보기〉에서 옳은 것만을 있는 대로 고른 것은? (단, O는 원점이다.)

〈보기〉

ㄱ. $f(0)=\frac{20}{3}\pi$
ㄴ. $\lim_{t\to\infty}f(t)=10\pi$
ㄷ. $f(t)$는 $t=-1$에서 최솟값을 갖는다.

① ㄱ
② ㄷ
③ ㄱ, ㄴ
④ ㄴ, ㄷ
⑤ ㄱ, ㄴ, ㄷ

20 4점

지수함수 $f(x)=a^x\,(0<a<1)$의 그래프가 직선 $y=x$와 만나는 점의 x좌표를 b라 하자.

함수 $g(x)=\begin{cases} f(x) & (x\le b) \\ f^{-1}(x) & (x>b) \end{cases}$가 실수 전체의 집합에서 미분가능할 때, ab의 값은?

① e^{-e-1}
② $e^{-e-\frac{1}{e}}$
③ $e^{-e+\frac{1}{e}}$
④ e^{e-1}
⑤ e^{e+1}

21 4점

실수 전체의 집합에서 미분가능한 함수 $f(x)$가 다음 조건을 만족시킨다.

> (가) $f(0)=0$, $f'(0)=1$
> (나) 모든 실수 x, y에 대하여 $f(x+y)=\dfrac{f(x)+f(y)}{1+f(x)f(y)}$이다.

$f(-1)=k\,(-1<k<0)$일 때, $\displaystyle\int_0^1 \{f(x)\}^2\,dx$의 값을 k로 나타낸 것은?

① $1-k^2$
② $1-2k$
③ $1-k$
④ $1+k$
⑤ $1+k^2$

주관식

22 3점

$\sin^2\theta=\dfrac{4}{5}\left(0<\theta<\dfrac{\pi}{2}\right)$일 때, $\cos\left(\theta+\dfrac{\pi}{4}\right)=p$이다. $\dfrac{1}{p^2}$의 값을 구하시오.

(　　　　　　　　　　)

주관식

23 3점 어느 부대가 그림과 같은 바둑판 모양의 도로망에서 장애물(어두운 부분)을 피해 A 지점에서 B 지점으로 도로를 따라 이동하려고 한다. A 지점에서 출발하여 B 지점까지 최단거리로 가는 경우의 수를 구하시오.

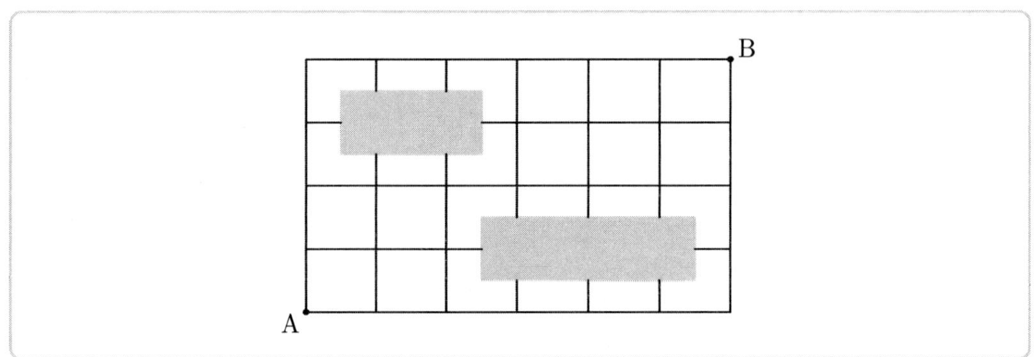

주관식

24 3점 두 초점 F, F′을 공유하는 타원 $\frac{x^2}{a}+\frac{y^2}{16}=1$과 쌍곡선 $\frac{x^2}{4}-\frac{y^2}{5}=1$이 있다. 타원과 쌍곡선이 만나는 점 중 하나를 P라 할 때, $\left|\overline{\mathrm{PF}}^2-\overline{\mathrm{PF'}}^2\right|$의 값을 구하시오. (단, a는 양수이다.)

(　　　　　　　　)

주관식

25 3점 매개변수 $t\,(t>0)$으로 나타내어진 함수 $x=t^3$, $y=2t-\sqrt{2t}$의 그래프 위의 점 $(8,\ a)$에서의 접선의 기울기는 b이다. $100ab$의 값을 구하시오.

(　　　　　　　　)

주관식

26 4점 곡선 $y=\sin^2 x\,(0\le x\le\pi)$의 두 변곡점을 각각 A, B라 할 때, 점 A에서의 접선과 점 B에서의 접선이 만나는 점의 y좌표는 $p+q\pi$이다. $40(p+q)$의 값을 구하시오. (단, p, q는 유리수이다.)

(　　　　　　　　)

주관식

27 주머니에 $1,\ 2,\ 3,\ 4,\ 5,\ 6$의 숫자가 하나씩 적혀 있는 6개의 공이 들어 있다. 이 주머니에서 임의로 3개의 공을 차례로 꺼낸다. 꺼낸 3개의 공에 적힌 수의 곱이 짝수일 때, 첫 번째로 꺼낸 공에 적힌 수가 홀수이었을 확률은 $\dfrac{q}{p}$이다. $p+q$의 값을 구하시오. (단, 꺼낸 공은 다시 넣지 않고, p와 q는 서로소인 자연수이다.)

4점

( )

주관식

28 그림과 같이 반지름의 길이가 5인 원 C와 원 C 위의 점 A에서의 접선 l이 있다. 원 C 위의 점 P와 $\overline{\mathrm{AB}}=24$를 만족시키는 직선 l 위의 점 B에 대하여 $\overrightarrow{\mathrm{PA}}\cdot\overrightarrow{\mathrm{PB}}$의 최댓값을 구하시오.

4점

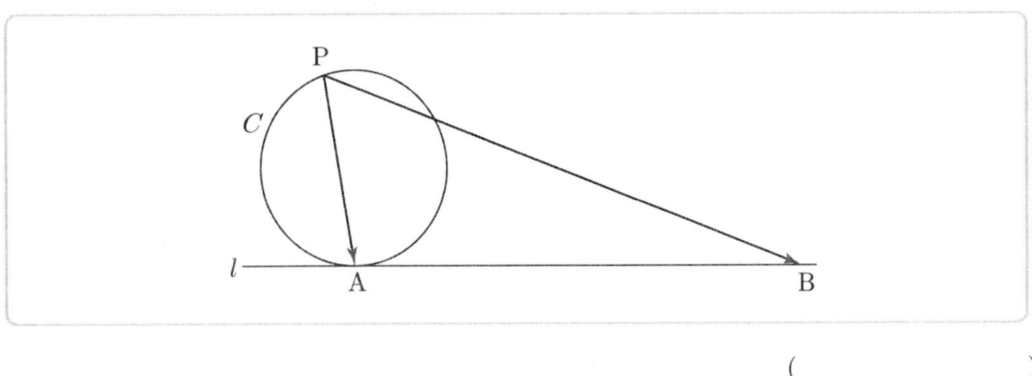

( )

주관식

29 4점 그림과 같이 반지름의 길이가 1이고 중심각의 크기가 $\frac{\pi}{3}$ 인 부채꼴 OAB가 있다. 호 AB 위의 점 P를 지나고 선분 OB와 평행한 직선이 선분 OA와 만나는 점을 Q라 하고 $\angle AOP = \theta$라 하자. 점 A를 지름의 한 끝점으로 하고 지름이 선분 AQ 위에 있으며 선분 PQ에 접하는 반원의 반지름의 길이를 $r(\theta)$라 할 때, $\lim_{\theta \to 0+} \frac{r(\theta)}{\theta} = a + b\sqrt{3}$ 이다. $a^2 + b^2$의 값을 구하시오.

$\left(\text{단, } 0 < \theta < \frac{\pi}{3} \text{ 이고, } a,\ b\text{는 유리수이다.} \right)$

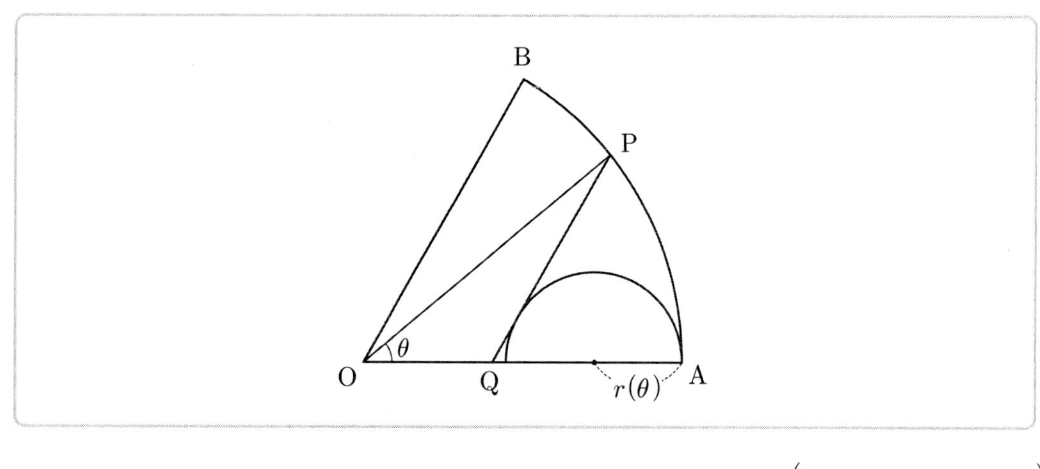

(　　　　　　　　)

주관식

30 4점 좌표공간에 평면 $z=1$ 위의 세 점 $A(1,\ -1,\ 1)$, $B(1,\ 1,\ 1)$, $C(0,\ 0,\ 1)$이 있다. 점 $P(2,\ 3,\ 2)$를 지나고 벡터 $\vec{d} = (a,\ b,\ 1)$과 평행한 직선이 삼각형 ABC의 둘레 또는 내부를 지날 때, $|\vec{d} + 3\overrightarrow{OA}|^2$의 최솟값을 구하시오. (단, O는 원점이고, a, b는 실수이다.)

(　　　　　　　　)

13 2018학년도 수학영역(가형)

▶ 해설은 p. 126에 있습니다.

01 두 벡터 $\vec{a}=(2,\ 1)$, $\vec{b}=(-1,\ k)$에 대하여 두 벡터 $\vec{a}$, $\vec{a}-\vec{b}$가 서로 수직일 때, k의 값은?

2점

① 4

② 5

③ 6

④ 7

⑤ 8

02 확률변수 X가 이항분포 $\mathrm{B}\left(50,\ \frac{1}{4}\right)$을 따를 때, $\mathrm{V}(4X)$의 값은?

2점

① 50

② 75

③ 100

④ 125

⑤ 150

03 함수 $f(x)=x^2e^{x-1}$에 대하여 $f'(1)$의 값은?

2점

① 1

② 2

③ 3

④ 4

⑤ 5

04 3점 $\int_0^{\frac{\pi}{3}} \tan x\, dx$ 의 값은?

① $\frac{\ln 2}{2}$

② $\frac{\ln 3}{2}$

③ $\ln 2$

④ $\ln 3$

⑤ $2\ln 2$

05 3점 좌표공간의 두 점 $\mathrm{A}(1,\ 2,\ -1)$, $\mathrm{B}(3,\ 1,\ -2)$에 대하여 선분 AB를 $2:1$로 외분하는 점의 좌표는?

① $(5,\ 0,\ -3)$

② $(5,\ 3,\ -4)$

③ $(4,\ 0,\ -3)$

④ $(4,\ 3,\ -3)$

⑤ $(3,\ 0,\ -4)$

06 3점 함수 $f(x) = a\sin bx + c(a > 0,\ b > 0)$의 최댓값은 4, 최솟값은 -2이다. 모든 실수 x에 대하여 $f(x+p) = f(x)$를 만족시키는 양수 p의 최솟값이 π일 때, abc의 값은? (단, a, b, c는 상수이다.)

① 6

② 8

③ 10

④ 12

⑤ 14

07 3점 실수 전체의 집합에서 연속인 함수 $f(x)$가 모든 실수 x에 대하여

$\int_{1}^{x}(x-t)f(t)\,dt=e^{x-1}+ax^2-3x+1$을 만족시킬 때, $f(a)$의 값은? (단, a는 상수이다.)

① -3

② -1

③ 0

④ 1

⑤ 3

08 3점 그림과 같이 직선 $3x+4y-2=0$이 x축의 양의 방향과 이루는 각의 크기를 θ라 할 때, $\tan\left(\frac{\pi}{4}+\theta\right)$의 값은?

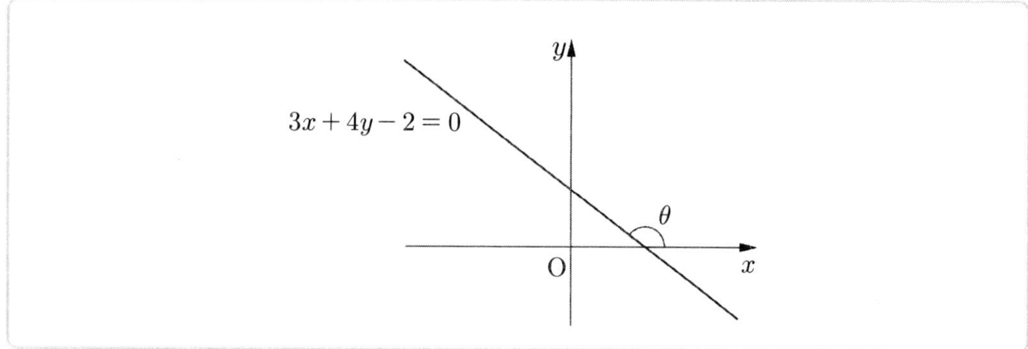

① $\frac{1}{14}$

② $\frac{1}{7}$

③ $\frac{3}{14}$

④ $\frac{2}{7}$

⑤ $\frac{5}{14}$

09 3점 함수 $f(x)$가 $\lim_{x \to \infty}\left\{f(x)\ln\left(1+\frac{1}{2x}\right)\right\}=4$를 만족시킬 때, $\lim_{x \to \infty}\frac{f(x)}{x-3}$의 값은?

① 6

② 8

③ 10

④ 12

⑤ 14

10 3점 상자 A에는 흰 공 2개, 검은 공 3개가 들어 있고, 상자 B에는 흰 공 3개, 검은 공 4개가 들어 있다. 한 개의 동전을 던져 앞면이 나오면 상자 A를, 뒷면이 나오면 상자 B를 택하고, 택한 상자에서 임의로 두 개의 공을 동시에 꺼내기로 한다. 이 시행을 한 번 하여 꺼낸 공의 색깔이 서로 같았을 때, 상자 A를 택하였을 확률은?

① $\frac{11}{29}$

② $\frac{12}{29}$

③ $\frac{13}{29}$

④ $\frac{14}{29}$

⑤ $\frac{15}{29}$

11 다음 표는 어느 고등학교의 수학 점수에 대한 성취도의 기준을 나타낸 것이다.
3점

성취도	A	B	C	D	E
수학 점수	89 점 이상	79 점 이상 ~89 점 미만	67 점 이상 ~79 점 미만	54 점 이상 ~67 점 미만	54 점 미만

예를 들어, 어떤 학생의 수학 점수가 89 점 이상이면 성취도는 A 이고, 79 점 이상이고 89 점 미만이면 성취도는 B 이다. 이 학교 학생들의 수학 점수는 평균이 67 점, 표준편차가 12 점인 정규분포를 따른다고 할 때, 이 학교의 학생 중에서 수학 점수에 대한 성취도가 A 또는 B 인 학생의 비율을 오른쪽 표준정규분포표를 이용하여 구한 것은?

z	$\mathrm{P}(0 \le Z \le z)$
0.5	0.1915
1.0	0.3413
1.5	0.4332
2.0	0.4772

① 0.0228
② 0.0668
③ 0.1587
④ 0.1915
⑤ 0.3085

12 좌표공간에서 점 $(0,\ a,\ b)$를 지나고 평면 $x+3y-z=0$에 수직인 직선이 구 $(x+1)^2+y^2+(z-2)^2=1$과 두 점 A, B에서 만난다. $\overline{\mathrm{AB}}=2$일 때, $a+b$의 값은?
3점

① -4
② -2
③ 0
④ 2
⑤ 4

13 3점 그림과 같이 곡선 $y=\ln\frac{1}{x}\left(\frac{1}{e}\leq x\leq 1\right)$과 직선 $x=\frac{1}{e}$, 직선 $x=1$ 및 직선 $y=2$로 둘러싸인 도형을 밑면으로 하는 입체도형이 있다. 이 입체도형을 x축 위의 $x=t\left(\frac{1}{e}\leq t\leq 1\right)$인 점을 지나고 x축에 수직인 평면으로 자른 단면이 한 변의 길이가 t인 직사각형일 때, 이 입체도형의 부피는?

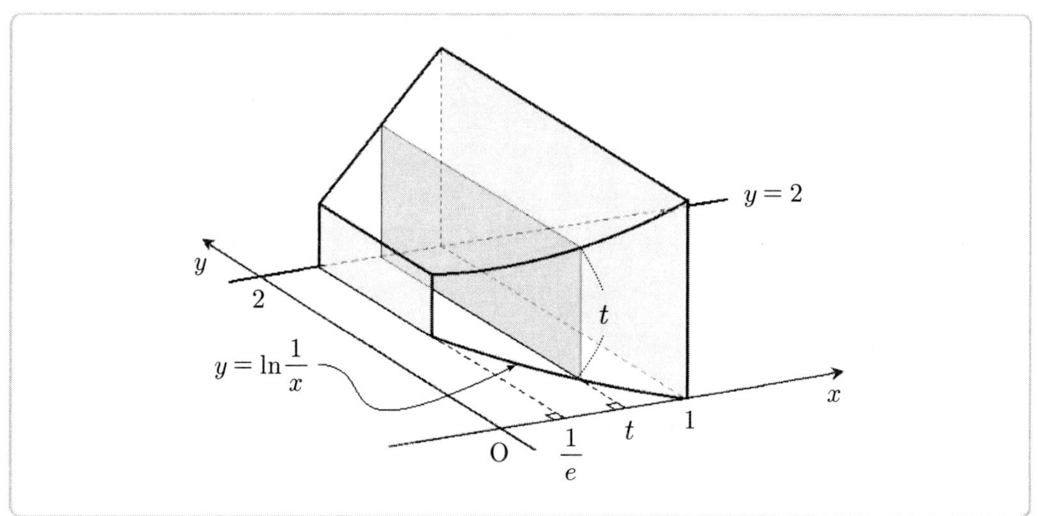

① $\frac{1}{2}-\frac{1}{3e^2}$
② $\frac{1}{2}-\frac{1}{4e^2}$
③ $\frac{3}{4}-\frac{1}{3e^2}$
④ $\frac{3}{4}-\frac{1}{4e^2}$
⑤ $\frac{3}{4}-\frac{1}{5e^2}$

14 4점 집합 $S=\{a, b, c, d\}$의 공집합이 아닌 모든 부분집합 중에서 임의로 한 개씩 두 개의 부분집합을 차례로 택한다. 첫 번째로 택한 집합을 A, 두 번째로 택한 집합을 B라 할 때, $n(A)\times n(B)=2\times n(A\cap B)$가 성립할 확률은? (단, 한 번 택한 집합은 다시 택하지 않는다.)

① $\frac{2}{35}$
② $\frac{3}{35}$
③ $\frac{4}{35}$
④ $\frac{1}{7}$
⑤ $\frac{6}{35}$

15 [4점] 평면 α 위에 있는 서로 다른 두 점 A, B와 평면 α 위에 있지 않은 점 P에 대하여 삼각형 PAB는 $\overline{\mathrm{PB}}=4$, $\angle\mathrm{PAB}=\frac{\pi}{2}$인 직각이등변삼각형이고, 평면 PAB와 평면 α가 이루는 각의 크기는 $\frac{\pi}{6}$이다. 점 P에서 평면 α에 내린 수선의 발을 H라 할 때, 사면체 PHAB의 부피는?

① $\frac{\sqrt{6}}{6}$

② $\frac{\sqrt{6}}{3}$

③ $\frac{\sqrt{6}}{2}$

④ $\frac{2\sqrt{6}}{3}$

⑤ $\frac{5\sqrt{6}}{6}$

16 [4점] 그림과 같이 10개의 공이 들어 있는 주머니와 일렬로 나열된 네 상자 A, B, C, D가 있다. 이 주머니에서 2개의 공을 동시에 꺼내어 이웃한 두 상자에 각각 한 개씩 넣는 시행을 5회 반복할 때, 네 상자 A, B, C, D에 들어 있는 공의 개수를 각각 a, b, c, d라 하자. a, b, c, d의 모든 순서쌍 (a, b, c, d)의 개수는? (단, 상자에 넣은 공은 다시 꺼내지 않는다.)

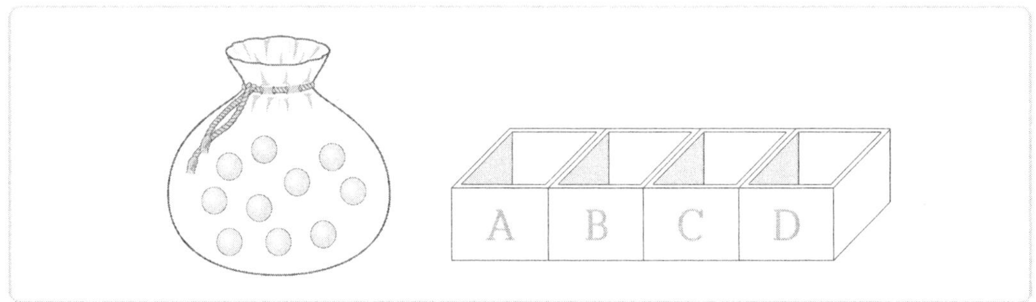

① 21

② 22

③ 23

④ 24

⑤ 25

17 4점 1 부터 $(2n-1)$ 까지의 자연수가 하나씩 적혀 있는 $(2n-1)$장의 카드가 있다. 이 카드 중에서 임의로 서로 다른 3 장의 카드를 택할 때, 택한 3장의 카드 중 짝수가 적힌 카드의 개수를 확률변수 X라 하자. 다음은 $\mathrm{E}(X)$를 구하는 과정이다. (단, n은 4 이상의 자연수이다.)

> 정수 $k(0 \le k \le 3)$에 대하여 확률변수 X의 값이 k일 확률은 짝수가 적혀 있는 카드 중에서 k장의 카드를 택하고, 홀수가 적혀 있는 카드 중에서 $\left(\boxed{(가)} - k\right)$장의 카드를 택하는 경우의 수를 전체 경우의 수로 나눈 값이므로
>
> $$\mathrm{P}(X=0) = \frac{n(n-2)}{2(2n-1)(2n-3)}$$
>
> $$\mathrm{P}(X=1) = \frac{3n(n-1)}{2(2n-1)(2n-3)}$$
>
> $$\mathrm{P}(X=2) = \boxed{(나)}$$
>
> $$\mathrm{P}(X=3) = \frac{(n-2)(n-3)}{2(2n-1)(2n-3)}$$ 이다. 그러므로
>
> $$\mathrm{E}(X) = \sum_{k=0}^{3}\{k \times \mathrm{P}(X=k)\}$$
>
> $$= \frac{\boxed{(다)}}{2n-1}$$ 이다.

위의 (가)에 알맞은 수를 a라 하고, (나), (다)에 알맞은 식을 각각 $f(n)$, $g(n)$이라 할 때, $a \times f(5) \times g(8)$ 의 값은?

① 22

② $\frac{45}{2}$

③ 23

④ $\frac{47}{2}$

⑤ 24

18 4점 좌표평면에서 자연수 n 에 대하여 다음 조건을 만족시키는 정사각형의 개수를 a_n 이라 하자.

> (가) 한 변의 길이가 n 이고 네 꼭짓점의 x 좌표와 y 좌표가 모두 자연수이다.
> (나) 두 곡선 $y=\log_2 x$, $y=\log_{16} x$ 와 각각 서로 다른 두 점에서 만난다.

a_3+a_4 의 값은?

① 21

② 23

③ 25

④ 27

⑤ 29

19 4점 좌표평면 위를 움직이는 점 P의 시각 $t\,(t>0)$에서의 위치 $(x,\ y)$가 $x=t^3+2t$, $y=\ln(t^2+1)$이다. 점 P에서 직선 $y=-x$에 내린 수선의 발을 Q라 하자. $t=1$ 일 때, 점 Q의 속력은?

① $\dfrac{3\sqrt{2}}{2}$

② $2\sqrt{2}$

③ $\dfrac{5\sqrt{2}}{2}$

④ $3\sqrt{2}$

⑤ $\dfrac{7\sqrt{2}}{2}$

20 4점 그림과 같이 $\overline{AB}=2$, $\overline{BC}=2\sqrt{3}$, $\angle ABC=\frac{\pi}{2}$ 인 직각삼각형 ABC 가 있다. 선분 CA 위의 점 P에 대하여 $\angle ABP=\theta$라 할 때, 선분 AB 위의 점 O를 중심으로 하고 두 선분 AP, BP에 동시에 접하는 원의 넓이를 $f(\theta)$라 하자. 이 원과 선분 PO가 만나는 점을 Q라 할 때, 선분 PQ를 지름으로 하는 원의 넓이를 $g(\theta)$라 하자. $\lim_{\theta\to 0+}\frac{f(\theta)+g(\theta)}{\theta^2}$의 값은?

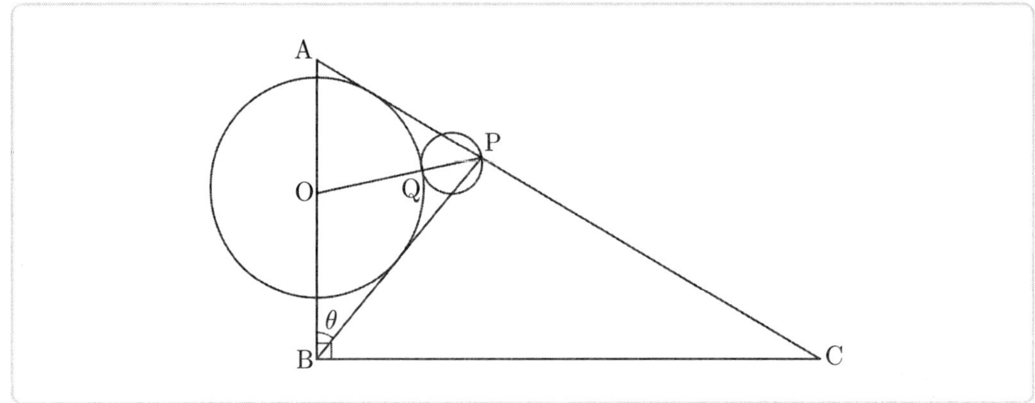

① $\frac{17-5\sqrt{3}}{3}\pi$

② $\frac{18-5\sqrt{3}}{3}\pi$

③ $\frac{19-5\sqrt{3}}{3}\pi$

④ $\frac{18-4\sqrt{3}}{3}\pi$

⑤ $\frac{19-4\sqrt{3}}{3}\pi$

21 4점 자연수 n 에 대하여 한 개의 주사위를 반복하여 던져서 나오는 눈의 수에 따라 다음과 같은 규칙으로 a_n 을 정한다.

(가) $a_1 = 0$ 이고, $a_n (n \geq 2)$는 세 수 -1, 0, 1 중 하나이다.
(나) 주사위를 n 번째 던져서 나온 눈의 수가 짝수이면 a_{n+1}은 a_n이 아닌 두 수 중에서 작은 수이고, 홀수이면 a_{n+1}은 a_n이 아닌 두 수 중에서 큰 수이다.

〈보기〉에서 옳은 것만을 있는 대로 고른 것은?

〈보기〉

ㄱ. $a_2 = 1$ 일 확률은 $\frac{1}{2}$ 이다.
ㄴ. $a_3 = 1$ 일 확률과 $a_4 = 0$ 일 확률은 서로 같다.
ㄷ. $a_9 = 0$ 일 확률이 p 이면 $a_{11} = 0$ 일 확률은 $\frac{1-p}{4}$ 이다.

① ㄱ
② ㄷ
③ ㄱ, ㄴ
④ ㄴ, ㄷ
⑤ ㄱ, ㄴ, ㄷ

주관식
22 3점 $(2x+1)^5$ 의 전개식에서 x^3 의 계수를 구하시오.

(　　　　　　　)

주관식
23 3점 직선 $y = -4x$ 가 곡선 $y = \frac{1}{x-2} - a$ 에 접하도록 하는 모든 실수 a 의 값의 합을 구하시오.

(　　　　　　　)

주관식

24 3점

좌표평면에서 타원 $\frac{x^2}{25}+\frac{y^2}{9}=1$ 의 두 초점을 $\mathrm{F}(c,\ 0)$, $\mathrm{F}'(-c,\ 0)\ (c>0)$이라 하자. 이 타원 위의 제1 사분면에 있는 점 P에 대하여 점 F′을 중심으로 하고 점 P를 지나는 원과 직선 PF′이 만나는 점 중 P가 아닌 점을 Q라 하고, 점 F를 중심으로 하고 점 P를 지나는 원과 직선 PF가 만나는 점 중 P가 아닌 점을 R라 할 때, 삼각형 PQR의 둘레의 길이를 구하시오.

(　　　　　　　　)

주관식

25 3점

도함수가 실수 전체의 집합에서 연속인 함수 $f(x)$ 가 다음 조건을 만족시킨다.

(가) 모든 실수 x 에 대하여 $f(-x)=-f(x)$ 이다.
(나) $f(\pi)=0$
(다) $\int_0^{\pi} x^2 f'(x)\,dx=-8\pi$

$\int_{-\pi}^{\pi}(x+\cos x)f(x)\,dx=k\pi$ 일 때, k 의 값을 구하시오.

(　　　　　　　　)

주관식

26 4점

한 변의 길이가 1 인 정육각형의 6 개의 꼭짓점 중에서 임의로 서로 다른 3 개의 점을 택하여 이 3 개의 점을 꼭짓점으로 하는 삼각형을 만들 때, 이 삼각형의 넓이를 확률변수 X 라 하자.

$\mathrm{P}\left(X\geq\frac{\sqrt{3}}{2}\right)=\frac{q}{p}$ 일 때, $p+q$ 의 값을 구하시오. (단, p 와 q 는 서로소인 자연수이다.)

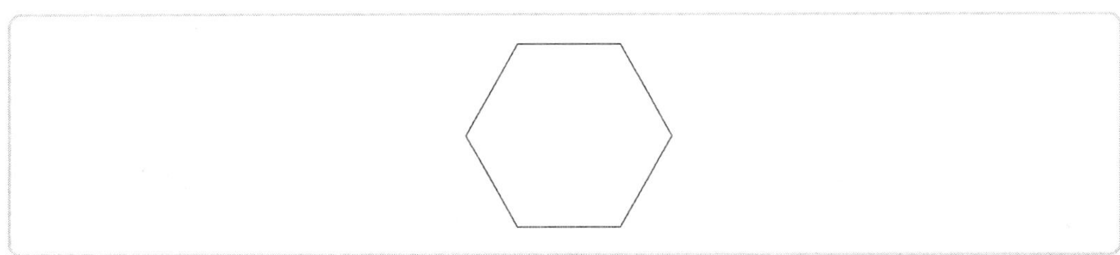

(　　　　　　　　)

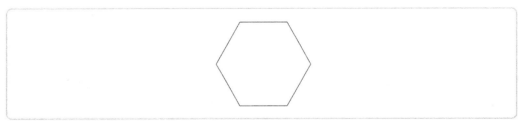

주관식

27 [4점] 그림과 같이 7개의 좌석이 있는 차량에 앞줄에 2개, 가운데 줄에 3개, 뒷줄에 2개의 좌석이 배열되어 있다. 이 차량에 1학년 생도 2명, 2학년 생도 2명, 3학년 생도 2명이 탑승하려고 한다. 이 7개의 좌석 중 6개의 좌석에 각각 한 명씩 생도 6명이 앉는다고 할 때, 3학년 생도 2명 중 한 명은 운전석에 앉고 1학년 생도 2명은 같은 줄에 이웃하여 앉는 경우의 수를 구하시오.

(   )

주관식

28 [4점] 함수 $f(x)=(x^3-a)e^x$과 실수 t에 대하여 방정식 $f(x)=t$의 실근의 개수를 $g(t)$라 하자. 함수 $g(t)$가 불연속인 점의 개수가 2가 되도록 하는 10 이하의 모든 자연수 a의 값의 합을 구하시오. (단, $\lim_{x\to-\infty} f(x)=0$)

(   )

주관식

29 4점 그림과 같이 한 변의 길이가 2 인 정삼각형 ABC 와 반지름의 길이가 1 이고 선분 AB 와 직선 BC 에 동시에 접하는 원 O가 있다. 원 O 위의 점 P 와 선분 BC 위의 점 Q 에 대하여 $\overrightarrow{AP} \cdot \overrightarrow{AQ}$의 최댓값과 최솟값의 합은 $a+b\sqrt{3}$ 이다. a^2+b^2의 값을 구하시오. (단, a, b는 유리수이고, 원 O의 중심은 삼각형 ABC의 외부에 있다.)

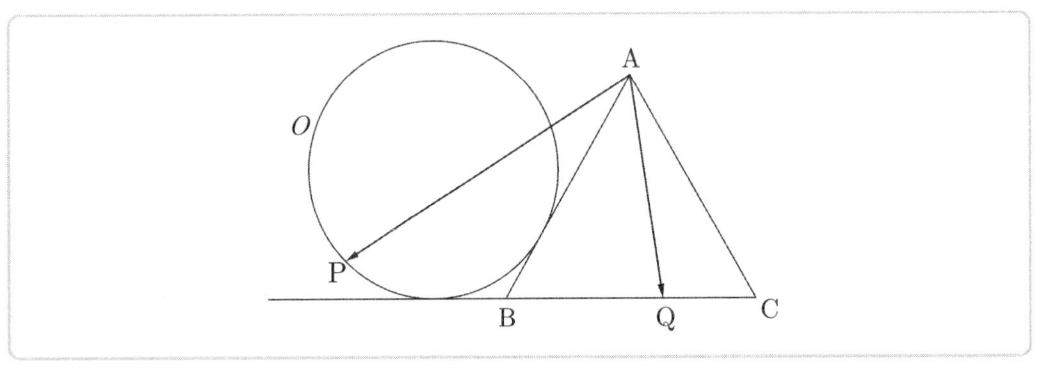

(　　　　　　　　)

주관식

30 4점 함수 $f(x)=x^3+ax^2-ax-a$ 의 역함수가 존재할 때, $f(x)$ 의 역함수를 $g(x)$ 라 하자. 자연수 n 에 대하여 $n \times g'(n)=1$ 을 만족시키는 실수 a 의 개수를 a_n 이라 할 때, $\sum_{n=1}^{27} a_n$ 의 값을 구하시오.

(　　　　　　　　)

14 2019학년도 수학영역(가형)

▶ 해설은 p. 137에 있습니다.

01 두 벡터 $\vec{a}=(6,\ 2,\ 4)$, $\vec{b}=(1,\ 3,\ 2)$에 대하여 벡터 $\vec{a}-\vec{b}$의 모든 성분의 합은?
2점

① 4 ② 5
③ 6 ④ 7
⑤ 8

02 함수 $f(x)=\ln(2x+3)$에 대하여 $\lim_{h\to 0}\frac{f(2+h)-f(2)}{h}$의 값은?
2점

① $\frac{2}{7}$ ② $\frac{5}{14}$
③ $\frac{3}{7}$ ④ $\frac{1}{2}$
⑤ $\frac{4}{7}$

03 방정식 $2^x+\frac{16}{2^x}=10$의 모든 실근의 합은?
2점

① 3 ② $\log_2 10$
③ $\log_2 12$ ④ $\log_2 14$
⑤ 4

04 3점

두 사건 A, B에 대하여 $P(A)=\frac{1}{2}$, $P(B)=\frac{2}{5}$, $P(A\cup B)=\frac{4}{5}$일 때, $P(B|A)$의 값은?

① $\frac{1}{10}$
② $\frac{1}{5}$
③ $\frac{3}{10}$
④ $\frac{2}{5}$
⑤ $\frac{1}{2}$

05 3점

좌표공간에서 두 점 $A(5,\ a,\ -3)$, $B(6,\ 4,\ b)$에 대하여 선분 AB를 3 : 2로 외분하는 점이 x축 위에 있을 때, $a+b$의 값은?

① 3
② 4
③ 5
④ 6
⑤ 7

06 3점

이산확률변수 X의 확률분포를 표로 나타내면 다음과 같다.

X	0	1	2	3	합계
$P(X=x)$	a	$\frac{1}{3}$	$\frac{1}{4}$	b	1

$E(X)=\frac{11}{6}$일 때, $\frac{b}{a}$의 값은? (단, a, b는 상수이다.)

① 1
② 2
③ 3
④ 4
⑤ 5

07 3점 좌표평면 위를 움직이는 점 P의 시각 $t(0<t<\pi)$에서의 위치 $P(x,\ y)$가 $x=\cos t+2$, $y=3\sin t+1$이다. 시각 $t=\frac{\pi}{6}$에서 점 P의 속력은?

① $\sqrt{5}$　② $\sqrt{6}$　③ $\sqrt{7}$　④ $2\sqrt{2}$　⑤ 3

08 3점 실수 전체의 집합에서 연속인 함수 $f(x)$에 대하여 $\int_1^{e^2} \frac{f(1+2\ln x)}{x} dx=5$일 때, $\int_1^5 f(x)dx$의 값은?

① 6　② 7　③ 8　④ 9　⑤ 10

09 3점 흰 공 4개와 검은 공 2개가 들어 있는 주머니에서 임의로 한 개의 공을 꺼내어 공의 색을 확인한 후 다시 넣는 시행을 5회 반복한다. 각 시행에서 꺼낸 공이 흰 공이면 1점을 얻고, 검은 공이면 2점을 얻을 때, 얻은 점수의 합이 7일 확률은?

① $\frac{80}{243}$　② $\frac{1}{3}$　③ $\frac{82}{243}$　④ $\frac{83}{243}$　⑤ $\frac{28}{81}$

10 3점 곡선 $y=e^{\frac{x}{3}}$과 이 곡선 위의 점 $(3,\ e)$에서의 접선 및 y축으로 둘러싸인 도형의 넓이는?

① $\frac{e}{2}-1$　　② $e-2$

③ $\frac{3}{2}e-3$　　④ $2e-4$

⑤ $\frac{5}{2}e-5$

11 3점 연속확률변수 X가 갖는 값의 범위가 $0 \le X \le 4$이고, X의 확률밀도함수의 그래프는 그림과 같다. $1 \le k \le 2$일 때, $P(k \le X \le 2k)$가 최대가 되도록 하는 k의 값은?

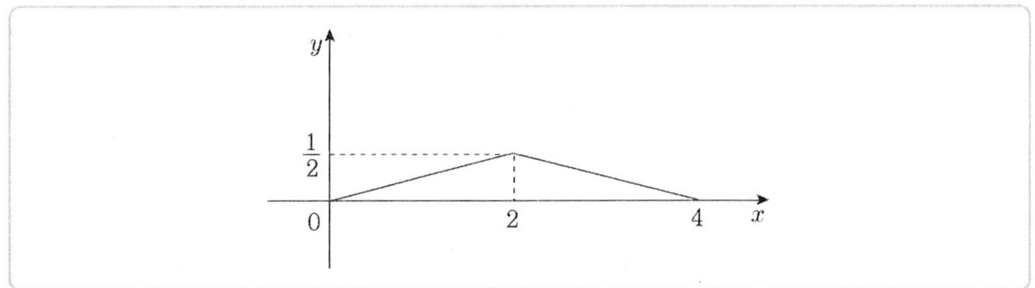

① $\frac{7}{5}$　　② $\frac{3}{2}$

③ $\frac{8}{5}$　　④ $\frac{17}{10}$

⑤ $\frac{9}{5}$

12 3점 실수 전체의 집합에서 미분가능한 함수 $f(x)$가 모든 실수 x에 대하여 $xf(x)=x^2e^{-x}+\int_1^x f(t)dx$ 를 만족시킬 때, $f(2)$의 값은?

① $\frac{1}{e}$
② $\frac{e+1}{e^2}$
③ $\frac{e+2}{e^2}$
④ $\frac{e+3}{e^2}$
⑤ $\frac{e+4}{e^2}$

13 3점 곡선 $y=\log_3 9x$ 위의 점 $A(a,\ b)$를 지나고 x축에 평행한 직선이 곡선 $y=\log_3 x$와 만나는 점을 B, 점 B를 지나고 y축에 평행한 직선이 곡선 $y=\log_3 9x$와 만나는 점을 C라 하자. $\overline{AB}=\overline{BC}$일 때, $a+3^b$의 값은? (단, a, b는 상수이다.)

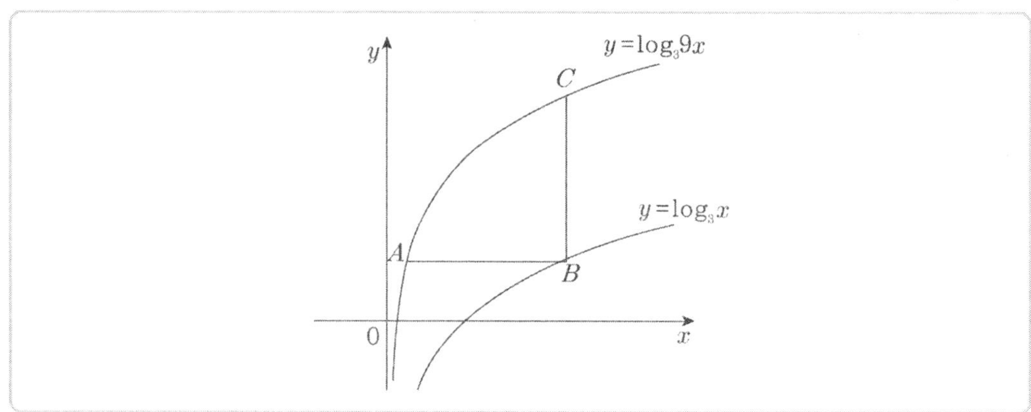

① $\frac{1}{2}$
② 1
③ $\frac{3}{2}$
④ 2
⑤ $\frac{5}{2}$

14 다항함수 $f(x)$에 대하여 함수 $g(x)=f(x)\sin x$가 다음 조건을 만족시킬 때, $f(4)$의 값은?
4점

(가) $\lim_{x\to\infty}\frac{g(x)}{x^3}=0$

(나) $\lim_{x\to\infty}\frac{g'(x)}{x}=6$

① 11
② 12
③ 13
④ 14
⑤ 15

15 그림과 같이 타원 $\frac{x^2}{a}+\frac{y^2}{12}=1$의 두 초점 중 x좌표가 양수인 점을 F, 음수인 점을 F'이라 하자. 타원 $\frac{x^2}{a}+\frac{y^2}{12}=1$ 위에 있고 제1사분면에 있는 점 P에 대하여 선분 $F'P$의 연장선 위에 점 Q를 $\overline{F'Q}=10$이 되도록 잡는다. 삼각형 PFQ가 직각이등변삼각형일 때, 삼각형 $QF'F$의 넓이는? (단, $a>12$)
4점

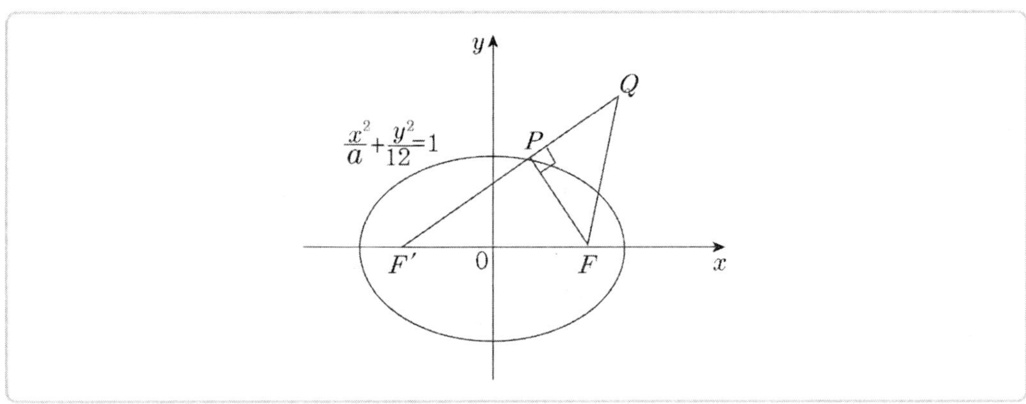

① 15
② $\frac{35}{2}$
③ 20
④ $\frac{45}{2}$
⑤ 25

16 [4점] 서로 다른 6개의 사탕을 세 명의 어린이 A, B, C에게 남김없이 나누어 줄 때, 어린이 A가 받은 사탕의 개수가 어린이 B가 받은 사탕의 개수보다 많도록 나누어 주는 경우의 수는? (단, 사탕을 하나도 받지 못하는 어린이는 없다.)

① 180 ② 190 ③ 200 ④ 210 ⑤ 220

17 [4점] 그림과 같이 서로 다른 두 평면 α, β의 교선 위에 점 A가 있다. 평면 α 위의 세 점 B, C, D의 평면 β 위로의 정사영을 각각 B', C', D'이라 할 때, 사각형 $AB'C'D'$은 한 변의 길이가 $4\sqrt{2}$인 정사각형이고, $\overline{BB'}=\overline{DD'}$이다. 두 평면 α와 β가 이루는 각의 크기를 θ라 할 때, $\tan\theta=\frac{3}{4}$이다. 선분 BC의 길이는? (단, 선분 BD와 평면 β는 만나지 않는다.)

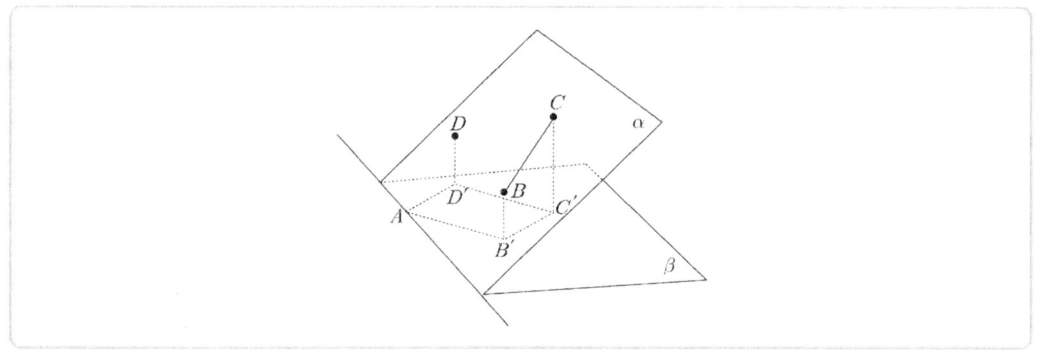

① $\sqrt{35}$ ② $\sqrt{37}$ ③ $\sqrt{39}$ ④ $\sqrt{41}$ ⑤ $\sqrt{43}$

18 4점 [그림 1]과 같이 5개의 스티커 A, B, C, D, E는 각각 흰색 또는 회색으로 칠해진 9개의 정사각형으로 이루어져 있다. 이 5개의 스티커를 모두 사용하여 [그림 2]의 45개의 정사각형으로 이루어진 모양의 판에 빈틈없이 붙여 문양을 만들려고 한다. [그림 3]은 스티커 B를 모양의 판의 중앙에 붙여 만든 문양의 한 예이다.

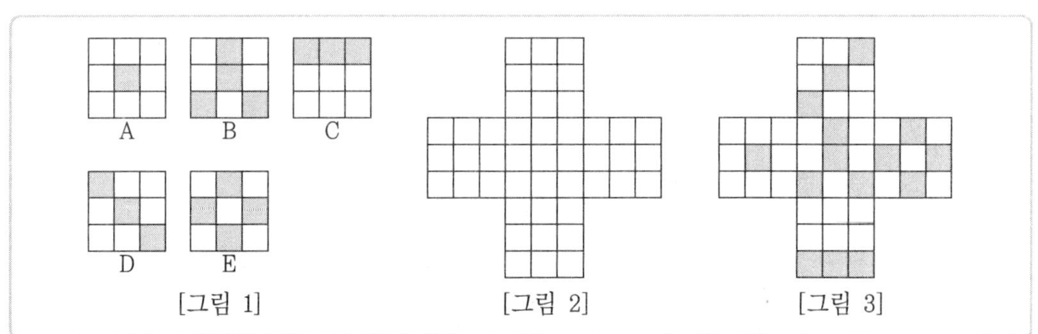

[그림 1] [그림 2] [그림 3]

다음은 5개의 스티커를 모두 사용하여 만들 수 있는 서로 다른 문양의 개수를 구하는 과정의 일부이다. (단, 모양의 판을 회전하여 일치하는 것은 같은 것으로 본다.)

> 모양의 판의 중앙에 붙이는 스티커에 따라 다음과 같이 3가지 경우로 나눌 수 있다.
>
> (i) A 또는 E를 붙이는 경우
>
> 나머지 4개의 스티커를 붙일 위치를 정하는 경우의 수는 $3!$
>
> 이 각각에 대하여 4개의 스티커를 붙이는 경우의 수는 $1\times2\times4\times4$
>
> 그러므로 이 경우의 수는 $2\times3!\times32$
>
> (ii) B 또는 C를 붙이는 경우
>
> 나머지 4개의 스티커를 붙일 위치를 정하는 경우의 수는 (가)
>
> 이 각각에 대하여 4개의 스티커를 붙이는 경우의 수는 $1\times1\times2\times4$
>
> 그러므로 이 경우의 수는 $2\times$ (가) $\times8$
>
> (iii) D를 붙이는 경우
>
> 나머지 4개의 스티커를 붙일 위치를 정하는 경우의 수는 (나)
>
> 이 각각에 대하여 4개의 스티커를 붙이는 경우의 수는 (다)
>
> 그러므로 이 경우의 수는 (나) $\times$ (다)

위의 (가), (나), (다)에 알맞은 수를 각각 a, b, c라 할 때, $a+b+c$의 값은?

① 52　　② 54
③ 56　　④ 58
⑤ 60

19 4점 그림과 같이 선분 BC를 빗변으로 하고, $\overline{BC}=8$인 직각삼각형 ABC가 있다. 점 B를 중심으로 하고 반지름의 길이가 $\overline{AB}$인 원이 선분 BC와 만나는 점을 D, 점 C를 중심으로 하고 반지름의 길이가 $\overline{AC}$인 원이 선분 BC와 만나는 점을 E라 하자. $\angle ACB=\theta$라 할 때, 삼각형 AED의 넓이를 $S(\theta)$라 하자. $\lim_{\theta \to 0+} \frac{S(\theta)}{\theta^2}$의 값은?

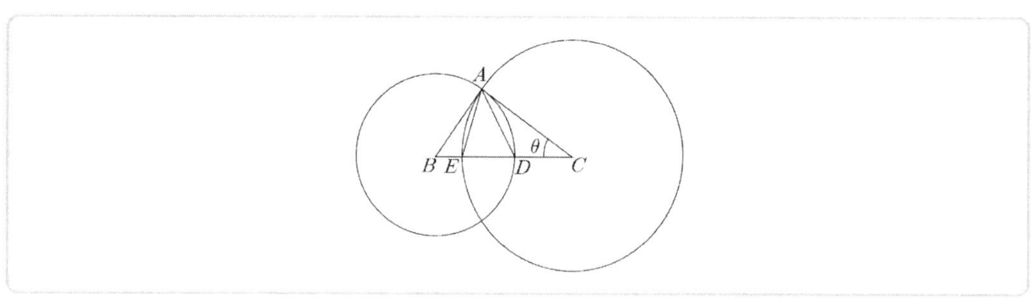

① 16
② 20
③ 24
④ 28
⑤ 32

20 4점 좌표평면에서 점 $A(0,\ 12)$와 양수 t에 대하여 점 $P(0,\ t)$와 점 Q가 다음 조건을 만족시킨다.

(가) $\overrightarrow{OA} \cdot \overrightarrow{PQ}=0$

(나) $\frac{t}{3} \le |\overrightarrow{PQ}| \le \frac{t}{2}$

$6 \le t \le 12$에서 $|\overrightarrow{AQ}|$의 최댓값을 M, 최솟값을 m이라 할 때, Mm의 값은?

① $12\sqrt{2}$
② $14\sqrt{2}$
③ $16\sqrt{2}$
④ $18\sqrt{2}$
⑤ $20\sqrt{2}$

21 4점

함수 $f(x)=|x^2-x|e^{4-x}$이 있다. 양수 k에 대하여 함수 $g(x)$를 $g(x)=\begin{cases} f(x) & (f(x)\le kx) \\ kx & (f(x)>kx) \end{cases}$라 하자. 구간 $(-\infty,\ \infty)$에서 함수 $g(x)$가 미분가능하지 않은 x의 개수를 $h(k)$라 할 때, 〈보기〉에서 옳은 것만을 있는 대로 고른 것은?

〈보기〉

㉠ $k=2$일 때, $g(2)=4$이다.
㉡ 함수 $h(k)$의 최댓값은 4이다.
㉢ $h(k)=2$를 만족시키는 k의 값의 범위는 $e^2\le k<e^4$이다.

① ㉠
② ㉠, ㉡
③ ㉠, ㉢
④ ㉡, ㉢
⑤ ㉠, ㉡, ㉢

주관식

22 3점

$\left(3x^2+\dfrac{1}{x}\right)^6$의 전개식에서 상수항을 구하시오.

(　　　　　　)

주관식

23 3점

함수 $f(x)=\begin{cases} -14x+a & (x\le 1) \\ \dfrac{5\ln x}{x-1} & (x>1) \end{cases}$이 실수 전체의 집합에서 연속일 때, 상수 a의 값을 구하시오.

(　　　　　　)

주관식

24 3점

곡선 $x^2+y^3-2xy+9x=19$ 위의 점 $(2,\ 1)$에서의 접선의 기울기를 구하시오.

(　　　　　　)

주관식

25 3점 모평균이 85, 모표준편차가 6인 정규분포를 따르는 모집단에서 크기가 16인 표본을 임의추출하여 구한 표본평균을 $\overline{X}$라 할 때, $P(\overline{X} \geq k) = 0.0228$을 만족시키는 상수 k의 값을 오른쪽 표준정규분포표를 이용하여 구하시오.

z	$P(0 \leq Z \leq z)$
0.5	0.1915
1.0	0.3413
1.5	0.4332
2.0	0.4772

(　　　　　　　　　)

주관식

26 4점 함수 $f(x) = \dfrac{2x}{x+1}$의 그래프 위의 두 점 $(0,\ 0)$, $(1,\ 1)$에서의 접선을 각각 l, m이라 하자. 두 직선 l, m이 이루는 예각의 크기를 θ라 할 때, $12\tan\theta$의 값을 구하시오.

(　　　　　　　　　)

주관식

27 4점 그림과 같이 $\overline{AB} = 3$, $\overline{BC} = 4$인 삼각형 ABC에서 선분 AC를 1 : 2로 내분하는 점을 D, 선분 AC를 2 : 1로 내분하는 점을 E라 하자. 선분 BC의 중점을 F라 하고, 두 선분 BE, DF의 교점을 G라 하자. $\overrightarrow{AG} \cdot \overrightarrow{BE} = 0$일 때, $\cos(\angle ABC) = \dfrac{q}{p}$이다. $p+q$의 값을 구하시오. (단, p와 q는 서로소인 자연수이다.)

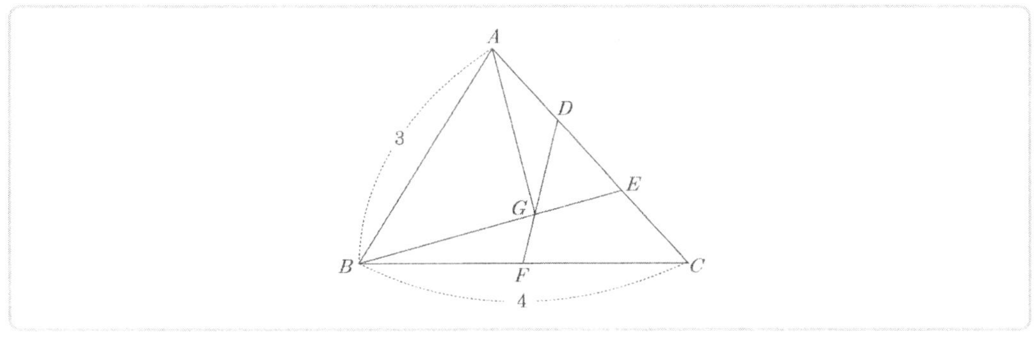

(　　　　　　　　　)

주관식

28 4점 1부터 11까지의 자연수가 하나씩 적혀 있는 11장의 카드 중에서 임의로 두 장의 카드를 동시에 택할 때, 택한 카드에 적혀 있는 숫자를 각각 m, $n(m<n)$이라 하자. 좌표평면 위의 세 점 $A(1,\ 0)$, $B\left(\cos\frac{m\pi}{6},\ \sin\frac{m\pi}{6}\right)$, $C\left(\cos\frac{n\pi}{6},\ \sin\frac{n\pi}{6}\right)$에 대하여 삼각형 ABC가 이등변삼각형일 확률이 $\frac{q}{p}$일 때, $p+q$의 값을 구하시오. (단, p와 q는 서로소인 자연수이다.)

(　　　　　　　　)

주관식

29 4점 좌표공간에 평면 $\alpha : 2x+y+2z-9=0$과 구 $S: (x-4)^2+(y+3)^2+z^2=2$가 있다. $|\overrightarrow{OP}| \leq 3\sqrt{2}$인 평면 α 위의 점 P와 구 S위의 점 Q에 대하여 $\overrightarrow{OP} \cdot \overrightarrow{OQ}$의 최댓값이 $a+b\sqrt{2}$일 때, $a+b$의 값을 구하시오. (단, 점 O는 원점이고, a, b는 유리수이다.)

(　　　　　　　　)

주관식

30 4점 함수 $f(x)=\frac{x}{e^x}$에 대하여 구간 $\left[\frac{12}{e^{12}},\ \infty\right]$에서 정의된 함수 $g(t)=\int_0^{12}|f(x)-t|dx$가 $t=k$에서 극솟값을 갖는다. 방정식 $f(x)=k$의 실근의 최솟값을 a라 할 때, $g'(1)+\ln\left(\frac{6}{a}+1\right)$의 값을 구하시오.

(　　　　　　　　)

15 2020학년도 수학영역(가형)

▶ 해설은 p. 148에 있습니다.

01 2점

제3사분면의 각 θ에 대하여 $\cos\theta = -\frac{1}{2}$일 때, $\tan\theta$의 값은?

① $-\sqrt{3}$ ② $-\frac{\sqrt{3}}{3}$

③ $\frac{\sqrt{3}}{3}$ ④ 1

⑤ $\sqrt{3}$

02 2점

좌표평면 위의 네 점 O(0, 0), A(2, 4), B(1, 1), C(4, 0)에 대하여 $\overrightarrow{OA} \cdot \overrightarrow{BC}$의 값은?

① 2 ② 4

③ 6 ④ 8

⑤ 10

03 2점

$\lim_{x\to 0} \frac{2x\sin x}{1-\cos x}$의 값은?

① 1 ② 2

③ 3 ④ 4

⑤ 5

04 3점 두 사건 A, B에 대하여 $P(A\cap B)=\frac{1}{6}$, $P(A^c\cup B)=\frac{2}{3}$ 일 때, $P(A)$의 값은? (단, A^c은 A의 여사건이다.)

① $\frac{1}{6}$
② $\frac{1}{3}$
③ $\frac{1}{2}$
④ $\frac{2}{3}$
⑤ $\frac{5}{6}$

05 3점 같은 종류의 흰 바둑돌 5개와 같은 종류의 검은 바둑돌 4개가 있다. 이 9개의 바둑돌을 일렬로 나열할 때, 검은 바둑돌 4개 중 2개는 서로 이웃하고, 나머지 2개는 어느 검은 바둑돌과도 이웃하지 않도록 나열하는 경우의 수는?

① 60
② 72
③ 84
④ 96
⑤ 108

06 3점 초점이 F인 포물선 $y^2=4x$ 위의 점 P(a, 6)에 대하여 $\overline{\mathrm{PF}}=\mathrm{k}$이다. $a+k$의 값은?

① 16
② 17
③ 18
④ 19
⑤ 20

07 이산확률변수 X가 가지는 값이 0, 2, 4, 6이고 X의 확률질량함수가
3점

$p(X=x)=\begin{cases} a & (x=0) \\ \dfrac{1}{x} & (x=2,\ 4,\ 6) \end{cases}$ 일 때, $E(aX)$의 값은?

① $\dfrac{1}{8}$　　② $\dfrac{1}{4}$

③ $\dfrac{1}{2}$　　④ 1

⑤ 2

08 주머니 A에는 1부터 5까지의 자연수가 각각 하나씩 적힌 5장의 카드가 들어 있고, 주머니 B에는 6부터 8까지의 자연수가 각각 하나씩 적힌 3장의 카드가 들어 있다. 주머니 A에서 임의로 한 장의 카드를 꺼내고, 주머니 B에서 임의로 한 장의 카드를 꺼낸다. 꺼낸 2장의 카드에 적힌 두 수의 합이 홀수일 때, 주머니 A에서 꺼낸 카드에 적힌 수가 홀수일 확률은?
3점

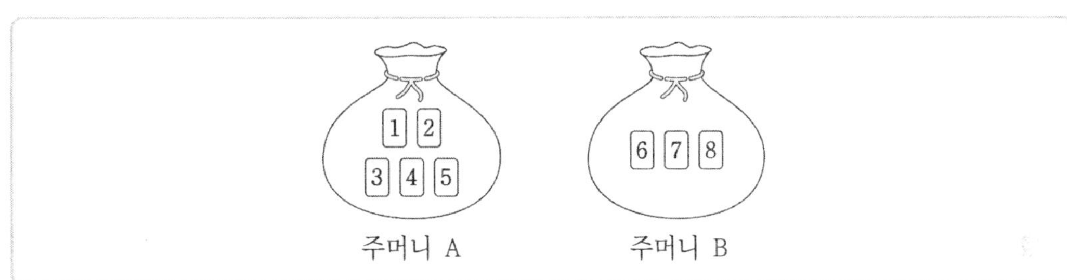

① $\dfrac{1}{4}$　　② $\dfrac{3}{8}$

③ $\dfrac{1}{2}$　　④ $\dfrac{5}{8}$

⑤ $\dfrac{3}{4}$

09 3점

평면 α 위에 있는 서로 다른 두 점 A, B와 평면 α 위에 있지 않은 점 P에 대하여 삼각형 PAB는 한 변의 길이가 6인 정삼각형이다. 점 P에서 평면 α에 내린 수선의 발 H에 대하여 $\overline{\mathrm{PH}}=4$일 때, 삼각형 HAB의 넓이는?

① $3\sqrt{3}$
② $3\sqrt{5}$
③ $3\sqrt{7}$
④ 9
⑤ $3\sqrt{11}$

10 3점

함수 $f(x)=\dfrac{6x^3}{x^2+1}$의 역함수를 $g(x)$라 할 때, $g'(3)$의 값은?

① $\dfrac{1}{6}$
② $\dfrac{1}{3}$
③ $\dfrac{1}{2}$
④ $\dfrac{2}{3}$
⑤ $\dfrac{5}{6}$

11 3점

좌표공간의 두 점 A(2, 2, 1), B(a, b, c)에 대하여 선분 AB를 1 : 2로 내분하는 점이 y축 위에 있다. 직선 AB와 xy평면이 이루는 각의 크기를 θ라 할 때, $\tan\theta=\dfrac{\sqrt{2}}{4}$이다. 양수 b의 값은?

① 6
② 7
③ 8
④ 9
⑤ 10

12 3점

$0 \le x \le 2\pi$일 때, 방정식 $\tan 2x \sin 2x = \frac{3}{2}$의 모든 해의 합은?

① 2π ② $\frac{5}{2}\pi$

③ 3π ④ $\frac{7}{2}\pi$

⑤ 4π

13 3점

쌍곡선 $\frac{x^2}{4} - y^2 = 1$의 꼭짓점 중 x좌표가 음수인 점을 중심으로 하는 원 C가 있다. 점 (3,0)을 지나고 원 C에 접하는 두 직선이 각각 쌍곡선 $\frac{x^2}{4} - y^2 = 1$과 한 점에서만 만날 때, 원 C의 반지름의 길이는?

① 2 ② $\sqrt{5}$

③ $\sqrt{6}$ ④ $\sqrt{7}$

⑤ $2\sqrt{2}$

14 4점

어느 도시의 직장인들이 하루 동안 도보로 이동한 거리는 평균이 $m$km, 표준편차가 σkm인 정규분포를 따른다고 한다. 이 도시의 직장인들 중에서 36명을 임의추출하여 조사한 결과 36명이 하루 동안 도보로 이동한 거리의 총합은 216km이었다. 이 결과를 이용하여, 이 도시의 직장인들이 하루 동안 도보로 이동한 거리의 평균 m에 대한 신뢰도 95%의 신뢰구간을 구하면 $a \le m \le a = 0.98$이다. $a + \sigma$의 값은? (단, Z가 표준정규분포를 따르는 확률변수일 때, $P(|Z| \le 1.96) = 0.95$ 로 계산한다.)

① 6.96 ② 7.01

③ 7.06 ④ 7.11

⑤ 7.16

15 4점 두 상수 a, $b(b<0<a)$에 대하여 직선 $\frac{x-a}{a}=3-y=\frac{z}{b}$ 위의 임의의 점과 평면 $2x-2y+z=0$ 사이의 거리가 4로 일정할 때, $a-b$의 값은?

① 25 ② 27
③ 29 ④ 31
⑤ 33

16 4점 그림과 같이 1보다 큰 두 상수 a, b에 대하여 점 A(1, 0)을 지나고 y축에 평행한 직선이 곡선 $y=a^x$과 만나는 점을 B라 하고, 점 C(0, 1)에 대하여 점 B를 지나고 직선 AC와 평행한 직선이 곡선 $y=\log_b x$와 만나는 점을 D라 하자. $\overline{\mathrm{AC}}\perp\overline{\mathrm{AD}}$이고, 사각형 ADBC의 넓이가 6일 때, $a\times b$의 값은?

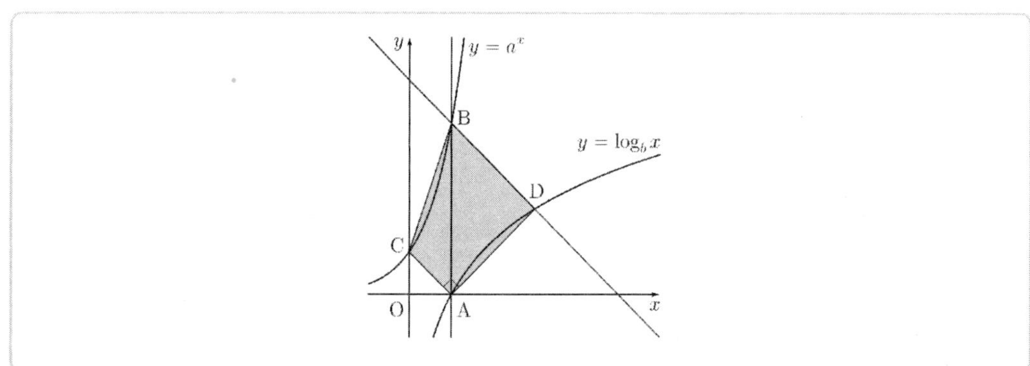

① $4\sqrt{2}$ ② $4\sqrt{3}$
③ 8 ④ $4\sqrt{5}$
⑤ $4\sqrt{6}$

17 4점 그림과 같이 두 곡선 $y=\dfrac{3}{x}$, $y=\sqrt{\ln x}$ 와 두 직선 $x=1$, $x=e$로 둘러싸인 도형을 밑면으로 하는 입체도형이 있다. 이 입체도형을 x축에 수직인 평면으로 자른 단면이 모두 정사각형일 때, 이 입체도형의 부피는?

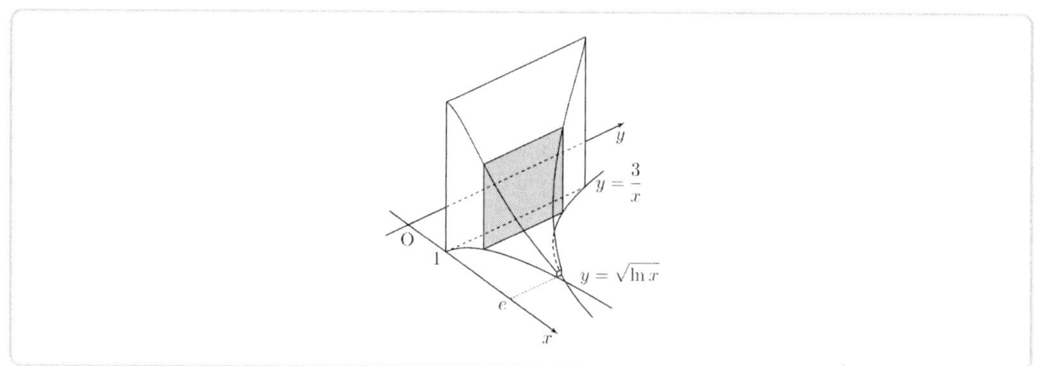

① $5-\dfrac{9}{e}$

② $5-\dfrac{8}{e}$

③ $5-\dfrac{7}{e}$

④ $6-\dfrac{9}{e}$

⑤ $6-\dfrac{8}{e}$

18 4점 **다음은 자연수 n에 대하여 방정식 $a+b+c=3n$을 만족시키는 자연수 a, b, c의 모든 순서쌍 (a, b, c)중에서 임의로 한 개를 선택할 때, 선택한 순서쌍 (a, b, c)가 $a>b$또는 $a>c$를 만족시킬 확률을 구하는 과정이다.**

> 방정식 $a+b+c=3n \cdots\cdots (*)$을 만족시키는 자연수 a, b, c의 모든 순서쌍 (a, b, c)의 개수는 (가) 이다.
> 방정식$(*)$을 만족시키는 자연수 a, b, c의 순서쌍 (a, b, c)가 $a>b$ 또는 $a>c$를 만족시키는 사건을 A라 하면 사건 A의 여사건 A^c은 방정식 $(*)$을 만족시키는 자연수 a, b, c의 순서쌍 (a, b, c)가 $a \le b$와 $a \le c$를 만족시키는 사건이다.
> 이제 $n(A^c)$의 값을 구하자.
> 자연수 $k(1 \le k \le n)$에 대하여 $a=k$ 경우,
> $b \ge k$, $c \ge k$이고 방정식 $(*)$을 만족시키는 자연수 a, b, c의 순서쌍 (a, b, c)의 개수는 (나) 이므로 $n(A^c)=\sum_{k=1}^{n}$ (나) 이다.
> 따라서 구하는 확률은 $P(A)=$ (다) 이다.

위의 (가)에 알맞은 식에 $n=2$를 대입한 값을 p, (나)에 알맞은 식에 $n=7$, $k=2$를 대입한 값을 q, (다)에 알맞은 식에 $n=4$를 대입한 값을 r라 할 때, $p\times q\times r$의 값은?

① 88
② 92
③ 96
④ 100
⑤ 104

19 4점 **함수 $f(x)=xe^{2x}-(4x+a)e^{x}$이 $x=-\frac{1}{2}$에서 극댓값을 가질 때, $f(x)$의 극솟값은? (단, a는 상수이다.)**

① $1-\ln 2$
② $2-2\ln 2$
③ $3-3\ln 2$
④ $4-4\ln 2$
⑤ $5-5\ln 2$

20 [4점] 두 상수 a, b와 함수 $f(x)=\dfrac{|x|}{x^2+1}$에 대하여 함수 $g(x)=\begin{cases} f(x) & (x<a) \\ f(b-x) & (x \ge a) \end{cases}$가 실수 전체의 집합에서 미분가능할 때, $\displaystyle\int_a^{a-b} g(x)dx$의 값은?

① $\dfrac{1}{2}\ln5$ ② $\ln5$

③ $\dfrac{3}{2}\ln5$ ④ $2\ln5$

⑤ $\dfrac{5}{2}\ln5$

21 [4점] 두 함수 $f(x)=4\sin\dfrac{\pi}{6}x$, $g(x)=|2\cos kx+1|$ 이 있다. $0<x<2\pi$에서 정의된 함수 $h(x)=(f \circ g)(x)$에 대하여 <보기>에서 옳은 것만을 있는 대로 고른 것은? (단, k는 자연수이다.)

ㄱ. $k=1$일 때, 함수 $h(x)$는 $x=\dfrac{2}{3}\pi$에서 미분가능하지 않다.
ㄴ. $k=2$일 때, 방정식 $h(x)=2$의 서로 다른 실근의 개수는 6이다.
ㄷ. 함수 $|h(x)-k|$가 $x=\alpha(0<\alpha<2\pi)$에서 미분가능하지 않은 실수 α의 개수를 a_k라 할 때, $\displaystyle\sum_{k=1}^{4} a_k=34$이다.

① ㄱ ② ㄱ, ㄴ

③ ㄱ, ㄷ ④ ㄴ, ㄷ

⑤ ㄱ, ㄴ, ㄷ

주관식

22 3점

함수 $f(x)=(3x+e^{x})^{3}$에 대하여 $f'(0)$의 값을 구하시오.

주관식

23 3점

매개변수 t로 나타내어진 곡선 $x=2\sqrt{2}\sin t+\sqrt{2}\cos t$, $y=\sqrt{2}\sin t+2\sqrt{2}\cos t$가 있다. 이 곡선 위의 $t=\frac{\pi}{4}$에 대응하는 점에서의 접선의 y절편을 구하시오.

주관식

24 확률변수 X는 정규분포 $\mathrm{N}(m,\ \sigma^2)$을 따르고, 다음 조건을 만족시킨다.

3점

(가) $\mathrm{P}(X \geq 128) = \mathrm{P}(X \leq 140)$

(나) $\mathrm{P}(m \leq X \leq m+10) = \mathrm{P}(-1 \leq Z \leq 0)$

$\mathrm{P}(X \geq k) = 0.0668$을 만족시키는 상수 k의 값을 오른쪽 표준정규분포표를 이용하여 구하시오. (단, Z는 표준정규분포를 따르는 확률변수이다.)

z	$P(0 \leq Z \leq z)$
0.5	0.1915
1.0	0.3413
1.5	0.4332
2.0	0.4772

주관식

25 3점 1부터 9까지의 자연수가 각각 하나씩 적힌 9개의 공을 같은 종류의 세 상자에 3개씩 나누어 넣으려고 한다. 세 상자 중 어떤 한 상자에 들어 있는 3개의 공에 적힌 수의 합이 나머지 두 상자에 들어 있는 6개의 공에 적힌 수의 합보다 크도록 9개의 공을 나누어 넣는 경우의 수를 구하시오. (단, 공을 넣는 순서는 고려하지 않는다.)

주관식

26 그림과 같이 한 변의 길이가 6인 정삼각형 ACD를 한 면으로 하는 사면체 ABCD가 다음조건을 만족시킨다.

4점

(가) $\overline{\mathrm{BC}} = 3\sqrt{10}$

(나) $\overline{\mathrm{AB}} \perp \overline{\mathrm{AC}}$, $\overline{\mathrm{AB}} \perp \overline{\mathrm{AD}}$

두 모서리 AC, AD의 중점을 각각 M, N이라 할 때, 삼각형 BMN의 평면 BCD 위로의 정사영의 넓이를 S라 하자. $40 \times S$의 값을 구하시오.

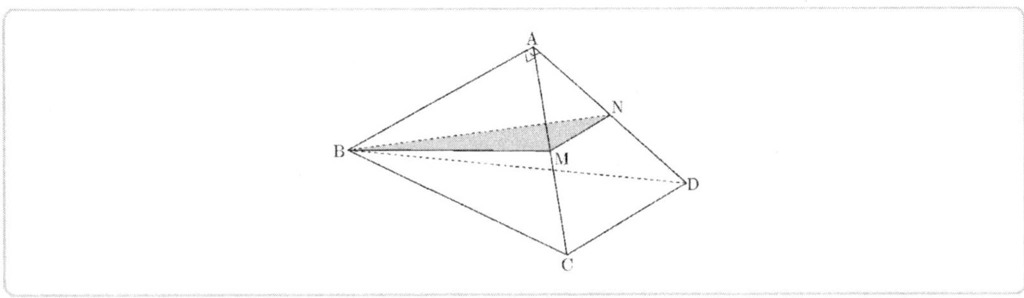

주관식

27 4점

한 번 누를 때마다 좌표평면 위의 점 P를 다음과 같이 이동시키는 두 버튼 ㉠, ㉡이 있다.

[버튼 ㉠] 그림과 같이 길이가 $\sqrt{2}$ 인 선분을 따라 점 (x, y)에 있는 점 P를 점 $(x+1, y+1)$로 이동시킨다.

$(x,\ y)$ → $(x+1,\ y+1)$

[버튼 ㉡] 그림과 같이 길이가 $\sqrt{5}$ 인 선분을 따라 점 (x, y)에 있는 점 P를 점 $(x+2, y+1)$로 이동시킨다.

$(x,\ y)$ → $(x+2,\ y+1)$

예를 들어, 버튼을 ㉠, ㉠, ㉡ 순으로 누르면 원점 (0, 0)에 있는 점 P는 아래 그림과 같이 세 선분을 따라 점 (4, 3)으로 이동한다. 또한 원점 (0, 0)에 있는 점 P를 점 (4, 3)으로 이동시키도록 버튼을 누르는 경우는 ㉠㉠㉡, ㉠㉡㉠, ㉡㉠㉠으로 3가지이다.

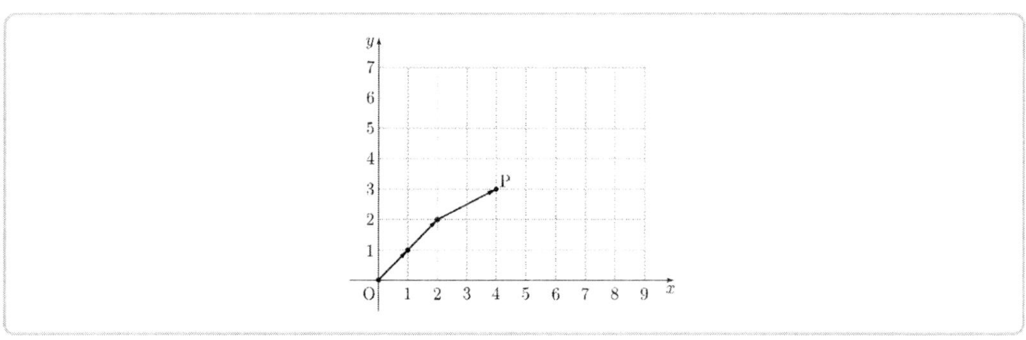

원점 (0, 0)에 있는 점 P를 두 점 A(5, 5), B(6, 4) 중 어느 점도 지나지 않고 점 C(9, 7)로 이동시키도록 두 버튼 ㉠, ㉡을 누르는 경우의 수를 구하시오.

주관식

28 4점

그림과 같이 $\overline{\mathrm{AB}}=1$이고 $\angle\mathrm{ABC}=\frac{\pi}{2}$인 직각삼각형 ABC에서 $\angle\mathrm{CAB}=\theta$라 하자. 선분 AC를 4 : 7로 내분하는 점을 D라 하고 점 C에서 선분 BD에 내린 수선의 발을 E라 할 때, 삼각형 CEB의 넓이를 $S(\theta)$라 하자. $\lim_{\theta\to0+}\frac{S(\theta)}{\theta^3}=\frac{q}{p}$일 때, $p+q$의 값을 구하시오. (단, $0<\theta<\frac{\pi}{4}$이고, p와 q는 서로소인 자연수이다.)

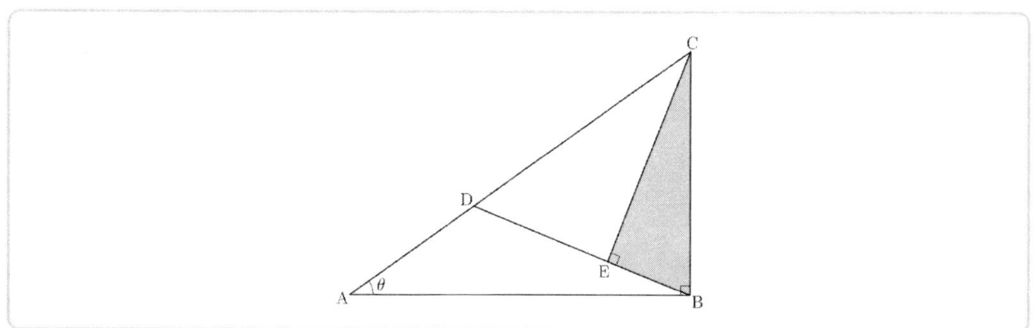

주관식

29 [4점] 좌표공간에 구 $C: x^2+y^2+(z+2)^2=2$와 점 A(0, 3, 3)이 있다. 구 C 위의 점 P와 $|\overrightarrow{AQ}|=2$, $\overrightarrow{OA}\cdot\overrightarrow{QA}=3\sqrt{6}$을 만족시키는 점 Q에 대하여 $\overrightarrow{AP}\cdot\overrightarrow{AQ}$의 최댓값은 $p\sqrt{2}+q\sqrt{6}$이다. $p+q$의 값을 구하시오. (단, O는 원점이고, p, q는 유리수이다.)

주관식

30 [4점]

최고차항의 계수가 1인 삼차함수 $f(x)$에 대하여 함수 $g(x)=\int_0^x \frac{f(t)}{|t|+1}dt$가 다음 조건을 만족시킨다.

> (가) $g'(2)=0$
> (나) 모든 실수 x 에 대하여 $g(x)\geq 0$이다.

$g'(-1)$의 값이 최대가 되도록 하는 함수 $f(x)$에 대하여 $f(-1)=\frac{n}{m-3\ln 3}$ 일 때, $|m\times n|$의 값을 구하시오. (단, m, n은 정수이고, $\ln 3$은 $1<\ln 3<1.1$인 무리수이다.)

01 2006학년도 정답 및 해설

02 2007학년도 정답 및 해설

03 2008학년도 정답 및 해설

04 2009학년도 정답 및 해설

05 2010학년도 정답 및 해설

06 2011학년도 정답 및 해설

07 2012학년도 정답 및 해설

08 2013학년도 정답 및 해설

09 2014학년도 정답 및 해설

10 2015학년도 정답 및 해설

11 2016학년도 정답 및 해설

12 2017학년도 정답 및 해설

13 2018학년도 정답 및 해설

14 2019학년도 정답 및 해설

15 2020학년도 정답 및 해설

PART 02

정답 및 해설

01 2006학년도 정답 및 해설

ANSWER

01	02	03	04	05	06	07	08	09	10	11	12	13	14	15	16	17	18	19	20
④	③	①	③	④	③	②	④	⑤	⑤	②	⑤	②	④	③	③	②	⑤	①	①
21	22	23	24	25	26	27	28	29	30										
②	⑤	③	①	10	65	16	190	12	39										

01 $n=2006,\ a=\dfrac{3}{4}$이므로

$$A=\sqrt[n]{a^{n-1}}=a^{\frac{n-1}{n}}=\left(\frac{3}{4}\right)^{\frac{2005}{2006}}$$

$$B=\sqrt[n]{a^{n+1}}=a^{\frac{n+1}{n}}=\left(\frac{3}{4}\right)^{\frac{2007}{2006}}$$

$$C=\sqrt[n+1]{a^{n}}=a^{\frac{n}{n+1}}=\left(\frac{3}{4}\right)^{\frac{2006}{2007}}$$

밑은 A, B, C 모두 같고 각각의 지수를 비교해보면 $\dfrac{2005}{2006}<\dfrac{2006}{2007}<\dfrac{2007}{2006}$이므로

$B<C<A$가 된다.

02 이차 이하의 다항함수 $f(x)$를 $f(x)=px^2+qx+r$라고 두면 주어진 식은

$\displaystyle\int_0^2(px^2+qx+r)dx==af(0)+bf(1)+cf(2)$로 나타낼 수 있다.

$$\left[\frac{1}{3}px^3+\frac{1}{2}qx^2+rx\right]_0^2=ar+b(q+q+r)+c(4p+2q+r)$$

$$\frac{8}{3}p+2q+2r==(b+4c)p+(b+2c)q+(a+b+c)r$$

따라서, $b+4c=\dfrac{8}{3},\ b+2c=2,\ a+b+c=2$

$\therefore\ a=\dfrac{1}{3},\ b=\dfrac{4}{3},\ c=\dfrac{1}{3}$

$\therefore\ abc=\dfrac{4}{27}$

03 $\dfrac{f(x_1)-f(a)}{x_1-a}$는 구간 $[a,\ x_1]$에서 직선의 기울기

$\dfrac{f(x_2)-f(a)}{x_2-a}$는 구간 $[a,\ x_2]$에서 직선의 기울기

$\dfrac{f(x_1)-f(a)}{x_1-a} > \dfrac{f(x_2)-f(a)}{x_2-a}$이므로 $y=f(x)$의 그래프가 될 수 있는 경우는 다음과 같다.

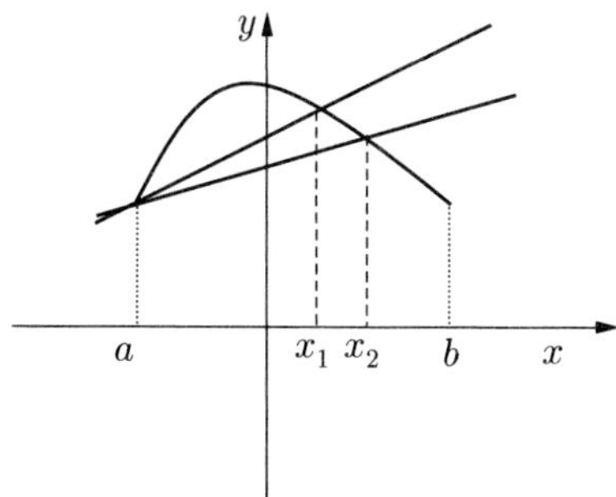

04 반구의 단면을 뒤집어 좌표평면 위에 놓아보면 다음 그림과 같이 나타난다.

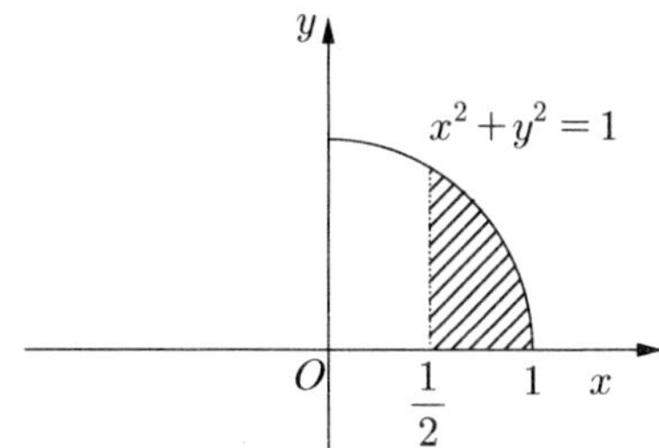

문제에서 구하고자 하는 부분의 부피는 단면 그림의 빗금친 부분을 x축을 기준으로 회전시킨 입체의 $\dfrac{1}{2}$이다.

따라서, $\dfrac{\pi}{2}\displaystyle\int_{\frac{1}{2}}^{1} y^2dx=\dfrac{\pi}{2}\displaystyle\int_{\frac{1}{2}}^{1}(1-x^2)dx$

$$=\frac{\pi}{2}\left[x-\frac{1}{3}x^3\right]_{\frac{1}{2}}^{1}$$

$$=\frac{\pi}{2}\left(1-\frac{1}{3}-\frac{1}{2}+\frac{1}{24}\right)=\frac{5}{48}\pi$$

05 혈액형이 A형, B형, AB형, O형인 학생 수를 각각 a, b, c, d라 하자.

(가) $a+b=c+d$

(나) $a+c=b+d$

(다) $a=4$

(가)(나)(다)에 의하여 $b=c$, $d=4$이다.

$\therefore\ a=4,\ b=1,\ c=1,\ d=4$

따라서, A형 4명, B형 1명, AB형 1명, O형 4명이다.

10개의 혈액팩을 일렬로 나열하는 방법의 수는 $\dfrac{10!}{4!\,4!}=6,300$(가지)이다.

06 $|\overrightarrow{PQ}+\overrightarrow{OR}|^2=|\vec{q}-\vec{p}|^2+2(\vec{q}-\vec{p})\cdot(\vec{q}+\vec{p})+|\vec{q}+\vec{p}|^2$

$=2(|\vec{p}|^2+|\vec{q}|^2)+2(\vec{q}-\vec{p})\cdot(\vec{q}+\vec{p})$

그런데, $(\vec{q}-\vec{p})\cdot(\vec{q}+\vec{p})\le|\vec{q}-\vec{p}||\vec{q}+\vec{p}|$

$=\sqrt{|\vec{q}-\vec{p}|^2|\vec{q}+\vec{p}|^2}$

$=\sqrt{(|\vec{q}|^2-2\vec{p}\cdot\vec{q}+|\vec{p}|^2)(|\vec{q}|^2+2\vec{p}\cdot\vec{q}+|\vec{p}|^2)}$

$=\sqrt{(|\vec{p}|^2+|\vec{q}|^2)^2-4(\vec{p}\cdot\vec{q})^2}$

$=\sqrt{25^2-4(\vec{p}\cdot\vec{q})^2}\quad(\because |\vec{p}|=3,\ |\vec{q}|=4)$

따라서, ㉠㉡에 의해 $|\overrightarrow{PQ}+\overrightarrow{OR}|$의 최댓값은 10이다.

07 $4x^2-9y^2=36$ 이 x축과 만나는 점 A, B는 A$(-3,\ 0)$, B$(3,\ 0)$이다.

또한, 식 $4x^2-9y^2=36$ 이 직선 $x=t\,(t>3)$와 만나는 점 C, D는 C$\left(t,\ \frac{2}{3}\sqrt{t^2-9}\right)$, D$\left(t,\ -\frac{2}{3}\sqrt{t^2-9}\right)$로 둘 수 있다.

따라서, 직선 AC, BD 의 방정식은 각각

$y=-\dfrac{\frac{2}{3}\sqrt{t^2-9}}{t+3}(x+3)$, $y=\dfrac{\frac{2}{3}\sqrt{t^2-9}}{t-3}(x-3)$이다.

또한 두 직선의 교점 P는 $-\dfrac{\frac{2}{3}\sqrt{t^2-9}}{t+3}(x+3)=\dfrac{\frac{2}{3}\sqrt{t^2-9}}{t-3}(x-3)$

$x=\dfrac{9}{t}$, $y=-\dfrac{2\sqrt{t^2-9}}{t}$

$\therefore P\left(\dfrac{9}{t},-\dfrac{2\sqrt{t^2-9}}{t}\right)$

점 P의 자취의 방정식을 구하기 위해 $\dfrac{9}{t}=X$, $-\dfrac{2\sqrt{t^2-9}}{t}=Y$ 라 하면

$t=\dfrac{9}{X}$, $Y=-\dfrac{2\sqrt{t^2-9}}{t}=-2\sqrt{1-\dfrac{9}{t^2}}\cdot2\sqrt{\dfrac{9}{X^2}-1}=-2\sqrt{1-\dfrac{9}{\frac{9^2}{X^2}}}$

양변을 제곱하여 정리하면

$\therefore \dfrac{X^2}{9}+\dfrac{Y^2}{4}=1$

이 타원의 초점의 x좌표를 c라 하면

$c^2=9-4=5\ \therefore c=\pm\sqrt{5}$

따라서, 이 곡선의 두 초점 사이의 거리는 $2\sqrt{5}$ 이다.

08 $F_n(x)=\dfrac{1}{3n-1}x^{3n-1}-\dfrac{1}{3n-2}x^{3n-2}+\dfrac{1}{3n-4}x^{3n-4}-\dfrac{1}{3n-5}x^{3n-5}+\cdots+\dfrac{1}{2}x^2-x+C$

(단, C는 적분 상수)

여기에 $x=1$을 대입하면

$F_n(1)=\dfrac{1}{3n-1}-\dfrac{1}{3n-2}+\dfrac{1}{3n-4}-\dfrac{1}{3n-5}+\cdots+\dfrac{1}{2}-1+C$

$\therefore\ C=0$

$\therefore\ F_n(0)=C=0$

09 구하는 확률은 상자 A에서 빨간 공 2개, 파란 공 1개를 꺼내는 확률과 같으므로

$\dfrac{{}_4C_2\times{}_2C_1}{{}_6C_3}=\dfrac{3}{5}$

10 그려지는 곡선은 타원이므로, 이 타원의 방정식을 $\dfrac{x^2}{a^2}+\dfrac{y^2}{b^2}=1$이라 하면

$2a=14,\ a=7$

$b=\sqrt{a^2-25}=\sqrt{24}$

$\therefore\ \dfrac{x^2}{7^2}+\dfrac{y^2}{24}=1$

여기서 $x=5$이면 $y=\dfrac{24}{7}$이므로, 구하는 꽃밭의 넓이는 $5\times2\times\dfrac{24}{7}\times2=\dfrac{480}{7}(\mathrm{m}^2)$

11 유람선이 해안선을 따라서 이동한 거리를 $x$km라 하면 나머지 거리를 다음 그림과 같이 둘 수 있다.

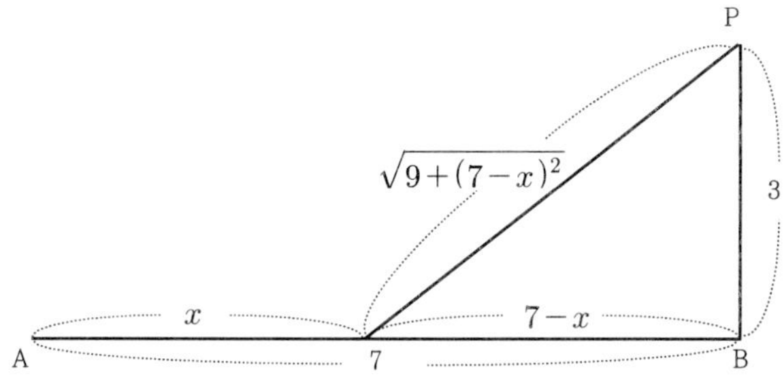

A점에서 P점까지 45분이 걸린다고 했으므로,

$\dfrac{x}{12}+\dfrac{\sqrt{9+(7-x)^2}}{10}=\dfrac{45}{60}$로 나타낼 수 있고, 이 식을 정리하면 $5x+6\sqrt{9+(7-x)^2}=45$

양변을 제곱하여 정리하면, $6\sqrt{9+(7-x)^2}=45-5x$

$11x^2-54x+63=0 \Leftrightarrow (11x-21)(x-3)=0$

$\therefore\ x=\dfrac{21}{11}$ 또는 $x=3$

두 근 중에 식 $\dfrac{x}{12}+\dfrac{\sqrt{9+(7-x)^2}}{10}=\dfrac{45}{60}$를 만족하는 값은 $x=\dfrac{21}{11}$뿐이다.

12 $f(n)=\left[\frac{n}{4}\right]$이므로 $f(4k)=f(4k+1)=f(4k+2)=f(4k+3)=k$ (단, k는 자연수)

따라서, $a_1=a_2=a_3=0$이고, $a_{4m}=a_{4m+1}=a_{4m+2}=a_{4m+3}=\sum_{k=1}^{m}k$ (단, m은 자연수)

$$\therefore \sum_{n=1}^{28}a_n=\left(1+\frac{2\cdot 3}{2}+\frac{3\cdot 4}{2}+\frac{4\cdot 5}{2}+\frac{5\cdot 6}{2}+\frac{6\cdot 7}{2}\right)\times 4+\frac{7\cdot 8}{2}=252$$

13 시험의 성적을 확률변수 X라 하면, X는 정규분포 $N(65,\ 10^2)$을 따른다.
선발된 학생의 최저 점수를 x점이라 하면,

$$P(x\le X)=\frac{40}{1,600}$$

$$P\left(\frac{x-65}{10}\le Z\right)=\frac{40}{1,600}$$

$$P\left(0\le Z\le \frac{x-65}{10}\right)=0.5-\frac{40}{1,600}$$

$$\therefore \frac{x-65}{10}=1.96$$

$$\therefore x=84.6(\text{점})$$

14 두 점 $P_n(x_n, y_n)$, $P_{n+1}(x_{n+1},\ y_{n+1})$에 대하여, 선분 $\overline{P_nP_{n+1}}$을 $2:1$로 내분하는 점을 $P_{n+2}(x_{n+2},\ y_{n+2})$라 하자.
우선, $P_{n+2}(x_{n+2},\ y_{n+2})$의 x좌표 x_{n+2}는 다음과 같이 나타낼 수 있다.

$$x_{n+2}=\frac{x_n+2x_{n+1}}{2+1}$$

$$x_{n+2}-x_{n+1}=-\frac{1}{3}(x_{n+1}-x_n)$$

$$x_{2005}=x_1+\sum_{k=1}^{2004}(x_2-x_1)\left(-\frac{1}{3}\right)^{k-1}=1+3\cdot\frac{1-\left(-\frac{1}{3}\right)^{2004}}{1-\left(-\frac{1}{3}\right)}=1+\frac{9}{4}\left\{1-\left(-\frac{1}{3}\right)^{2004}\right\}$$

그리고 $P_{n+2}(x_{n+2},\ y_{n+2})$의 y좌표 y_{n+2}는 다음과 같이 나타낼 수 있다.

$$y_{n+2}=\frac{y_n+2y_{n+1}}{2+1}$$

$$y_{n+2}-y_{n+1}=-\frac{1}{3}(y_{n+1}-y_n)$$

$$y_{2005}=y_1+\sum_{k=1}^{2004}(y_2-y_1)\left(-\frac{1}{3}\right)^{k-1}=-1+(-1)\cdot\frac{1-\left(-\frac{1}{3}\right)^{2004}}{1-\left(-\frac{1}{3}\right)}=-1-\frac{3}{4}\left\{1-\left(-\frac{1}{3}\right)^{2004}\right\}$$

$$\therefore x_{2005}-y_{2005}=2+\left\{1-\left(-\frac{1}{3}\right)^{2004}\right\}\left(\frac{9}{4}+\frac{3}{4}\right)=2+3-3\left(-\frac{1}{3}\right)^{2004}=5-3^{-2003}$$

15

㉠ $g'(x)=\begin{cases} \dfrac{xf'(x)-f(x)}{x^2} & (x\neq 0) \\ f''(0) & (x=0) \end{cases}$

함수 $g(x)$가 $x=0$에서 미분가능 하므로 $g(x)$는 $x=0$에서 연속이다.

㉡ $g(2x)=\begin{cases} \dfrac{f(2x)}{2x}=\dfrac{2f(x)}{2x}=\dfrac{f(x)}{x} & (x\neq 0) \\ f'(0) & (x=0) \end{cases}$

$\therefore\ g(2x)=g(x)$

㉢ $f(x)=ax$ 라 하면, $g(x)=\begin{cases} \dfrac{f(x)}{x}=a & (x\neq 0) \\ f'(0)=0 & (x=0) \end{cases}$

$g(x)$는 상수함수

따라서, 옳은 것은 ㉠㉡이다

16

㉠ $\log_y(1-x^2)\le 2$

$y>0,\ y\neq 1,\ -1<x<1$

$0<y<1$일 때, $1-x^2\ge y^2 \Rightarrow x^2+y^2\le 1$

$y>1$일 때, $1-x^2\le y^2 \Rightarrow x^2+y^2\ge 1$

㉡ $2^y\le 2\cdot 4^x$에서

$2^y\le 2^{1+2x}$

$\therefore\ y\le 1+2x$

i) $0<y<1,\ -1<x<1$

$x^2+y^2\le 1,\ y\le 2x+1$을 만족하는 영역은 다음 그림의 어두운 부분이다.

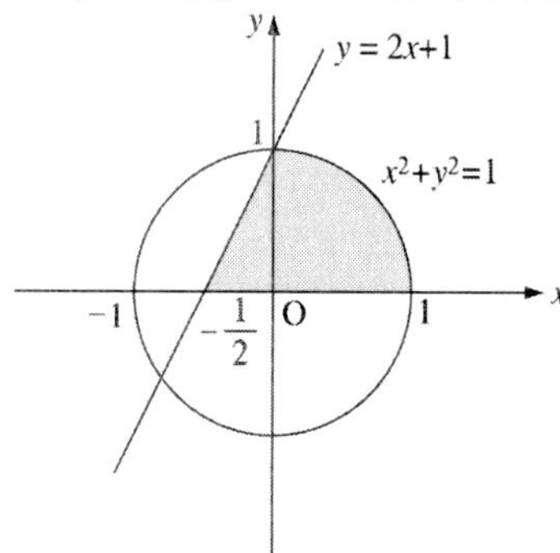

따라서, 빗금 친 부분의 넓이는 $\dfrac{\pi}{4}+\dfrac{1}{2}\cdot 1\cdot \dfrac{1}{2}=\dfrac{\pi}{4}+\dfrac{1}{4}$

ii) $y>1,\ -1<x<1$

$x^2+y^2 \geq 1,\ y \leq 2x+1$을 만족하는 영역은 다음 그림의 어두운 부분이다.

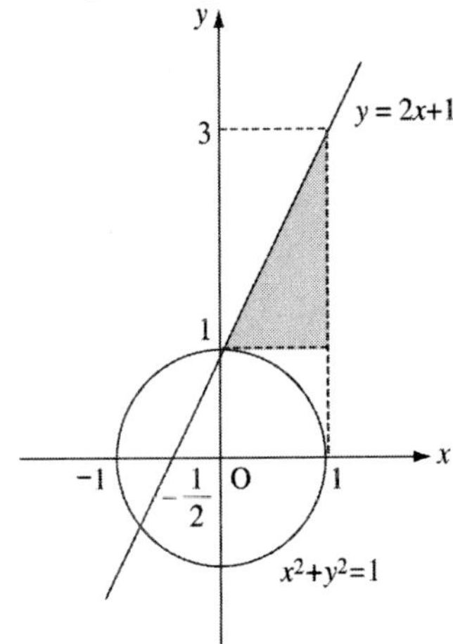

따라서, 빗금 친 부분의 넓이는 $\frac{1}{2}\cdot 1\cdot 2=1$

i), ii)에 의하여 구하는 넓이는

$\frac{\pi}{4}+\frac{1}{4}+1=\frac{1}{4}(\pi+5)$

17 ㉠ $B=O$이면 $PAP^{-1}=O$

$\therefore A=P^{-1}OP=O$

㉡ $B^{100}=PA^{100}P^{-1}=P(A^3)^{33}AP^{-1}$

$=PAP^{-1}(\because A^3=E)=B$

㉢ $AB=APAP^{-1}$

$$=\begin{pmatrix} a & b \\ a & 0 \end{pmatrix}\begin{pmatrix} 1 & 0 \\ 1 & 1 \end{pmatrix}\begin{pmatrix} a & b \\ a & 0 \end{pmatrix}\begin{pmatrix} 1 & 0 \\ -1 & 1 \end{pmatrix}$$

$$=\begin{pmatrix} a+b & b \\ a & 0 \end{pmatrix}\begin{pmatrix} a-b & b \\ a & 0 \end{pmatrix}$$

$$=\begin{pmatrix} a^2-b^2+ab & ab+b^2 \\ a^2-ab & ab \end{pmatrix}=\begin{pmatrix} 1 & 0 \\ 0 & 1 \end{pmatrix}$$

$$\begin{cases} a^2-b^2+ab=1 \\ ab+b^2=0 \\ a^2-ab=0 \\ ab=1 \end{cases}$$

위의 식을 정리하면 $b^2=-1$이다. 하지만 b는 실수이다.

따라서, $AB=E$를 만족하는 행렬 A는 존재하지 않는다.

따라서 옳은 것은 ㉠㉡이다.

18 삼차함수 $f(x)$를 $f(x)=ax^3+bx^2+cx+d$라 하면

$g(x)=f'(x)=3ax^2+2bx+c$

$h(x)=g'(x)=6ax+2b$

$h'(x)=6a$

$g(0)=h(0)=0$에서 $b=0, c=0$임을 구할 수 있다.

따라서, $f(x)=ax^3+d$

$f(0)h'(0)<0$이므로 $6ad<0$ 따라서 $ad<0$

㉠ $a>0$이면, $d<0$

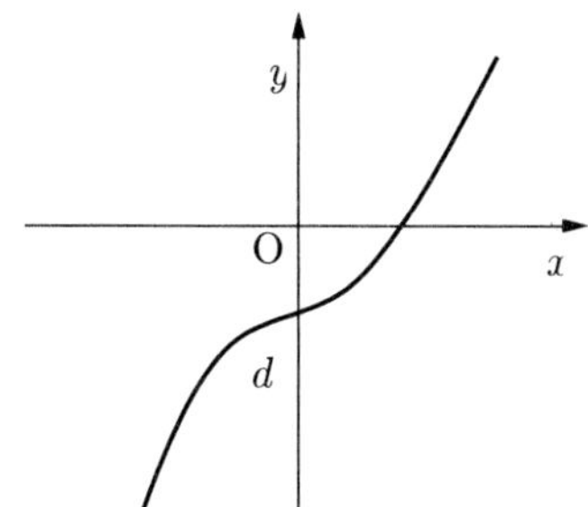

㉡ $a<0$일 때, $d>0$

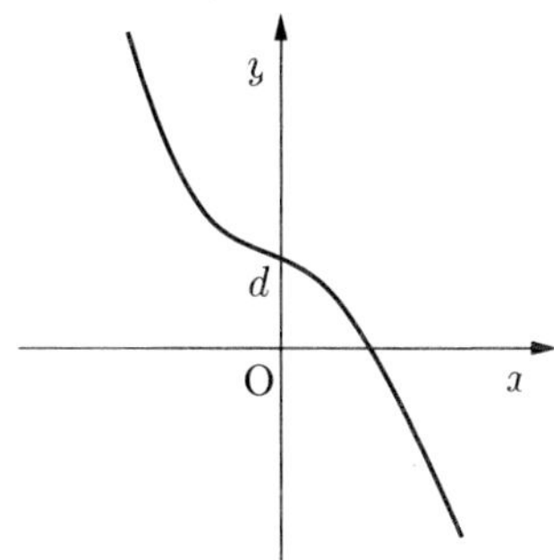

따라서, ㉠㉡ 모두 $f(x)=0$은 한 개의 양의 실근을 갖는다.

19 수열 $\{a_n\}$이 등차수열이므로

a_2와 a_3를 이용하면 $a=\frac{a_2+a_3}{2}$를 구할 수 있다.

같은 방식으로 a_2와 a_3를 이용하면, $k=\frac{a_3-a_2}{2}=\frac{d}{2}$임을 알 수 있다.

$$\begin{aligned}\therefore a_1\cdot a_2\cdot a_3\cdot a_4+d^4&=(a-3k)(a+3k)(a-k)(a+k)+d^4\\&=(a^2-9k^2)(a^2-k^2)+16k^4\\&=a^4-10a^2k^2+25k^4=(a^2-5k^2)^2\end{aligned}$$

$\therefore$ (가)$=\frac{a_2+a_3}{2}$, (나)$=\frac{d}{2}$, (다)$=a^2-5k^2$

20 $a_{n+1}{}^2+4a_n^2+(a_1-2)^2=4a_{n+1}a_n \Leftrightarrow (a_{n+1}-2a_n)^2+(a_1-2)^2=0$

$\therefore a_{n+1}=2a_n,\ a_1=2$

$\therefore a_n=2\cdot 2^{n-1}=2^n$

$b_n=\log_{\sqrt{2}}a_n=\log_{2^{\frac{1}{2}}}2^n=2n$

$\sum_{k=1}^{m}b_k=\sum_{k=1}^{m}2k=\frac{2m(m+1)}{2}=72$가 성립하므로 $(m+9)(m-8)=0$

따라서 자연수 $m=8$

21 $a_n=3n^2-3n$이므로

$$S_n=\sum_{k=1}^{n}(3k^2-3k)=\frac{3n(n+1)(2n+1)}{6}-\frac{3n(n+1)}{2}$$
$$=\frac{n(n+1)(2n+1-3)}{2}=n(n+1)(n-1)$$

S_n이 16자리의 수가 되려면 $S_n>10^{15}$ 가 되어야 한다.

$n=10^5$라 하면 $10^{15}-10^5<10^{15}$

$n=10^5+1$라 하면 $(10^5+1)(10^5+2)10^5=10^{15}+3\cdot 10^{10}+2\cdot 10^5>10^{15}$

S_n이 처음으로 16자리의 정수가 되도록 하는 n은 10^5+1

$\therefore$ 10으로 나눈 나머지는 1이다.

22 n번째에 10점 부분을 명중시킬 확률을 P_n이라 하자.

$n+1$번째에 10점 부분을 명중시킬 경우

i) n번째에 10점 부분을 명중시키고 $n+1$ 번째에 명중시킬 확률 $=P_n\cdot\frac{8}{9}$

ii) n번째에 10점 부분을 명중시키지 못하고 $n+1$번째에 명중 $=(1-P_n)\cdot\frac{4}{5}$

따라서, $P_{n+1}=P_n\cdot\frac{8}{9}+(1-P_n)\cdot\frac{4}{5}=\frac{4}{45}P_n+\frac{4}{5}$

$\lim_{n\to\infty}P_n=\lim_{n\to\infty}P_{n+1}$

$\therefore \lim_{n\to\infty}P_n=\frac{4}{5}\cdot\frac{45}{41}=\frac{36}{41}$

23 두 곡선 $f(x)$, $g(x)$가 교점을 가지므로 $9^x+a=b\cdot 3^x+2$로 둘 수 있다.

$(3^x)^2-b\cdot 3^x+a-2=0$

$3^x=t(t>0)$로 치환하면 $t^2-bt+a-2=0$로 정리된다.

㉠ $t^2-bt+a-2=0$은 서로 다른 두 실근을 가지므로

판별식 $D=b^2-4(a-2)>0$

$\therefore b^2>4a-8$

㉡ $t^2-bt+a-2=0$의 한 근이 $t=3^{\log_3 2}=2$ ($\because 3^x=t$)이고,

치환된 식에 대입하면 $4-2b+a-2=0$

$\therefore a=2b-2$

㉢ $t^2-bt+a-2=0$의 두 근이 $t=3^{\log_3 2},\ 3^{\log_3 k}=2,\ k\ (k>2)$이고,
근과 계수의 관계에 의하여 $2\times k=a-2$이다.
그런데 $k>2$이므로 $\therefore a>6$
따라서 옳은 것은 ㉡㉢이다.

24 레이저는 직선으로 나가므로 점 T, S와 같은 평면상의 지점에서 쏘아야 한다.
따라서 T(3, −2, 0), S(1, 0, 3)이므로,
이 두 점을 지나는 직선의 방정식은 $\frac{x-1}{2}=\frac{y}{-2}=\frac{z-3}{-3}$이다.
여기서 A 건물은 $x=0$이므로 $y=1,\ z=\frac{9}{2}$
∴ 레이저를 쏜 창가는 ㉠이다.

25 $A^2X=X \Leftrightarrow (A^2-E)X=O$

$$\begin{pmatrix}6 & 2+2a\\ 3+3a & 5+a^2\end{pmatrix}X=\begin{pmatrix}0\\0\end{pmatrix}$$

이를 만족하는 행렬 X가 2개 이상 존재해야 하므로 $6(5+a^2)-(2+2a)(3+3a)=0$
$24-12a=0 \quad \therefore a=2$

$$\therefore A=\begin{pmatrix}1 & 2\\ 3 & 2\end{pmatrix}$$

$$\begin{aligned}\therefore \begin{pmatrix}p\\q\end{pmatrix}&=A^{-1}\begin{pmatrix}16\\24\end{pmatrix}\\ &=-\frac{1}{4}\begin{pmatrix}2 & -2\\ -3 & 1\end{pmatrix}\begin{pmatrix}16\\24\end{pmatrix}\\ &=-\frac{1}{4}\begin{pmatrix}-16\\-24\end{pmatrix}\\ &=\begin{pmatrix}4\\6\end{pmatrix}\end{aligned}$$

$\therefore p+q=4+6=10$

26 $\lim_{x\to\infty}\frac{f(x)}{x^3-2x^2+3x-4}=1$이므로 $f(x)$는 삼차함수이고 최고 차항의 계수는 1이다.
$\lim_{x\to1}\frac{f(x)}{x^2-3x+2}=4,\ \lim_{x\to2}\frac{13f(x)}{x^2-3x+2}=a$이므로 $f(1)=0,\ f(2)=0$

따라서, $f(x)=(x-t)(x-1)(x-2)$라 둘 수 있다.

$$\begin{aligned}\lim_{x\to1}\frac{f(x)}{x^2-3x+2}&=\lim_{x\to1}\frac{(x-t)(x-1)(x-2)}{(x-1)(x-2)}\\ &=\lim_{n\to1}(x-t)\\ &=1-t=4 \qquad \therefore t=-3\end{aligned}$$

$\therefore f(x)=(x+3)(x-1)(x-2)$

$$\begin{aligned}\therefore \lim_{x\to2}\frac{13f(x)}{x^2-3x+2}&=\lim_{x\to2}\frac{13(x+3)(x-1)(x-2)}{(x-1)(x-2)}\\ &=\lim_{x\to2}13(x+3)\\ &=13\cdot5=65\end{aligned}$$

27 주어진 식 $(\log y)^3+3(\log x)^2-6\log x+15$에서 $\log x = X(0 \le X < 4), \log y = Y$ 로 치환하면, $Y^3+3X^2-6X+15$로 나타낼 수 있다.

또한, 식 $xy=10$의 양변에 상용로그를 취하면 $\log x+\log y=1$이고 위와 같은 방법으로 치환하면 $X+Y=1$로 표현할 수 있다.

$X+Y=1 \Leftrightarrow Y=1-X$를 식 $Y^3+3X^2-6X+15$에 대입하면 $(1-X)^3+3X^2-6X+15$이다.

위 식을 정리하면 $-X^3+6X^2-9X+16$이고 X는 $0 \le X < 4$의 범위를 가진다.

$f'(X) = -3X^2+12X-9$
$=-3(X^2-4X+3)$
$=-3(X-1)(X-3)$

X	0		1		3		4
$f'(X)$	−	−	0	+	0	−	−
$f(X)$	↘	↘	극소	↗	극대	↘	↘

따라서, $f(X)$는 $X=3$일 때 최댓값 $f(3)=16$을 가진다.

28 A의 시속 72km/h를 m/s단위로 변환하면 20m/s가 된다.

따라서, A가 제동장치를 작동한 후 4초간 이동한 거리는 $S=vt+\frac{1}{2}at^2=20 \cdot 4+\frac{1}{2} \cdot (-5) \cdot 16=40(\text{m})$

따라서, 4초 때 자동차 A와 B 사이의 거리는 $100-40=60(\text{m})$이다.

A가 10m/s^2의 가속도로 운동한 거리가, B가 6m/s^2의 가속도로 운동한 거리보다 60m만큼 더 많으면 A가 B를 추월하게 된다.

A가 이동한 거리를 S_A, B가 이동한 거리를 S_B 라 하면 $S_A=\frac{1}{2}\times 10 \times t^2=5t^2$, $S_B=\frac{1}{2}\times 6\times t^2=3t^2$이므로

$5t^2=3t^2+60$에서 $t=\sqrt{30}$

따라서, 구하는 거리는 $40+5 \cdot (\sqrt{30})^2=190(\text{m})$이다.

29 $f(x)={}_6C_0+{}_6C_1x^2+{}_6C_2x^4+{}_6C_3x^6+{}_6C_4x^8+{}_6C_5x^{10}+{}_6C_6x^{12}$
$=(1+x^2)^6$ (이항정리)

$\therefore f(\tan\theta)=(1+\tan^2\theta)^6=(\sec^2\theta)^6=\sec^{12}\theta=2^{12}$

$\cos\theta=\frac{1}{2} \quad \therefore \theta=\frac{\pi}{3}$

$\therefore \frac{36\theta}{\pi}=12$

30 $a_1=1, a_2=2, a_3=5, a_4=26, a_5=677, a_6=458330, \cdots$ 이므로

$r_1=1, r_2=2, r_3=5, r_4=26, r_5=0, r_6=1, \cdots$와 같은 방식으로 다섯 개의 항을 주기로 반복된다.

따라서, 어두운 부분에 채워지는 수들의 합은 $r_{46}+(r_{54}+r_{55}+r_{56}+r_{57}+r_{58})+r_{66}+(r_{75}+r_{76}+r_{77})$
$=1+(26+0+1+2+5)+1+(0+1+2)=39$

02 2007학년도 정답 및 해설

ANSWER

01	02	03	04	05	06	07	08	09	10	11	12	13	14	15	16	17	18	19	20
④	②	③	②	①	⑤	⑤	③	④	②	⑤	⑤	③	④	③	④	①	②	②	⑤
21	**22**	**23**	**24**	**25**	**26**	**27**	**28**	**29**	**30**										
④	②	③	①	16	37	30	26	200	72										

01 a_n이 등차수열이므로 $a_6-a_7+a_8=a_6+a_8-a_7=2a_7-a_7 \quad \therefore a_7=2007$

02
$$\left\{\frac{(\sqrt{10}+3)^{\frac{1}{2}}+(\sqrt{10}-3)^{\frac{1}{2}}}{(\sqrt{10}+1)^{\frac{1}{2}}}\right\}^2=\frac{(\sqrt{10}+3)+2(\sqrt{10}+3)^{\frac{1}{2}}(\sqrt{10}-3)^{\frac{1}{2}}+(\sqrt{10}-3)}{\sqrt{10}+1}$$
$$=\frac{2\sqrt{10}+2(10-9)^{\frac{1}{2}}}{\sqrt{10}+1}=\frac{2(\sqrt{10}+1)}{\sqrt{10}+1}=2$$

03 $g(x)=\{f(x)\}^2$이므로 $g(x)=x^4+2kx^2+k^2$이고, $g'(x)=2f(x)f'(x)$이므로
$g'(x)=2(x^2+k)(2x)$이다.
$g'(1)=2(1+k)2=4+4k=16$이므로 $k=3$이 된다.

04 $a^3+1=a$라고 하였으므로 $a^3-a+1=0$이다. $f(a)=a^3-a+1$이라 하면 $f(-3)=-3^3+3+1=-23$, $f(-2)=-2^3+2+1=-5$, $f(-1)=-1^3+1+1=1$이므로 중간값 정리에 의해 a가 존재하는 구간은 $(-2, -1)$임을 알 수 있다.

05 $f(x)=a(x-1)(x-3)$, 단 $a>0$에서 $f(x-2)=a(x-2-1)(x-2-3)=a(x-3)(x-5)$이므로
$\frac{f(x-2)}{f(x)}\le 0$은 $\frac{a(x-3)(x-5)}{a(x-1)(x-3)}\le 0$으로 다시 쓸 수 있다.
이 식을 계산하면 $(x-1)(x-3)^2(x-5)\le 0$, $x\ne 1$, $x\ne 3$이므로 $1<x\le 5\,(x\ne 3)$이므로 x의 값은 2, 4, 5가 된다. 따라서 정수 x의 값의 합은 $2+4+5=11$이다.

06 점 A를 원점으로 하고 직선 AB를 x축으로 하는 좌표평면을 그리면 다음과 같다.

$$\overrightarrow{AC}\times\overrightarrow{AD}=\left(\frac{1}{2},\ \frac{\sqrt{3}}{2}\right)\times\left(1+\frac{\sqrt{3}}{2},\ \frac{1}{2}\right)$$

$$=\frac{1}{2}+\frac{\sqrt{3}}{4}+\frac{\sqrt{3}}{4}$$

$$=\frac{1}{2}+\frac{2\sqrt{3}}{4}=\frac{1+\sqrt{3}}{2} \qquad \therefore\ \overrightarrow{AC}\cdot\overrightarrow{AD}=\frac{1+\sqrt{3}}{2}$$

07

㉠ 반례 : $A=\begin{pmatrix}0&1\\0&0\end{pmatrix}$이면 $C_1=A^2=\begin{pmatrix}0&1\\0&0\end{pmatrix}\begin{pmatrix}0&1\\0&0\end{pmatrix}=\begin{pmatrix}0&0\\0&0\end{pmatrix}$이므로 $C_1=0$이지만 $A\neq 0$이다.

㉡ 참 : $C_2=AB,\ C_3=BA,\ C_4=AB$에서 $C_2=C_3$이면 $AB=BA$이므로

$D_2=C_2C_3=(AB)(BA)=(AB)(AB)=ABAB$

$D_3=C_3C_4=(BA)(AB)=(AB)(AB)=ABAB$

$\therefore\ D_2=D_3$

㉢ 참 : $D_2=C_2C_3=E,\ C_2C_3$은 역행렬 관계에 있으므로 $C_3C_2=E=D_3$

08

㉠ $-1\leq\sin\frac{1}{x}\leq 1,\ \lim\limits_{n\to 0}\left(x^2\sin\frac{1}{x}\right)=0$으로 존재한다.

㉡ x가 유리수일 때 $\lim\limits_{n\to 0}f(x)=\lim\limits_{n\to 0}x^2$으로 좌극한과 우극한은 0으로 존재한다.

㉢ $\lim\limits_{n\to 0+}x-[x]=\lim\limits_{n\to 0+}x=0,\ \lim\limits_{n\to 0-}x-[x]=\lim\limits_{n\to 0-}x+1=1$로 좌극한은 0, 우극한은 1이므로 존재하지 않는다.

09

반원의 넓이가 확률밀도 함수이므로 반원의 넓이는 1, $\frac{1}{2}\pi r^2=1$에서 $r=\sqrt{\frac{2}{\pi}}$

$\frac{1}{\sqrt{2\pi}}=\frac{1}{2}\sqrt{\frac{2}{\pi}}=\frac{1}{2}r$, x좌표가 $\frac{1}{2}r$인 반원 위의 점을 A라 할 때, 동경 OA가 x축의 양의 방향과 이루는 각은 $\frac{1}{3}\pi$이다. 따라서 $P\left(X\geq\frac{1}{\sqrt{2\pi}}\right)=\frac{1}{2}r^2\theta-\frac{1}{4}r^2\sin\theta=\frac{1}{3}-\frac{\sqrt{3}}{4\pi}$

10 $f(1)+f(1)+12=0$에서 $f(1)=-6$임을 알 수 있다.

$\lim\limits_{x\to 1}\frac{f(x^2)+f(x)+12}{x-1}$은 $\lim\limits_{x\to 1}\left\{\frac{f(x^2)+6}{x-1}+\frac{f(x)+6}{x-1}\right\}$로 다시 쓸 수 있고 이를 다시 풀면

$$\lim_{x\to 1}\left\{\frac{\{f(x^2)-f(1)\}(x+1)}{(x-1)(x+1)}+\frac{f(x)-f(1)}{x-1}\right\}=\lim_{x\to 1}\left\{\frac{\{f(x^2)-f(1)\}(x+1)}{x^2-1}+\frac{f(x)-f(1)}{x-1}\right\}$$

$=3f'(1)=12$이므로

$f'(1)=4$이고, 따라서 접선의 방정식은 $y=4x-10$, y절편은 -10이다.

11 ㉠ 참

• 갑이 당첨될 확률 $P(A)=\dfrac{2}{5}$

• 을이 당첨될 확률 $P(B)$

 −갑이 당첨됐을 경우 : $\dfrac{2}{5}\times\dfrac{1}{4}=\dfrac{1}{10}$

 −갑이 당첨되지 않았을 경우 : $\dfrac{3}{5}\times\dfrac{2}{4}=\dfrac{3}{10}$

$\therefore\ P(B)=\dfrac{1}{10}+\dfrac{3}{10}=\dfrac{2}{5}$

㉡ 거짓

• $P(B|A)=\dfrac{P(A\cap B)}{P(A)}=\dfrac{\frac{1}{10}}{\frac{2}{5}}=\dfrac{1}{4}$

• $P(B|A^C)=\dfrac{P(A^C\cap B)}{P(A^C)}=\dfrac{\frac{3}{10}}{\frac{3}{5}}=\dfrac{1}{2}$

$\therefore\ P(B|A)<P(B|A^C)$

㉢ 참

• $P(B|A)=\dfrac{P(A\cap B)}{P(A)}$

• $P(A|B)=\dfrac{P(A\cap B)}{P(B)}$

$P(A)=P(B)$이므로, $P(B|A)=P(A|B)$

12 ㉠ 참 : $\angle POQ=\theta$라 하면 $|\overrightarrow{OP}+\overrightarrow{OQ}|=\sqrt{1^2+1^2-2\cos(\pi-\theta)}=\sqrt{1+1-2\cos(\pi-\theta)}\geq\sqrt{2}$ 이므로 최솟값은 $\sqrt{2}$ 이다.

㉡ 참 : $\angle POQ=\theta$라 하면 $|\overrightarrow{\mathrm{OP}}-\overrightarrow{\mathrm{OQ}}|=\sqrt{1^2+1^2-2\cos\theta}\leq\sqrt{2}$ 이므로 최댓값은 $\sqrt{2}$ 이다.

㉢ 참 : $\angle POQ=\theta$라 하면 $\overrightarrow{\mathrm{OP}}\cdot\overrightarrow{\mathrm{OQ}}=\cos\theta\leq 1$이므로 최댓값은 1이다.

13 B는 $A=\begin{pmatrix}1&0\\1&2\end{pmatrix}$의 역행렬이므로 $\dfrac{1}{2}\begin{pmatrix}2&0\\-1&1\end{pmatrix}$이다.

$B^2=\dfrac{1}{2}\begin{pmatrix}2&0\\-1&1\end{pmatrix}\times\dfrac{1}{2}\begin{pmatrix}2&0\\-1&1\end{pmatrix}=\dfrac{1}{2^2}\begin{pmatrix}2^2&0\\-3&1\end{pmatrix}$

$B^3=\dfrac{1}{2^2}\begin{pmatrix}2^2&0\\-3&1\end{pmatrix}\times\dfrac{1}{2}\begin{pmatrix}2&0\\-1&1\end{pmatrix}=\dfrac{1}{2^3}\begin{pmatrix}2^3&0\\-7&1\end{pmatrix}$

$\vdots$

$B^n=\dfrac{1}{2^n}\begin{pmatrix}2^n&0\\-2^n+1&1\end{pmatrix}$, $a_n=\dfrac{-2^n+1}{2^n}$

$\therefore\ \displaystyle\sum_{k=1}^{10}a_k=-\sum_{k=1}^{10}1+\sum_{k=1}^{10}\frac{1}{2^k}=-10+\frac{\frac{1}{2}\left(1-\frac{1}{2^{10}}\right)}{1-\frac{1}{2}}=-10+1-\frac{1}{2^{10}}=-9-\frac{1}{2^{10}}$

14

(가) $\lim_{n\to\infty}\frac{1}{2n^2}\sum_{k=1}^{n}k=\lim_{n\to\infty}\frac{1}{2n^2}\times\frac{n(n+1)}{2}=\frac{1}{4}$

(나) $\lim_{n\to\infty}\sum_{k=1}^{n}\frac{k^2}{4n^4}=\lim_{n\to\infty}\frac{1}{4n^4}\times\frac{n(n+1)(2n+1)}{6}=0$

(다) (가) − (나) = $\frac{1}{4}-0=\frac{1}{4}$

15

㉠ 참 : $f(x)$는 $g(x)$의 도함수이므로 $g(x)=\int_0^x f(t)dt$ 의 양변을 미분하면 $x=1$, 5일 때 부호가 (+)에서 (−)바뀐다. 따라서 $x=5$일 때 극댓값을 갖는 것은 옳다.

㉡ 거짓 : $g(x)$는 $x=1$에서 극댓값을 갖고 $x=3$에서 극솟값을 갖는다.

㉢ 참 : $g(1)-\left|\int_1^3 f(t)dt\right|+\left|\int_3^5 f(t)dt\right|=\int_0^1 f(t)dt+\int_1^3 f(t)dt+\int_3^5 f(t)dt=\int_0^5 f(t)dt=g(5)$

16

$P(1,\ q,\ 0)$이라고 할 때, 직선 AP의 방정식은 $\frac{x}{1}=\frac{y}{q}=\frac{z-1}{-1}$이고 평면의 방정식은 $y=z=0$이다.

이 방정식을 연립하여 풀면 $x=\frac{1}{q+1}$, $y=\frac{q}{q+1}$, $z=\frac{q}{q+1}$이므로 Q의 좌표는 $\left(\frac{1}{q+1},\ \frac{q}{q+1},\ \frac{q}{q+1}\right)$이다.

P가 y축의 양의 방향으로 한없이 움직이므로 $q\to\infty$이고, $Q\left(\frac{1}{q+1},\ \frac{q}{q+1},\ \frac{q}{q+1}\right)$가 (0, 1, 1)로 수렴하므로 Q의 자취의 길이는 $\sqrt{(-1)^2+1^2+1^2}=\sqrt{3}$이다.

17

쌍곡선의 접선의 방정식은 $ax-by=1$, 쌍곡선의 점근선은 $y=\pm x$에서 $ax-by=1$과 $y=x$를 연립하면 점 $\mathrm{A}\left(\frac{1}{a},\ 0\right)$, 점 $\mathrm{B}\left(\frac{1}{a-b},\ \frac{1}{a-b}\right)$이다.

$\mathrm{P}(a,\ b)$가 쌍곡선 위에 존재하는 점이므로 $a^2-b^2=1$, $b^2=a^2-1$이고 따라서 $b=\sqrt{a^2-1}$이다.

$S(a)=\frac{1}{2}\times\frac{1}{a}\times\frac{1}{a-b}=\frac{1}{2a}\times\frac{1}{a-\sqrt{a^2-1}}=\frac{a+\sqrt{a^2-1}}{2a}$이므로

$\lim_{a\to\infty}S(a)=\lim_{a\to\infty}\frac{a+\sqrt{a^2-1}}{2a}=1$이다.

18

$\overline{\mathrm{CP}}-\overline{\mathrm{AP}}=(\overline{\mathrm{CP}}+\overline{\mathrm{BP}})-(\overline{\mathrm{AP}}+\overline{\mathrm{BP}})=(\overline{\mathrm{AB}}+\overline{\mathrm{BC}}+\overline{\mathrm{CD}})-(\overline{\mathrm{AB}}+\overline{\mathrm{BC}})=\overline{\mathrm{CD}}=\overline{\mathrm{AB}}$이므로 $\overline{\mathrm{CP}}-\overline{\mathrm{AP}}$의 길이는 $22-14=8$이다.

19

1행 : 2^0, 2행 : 2^1, 3행 : 2^2 ⋯ 이므로 n행의 수의 개수는 $2^{(n-1)}$임을 알 수 있다. 따라서 10행의 수의 개수는 2^9개다. 10행의 맨 왼쪽 수는 $2\times10-1=19$이므로 (2^8+1)번째 수는 17, 그 위의 수는 $17-2=15$이므로 (2^8+2)번째 수는 $\frac{1}{15}$이다.

20 a, b, c가 등비수열을 이루므로 $ac=b^2$임을 알 수 있다.

㉠ 참 : $a+b=2\sqrt{ac}=2\sqrt{b^2}=2b$

㉡ 참 : $\frac{1}{f(5)}=\log_5 a$, $\frac{1}{g(5)}=\log_5 ar$, $\frac{1}{h(5)}=\log_5 ar^2$이므로 $\log_5 ar-\log_5 a=\log_5 r$,
$\log_5 ar^2-\log_5 ar=\log_5 r$, 즉 공차가 $\log_5 r$인 등차수열이다.

㉢ 참 : $f(x_1)=g(x_2)=h(x_3)=5$, $x_1=a^5$, $x_2=a^5r^5$, $x_3=a^5r^{10}$이므로 첫째항은 a^5이고 공비가 r^5인 등비수열이다.

21 $\mathrm{P_n}(a,\ 1-a)$이라 하면 $\mathrm{Q_n}$은 $\overline{\mathrm{BP_n}}$의 중점이므로 $\mathrm{Q_n}\left(\frac{a+1}{2},\ \frac{1-a}{2}\right)$, $\mathrm{P_{n+1}}\left(\frac{a+1}{4},\ \frac{3-a}{4}\right)$이다.

$\lim_{n\to\infty}\mathrm{P_n}=\lim_{n\to\infty}\mathrm{P_{n+1}}$이므로 $a=\frac{a+1}{4}$, $a+1=4a$이다. $a=\frac{1}{3}$, $1-a=\frac{2}{3}$이므로 점 P_n은 $\left(\frac{1}{3},\ \frac{2}{3}\right)$에 가까워진다.

22 ㉠ 태양광선과 구면이 접하는 쪽의 나머지 부분의 넓이 : $6^2\pi\times\frac{1}{2}\times\frac{1}{\cos 30°}=18\times\frac{2\sqrt{3}}{3}=12\sqrt{3}\pi$

㉡ 태양광선과 밑면이 접하는 쪽의 반원의 넓이 : $6^2\pi\times\frac{1}{2}=18\pi$

㉢ ㉠+㉡$=12\sqrt{3}\pi+18\pi=6\pi(3+2\sqrt{3})$ $\therefore\ 6(3+2\sqrt{3})\pi$

23 $n(x_1)=\frac{1}{2}n_0$, $\log n_0-kx_1=\log n_0-\log 2kx_1=0.3$

$n(x_2)=\frac{1}{1000}n_0$, $\log n(x_2)=\log n_0-3$, $\log n_0-kx_2=\log n_0-3$

따라서 $kx_2=3$이고 $\frac{x_2}{x_1}=\frac{kx_2}{kx_1}=\frac{3}{0.3}=10$

24 $S_1:\left(\frac{1}{2}\right)^2\pi$, $S_2:\left(\frac{1}{4}\right)^2\pi$, $S_3:\left(\frac{1}{8}\right)^2\pi$

n번째 도형에서 작은 원의 넓이는 $\left(\frac{1}{2^n}\right)^2\pi=\frac{1}{4^n}\pi$, 작은 원의 개수는 2^n-1이므로

$$S_n=\frac{2^n-1}{4^n}\pi=\left(\frac{1}{2^n}-\frac{1}{4^n}\right)\pi,\quad \sum_{n=1}^{\infty}S_n=\left(\frac{\frac{1}{2}}{1-\frac{1}{2}}-\frac{\frac{1}{4}}{1-\frac{1}{4}}\right)\pi$$

$$\therefore\ \left(1-\frac{1}{3}\right)\pi=\frac{2}{3}\pi$$

25 $f'(x)=-12(x-a)-12x=-24x+12a$

$f'(0)+f'(2)=12a-48+12a$

$=24a-48=0$

$\therefore\ a=2$

$$\int_0^a f(x)dx=\int_0^2\{-12x(x-2)\}dx$$

$$=\int_0^2(-12x^2+24x)dx$$

$$=[-4x^3+12x^2]_0^2$$

$$=-32+48=16$$

26

㉠ $0\le n<4$일 때 : $\left[\frac{n}{4}\right]=0,\ a_n=n,\ a_1=1,\ a_2=2,\ a_3=3$

㉡ $4\le n<8$일 때 : $\left[\frac{n}{4}\right]=1,\ a_n=n-4,\ a_4=0,\ a_5=1$

이런 식으로 계속하게 되면 $24\le n<25$일 때, $\left[\frac{n}{4}\right]=6,\ a_n=n-24,\ a_{24}=0,\ a_{25}=1$이 되므로

$\sum_{n=1}^{25}a_n$ 의 값은 $(1+2+3)\times6+1=37$이 된다.

27

$D_1=(1,2,5),\ D_2=(1,4,5),\ D_3=(1,5,5)\cdots\cdots\ D_n\left(1,\ 4+1+\frac{1}{2}+\frac{1}{2^2}+\cdots\frac{1}{2^{n+1}},\ 5\right)$

$$\therefore\ \lim_{n\to\infty}D_n=\left(1,\ 4+\frac{1}{1-\frac{1}{2}},\ 5\right)=(1,\ 6,\ 5)$$

$\therefore\ abc=30$

28 $\mathrm{F}(x)=f(x)+1$이 (1, 0)을 지나므로 $0=f(1)+1$

$\therefore\ f(1)=-1,\ f'(1)=0$

$\mathrm{G}(x)=f(x)-1$은 $(-1,\ 0)$을 지나므로 $0=f(-1)-1\quad \therefore\ f(-1)=1,\ f'(-1)=0$

$f(x)=ax^3+bx^2+bx^2+x+d$

$f(x)=3ax^2+2bx+c$

$f(1)=a+b+c+d=-1$

$f(-1)=-a+b-c+d=1$

$f'(1)=3a+2b+c=0$

$f'(-1)=3a-2b+c=0$

$\therefore\ a=\frac{1}{2},\ b=0,\ c=-\frac{3}{2},\ d=0$

$f(x)=\frac{1}{2}x^3-\frac{3}{2}x$

$\therefore\ f(4)=26$

29 $v(t)=a\times b^{100t}$이므로 처음의 속도 $v(0)=a\times b^{0}=1000$, 즉 $a=1000$이다.

$v\left(\frac{1}{100}\right)=1000\times b^{100\cdot\frac{1}{100}}=50$에서 $b=\frac{1}{20}$이고 $100\sqrt{5}=1000\times b^{100p}$에서 $b^{100p}=\frac{\sqrt{5}}{10}$이다.

이 식에 로그를 취하면 $100p\log\frac{1}{20}=\log\sqrt{\frac{1}{20}}$, $100p=\frac{1}{2}$이므로 $p=\frac{1}{200}$이 된다.

따라서 $\frac{1}{p}=200$이다.

30 (가) f의 역함수가 존재하므로 일대일 대응이다.

(나) 정의역의 1, 즉 $f(1)$은 공역 1과 대응하지 않는다.

(다) 정의역의 1, 즉 $f(1)$는 공역 2와 대응하지 않는다.

따라서 (나), (다)의 $f(1)$은 3, 4, 5와 대응할 수 있기 때문에 이를 계산하면 $3\times4\neq3\times4\times3\times2\times1=72$이다.

03 2008학년도 정답 및 해설

ANSWER

01	02	03	04	05	06	07	08	09	10	11	12	13	14	15	16	17	18	19	20
⑤	①	①	③	④	③	④	②	⑤	⑤	⑤	②	④	②	④	⑤	②	②	①	⑤
21	22	23	24	25	26	27	28	29	30										
①	③	①	③	16	21	128	299	11	22										

01 $a^2 \cdot \sqrt[5]{b}=1$

$\sqrt[5]{b}=a^{-2} \quad \therefore b=a^{-10}$

$\log_a \dfrac{1}{ab}=-\log_a ab=-\log_a a \cdot a^{-10}=9$

02 A와 ABA^{-1} 는 역행렬 관계이므로 $A \cdot ABA^{-1}=ABA^{-1} \cdot A=E$이다.

따라서 $AB=E$ 이므로 A와 B는 역행렬관계이다.

$B=A^{-1}=\begin{pmatrix} 2 & 5 \\ -1 & -2 \end{pmatrix}^{-1}=\dfrac{1}{-4+5}\begin{pmatrix} -2 & -5 \\ 1 & 2 \end{pmatrix}=\begin{pmatrix} -2 & -5 \\ 1 & 2 \end{pmatrix}$

따라서, 행렬 B의 모든 성분의 합은 -4이다.

03 $[x]^3-6[x]^2+11[x]-6 \geq 0$의 식을 인수분해하면

$([x]-1)([x]-2)([x]-3) \geq 0$

$1 \leq [x] \leq 2$ or $[x] \geq 3$

$[x]$는 정수이므로 $[x]=1,\ 2$ 또는 $[x] \geq 3$이 된다.

$\therefore x \geq 1$

04 (나)식의 x, y에 0을 대입하면 $f(0)=f(0)+f(0)-3 \Leftrightarrow f(0)=3$

$$f'(1)=\lim_{h\to0}\frac{f(1+h)-f(1)}{h}=\lim_{h\to0}\frac{f(1)+f(h)+h(1+h)-3-f(1)}{h}$$
$$=\lim_{h\to0}\frac{f(h)-f(0)}{h}+\lim_{h\to0}(1+h)$$
$$=f'(0)+1=2 \quad \therefore f'(0)=1$$
$$f'(x)=\lim_{h\to0}\frac{f(x+h)-f(x)}{h}=\lim_{h\to0}\frac{f(x)+f(h)+xh(x+h)-3-f(x)}{h}$$
$$=\lim_{h\to0}\frac{f(h)-f(0)}{h}+\lim_{h\to0}x(x+h)$$
$$=f'(0)+x^2=1+x^2 \quad (\because f'(0)=1)$$

$f(x) = \frac{1}{3}x^3 + x + C$

$f(0) = C = 3$이므로 $f(x) = \frac{1}{3}x^3 + x + 3$

$\therefore f(3) = \frac{1}{3} \cdot 27 + 3 + 3 = 15$

05 $\int_{a_n}^{a_{n+1}} x^2 dx = \left[\frac{1}{3}x^3\right]_{a_n}^{a_{n+1}} = \frac{1}{3}(a_{n+1})^3 - \frac{1}{3}(a_n)^3 = 14\left(\frac{1}{3}\right)^{n-1}$

$a_{n+1}{}^3 - a_n{}^3 = 42\left(\frac{1}{3}\right)^{n-1}$

$a_n{}^3 - 1 = \frac{\left\{1 - \left(\frac{1}{3}\right)^{n-1}\right\}}{1 - \frac{1}{3}} = 63\left\{1 - \left(\frac{1}{3}\right)^{n-1}\right\}$

$\lim_{n\to\infty} a_n = \alpha$, 양변을 무한대로 보내면 $\alpha^3 - 1 = 63 \Leftrightarrow \alpha = 4$

$\therefore \lim_{n\to\infty} a_n = 4$

06 타원 $\frac{x^2}{100} + \frac{y^2}{75} = 1$의 초점은 $(5, 0), (-5, 0)$이다.

그리고 타원 $\frac{x^2}{49} + \frac{y^2}{24} = 1$의 초점 또한 $(5, 0), (-5, 0)$ 두 타원식의 초점이 일치하므로

$\overline{F'Q} + \overline{QF} = 14 \Leftrightarrow \overline{QF} = 6 (\because \overline{F'Q} = 8)$

$\overline{F'Q} + \overline{QP} + \overline{PF} = 20 \Leftrightarrow \overline{QP} + \overline{PF} = 12$

$\overline{QF} = 6$, $\overline{F'Q} = 8$, $\overline{F'F} = 10$ 이므로 $\triangle FQF'$는 각Q가 직각인 직각삼각형

따라서, $\triangle FQP$ 도 직각삼각형이므로 $\overline{PF} = x$, $\overline{QP} = 12 - x$라 두면

$x^2 = (12 - x)^2 + 6^2 \Leftrightarrow 24x = 180$

$\therefore x = \frac{15}{2}$

07 ㉠ $\frac{\overrightarrow{AB} + \overrightarrow{AC}}{2} = \overrightarrow{AD}$

점 D는 $\overline{BC}$의 중점이 아니므로 거짓이다.

㉡ $\overrightarrow{AB} \cdot \overrightarrow{AD} = |\overrightarrow{AB}||\overrightarrow{AD}|\cos 30^\circ$

$\overrightarrow{AC} \cdot \overrightarrow{AE} = |\overrightarrow{AC}||\overrightarrow{AE}|\cos 60^\circ$

$|\overrightarrow{AB}| > |\overrightarrow{AE}|$, $|\overrightarrow{AD}| > |\overrightarrow{AC}|$, $\cos 30^\circ > \cos 60^\circ$ 이므로

$\therefore \overrightarrow{AB} \cdot \overrightarrow{AD} > \overrightarrow{AC} \cdot \overrightarrow{AE}$

㉢ $\overrightarrow{AB} \cdot \overrightarrow{AC} = |\overrightarrow{AB}||\overrightarrow{AC}|\cos 60^\circ = \frac{1}{2}|\overrightarrow{AB}||\overrightarrow{AC}|$

$\overrightarrow{AD} \cdot \overrightarrow{AE} = |\overrightarrow{AD}||\overrightarrow{AE}|\cos 90^\circ = 0$

$\therefore \overrightarrow{AB} \cdot \overrightarrow{AC} > \overrightarrow{AD} \cdot \overrightarrow{AE}$

따라서 옳은 것은 ㉡, ㉢이다.

08

$$\lim_{n\to\infty}A_n=\sum_{k=1}^{\infty}f\left(\frac{k-1}{n}\right)\frac{1}{n}=\int_0^1 f(x)dx$$

$$\lim_{n\to\infty}B_n=\sum_{k=1}^{\infty}\left\{1-f\left(\frac{k}{n}\right)\right\}\frac{1}{n}=\int_0^1\{1-f(x)\}dx$$

㉠ $\lim_{n\to\infty}(A_n+B_n)=\int_0^1 f(x)dx+\int_0^1\{1-f(x)\}dx=\int_0^1 1dx=1$

㉡ $\lim_{n\to\infty}B_n=\int_0^1\{1-f(x)\}dx=\int_0^1\{1-x^3\}dx$

$$=\left[x-\frac{x^4}{4}\right]_0^1=1-\frac{1}{4}=\frac{3}{4}$$

㉢ $\lim_{n\to\infty}(A_n-B_n)=\int_0^1 x^3dx-\frac{3}{4}=\left[\frac{x^4}{4}\right]_0^1-\frac{3}{4}=-\frac{1}{2}$

따라서 옳은것은 ㉠, ㉡이다.

09

㉠ $\lim_{n\to 0}(f\circ f)(x)=\lim_{n\to 2+0}f(x)=3$

㉡ $\lim_{n\to 1-0}(f\circ f)(x)=\lim_{n\to 3-0}f(x)=2$

$\lim_{n\to 2+0}(f\circ f)(x)=\lim_{n\to 3-0}f(x)=2$

$\therefore \lim_{n\to 1-0}(f\circ f)(x)=\lim_{n\to 2+0}(f\circ f)(x)$

㉢ $(f\circ f)(3)=f(2)=3$

$\lim_{n\to 3}(f\circ f)(x)=\lim_{n\to 2+0}f(x)=3$

∴ 함수 $(f\circ f)(x)$는 $x=3$에서 연속이다.

따라서 옳은 것은 ㉡, ㉢이다.

10

$a^3-3a\geq b^3-3b$

$(a-b)(a^2+ab+b^2)-3(a-b)\geq 0$

$(a-b)(a^2+ab+b^2-3)\geq 0$

$a>0,\ b<0$ 이므로 $a-b>0$

따라서 $a^2+ab+b^2-3\geq 0$

위의 식을 a에 대한 식으로 정리하면 $\left(a+\frac{b}{2}\right)^2+\frac{3}{4}b^2-3\geq 0$

따라서 $\frac{3}{4}b^2-3$ → 최솟값

$a^2+ab+b^2-3\geq 0$이 되려면 최솟값이 0보다 커야 하므로 $\frac{3}{4}b^2-3\geq 0$

$\therefore\ b\leq -2$

11 V를 물탱크의 물의 부피라 하면

$\frac{dV}{dt}=t+8(0 \le t \le 20)$

$V=\frac{1}{2}t^2+8t=130 \Leftrightarrow t=10$

물을 넣기 시작한지 10분이 지난 순간부터 출구를 열어 물을 빼기 시작한다.

$V=130+\int_{10}^{t}(t+8)dt-26(t-10)=100$

$\frac{1}{2}t^2-18t+260=100$

$t^2-36t+320=0 \Leftrightarrow t=16 \text{ or } 20$

따라서 물의 양이 두 번째로 100L가 될 때까지 걸리는 시간은 16분이다.

12 점 O에서 평면 α에 내린 수선의 발을 P라 하고, 평면 β에 내린 수선의 발을 Q라 하자.

$\overline{AB}$의 중점을 M이라고 하면 사각형 $OPMQ$는 정사각형이 된다.

정사각형 한 변의 길이를 x라 두면 $\overline{OM}=\sqrt{2}x$이다.

$\overline{OA}=\overline{OB}=\overline{AB}=1$이므로 $\overline{OM}=\frac{\sqrt{3}}{2}$

$\therefore x=\frac{\sqrt{6}}{4}$

13 $a_n={}_{2n}C_2 \cdot {}_{2n-2}C_2 \cdot {}_{2n-4}C_2 \cdot \cdots \cdot {}_2C_2 \cdot \frac{1}{n!}$

$a_{11}={}_{22}C_2 \cdot {}_{20}C_2 \cdot \cdots \cdot {}_2C_2 \cdot \frac{1}{11!}$

$a_{10}={}_{20}C_2 \cdot {}_{18}C_2 \cdot \cdots \cdot {}_2C_2 \cdot \frac{1}{10!}$

$\therefore \frac{a_{11}}{a_{10}}=21$

14 평면 OAB와 평면 ECD가 평행하므로

평면 OAB와 평면 OAB와 평면 $ABCD$가 이루는 각의 크기는 $180^\circ-\theta$이다.

정사각뿔의 한 변의 길이를 a라 하면, $\triangle HAB=\frac{1}{4}a^2$

삼각형 AOB의 사각형 $ABCD$에 대한 정사영은 삼각형 AHB이므로

$\frac{1}{4}a^2=\frac{\sqrt{3}}{4}a^2\cos(180^\circ-\theta)$

$-\cos\theta=\frac{1}{\sqrt{3}} \qquad \therefore \cos^2\theta=\frac{1}{3}$

15 ㈎ $\frac{b_n}{a_n}=\frac{b_{n+1}}{a_{n+1}}$

㈏ 수열 $\{\sqrt{a_nb_n}\}$은 등차수열이고, 이 수열의 등차중항은

$\frac{\sqrt{a_nb_n}+\sqrt{a_{n+2}b_{n+2}}}{2}=\sqrt{a_{n+1}b_{n+1}}$ 이다.

따라서 $\sqrt{a_nb_n}+\sqrt{a_{n+2}b_{n+2}}=2\sqrt{a_{n+1}b_{n+1}}$

$=\sqrt{4a_{n+1}b_{n+1}}$

㈐ 주어진 식의 양변을 제곱하면

$4a_nb_na_{n+2}b_{n+2}=a_n^2b_{n+2}^2+2a_nb_na_{n+2}b_{n+2}+a_{n+2}^2b_n^2$

$a_n^2b_{n+2}^2-2a_nb_na_{n+2}b_{n+2}+a_{n+2}^2b_n^2=0$

$(a_nb_{n+2}-a_{n+2}b_n)^2=0$

따라서 $a_{n+2}b_n=a_nb_{n+2}$

16 ㉠ $a_n+S_n=1\cdot\left(\frac{1}{2}\right)^{n-1}+2\left\{1-\left(\frac{1}{2}\right)^n\right\}=2$

㉡ $T_n=\left(\frac{1}{2}\right)^{n-2}=a_{n-1}$

㉢ $S_n+T_n=2\left\{1-\left(\frac{1}{2}\right)^n\right\}+2\left(\frac{1}{2}\right)^{n-1}$

$=2+\left(\frac{1}{2}\right)^{n-1}$

$\lim_{n\to\infty}(S_n+T_n)=\lim\left(2+\left(\frac{1}{2}\right)^{n-1}\right)=2$

$\sum_{k=1}^{\infty}a_k=\sum_{k=1}^{\infty}\left(\frac{1}{2}\right)^{k-1}=\frac{1}{1-\frac{1}{2}}=2$

따라서 ㉠, ㉡, ㉢ 모두 옳다.

17 조건 ㈎에 따르면 $\sigma>1$이므로 위쪽의 곡선이 $y=g(x)$이다.

$P(0\le z\le 1.5)-P(0\le X\le 1.5)=0.048$

확률변수 X가 정규분포 $N(0,\sigma^2)$을 따르므로

$P(0\le Z\le 1.5)-P(0\le Z\le \frac{1.5}{\sigma})=0.048$

$0.433-\mathrm{P}\left(0\le \mathrm{Z}\le\frac{1.5}{\sigma}\right)=0.048$

$P\left(0\le Z\le\frac{1.5}{\sigma}\right)=0.385$

$\frac{1.5}{\sigma}=1.2,\ \therefore\ \sigma=1.25$

18 포도송이의 무게를 확률변수 X라 하면 X는 정규분포 $N(600,\ 100^2)$을 따른다.
포도송이의 무게가 636g 이상일 확률은

$$P(X \geq 636) = P\left(Z \geq \frac{636-600}{100}\right)$$
$$= P(Z \geq 0.36) = 0.5 - 0.14 = 0.36$$

포도 100송이 중 무게가 636g이상인 포도송이의 개수 Y는 이항분포 $B\left(100,\ \frac{36}{100}\right)$를 따른다.

$m = 36,\ \sigma^2 = 36 \cdot 0.64 = (4.8)^2$

따라서 확률변수 Y는 정규분포 $N[36,\ (4.8)^2]$을 따른다.

$$P(X \geq 42) = P\left(Z \geq \frac{24-36}{4.8}\right)$$
$$= P(Z \geq 1.25) = 0.11$$

19 점 A_n, C_n의 y값이 같으므로 $\log_2 n = -\log_2 x$라 둘 수 있다.

$\therefore x = \frac{1}{n}$, $C_n\left(\frac{1}{n},\ \log_2 n\right)$

$A_n(n,\ \log_2 n)$, $B_n(n,\ -\log_2 n)$이므로

$S_n = \frac{1}{2} \cdot \overline{A_nB_n} \cdot (n-1) = (n-1)\log_2 n$, $T_n = \frac{1}{2} \cdot \overline{A_nC_n} \cdot \log_2 n = \frac{1}{2}\left(n - \frac{1}{n}\right)\log_2 n$

$$\lim_{n\to\infty}\frac{T_n}{S_n} = \lim_{n\to\infty}\frac{\frac{1}{2} \cdot \frac{n^2-1}{n} \cdot \log_2 n}{(n-1)\log_2 n} = \frac{1}{2}$$

20

2		3		5		7		9	⋯	19	
4		4		5		7		9	⋯	19	
6		6		6		7		9	⋯	19	
8		8		8		8		9	⋯	19	
⋮											
20		20		20		20		20		⋮	

표에서 대각선을 기준으로 위쪽의 합은 $3 + 5 \cdot 2 + 7 \cdot 3 + \cdots + 19 \cdot 9 = \sum_{k=1}^{9} k(2k+1)$

대각선을 기준으로 아래쪽의 합은 $2 + 4 \cdot 2 + 6 \cdot 3 + \cdots + 20 \cdot 10 = \sum_{k=1}^{10} 2k \cdot k$

따라서 총합은 $615 + 770 = 1385$

21 원뿔 옆면의 중심각은 $2\pi \cdot \frac{25}{100}=\frac{\pi}{2}$ 이므로 $\overline{AP_k}=100 \cdot \frac{k}{n}$ 이고

P_k에서 최단경로를 돌아 도착하는 점을 Q_k라 하면

$\overline{P_kQ_k}=\sqrt{2} \cdot 100 \cdot \frac{k}{n}=l_k$이다.

$S_n=\sum_{k=1}^{n} l_k=\sum_{k=1}^{n}\frac{100\sqrt{2}\,k}{n}=50\sqrt{2}(n+1)$

$\therefore \lim_{n\to\infty}\frac{S_n}{n}=\lim_{n\to\infty}\frac{50\sqrt{2}(n+1)}{n}=50\sqrt{2}$

22 동전 5번 던질 때 점 P가 지나간 자취와 직선은 $y=\frac{3}{2}$이 오직 한 점에서만 만나야 하므로 뒷면이 선, 앞면 4번 나오는 경우는 5가지, 앞면만 나오는 경우 1가지 이므로 $\frac{4}{2^5}+\frac{1}{2^5}=\frac{5}{32}$

23 5개의 돌 중에서 3개를 뽑는 경우의 수 ${}_5C_3=\frac{5 \cdot 4}{2 \cdot 1}=10$

㉠ 가운데 원에 돌을 놓는 경우

- 가운데 원에 돌을 넣는 경우 ${}_5C_3 \cdot {}_3C_1$
- 나머지 4개 원 중에 2개의 원에 돌을 놓는 방법은 3가지 : ${}_5C_3 \cdot {}_3C_1 \cdot 3=90$

㉡ 가운데 원에 돌을 놓지 않는 경우 : 나머지 4개 원 중에 3개의 원에 돌을 놓으면 ${}_5C_3 \cdot 3!$

따라서 $90+60=150$(가지)

24 $f(50)=a(1-b^{50})=400$

$f(100)=a(1-b^{100})=640$

두 식을 나누면 $\frac{a(1-b^{100})}{a(1-b^{50})}=\frac{640}{400}=\frac{8}{5}$

$1+b^{50}=1.6 \Leftrightarrow b^{50}=0.6$

$f(50)=a(1-b^{50})=400$에 대입하면 $a(1-0.6)=400 \;\therefore\; a=1000$

따라서 $f(n)=1000(1-0.6^{\frac{n}{50}})$

$1000(1-0.6^{\frac{n}{50}}) \geq 800 \;\Leftrightarrow\; 0.6^{\frac{n}{50}} \leq 0.2$

양변에 상용로그를 취하면

$\frac{n}{50}log\frac{6}{10} \leq \log\frac{2}{10}$, $-0.22 \cdot \frac{n}{50} \leq -0.7 \Leftrightarrow n \geq 159.\mathrm{xxx}$

따라서 개봉 후 160일째에 처음으로 800억을 넘어선다.

25 $1-\log_2 x = t$ 로 치환하면 $3t^2-2t-4=0$

근과 계수의 관계에 의해

$(1-\log_2\alpha)+(1-\log_2\beta)=\frac{2}{3}$

$\log_2\alpha\beta=\frac{4}{3}$ $\quad\therefore \alpha\beta=2^{\frac{4}{3}}$

$\therefore \alpha^3\beta^3=(2^{\frac{4}{3}})^3=16$

26 $$\lim_{x\to 2}\frac{4f(x)-40g(x)}{2f(x)-g(x)}=\lim_{x\to 2}\frac{2\{2f(x)+g(x)\}-42g(x)}{2f(x)+g(x)-2g(x)}$$

$$=\lim_{x\to 2}\frac{2-42g(x)}{1-2g(x)}=\frac{-42}{-2}=21$$

27 조건에 의하면 두 포물선의 방정식은 $y^2=8(x-2), y^2=-8(x+2)$

두 포물선에 접하는 직선의 방정식을 $y=ax+b$라 하면

$(ax+b)^2=8(x-2)$이고 접선이므로 판별식 $D=0$이 되어야 한다.

따라서 $a=1,\ b=0$이므로 포물선에 접하는 직선의 방정식은 $y=x$이다.

$x^2=8(x-2) \Leftrightarrow x=4$

따라서 접점의 좌표는 $(4, 4), (-4, -4)$이므로

$d=8\sqrt{2}$ $\quad\therefore d^2=128$

28

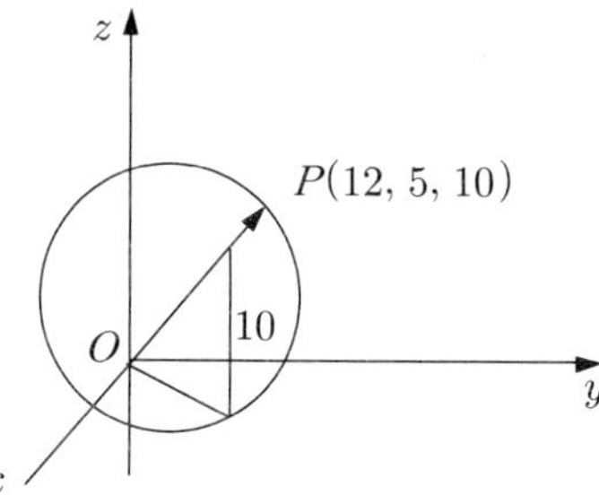

OA에 수직인 평면과 구가 접할 때 $\overrightarrow{OA}\cdot\overrightarrow{OP}$ 가 최대가 된다.

$\overrightarrow{OA}, \overrightarrow{OP}$가 이루는 각을 θ라 하면 $\overrightarrow{OA}\cdot\overrightarrow{OP}=|\overrightarrow{OA}||\overrightarrow{OP}|\cos\theta=|\overrightarrow{OA}||\overrightarrow{OP}|=\frac{|\overrightarrow{OP'}|}{|\overrightarrow{OP}|}$

$|\overrightarrow{OA}|\cdot\sqrt{5^2+12^2}=\sqrt{16P}=13$

$\therefore \overrightarrow{OA}\cdot\overrightarrow{OP}=|\overrightarrow{OA}|\cdot(|\overrightarrow{OA}|+10)=13\times(13+10)=13\cdot 23=299$

29 구 $x^2+(z-1)^2=1$ 위의 점 $P(m, 0, n)$이라 하면

$m^2+(n-1)^2=1 \cdots$ ①

직선 AP의 방정식은

$\frac{x}{m}=\frac{y+1}{1}=\frac{z-2}{n-2}$

점 Q가 직선 AP 위의 점이고 xy평면과 만나므로 $z=0$

$\frac{x}{m}=\frac{y+1}{1}=\frac{-2}{n-2}$

$\therefore m=\frac{x}{y+1}, \ n=\frac{2y}{y+1}$

m, n값을 ①식에 대입하면

$\left(\frac{x}{y+1}\right)^2+\left(\frac{2y}{y+1}-1\right)^2=1 \ \therefore x^2=4y \to y=\frac{1}{4}x^2$

도형 c에서 $z=1$이므로 xy평면의 정사영 $z=0$, $y=1$, $x=\pm 2$

$\int_{-2}^{2}\left(1-\frac{1}{4}x^2\right)dx=2\int_{0}^{2}\left(1-\frac{1}{4}x^2\right)dx=\frac{8}{3}$

$\therefore a+b=3+8=11$

30 $\log 2.52^{10n}=10n\log 2.52=4.014n=4n+0.014n$

$0.014n>\log 2 \Leftrightarrow 0.014n>0.301$

$n>\frac{0.301}{0.014}=21.5$

$\therefore n \fallingdotseq 22$

04 2009학년도 정답 및 해설

ANSWER

01	02	03	04	05	06	07	08	09	10	11	12	13	14	15	16	17	18	19	20
③	①	④	⑤	②	①	③	①	⑤	③	④	③	④	①	⑤	⑤	②	⑤	③	④
21	**22**	**23**	**24**	**25**	**26**	**27**	**28**	**29**	**30**										
②	②	④	②	81	288	45	544	28	16										

01 $a_1+a_2+a_3=a+ar+ar^2=a(1+r+r^2)$ 이므로

$a(1+r+r^2)=48$ ··············· ㉠

$a_4+a_5+a_6=ar^3+ar^4+ar^5=ar^3(1+r+r^2)$ 이므로

$ar^3(1+r+r^2)=12$ ··············· ㉡

㉠을 ㉡에 대입하면 $r^3=\frac{1}{4}$

$$\begin{aligned}\therefore a_7+a_8+a_9&=ar^6+ar^7+ar^8\\&=ar^6(1+r+r^2)\\&=\left(\frac{1}{4}\right)^2\cdot 48=3\end{aligned}$$

02 $\lim_{x\to\infty}\frac{f(x)-2x^3}{3x^2}=1$ 이므로 $f(x)=2x^3+3x^2+ax+b$

$\lim_{x\to\infty}\frac{f(x)}{x}=-12$ 이므로 $f(0)=0$, $f'(0)=-12$

따라서 $f(x)=2x^3+3x^2-12x$ $\therefore f(a)=-7$

03 $A^2=\begin{pmatrix}-2 & 1\\-3 & 1\end{pmatrix}$

$A^3=A^2\cdot A=\begin{pmatrix}-2 & 1\\-3 & 1\end{pmatrix}\begin{pmatrix}1 & -1\\3 & -2\end{pmatrix}=\begin{pmatrix}1 & 0\\0 & 1\end{pmatrix}=E$

따라서 $X=\{A, A^2, E\}$

P의 모든 성분의 합이 -3이므로 $P=A^2$, Q는 P의 역행렬이므로

$Q=(A^2)^{-1}=\begin{pmatrix}-2 & 1\\-3 & 1\end{pmatrix}^{-1}=\begin{pmatrix}1 & -1\\3 & -2\end{pmatrix}$

따라서 Q의 모든 성분의 합은

$1+(-1)+3+(-2)=1$

04 a, b, c의 최대공약수가 2가 되는 경우는

(2, 2, 2), (2, 2, 4), (2, 2, 6), (2, 4, 4), (2, 6, 6), (4, 4, 6), (4, 6, 6) (2, 4, 6)

$1+\frac{3!}{2!}\times 6+3!=25$(가지)

따라서 구하는 확률은 $\frac{25}{6^3}=\frac{25}{216}$

05 $\begin{cases} a_{n+1}=\frac{1}{2}a_n+\frac{1}{2}b_n \\ b_{n+1}=a_n \end{cases}$

$a_{n+2}=\frac{1}{2}a_{n+1}+\frac{1}{2}a_n$

$a_{n+2}-a_{n+1}=-\frac{1}{2}(a_{n+1}-a_n)$

$$\begin{aligned} \therefore\ a_n &= 10+\sum_{k=1}^{n-1}\left\{\left(\frac{11}{2}-10\right)\left(-\frac{1}{2}\right)^{k-1}\right\} \\ &= 10+9\sum_{k=1}^{n-1}\left(-\frac{1}{2}\right)^k \\ &= 10+9\cdot\frac{-\frac{1}{2}\left\{1-\left(-\frac{1}{2}\right)^{n-1}\right\}}{1-\left(-\frac{1}{2}\right)} \\ &= 7+3\cdot\left(-\frac{1}{2}\right)^{n-1} \end{aligned}$$

$\therefore\ b_n=a_{n-1}=7+3\cdot\left(-\frac{1}{2}\right)^{n-2}$

따라서 $\lim_{n\to\infty}(a_n+b_n)=\lim_{n\to\infty}a_n+\lim_{n\to\infty}b_n=14$

06 주어진 그래프에서 $f(x)$는 $(-3,0)$, $(1,-4)$, $(5,0)$을 지나므로 $a=1$, $b=-4$이다.

방정식 $f(x)+2=\sqrt{2f(x)+7}$, $f(x)=t$로 치환하면

$t^2+2t-3=0 \Leftrightarrow (t+3)(t-1)=0$

$\therefore\ t=1(\because\ t+2>0)$

$|x-1|-4=1$이므로 $x=6$, -4이다.

따라서 모든 실근의 곱은 -24이다.

07 $\lim_{x\to 0}(f\circ g)(x)=\lim_{x\to 0}f(g(x))=\lim_{y\to 1}f(y)=3$

$\lim_{x\to 0}(g\circ f)(x)=\lim_{x\to 0}g(f(x))=\lim_{y\to 1}g(y)=-1$

따라서 $3-1=2$

08 오른쪽으로 한 칸 이동하는 것을 a, 위로 한 칸 이동하는 것을 b라고 하면
P지점에서 Q지점까지 최단거리로 갈 때, 최대 8번 방향을 바꾸게 된다.
따라서 7번 방향을 바꾸려면 b가 두 번 이상 연속해서 나오면 안 되고, a는 두 번만 연속해서 나와야 한다.
연속해서 두 번 나오는 aa를 묶어서 하나의 문자로 보면 b와 a가 번갈아서 배열되어야 하므로 b를 먼저 배열한 $b\_b\_b\_b\_$ 또는 a를 먼저 배열한 $_b_b_b_b$사이사이에 a, a, a aa를 배열 하면 된다.

따라서 경로의 수는 $\frac{4!}{3!}\times 2=8$(가지)

09

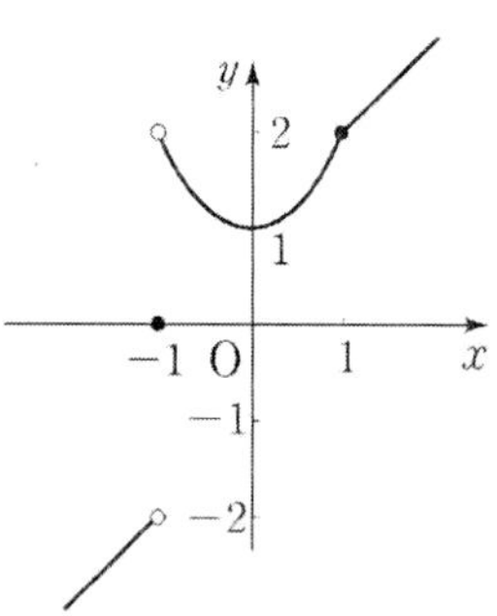

$$f(x)=\begin{cases} x^2+1 & (|x|<1) \\ 2x & (|x|>1) \\ 2 & (x=1) \\ 0 & (x=-1) \end{cases}$$

이 함수를 그래프로 나타내면 오른쪽과 같다.

ㄱ $\lim_{x\to -1+0} f(x)=2$, $\lim_{x\to -1-0} f(x)=-2$

따라서 $x=-1$에서 불연속

ㄴ $x=0$에서 연속이면 미분가능 하므로 $f'(0)=0$이고
좌우에서 감소 → 증가로 바뀐다.
따라서 $x=0$에서 극솟값 $f(0)=1$을 갖는다.

ㄷ $\lim_{h\to 0+}\frac{f(1+h)-f(1)}{h}=\lim_{h\to 0+}\frac{2(1+h)-2}{h}=\lim_{h\to 0+}\frac{2h}{h}=2$

$\lim_{h\to 0-}\frac{f(1+h)-f(1)}{h}=\lim_{h\to 0-}\frac{(1+h)^2+1-2}{h}=\lim_{h\to 0-}\frac{h^2+2h}{h}=2$

따라서 $x=1$에서 미분가능하다.

따라서 옳은 것은 ㄴ, ㄷ이다.

10 일정한 비율을 $r\%$, n일 후 회원 수를 a_n이라고 하면

$a_n=20000\cdot\left(1+\frac{r}{100}\right)^n$

7월 7일의 회원 수는

$1.21\times 20000=20000\cdot\left(1+\frac{r}{100}\right)^6$

$\therefore \left(1+\frac{r}{100}\right)^6=1.21=(1.1)^2$

그러므로 7월 4일의 회원 수는 $20000\cdot\left(1+\frac{r}{100}\right)^3$

따라서 3일 후 회원 수의 증가율은

$\left(1+\frac{r}{100}\right)^3=1.1=1+\frac{10}{100}$

$\therefore A=10$

11 4과목 중 2과목을 선택할 확률은 $\frac{1}{{}_4C_2}=\frac{1}{6}$

이항분포 $B\left(720,\ \frac{1}{6}\right)$을 따른다.

이항분포는 $n=720$이 충분히 크기 때문에 정규분포를 따른다.

$m=720\cdot\frac{1}{6}=120,\ \sigma^2=720\cdot\frac{1}{6}\cdot\frac{5}{6}=100$이므로 X는 근사적으로 정규분포 $N(120,\ 10^2)$을 따른다.

$\therefore\ P(110\le X\le 145)$

$=P\left(\frac{110-120}{10}\le Z\le\frac{145-120}{10}\right)$

$=P(-1\le Z\le 2.5)$

$=0.3413+0.4938=0.8351$

12 $f(x)=2x^3-3x^2$

$f'(x)=6x^2-6x$

극댓값 $(0,\ 0)$, 극솟값 $(1,\ -1)$

증감표를 만들면 다음과 같다.

x	$\cdots$	0	$\cdots$	1	$\cdots$
$f'(x)$	+	0	−	0	+
$f(x)$	↗	0 극대	↘	−1 극소	↗

이것을 이용하여 그래프를 그리면 다음과 같다.

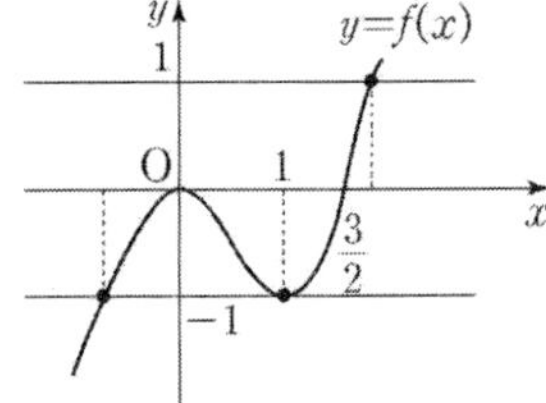

$(g\circ f)(x)=0, g(f(x))=0$ 이므로 $f(x)^2-1=0$

따라서 $f(x)=\pm1$인 경우이므로 그래프처럼 3개의 서로 다른 실근을 갖는다.

13 $y^2=4x$의 초점은 $F(1,0)$

$\overline{PF}=5,\ \overline{AP}=5$

따라서 P의 x좌표는 4이고 $\overline{FH}=3$이다.

$\therefore\ P(4,\ 4),\ F(1,\ 0)$

$\overline{PF}$의 방정식을 구하면 $y=\frac{4}{3}x-\frac{4}{3}$이다.

이 직선의 방정식을 $y^2=4x$와 연립하면 $Q\left(\frac{1}{4},\ -1\right)$

$S=(\overline{BQ}+\overline{AP})\cdot\overline{AB}\cdot\frac{1}{2}=\left(\frac{5}{4}+5\right)\cdot5\cdot\frac{1}{2}=\frac{125}{8}$

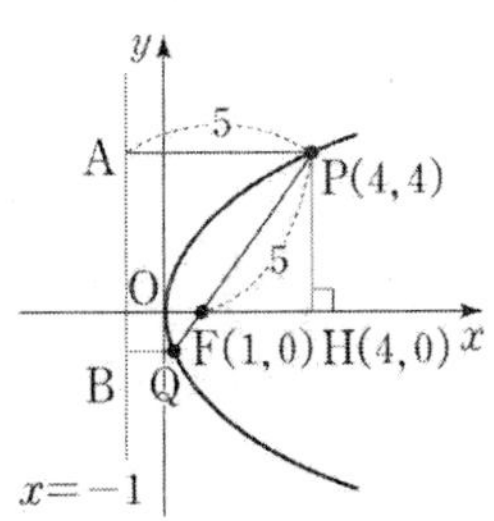

14 $\int_{n}^{n+1} f(x)dx = \frac{1}{n(n+2)}$

$$\lim_{n\to\infty} n\left(\int_{1}^{n} f(x)dx - \frac{3}{4}\right) = \lim_{n\to\infty} n\left\{\int_{1}^{2} f(x)dx + \int_{2}^{3} f(x)dx + \cdots + \int_{n-1}^{n} f(x)dx - \frac{3}{4}\right\}$$

$$= \lim_{n\to\infty} n\left(\sum_{k=1}^{n-1} \frac{1}{k(k+2)} - \frac{3}{4}\right) = \lim_{n\to\infty} - \frac{n(2n+1)}{2n(n+1)} = -1$$

15 (가) $k=m+1$일 때 $(m+1)^2 \cdot \frac{1}{(m+1)(2m+3)} = \frac{m+1}{2m+3}$

(나) 항이 { }밖으로 나왔으므로 주어진 식의 마지막은 m번째 항인 $\frac{1}{m(2m+1)}$이 들어가야 한다.

(다) $$\frac{m(m+3)}{12} + \frac{1}{(m+1)(2m+3)} \sum_{k=1}^{m} k^2 + \frac{m+1}{2m+3}$$

$$= \frac{m(m+3)}{12} + \frac{1}{(m+1)(2m+3)} \sum_{k=1}^{m} k^2 + \frac{1}{(m+1)(2m+3)}(m+1)^2$$

$$= \frac{m(m+3)}{12} + \frac{1}{(m+1)(2m+3)} \left\{\sum_{k=1}^{m} k^2 + (m+1)^2\right\}$$

$$= \frac{m(m+3)}{12} + \frac{1}{(m+1)(2m+3)} \sum_{k=1}^{m+1} k^2$$

∴ (가) : $m+1$, (나) : $m(2m+1)$, (다) : k^2

16 $A = \begin{pmatrix} a & b \\ c & d \end{pmatrix}$, $B = \begin{pmatrix} p & q \\ r & s \end{pmatrix}$

㉠ $A - B = \begin{pmatrix} a-p & b-q \\ c-r & d-s \end{pmatrix}$이므로

$f(A-B) = (a-p) + (d-s)$

$f(A) - f(B) = (a+d) - (p+s)$

$f(A) - f(B) = f(A-B)$

㉡ $AB = \begin{pmatrix} a & b \\ c & d \end{pmatrix}\begin{pmatrix} p & q \\ r & s \end{pmatrix} = \begin{pmatrix} ap+br & aq+bs \\ cp+dr & cq+ds \end{pmatrix}$

$BA = \begin{pmatrix} p & q \\ r & s \end{pmatrix}\begin{pmatrix} a & b \\ c & d \end{pmatrix} = \begin{pmatrix} pa+qc & pb+qd \\ ra+sc & rb+sd \end{pmatrix}$

$f(AB) = (ap+br) + (cq+ds) = (pa+qc) + (rb+sd) = f(BA)$

㉢ $f(M) = f(ACA^{-1} - BCB^{-1})$

$= f(ACA^{-1}) - f(BCB^{-1})$ … ㉠에 의해

$= f(CA^{-1}A) - f(CB^{-1}B)$ … ㉡에 의해

$= f(C) - f(C) = 0$

따라서 옳은 것은 ㉠, ㉡, ㉢이다.

17 장축의 길이가 4, 단축의 길이가 2이므로

타원의 방정식은 $\frac{x^2}{4}+y^2=1$이다.

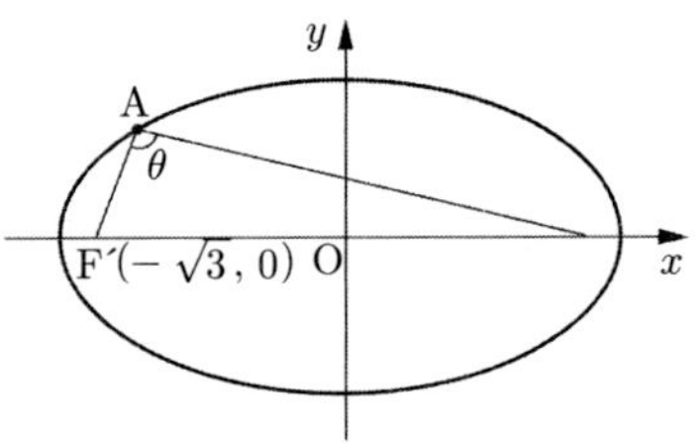

$\overline{AF'}=x$, $\overline{AF}=y$ 라 하면 $\frac{1}{2}xysin\theta=\sqrt{2}$, $x+y=4$

삼각형 $AF'F$에서 제2코사인 법칙을 적용하면

$$\cos\theta=\frac{x^2+y^2-(2\sqrt{3})^2}{2xy}=\frac{(x+y)^2-2xy-12}{\frac{4\sqrt{2}}{\sin\theta}}=\frac{16-\frac{4\sqrt{2}}{\sin\theta}-12}{\frac{4\sqrt{2}}{\sin\theta}}=\frac{\sin\theta-\sqrt{2}}{\sqrt{2}}$$

$\sqrt{2}\,cos\theta=\sin\theta-\sqrt{2}$

$\sqrt{2}(1+\cos\theta)=\sin\theta$

양변을 제곱하면

$3\cos^2\theta+4\cos\theta+1=0$

$\therefore\ \cos\theta=-\frac{1}{3}$

18 $f(x)=|2^x-2|$의 그래프는 다음과 같다.

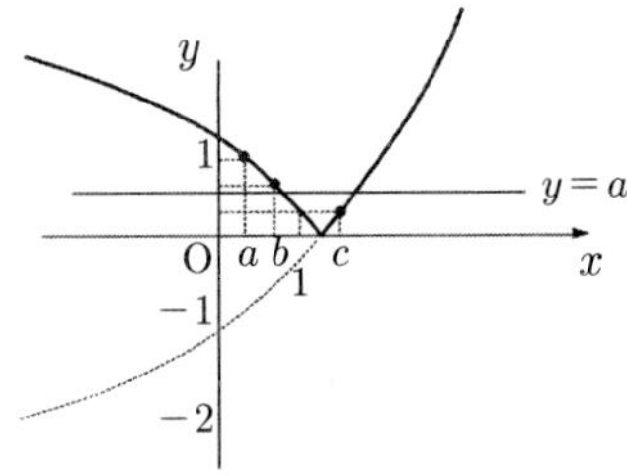

㉠ 그래프처럼 $c>1$일 수도 있다.

㉡ $0<a<b<c$와 $f(a)>f(b)>f(c)$를 만족하기 위해서는 f는 감소함수이다. 즉, $0<a<1$이다.
따라서 이 범위 내에서 $0<f(a)<1$이므로 $0<f(a)+f(b)+f(c)<3$

㉢ $0<a<1$이므로 $f(x)=a$는 서로 다른 두 실근을 갖는다.

따라서 옳은 것은 ㉡, ㉢이다.

19 입교 전에 확률과 통계 과목을 배웠을 사건을 A, 통계학 성적이 A학점일 사건을 B라고 하면

$P(A)=\frac{6}{10}$

$P(B)=\frac{60}{100}\times\frac{20}{100}+\frac{40}{100}\times\frac{10}{100}=\frac{16}{100}$

$$P(A|B)=\frac{P(A\cap B)}{P(B)}=\frac{\frac{60}{100}\times\frac{20}{100}}{\frac{16}{100}}=\frac{12}{16}=\frac{3}{4}$$

20 $\log_2\left[\dfrac{f(x)}{[f(x)]}\right]=0$이므로 $\left[\dfrac{f(x)}{[f(x)]}\right]=1$

$1\le\dfrac{f(x)}{[f(x)]}<2$ .... ㉠

$\log_2 x=n+\alpha$(단, n은 정수, $0\le\alpha<1$)라 하면

$[f(x)]=n$이므로 ㉠에 대입하면 $1\le\dfrac{n+\alpha}{n}<2$

그런데, $0<x<1$이므로 $f(x)=n+\alpha<0$

즉, $n<0$ ($\because\ \alpha\ge 0$)

그러므로 $2n<n+\alpha\le n$, $n<\alpha\le 0$

$\therefore\ \alpha=0$

따라서 $f(x)$는 음의 정수 값을 갖는다.

그러므로 $x=2^{-1}$, 2^{-2}, 2^{-3},$\cdots$

$\therefore\ a_n=\left(\dfrac{1}{2}\right)^n$

$\therefore\ \displaystyle\sum_{n=1}^{\infty}a_n=\sum_{n=1}^{\infty}\left(\dfrac{1}{2}\right)^n=\dfrac{\frac{1}{2}}{1-\frac{1}{2}}=1$

21 꼭짓점 C 와 꼭짓점 C'를 연결하면 $\triangle OAB$의 무게중심 G를 지난다.

$\therefore\ \overrightarrow{C'G}=\dfrac{1}{3}(\overrightarrow{C'O}+\overrightarrow{C'A}+\overrightarrow{C'B})$

$\overrightarrow{CG}=\dfrac{1}{3}(\overrightarrow{CO}+\overrightarrow{CA}+\overrightarrow{CB})$

$\therefore\ \overrightarrow{C'G}=\dfrac{1}{3}(\overrightarrow{C'O}+\overrightarrow{C'A}+\overrightarrow{C'B})$

$\overrightarrow{C'G}+\overrightarrow{CG}=0$이므로 $\overrightarrow{C'O}+\overrightarrow{C'A}+\overrightarrow{C'B}+\overrightarrow{CA}+\overrightarrow{CB}=0$

$-\overrightarrow{OC}+(\overrightarrow{OA}-\overrightarrow{OC'})+(\overrightarrow{OB}-\overrightarrow{OC'})-\overrightarrow{OC}+(\overrightarrow{OA}-\overrightarrow{OC})+(\overrightarrow{OB}-\overrightarrow{OC})=0$

$-3\overrightarrow{OC'}+2\overrightarrow{OA}+2\overrightarrow{OB}-3\overrightarrow{OC}=0$

$\overrightarrow{OC'}=\dfrac{2}{3}\overrightarrow{OA}+\dfrac{2}{3}\overrightarrow{OB}-\overrightarrow{OC}$

따라서 $p=\dfrac{2}{3}$, $q=\dfrac{2}{3}$, $r=-1$

$\therefore\ p+q+r=\dfrac{1}{3}$

22 $\overline{DE} \perp \overline{AC}$ 이므로 $\overrightarrow{DE} \cdot \overrightarrow{AC} = 0$

$\overrightarrow{DE} = \overrightarrow{AE} - \overrightarrow{AD} = k(\vec{a}+\vec{b}) - \vec{a} = (k-1)\vec{a} + k\vec{b}$

$\overrightarrow{AC} = \vec{a} + \vec{b}$

$\vec{a} \cdot \vec{b} = |\vec{a}||\vec{b}|\cos A = 1 \cdot \sqrt{6} \cdot \dfrac{1}{\sqrt{6}} = 1$

$$\begin{aligned}\overrightarrow{DE} \cdot \overrightarrow{AC} &= \{(k-1)\vec{a} + k\vec{b}\} \cdot (\vec{a}+\vec{b}) \\ &= (k-1)|\vec{a}|^2 + (2k-1)\vec{a} \cdot \vec{b} + k|\vec{b}|^2 \\ &= (k-1) + (2k-1) + 6k = 9k-2\end{aligned}$$

$\therefore k = \dfrac{2}{9}$

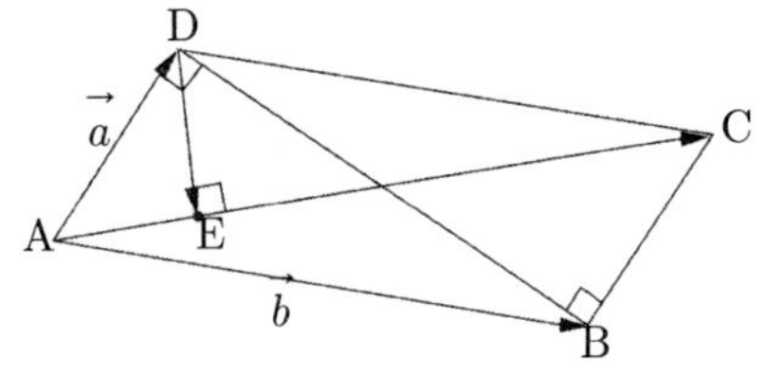

23 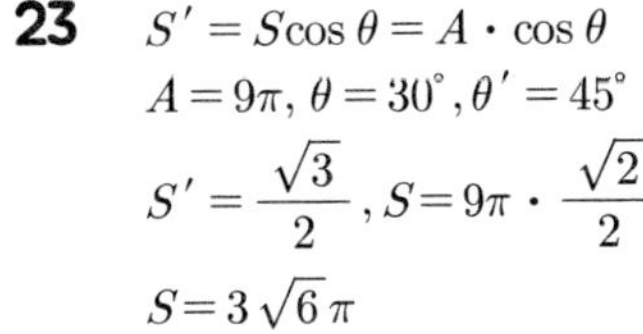

$S' = S\cos\theta = A \cdot \cos\theta$

$A = 9\pi,\ \theta = 30^\circ,\ \theta' = 45^\circ$

$S' = \dfrac{\sqrt{3}}{2},\ S = 9\pi \cdot \dfrac{\sqrt{2}}{2}$

$S = 3\sqrt{6}\,\pi$

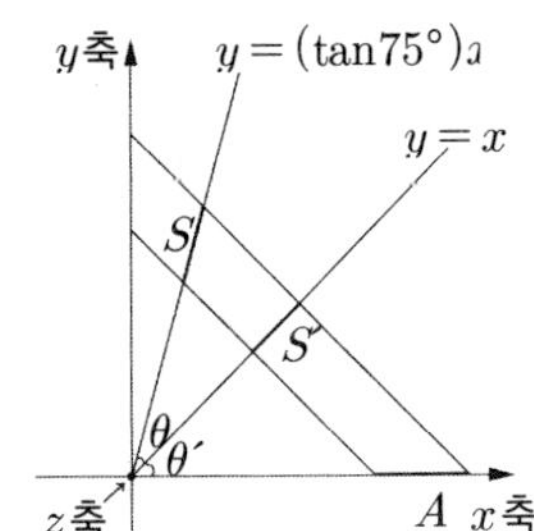

24 (가) : $|\overrightarrow{CP}|^2 = |\overrightarrow{CP} - \vec{a}\,|^2 = |\overrightarrow{CP}|^2 - 2\vec{a} \cdot \overrightarrow{CP} + |\vec{a}|^2$

$|\vec{a}|^2 = 2 \cdot \vec{a} \cdot \overrightarrow{CP} = 2\vec{a}(p\vec{a} + q\vec{b}) = \boxed{2}(p|\vec{a}|^2 + q\vec{a} \cdot \vec{b})$

(나) : $|\overrightarrow{CP}|^2 = |\overrightarrow{CP} - \vec{b}\,|^2 = |\overrightarrow{CP}|^2 - 2\vec{b} \cdot \overrightarrow{CP} + |\vec{b}|^2$

$|\vec{b}|^2 = 2 \cdot \vec{b} \cdot \overrightarrow{CP} = 2\vec{b}(p\vec{a} + q\vec{b}) = \boxed{2}(q|\vec{b}|^2 + p\,\vec{a} \cdot \vec{b})$

(다), (라) : $|\vec{a}|^2 = 6,\ |\vec{b}|^2 = 2,\ \vec{a} \cdot \vec{b} = -3$ 이므로

$6 = 2(6p - 3q),\ 2 = 2(2q - 3p)$

$\therefore p = \boxed{3},\ q = \boxed{5}$

∴ (가)+(나)+(다)+(라)$=2+2+3+5=12$

25 $ab = 12$ ······ ㉠

$bc = 8$ ······ ㉡

㉡을 ㉠으로 나누면

$\dfrac{c}{a} = \dfrac{2}{3}$ 이므로 $c = \dfrac{2}{3}a$

$2^a = 27$이므로 $4^c = (2^2)^{\frac{2}{3}a} = (2^a)^{\frac{4}{3}} = 27^{\frac{4}{3}} = 81$

$\therefore 4^c = 81$

26 $\int_{2}^{6}\frac{x^2(x^2+2x+4)}{x+2}dx+\int_{6}^{2}\frac{4(y^2+2y+4)}{y+2}dy$

$=\int_{2}^{6}\frac{x^2(x^2+2x+4)}{x+2}dx-\int_{2}^{6}\frac{4(x^2+2x+4)}{x+2}dx$

$=\int_{2}^{6}\frac{(x^2-4)(x^2+2x+4)}{x+2}dx$

$=\int_{2}^{6}(x-2)(x^2+2x+4)dx=\int_{2}^{6}(x^3-8)dx$

$=\left[\frac{x^2}{4}-8x\right]_{2}^{6}=(324-48)-(4-16)=288$

27 $\overline{AP}+\overline{PB}$값이 최소가 되는 P는 그림과 같은 곳에 위치해야 한다.

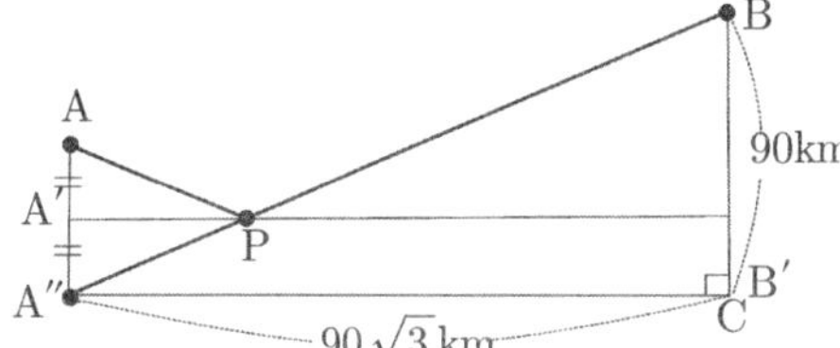

$\triangle A''CB$ 는 직각삼각형이므로 $\overline{A''B}=180$

갑과 을이 만난 지점을 C라 하면

$\overline{CB}=x$, $\overline{A''C}=180-x$

A″ 180 − x Q x B
180

갑의 속력을 $a(km/h)$, 을의 속력을 $b(km/h)$라 하면 갑과 을이 C지점까지 이동한 시간이 같으므로

$\frac{180-x}{a}=\frac{x}{b}$

$\begin{cases} a=x \\ 9b=180-x \end{cases}$

$\frac{180-x}{x}=\frac{9x}{180-x}$, $\therefore x=45$

28 $a_{n+1}=\frac{a_n+a_{n+2}}{2}$

$2a_{n+1}=a_n+a_{n+2}$

$a_{n+2}-a_{n+1}=a_{n+1}-a_n$인 등차수열이다.

$\therefore a_n=2n-1$

$\sum_{k=1}^{n}a_kb_k=S_n=(4n^2-1)2^n+1$

$a_nb_n=S_n-S_{n-1}=2^{n-1}(2n+5)(2n-1)$

$b_n=2^{n-1}(2n+5)$

$\therefore b_6=2^5\times17=544$

29 신뢰구간의 길이가 서로 같으므로 $2\times1.96\times\dfrac{3}{\sqrt{a}}=2\times1.96\times\dfrac{4}{\sqrt{b}}$

$3\sqrt{b}=4\sqrt{a}$

$9b=16a$

모두 100그루의 소나무들을 조사하였으므로

$a+b=100$

$a=36,\ b=64$

$\therefore\ |a-b|=|36-64|=28$

30 $\begin{cases}3x+y\ge 2\\ x+y\le 2\\ y\ge 0\end{cases}$

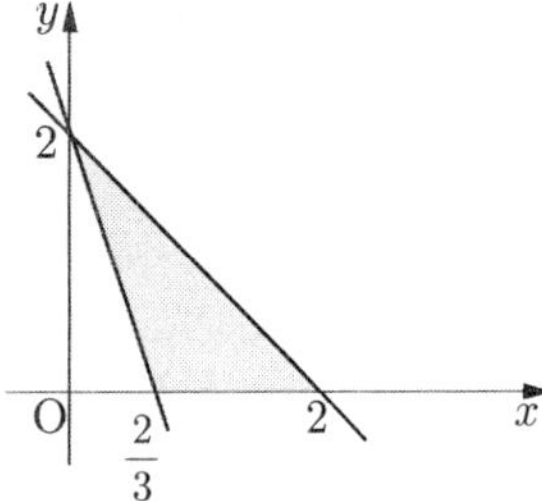

i) $3x+y\ge 2,\ \dfrac{3}{2}x+\dfrac{1}{2}y\ge 1$

$\overrightarrow{OP}=\dfrac{3}{2}x\left(\dfrac{2}{3}\overrightarrow{OA}\right)+\dfrac{1}{2}y(2\overrightarrow{OB})=\dfrac{3}{2}x(\overrightarrow{OD})+\dfrac{1}{2}y(\overrightarrow{OC})$

ii) $x+y\le 2,\ \dfrac{1}{2}x+\dfrac{1}{2}y\le 1$

$\overrightarrow{OP}=\dfrac{x}{2}(2\overrightarrow{OA})+\dfrac{y}{2}(2\overrightarrow{OB})=\dfrac{x}{2}(\overrightarrow{OE})+\dfrac{y}{2}(\overrightarrow{OC})$

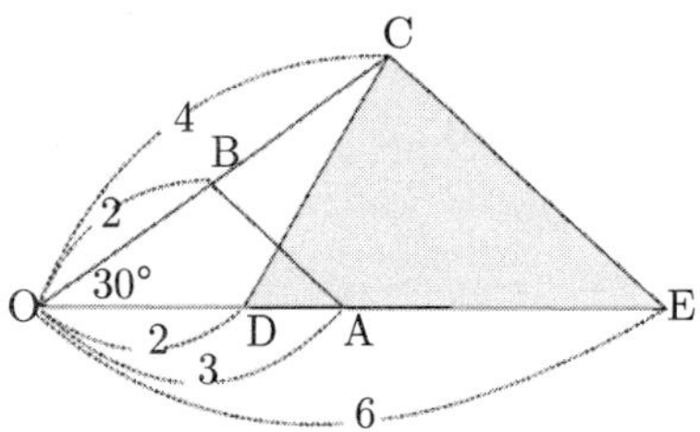

따라서 조건을 만족하는 영역은 위 그림에서 색칠 된 부분이다.

$S=\dfrac{1}{2}\cdot\overrightarrow{OC}\cdot\overrightarrow{OE}\cdot\sin30^{\circ}-\dfrac{1}{2}\cdot\overrightarrow{OC}\cdot\overrightarrow{OD}\cdot\sin30^{\circ}$

$=\dfrac{1}{2}\cdot4\cdot6\cdot\dfrac{1}{2}-\dfrac{1}{2}\cdot4\cdot2\cdot\dfrac{1}{2}=4$

$\therefore\ S^2=16$

05 2010학년도 정답 및 해설

ANSWER

01	02	03	04	05	06	07	08	09	10	11	12	13	14	15	16	17	18	19	20
②	③	②	②	①	④	⑤	①	④	④	②	②	⑤	⑤	④	③	⑤	③	①	①
21	**22**	**23**	**24**	**25**	**26**	**27**	**28**	**29**	**30**										
④	④	③	①	48	25	46	371	323	45										

01

$$\begin{aligned}(\sqrt[3]{-16}+\sqrt[3]{250})^3 &= \left(\sqrt[3]{(-2)^3\cdot 2}+\sqrt[3]{5^3\cdot 2}\right)^3\\ &=\left(-2\sqrt[3]{2}+5\sqrt[3]{2}\right)^3\\ &=\left\{(-2+5)\sqrt[3]{2}\right\}^3=\left(3\sqrt[3]{2}\right)^3\\ &=27\cdot 2=54\end{aligned}$$

02

포물선 $y^2=4px$에 기울기가 m인 직선이 접할 때, 접선의 방정식은 $y=mx+\dfrac{p}{m}$이다.

포물선 $y^2=4x$의 초점 p는 $(1,\ 0)$이므로 $p=1$을 대입하면 $y=mx+\dfrac{1}{m}$이다.

이 직선이 점 $A(-2,\ 4)$를 지나므로 대입하면 $4=-2m+\dfrac{1}{m} \Rightarrow 2m^2+4m-1=0$

기울기 m에 관한 방정식 이므로 두 기울기의 곱은 두 근의 곱을 구하면 된다.

$\therefore$ 두 기울기의 곱$=\dfrac{c}{a}=\dfrac{-1}{2}=-\dfrac{1}{2}$

03

$$\begin{aligned}\lim_{x\to 2}\frac{\sqrt{6-x}-2}{\sqrt{3-x}-1} &= \lim_{x\to 2}\frac{(\sqrt{6-x}-2)(\sqrt{6-x}+2)(\sqrt{3-x}+1)}{(\sqrt{3-x}-1)(\sqrt{3-x}+1)(\sqrt{6-x}+2)}\\ &=\lim_{x\to 2}\frac{(2-x)(\sqrt{3-x}+1)}{(2-x)(\sqrt{6-x}+2)}=\frac{2}{4}=\frac{1}{2}\end{aligned}$$

04

$\overline{BP}=x$라 두면

$\overline{EP}=\sqrt{x^2+2^2}$, $\overline{PF}=\sqrt{(8-x)^2+6^2}$가 된다.

이 때, 두 직각삼각형 EBP, PCF 의 둘레의 길이의 합이 28이므로

$\overline{EB}+\overline{BP}+\overline{PC}+\overline{CF}+\overline{FP}+\overline{PE}=2+x+(8-x)+6+\sqrt{x^2-16x+100}+\sqrt{x^2+4}=28$

$16+\sqrt{x^2-16x+100}+\sqrt{x^2+4}=28$, $\sqrt{x^2-16x+100}+\sqrt{x^2+4}=12$이므로

$\sqrt{x^2+4}$를 우변으로 넘겨서 양변을 제곱하면

$x^2-16x+100=x^2+4+144-2\cdot 12\cdot \sqrt{x^2+4}$
$-16(x+3)=-24\sqrt{x^2+4}$
$4(x+3)^2=9(x^2+4)$
$4x^2+24x+36=9x^2+36$
$5x^2-24x=0$
$\therefore\ x=\dfrac{24}{5}\ (\because x\neq 0)$
따라서, $10\overline{BP}=10x=10\cdot\dfrac{24}{5}=48$

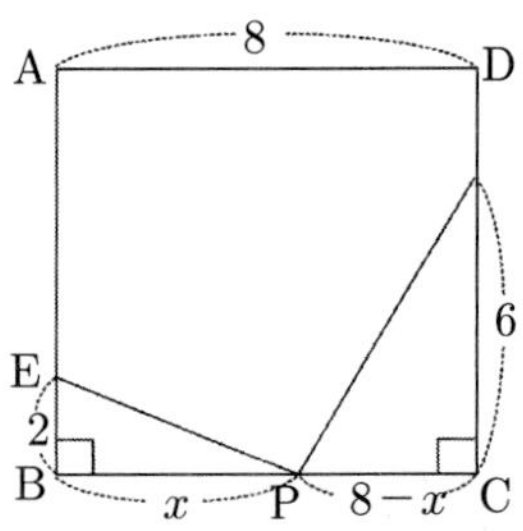

05 (가) ${}_rC_r={}_{r+1}C_{r+1}=1$

(나) $\displaystyle\sum_{i=r}^{k+1}{}_iC_r=\sum_{i=r}^{k}{}_iC_r+{}_{k+1}C_r$
$={}_{k+1}C_{r+1}+{}_{k+1}C_r$
$\therefore$ (나) $={}_{k+1}C_r$

(다) ${}_nC_r=\dfrac{n!}{(n-r)!r!}$ 이므로

${}_{k+1}C_{r+1}+{}_{k+1}C_r=\dfrac{(k+1)!}{((k+1)-(r+1))!(r+1)!}+\dfrac{(k+1)!}{(k+1-r)!r!}$

$\therefore$ (다)$=\dfrac{(k+1)!}{(k-r)!(r+1)!}$

$\therefore$ (가)$=1$, (나)$={}_{k+1}C_r$, (다)$=\dfrac{(k+1)!}{(k-r)!(r+1)!}$

06 $\overline{OA}$가 x축의 양의 방향으로 이루는 각을 θ라 하면
$\cos\theta=\dfrac{2}{\overline{OA}}$
$\therefore\ \overline{OA}=2\sec\theta$
이 때, $\overline{AB}=\overline{OA}-\overline{OB}=2\sec\theta-1$이므로 $P(x,\ y)$라 두면
$\overline{AP}=2\overline{AB}=2(2\sec\theta-1)=4\sec\theta-2$
따라서 P의 x좌표는 $2+\overline{AP}=4\sec\theta$
또한, P점과 A점의 y좌표가 같기 때문에 $2\tan\theta$라 둘 수 있다.
$x=4\sec\theta,\ y=2\tan\theta$
$\therefore\ \dfrac{x}{4}=\sec\theta,\ \dfrac{y}{2}=\tan\theta$

$1+\tan^2\theta=\sec^2\theta \Rightarrow \sec^2\theta-\tan^2\theta=1$이므로 점 P의 자취방정식은 $\left(\dfrac{x}{4}\right)^2-\left(\dfrac{y}{2}\right)^2=1$이다.

따라서 점근선의 방정식은 $y=\dfrac{2}{4}x=\dfrac{1}{2}x$

07 주어진 점화식에 의해

$b_n = a_{n+1} - a_n = \log_2\{(n+1)!\} - \log_2(n!) = \log_2(n+1)$

㉠ $b_{15} = \log_2(1+15) = \log_2 16 = 4$

㉡ $\sum_{k=1}^{5} b_k = \log_2 2 + \log_2 3 + \log_2 4 + \log_2 5 + \log_2 6 = \log_2 720$

$2^9 < 720 < 2^{10}$ 이므로 $\log_2 2^9 < \sum_{k=1}^{5} b_k < \log_2 2^{10}$

$\therefore\ 9 < \sum_{k=1}^{5} b_k < 10$

㉢ $n = 2k$ (단, $k = 1, 2, 3, \cdots$)라 두면 $b_n = b_{2k} = \log_2(2k+1)$

이 때, b_n을 유리수라 가정하면 $b_n = \log_2(2k+1) = \frac{l}{m}$(단, l, m 은 서로소인 자연수($m \neq 0$))이라 둘 수 있다.

즉, $2^{\frac{l}{m}} = 2k+1$, $2^l = (2k+1)^m$을 만족시키는 서로소인 정수 m, l이 반드시 존재한다.

그런데, 좌변=짝수, 우변=홀수이므로 이 등식을 만족시키는 정수 m, l은 존재하지 않는다.

$\therefore$ n이 짝수이면 b_n은 무리수이다.

따라서 ㉠, ㉡, ㉢ 모두 옳다.

08

구분	바이러스에 감염됨	바이러스에 감염되지 않음	계
감염되었다 진단됨	200×0.94=188	300×0.02=6	194
감염되지 않았다 진단됨	200×0.06=12	300×0.98=294	306
계	200	300	500

따라서 구하는 확률은 $\frac{188}{194} = \frac{94}{97}$

09 0.3캐럿짜리 다이아몬드 가격이 70만원이므로 $f(0.3) = a(b^{0.3}-1) = 70 \cdots$ ①

0.6캐럿짜리 다이아몬드 가격이 210만원이므로 $f(0.6) = a(b^{0.6}-1) = 210 \cdots$ ②

①÷② : $\frac{a(b^{0.3}-1)}{a(b^{0.6}-1)} = \frac{a(b^{0.3}-1)}{a(b^{0.3}-1)(b^{0.3}+1)} = \frac{1}{b^{0.3}+1} = \frac{70}{210} = \frac{1}{3}$

$b^{0.3}+1 = 3$

$\therefore\ b^{0.3} = 2 \cdots$ ③

③식을 ①식에 대입하면 $a(2-1) = a = 70$

$\therefore$ 1.5캐럿짜리 다이아몬드의 가격은 $f(1.5) = 70(b^{1.5}-1) = 70\{(b^{0.3})^5 - 1\} = 70(32-1) = 2170$(만 원)

10 2009년 8월초로부터 12개월 후인 2010년 8월 초 노트북 컴퓨터의 판매가격은

$200 \cdot (1-0.01)^{12} = 200 \cdot (0.99)^{12} = 200 \cdot 0.89 = 178$(만원)

매월 초 적립하는 금액이 a일 때, 12개월 후의 원리합계는

$\frac{a(1.01)\{(1.01)^{12}-1\}}{1.01-1} = 101a\{(1.01)^{12}-1\} = 101a(1.13-1) = 13.13a$

노트북 컴퓨터를 구매하려면 적립한 원리합계 금액이 컴퓨터 가격보다 커야 하므로

$101a\{(1.01)^{12}-1\} \geq 200 \cdot (0.99)^{12}$를 만족하는 최소의 a값을 찾으면 된다.

$101a\{(1.01)^{12}-1\} \geq 200 \cdot (0.99)^{12}$

$13.13a \geq 178$

$\therefore\ a \geq \dfrac{178}{13.13} = 13.55$

∴ 매월 14만원 이상 적립해야 한다.

11 $\log_2 a$와 $\log_2 b$의 소수부분이 같으므로

$\log_2 a = n + \alpha,\ \log_2 b = n' + \alpha$ (단, n, n'은 정수, $0 < \alpha < 1$)

소수부분이 같으므로 두 수의 차는 정수가 된다.

$\therefore\ \log_2 b - \log_2 a = \log_2 \dfrac{b}{a} = m$ (단, m는 정수)

$\dfrac{b}{a} = 2^m \Rightarrow b = 2^m a$

㉠ m이 1일 때 : $b = 2a$

이 식을 만족하는 순서쌍은 $(11,\ 22),\ (12,\ 24),\ \cdots (24,\ 48)$의 총 14쌍이 있다.

㉡ m이 2일 때 : $b = 4a$

이 식을 만족하는 순서쌍은 $(11,\ 44),\ (12,\ 24)$의 2쌍이다.

따라서 $14 + 2 = 16$(개)

12 흡광도 A식을 정리하면

$A = \log I_0 - \log I = \log \dfrac{I_0}{I} = \log \dfrac{I_0}{I_0 \times 10^{-acd}} = \log 10^{acd} = acd$

$a = \dfrac{4\pi k}{\lambda}$ 이므로 $A = \dfrac{4\pi k \cdot c \cdot d}{\lambda}$

$\therefore\ A_1 = \dfrac{4\pi k \cdot c \cdot d_1}{\lambda_1}$

$A_2 = \dfrac{4\pi k \cdot c \cdot 4d_1}{2\lambda_1} = \dfrac{4}{2} \cdot \dfrac{4\pi k \cdot c \cdot d_1}{\lambda_1} = 2A_1$

따라서, $\dfrac{A_2}{A_1} = 2$

13 ㉠ $g(x) = f(x) - x$라 두면 $g(x)$가 개구간$(0,\ 1)$에서 실근을 갖는지 확인하면 된다.

$g(0) = f(0) - 0 = f(0) > 0$

$g(1) = f(1) - 1 < 0$ ($\because\ 0 < f(x) < 1$)

$\therefore\ g(0) > 0,\ g(1) < 0$

∴ 중간값 정리에 의해 $g(x)$는 개구간 $(0,1)$에서 적어도 1개의 실근을 갖는다.

㉡ $0 < f(0) < 1,\ 0 < f(1) < 1$이므로 $f(1) - f(0) < 1$이고 $\dfrac{f(1) - f(0)}{1 - 0} < 1$ 이 성립한다.

∴ 평균값 정리에 의해 $f'(b) < 1$인 실수 b가 개구간 $(0,\ 1)$에 적어도 1개 존재한다.

㉢ 폐구간$[0,\ 1]$에서 $0 < f(x) < 1$이므로 $(0,\ 1)$의 모든 x에 대하여

$\displaystyle\int_0^x 0\,dt < \int_0^x f(t)dt < \int_0^x 1\,dt$를 만족한다.

$\displaystyle\int_0^x 0\,dt = 0,\ \int_0^x 1\,dt = x$이므로 $\displaystyle 0 < \int_0^x f(t)dt < x$가 성립한다.

따라서 옳은 것은 ㉠, ㉡, ㉢이다.

14 연립방정식$\begin{cases} ax + by = p \\ cx + dy = q \end{cases}$ 를 행렬로 고치면 $\begin{pmatrix} a & b \\ c & d \end{pmatrix}\begin{pmatrix} x \\ y \end{pmatrix} = \begin{pmatrix} p \\ q \end{pmatrix}$

㉠ A의 역행렬이 존재한다면 $\begin{pmatrix} x \\ y \end{pmatrix} = \begin{pmatrix} a & b \\ c & d \end{pmatrix}^{-1} \begin{pmatrix} p \\ q \end{pmatrix}$ 이므로 연립방정식은 한 쌍의 근을 갖는다.

㉡ A의 역행렬 존재하지 않는다 : $ad-bc=0$, $ad-bc=0 \Leftrightarrow \frac{a}{c}=\frac{b}{d}$

B의 역행렬 존재하지 않는다 : $aq-pc=0$, $aq-pc=0 \Leftrightarrow \frac{a}{c}=\frac{p}{q}$

$\therefore$ $\frac{a}{c}=\frac{b}{d}=\frac{p}{q}$ 이므로 연립방정식은 무수히 많은 해를 갖는다.

㉢ A의 역행렬이 존재 한다고 했으므로 $ad-bc \neq 0$

그리고 $k_1 \neq 0$ or $k_2 \neq 0$라 가정하자.(문제 조건의 대우)

ⓐ $k_1 \neq 0$

$$\mathrm{I}k_1\begin{pmatrix} a \\ c \end{pmatrix}+k_2\begin{pmatrix} b \\ d \end{pmatrix}=\begin{pmatrix} 0 \\ 0 \end{pmatrix} \Rightarrow \begin{pmatrix} k_1a+k_2b \\ k_1c+k_2d \end{pmatrix}=\begin{pmatrix} 0 \\ 0 \end{pmatrix}$$

$a=-\frac{k_2}{k_1}b \Rightarrow \frac{a}{b}=-\frac{k_2}{k_1}$ ($k_1 \neq 0$이므로 양변을 나눌 수 있다)

$c=-\frac{k_2}{k_1}d \Rightarrow \frac{c}{d}=-\frac{k_2}{k_1}$ ($k_1 \neq 0$이므로 양변을 나눌 수 있다)

$\therefore$ $\frac{a}{b}=\frac{c}{d} \Rightarrow ad-bc=0$이므로 문제의 전제와 모순된다.

ⓑ $k_2 \neq 0$

$$k_1\begin{pmatrix} a \\ c \end{pmatrix}+k_2\begin{pmatrix} b \\ d \end{pmatrix}=\begin{pmatrix} 0 \\ 0 \end{pmatrix} \Rightarrow \begin{pmatrix} k_1a+k_2b \\ k_1c+k_2d \end{pmatrix}=\begin{pmatrix} 0 \\ 0 \end{pmatrix}$$

$b=-\frac{k_1}{k_2}a \Rightarrow \frac{b}{a}=-\frac{k_1}{k_2}$ ($k_2 \neq 0$이므로 양변을 나눌 수 있다)

$d=-\frac{k_1}{k_2}c \Rightarrow \frac{d}{c}=-\frac{k_1}{k_2}$ ($k_2 \neq 0$이므로 양변을 나눌 수 있다)

$\therefore$ $\frac{b}{a}=\frac{d}{c} \Rightarrow ad-bc=0$ 이므로 문제의 전제와 모순된다.

ⓐ, ⓑ에 의해 $k_1=k_2=0$이다.

따라서 옳은 것은 ㉠, ㉡, ㉢이다.

15

(가) $\beta-\alpha=\sqrt{(\alpha+\beta)^2-4\alpha\beta}=\sqrt{\left(-\frac{b}{a-1}\right)^2-4\cdot\frac{c}{a-1}}=\sqrt{\left(\frac{1}{a-1}\right)^2(b^2-4c(a-1))}=\frac{\sqrt{d}}{|a-1|}$

(나) $(a-1)x^2+bx+c=(a-1)(x-\alpha)(x-\beta)$라 둘 수 있으므로

$$\int_\alpha^\beta\{(a-1)x^2+bx+c\}\,dx=(a-1)\int_\alpha^\beta(x-\alpha)(x-\beta)\,dx$$

(다) cf) $\int_\alpha^\beta a(x-\alpha)(x-\beta)\,dx=-\frac{a}{6}(\beta-\alpha)^3$

따라서 $(a-1)\int_\alpha^\beta(x-\alpha)(x-\beta)\,dx=-\frac{a-1}{6}(\beta-\alpha)^3$

$\therefore$ (가) $=\frac{\sqrt{d}}{|a-1|}$, (나) $=a-1$, (다) $=\frac{1-a}{6}(\beta-\alpha)^3$

16

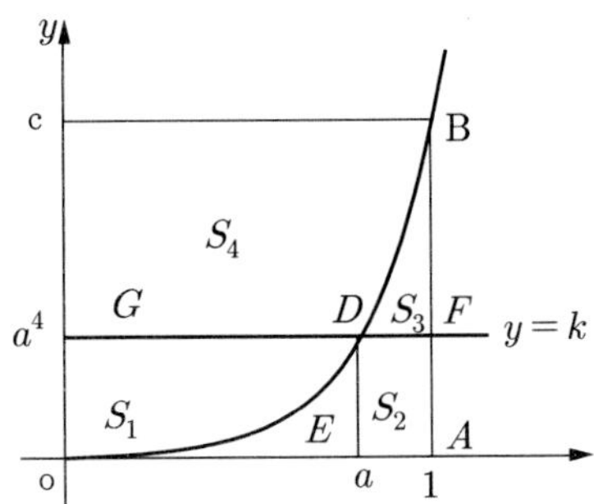

$y=k$와 $y=x^4$과의 교점을 D(a, a^4)라고 하자.
또한, $y=k$와 y축과의 교점을 G, 점 D에서 x축에 내린 수선의 발을 $E(a,\ 0)$, $y=k$와 $x=1$의 교점을 F(1, a^4)라 하자.

이 때, 직선 $x=a$, x축, $y=x^4$으로 둘러싸인 부분의 넓이는 $\int_0^a x^4dx=\frac{a^5}{5}$이다.

$\therefore\ S_1=$ 사각형OEDG$-\int_0^a x^4dx=a^5-\frac{a^5}{5}=\frac{4}{5}a^5$

S_2의 넓이는 사각형OAFG에서 S_1의 넓이를 뺀 것과 같다.

$\therefore\ S_2=1\cdot k-S_1=a^4-\frac{4}{5}a^5(\because k=a^4)$

S_3의 넓이는 $x=a$, $x=1$, x축, $y=x^4$으로 둘러싸인 부분의 넓이에서 사각형DEAF를 뺀 넓이이다.

$\therefore\ S_3=\int_a^1 x^4dx-(1-a)a^4=\frac{1}{5}-\frac{a^5}{5}-(a^4-a^5)=\frac{1}{5}+\frac{4}{5}a^5-a^4$

S_4의 넓이는 사각형CGFB에서 S_3의 넓이를 뺀 것과 같다.

$\therefore\ S_4=1\cdot(1-k)-\left(\frac{1}{5}+\frac{4}{5}a^5-a^4\right)=\frac{4}{5}-\frac{4}{5}a^5$

$$\therefore\ |S_1-S_3|+|S_2-S_4|=\left|\frac{4}{5}a^5-\left(\frac{1}{5}+\frac{4}{5}a^5-a^4\right)\right|+\left|a^4-\frac{4}{5}a^5-\left(\frac{4}{5}-\frac{4}{5}a^5\right)\right|$$
$$=\left|a^4-\frac{1}{5}\right|+\left|a^4-\frac{4}{5}\right|=\left|k-\frac{1}{5}\right|+\left|k-\frac{4}{5}\right|$$

따라서,

㉠ $0<k<\frac{1}{5}$

$|S_1-S_3|+|S_2-S_4|=-2k+1$

㉡ $\frac{1}{5}\le k<\frac{4}{5}$

$|S_1-S_3|+|S_2-S_4|=\frac{3}{5}$

㉢ $\frac{4}{5}\le k<1$

$|S_1-S_3|+|S_2-S_4|=2k-1$

㉠, ㉡, ㉢에서 $\frac{1}{5}\le k<\frac{4}{5}$일 때 최솟값 $\frac{3}{5}$이다.

17 P(x, y, z)라 두면

(가) $(\vec{p}-\vec{a})\cdot(\vec{p}-\vec{b})=0$

$\{(x,y,z)-(4,0,0)\}\cdot\{(x,y,z)-(-4,0,0)\}=(x-4)(x+4)+y\cdot y+z\cdot z=0$

$\therefore x^2+y^2+z^2=16$

(나) $\vec{p}-\vec{a}=\overrightarrow{OP}-\overrightarrow{OA}=\overrightarrow{AP}$

$\therefore (\vec{p}-\vec{a})\cdot(\vec{p}-\vec{a})=\overrightarrow{AP}\cdot\overrightarrow{AP}=|\overrightarrow{AP}|^2=\overline{AP}^2=16$

$\therefore \overline{AP}=4$

이 때, 점 P에서 구의 지름에 내린 수선의 발을 H라 두면 $\overline{PH}=2\sqrt{3}$ 이므로 주어진 점 P는 반지름이 $2\sqrt{3}$ 인 원 위를 움직인다.

$\therefore$ 점 P의 자취의 길이 $=2\pi\cdot 2\sqrt{3}=4\sqrt{3}\pi$

18 점 P에서의 접선의 방정식은 $y-4a^2=4a(x-2a) \Rightarrow y=4ax-4a^2$이므로 x절편은 A$(a, 0)$이다.

이 때, 점 P에서 X축에 내린 수선의 발을 H라 하자.

여기서 삼각형BOA와 삼각형AHP가 닮아 있으므로 $\overline{OB}=x$라 두면 $x:a=a:4a^2 \Rightarrow x=\frac{1}{4}$

이 때, 삼각형 BOA의 넓이$=\frac{1}{2}\cdot a\cdot\frac{1}{4}=r(a)\cdot\frac{1}{2}\left(a+\frac{1}{4}+\sqrt{a^2+\frac{1}{16}}\right)$

$\therefore r(a)=\frac{a}{4a+1+\sqrt{16a^2+1}}$

$\therefore \lim_{a\to\infty} r(a)=\lim_{a\to\infty}\frac{a}{4a+1+\sqrt{16a^2+1}}=\frac{1}{4+4}=\frac{1}{8}$

19 $\sum_{n=1}^{\infty} S_n$은 무한등비급수이고, 모두 닮음도형이며, 초항=1이므로 공비만 구해주면 된다.

첫 번째 정사각형과 두 번째 정사각형의 넓이비{=(길이비)^2}가 주어진 무한수열의 공비이다.

㉠ 두 번째 정사각형의 한 변의 길이를 a라 하면

$\overline{A_2C_2}=\sqrt{2}a$이다.

$\triangle A_2B_1H$에서 $\overline{A_2B_1}=1$ (중심이 B_1인 원의 반지름), $\overline{B_1H}=\frac{1}{2}$ 이고 삼각비에 의해 $\overline{A_2H}=\frac{\sqrt{3}}{2}$ 이다.

$\overline{A_2H'}=1-\frac{\sqrt{3}}{2}=\overline{C_2H}$ 이므로 $\overline{A_2C_2}=1-2\cdot\left(1-\frac{\sqrt{3}}{2}\right)=\sqrt{2}a$

$\therefore a=\frac{\sqrt{3}-1}{\sqrt{2}}$

㉡ 길이의 닮음비는 $\frac{a}{1}=a$이므로 공비는 a^2이 된다.

$a^2=\frac{(\sqrt{3}-1)^2}{2}=2-\sqrt{3}$

$\therefore \sum_{n=1}^{\infty} S_n=\frac{1}{1-(2-\sqrt{3})}=\frac{1+\sqrt{3}}{2}$

20 점 D(0, 0, h)라 두면 β의 평면의 방정식은 $\frac{x}{1}+\frac{y}{2}+\frac{z}{h}=1 \Rightarrow 2hx+hy+2z-2h=0$

이 때, 평면 β가 평면 α와 xy평면이 이루고 있는 각을 이등분하기 때문에 α평면과 β평면이 이루고 있는 각은 β평면과 xy평면이 이루고 있는 각과 같다.

α평면의 법선벡터를 $\vec{a}=(6,\ 3,\ 2)$, β평면의 법선벡터를 $\vec{b}=(2h,\ h,\ 2)$, xy평면의 법선벡터를 $\vec{c}=(0,\ 0,\ 1)$라 두면 $\cos\theta=\frac{\vec{a}\cdot\vec{b}}{|\vec{a}|\cdot|\vec{b}|}=\frac{\vec{b}\cdot\vec{c}}{|\vec{b}|\cdot|\vec{c}|}$이므로 $\frac{12h+3h+4}{7}=\frac{2}{1} \Leftrightarrow 15h+4=14$

$\therefore\ h=\frac{2}{3}$

21 자영업자의 하루 매출액을 확률변수X라 하면, $X \sim N(30,\ 4^2)$을 따른다.

이 자영업자의 하루 매출액이 31만원 이상 일 확률을 구해보면

$P(X \geq 31)=P\left(Z \geq \frac{31-30}{4}\right)=P(Z \geq 0.25)=0.5-P(0 \leq Z \leq 0.25)=0.4$

600일을 영업했을 때 하루 매출액이 31만 원 이상인 날의 수를 확률변수 Y라 하면 $Y \sim B(600,\ 0.4)$를 따른다.

600은 충분히 큰 수이므로 이 확률변수 Y는 정규분포 $N(240,\ 12^2)$에 근사해간다.

이 때, 기부금의 총 금액이 222000원 이상일 확률을 구하는 것은 기부 횟수가 222회 이상일 확률 $P(Y \geq 222)$을 구하는 것과 같다.

$\therefore P(Y \geq 222)=P\left(Z \geq \frac{222-240}{12}\right)=P(Z \geq -1.5)=0.5+P(0 \leq Z \leq 1.5)=0.93$

22 ㉠ 매초 1의 일정한 속력으로 움직이므로 P는 $4k$초(단, k는 자연수) 후에, Q는 $(2+\sqrt{2})m$초(단, m은 자연수) 후에 원점에 도달한다.

$4k=(2+\sqrt{2})m$

양변을 m으로 나눠주면 $\frac{4k}{m}=2+\sqrt{2}$이므로 $\sqrt{2}=\frac{4k}{m}-2$라 둘 수 있다.

좌변=무리수, 우변=유리수이므로 만족하는 자연수 k, m은 존재하지 않는다.

∴ 두 점 P, Q는 출발 후 원점에서 다시 만나는 경우는 없다.

㉡ 출발 후 4초가 되는 순간, 점 P는 원점에 있다. 점 Q는 원점에서 $2-\sqrt{2}$만큼 떨어진 장소에 있다.

㉢ 출발 후 2초가 되는 순간, P의 좌표는 $B(1,\ 1,\ 0)$이 된다. 또한, 그 순간 Q의 위치는 A점에서 선분 D의 방향으로 1만큼 간 곳에 위치한다.

그런데, $\angle$OAD$=45^\circ$이므로 점 Q의 좌표는 $\left(0,\ 1-\frac{\sqrt{2}}{2},\ \frac{\sqrt{2}}{2}\right)$가 된다.

$\therefore\ \overline{PQ}=\sqrt{(1-0)^2+\left(\frac{\sqrt{2}}{2}\right)^2+\left(\frac{\sqrt{2}}{2}\right)^2}=\sqrt{2}$

따라서 옳은 것은 ㉠, ㉢이다.

23 두 수 a, b의 최대공약수를 G, 최소공배수를 L이라 하면 $ab=LG$와 같다.
따라서 문제의 자연수 k, n에 대해 $kn=5!\cdot13!$라 둘 수 있다.
k, n의 최대공약수가 120이므로 $k=120a$, $n=120b$ (단, a, b는 서로소)라 표현할 수 있다.
최소공배수는 $13!=5!ab$이므로 이를 정리하면 $ab=2^7\cdot3^4\cdot5\cdot7\cdot11\cdot13$이라 둘 수 있다.
a와 b는 서로소이므로 6종류의 소수들을 a와 b를 분배해주는 경우의 수와 같아진다.
(즉, 2가 a의 원소일지 b의 원소일지만 정해주면 그 거듭제곱은 모두 그쪽에 속해야만 한다)
6개의 원소를 두덩이로 분할하는 방법은 (0, 6), (1, 5), (2, 4), (3, 3)의 4종류가 있다.
$k\le n$이므로 $a\le b$이어야 하기 때문에 분할 후 순서는 고려하지 않아도 된다.

$$\therefore {}_6C_0\cdot{}_6C_6+{}_6C_1\cdot{}_5C_5+{}_6C_2\cdot{}_4C_4+{}_6C_3\cdot{}_6C_3\cdot\frac{1}{2!}=32$$

따라서 (k, n)순서쌍의 개수는 32개이다.

24 주어진 식을 변형하면 $\left(\frac{1}{3}\right)^a=2a$, $\left(\frac{1}{9}\right)^b=b$, $\left(\frac{1}{4}\right)^c=c$로 나타낼 수 있다.

a는 $y=\left(\frac{1}{3}\right)^x$와 $y=2x$의 교점의 x좌표,

b는 $y=\left(\frac{1}{9}\right)^x$과 $y=x$와의 교점의 x좌표,

c는 $y=\left(\frac{1}{4}\right)^x$와 $y=x$와의 교점의 x좌표라 볼 수 있다.

따라서 그래프를 그려보면 대소를 쉽게 파악할 수 있다.
따라서, a, b, c의 대소는 $a<b<c$이다.

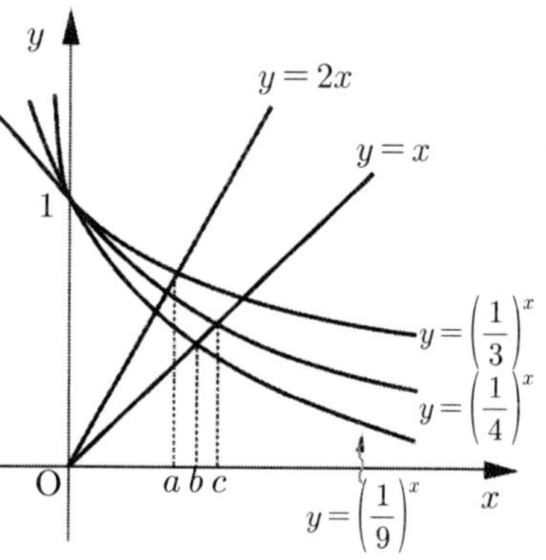

25 $(A+B)(A-B)=O$
영행렬이 아닌 두 행렬의 곱이 영행렬 이므로 $A+B$, $A-B$는 영인자이다.
영인자는 $ad-bc=0$이므로
$24-6x=0$, $x=4$
$-24+2y=0$, $y=12$
$\therefore\ xy=48$

26 주어진 규칙에 따라 그래프를 그리면 다음 그림과 같다(단, $0<x<10$).

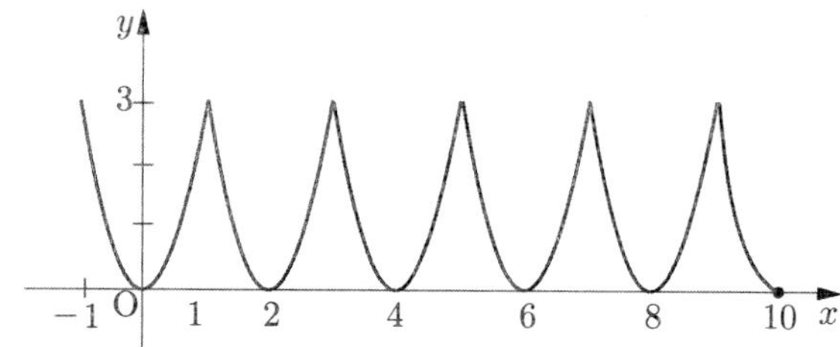

이 때, $[f(x)]$는 $f(x)=1$, 2, 3일 때 불연속이다.
$\therefore$ 총 25개의 교점이 생긴다.

27 $f(x)=P(x)-8=(x-1)^3Q(x)$라 두고 양변을 미분하면

$f'(x)=3(x-1)^2Q(x)+(x-1)^3Q'(x)=(x-1)^2\{3Q(x)+(x-1)Q'(x)\}$

$f'(x)=g(x)$라 두면 $g(x)$는 $x=1$에서 중근을 가지므로 $g(1)=0, g'(1)=0$

또한, $f(x)=P(x)-8$이므로 $f'(x)=P'(x)=g(x)$

$P(x)=(x+1)^3(ax^2+bx+c)-8$이라 두면

$P(1)=8(a+b+c)-8=8 \Rightarrow \therefore a+b+c=2$($\because$ 나머지정리)

$P'(x)=3(x+1)^2(ax^2+bx+c)+(x+1)^3(2ax+b)$

$P'(x)=f'(x)=g(x)$이므로

$g(1)=12(a+b+c)+8(2a+b)=0 \Rightarrow 2a+b=-3$이다.

$g'(x)=6(x+1)(ax^2+bx+c)+3(x+1)^2(2ax+b)+3(x+1)^2(2ax+b)+(x+1)^3(2a)$

$g'(1)=6\cdot 2\cdot 2+3\cdot 2^2\cdot(-3)+3\cdot 2^2\cdot(-3)+2^3\cdot 2a=0$

$\therefore\ a-3, b=-9, c=8$

$\therefore\ P(x)=(x+1)^3(3x^2-9x+8)-8$이므로 $P(2)=3^3\times(3^3-3\cdot 3+8)-8=46$

28 반원 안의 수들을 군수열로 보면

(1), (2, 3, 4), (5, 6, 7, 8, 9), ⋯와 같이 묶을 수 있다.

n군의 첫째항들의 일반항a_n은 초항이 1인 계차수열이다.

따라서 $a_n=1+\sum_{k=1}^{n-1}(2k-1)=(n-1)^2+1=n^2-2n+2$이다.

이 때, n군의 항수는 $2n-1$, 각 군안에서의 규칙은 반시계방향으로 1씩 증가하는 것이다.

따라서 n군의 k번째 항 $a_{n,k}=n^2-2n+2+k-1$

문제에서 주어진 어두운 영역은 20군 수열 전체의 $\frac{1}{4}$지점에 있는 숫자이다.

20군 수열 항의 개수는 $2\cdot 20-1=39$(개) 이므로 $\frac{1}{4}$지점은 19군의 10번째 항이다.

$\therefore$ n군의 k번째항 $=n^2-2n+2+k-1$ 이므로 $20^2-2\cdot 20+2+10-1=371$

29 [규칙 1]을 따라 이동하는 횟수를 a, [규칙 2]를 따라 이동하는 횟수를 b 라고 한다.

총 이동 횟수에 의해 ① $a+b=5$이고

[규칙 1]로 a번 이동했을 경우의 좌표는 $(a,\ 2a)$

[규칙 2]로 b번 이동했을 경우의 좌표는 $(2b,\ b)$이므로

$(8,7)$에 도달했다면 ② $a+2b=8$, ③ $2a+b=7$이다.

따라서 $a=2, b=3$이다.

[규칙 1]로 2번, [규칙 2]로 3번 이동했으므로

$(8,7)$에 도달할 확률은 $=\frac{5!}{2!3!}\cdot\left(\frac{1}{3}\right)^2\left(\frac{2}{3}\right)^3=\frac{80}{243}=\frac{q}{p}$

$\therefore\ p+q=323$

30 xy평면으로 잘린 단면의 방정식은 $z=0$을 대입한 방정식이므로

$(x-3)^2+(y-2)^2+9=27$

$\therefore\ (x-3)^2+(y-2)^2=18$이다.

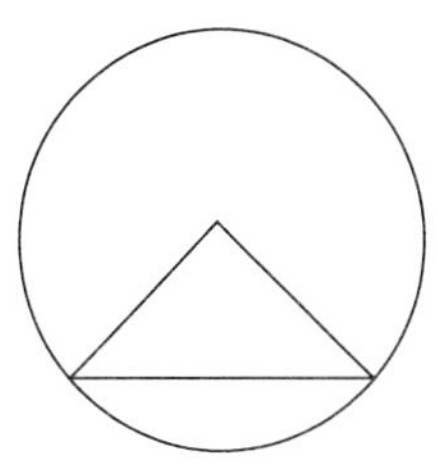

이 구를 yz평면으로 자를 경우, $x=0$으로 자르는 효과가 발생하므로,

구하고자 부분은 다음 그림에서 아래쪽 활꼴을 제외한 큰 활꼴의 넓이가 된다.

이 때, 주어진 큰 활꼴은 그림과 같이 부채꼴과 삼각형으로 나눠서 구할 수 있다.

주어진 삼각형 밑변을 구하기 위해 $x=0$과의 교점을 구해보면 $(y-2)^2=9$,

$y=-1$ 또는 5이다.

즉, 활꼴의 양 끝을 이은 선분의 길이가 6이므로 주어진 삼각형은 직각삼각형이 된다. ($\because$ 반지름$=3\sqrt{2}$)

두 평면에 의해 잘린 단면의 넓이는 같으므로 결국 한 도형 넓이의 2배를 해 주면 된다.

$\therefore$ 넓이의 합 $=2\cdot$(그림의 부채꼴의넓이 + 직각삼각형의 넓이)

$$=2\cdot\left\{\frac{1}{2}\cdot(3\sqrt{2})^2\cdot\frac{3\pi}{2}+\frac{1}{2}\cdot(3\sqrt{2})^2\right\}=27\pi+18=a\pi+b$$

$\therefore\ a+b=27+18=45$

06 2011학년도 정답 및 해설

ANSWER

01	02	03	04	05	06	07	08	09	10	11	12	13	14	15	16	17	18	19	20
②	④	⑤	①	④	②	③	①	②	③	①	④	⑤	③	①	①	⑤	④	④	③
21	**22**	**23**	**24**	**25**	**26**	**27**	**28**	**29**	**30**										
⑤	③	①	④	16	11	16	11	59	142										

01 무한 급수가 수렴하므로

$$\lim_{n\to\infty}\left(\frac{a_n}{n}-3\right)=0,\ \lim_{n\to\infty}\frac{a_n}{n}=3$$

$$\therefore \lim_{n\to\infty}\frac{2a_n+3n-1}{a_n-1}=\lim_{n\to\infty}\frac{\frac{2a_n}{n}+\frac{3n}{n}-\frac{1}{n}}{\frac{a_n}{n}-\frac{1}{n}}=\frac{2\cdot3+3}{3}=3$$

02 $P(A\cup B)=P(A)+P(B)-P(A\cap B)$ 이므로
$0.8=0.4+0.5-P(A\cap B) \Leftrightarrow P(A\cap B)=0.1$
따라서, 그림과 같이 나타낼 수 있다.

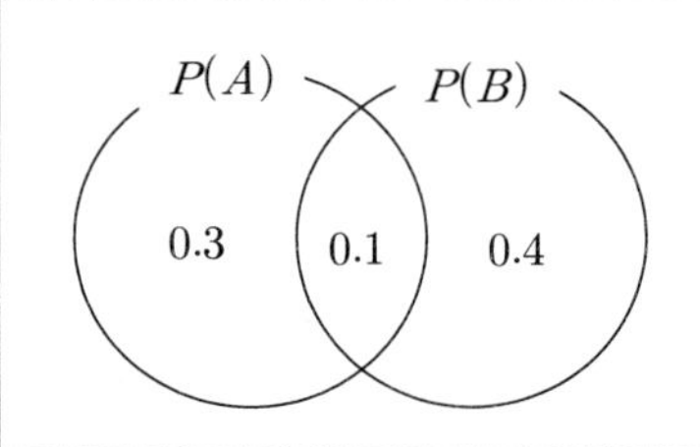

$$P(A^c|B)+P(A|B^c)=\frac{P(A^c\cap B)}{P(B)}+\frac{P(A\cap B^c)}{P(B^c)}$$
$$=\frac{P(B-A)}{P(B)}+\frac{P(A-B)}{P(B^c)}$$
$$=\frac{0.5-0.1}{0.5}+\frac{0.4-0.1}{0.5}=\frac{7}{5}=1.4$$

03 $|\vec{a}|=3, |\vec{b}|=5, |\vec{a}+\vec{b}|=7$

$$(2\vec{a}+3\vec{b})\cdot(2\vec{a}-\vec{b})=4|\vec{a}|^2+4(\vec{a}\cdot\vec{b})-3|\vec{b}|^2=4\cdot9+4\cdot\frac{15}{2}-3\cdot25=-9$$

04 $10^{0.76}$에 상용로그를 취하면 0.76이므로 가수는 0.76이다.
$\log5<0.76<\log6$이므로 $\log5<\log10^{0.76}<\log6$이다.
따라서 정수부분은 5이다.

05 주어진 식의 양변을 제곱하여 정리하면 $4\sqrt{x(1-x)}=\sqrt{3}$

위의 식을 다시 양변을 제곱하여 정리하면 $16x(1-x)=3$

$16x^2-16x+3=0$의 두 근을 α, β라 하면 근과 계수의 관계에 의해 $\alpha+\beta=1$, $\alpha\beta=\frac{3}{16}$

따라서 $|\alpha-\beta|^2=(\alpha+\beta)^2-4\alpha\beta=1-4\cdot\frac{3}{16}=1-\frac{3}{4}=\frac{1}{4}$

$\therefore |\alpha-\beta|=\frac{1}{2}$

06 $\frac{4^x+2^x+1+2^x-1}{(2^x-1)(4^x+2^x+1)}=\frac{4^x+2\cdot2^x}{8^x-1}\le\frac{8}{8^x-1}$

$\frac{(2^x)^2+2\cdot2^x-8}{8^x-1}\le 0 \Leftrightarrow \frac{(2^x+4)(2^x-2)}{(2^x-1)(4^x+2^x+1)}\le 0$

$4^x+2^x+1>0, 2^x+4>0$이므로 $\frac{(2^x-2)}{(2^x-1)}\le 0$

따라서 $(2^x-2)(2^x-1)\le 0,\ 2^x-1\ne0$

$1<2^x\le 2 \Leftrightarrow 0<x\le 1$

$\therefore$ 정수 x는 1개다.

07 직선 $y=mx+8$이 곡선 $y=x^3+2x^2-3x$와 서로 다른 두 점에서 만나려면 한 점에서 접하고 다른 한 점에서 만나야 한다.

$f(t)=g(t),\ f'(t)=g'(t)$

$t^3+2t^2-3t=mt+8,\ 3t^2+4t-3=m$

두 식을 연립하면

$(t+2)(t^2-t+2)=0$

$t=-2(\because t^2-t+2>0)$

$\therefore m=3(-2)^2+4(-2)-3=1$

08 $\lim_{n\to\infty}\sum_{k=1}^{n}g\left(\frac{3k}{n}\right)\frac{1}{n}=\frac{1}{3}\int_0^3 g(x)dx$

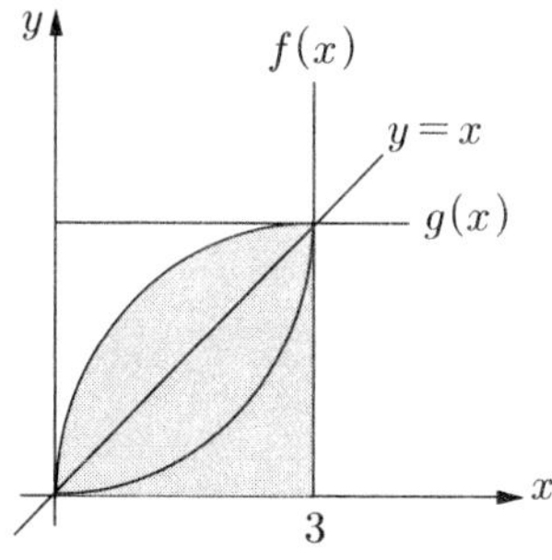

색칠한 부분의 넓이 $=9-\int_0^3 f(x)dx=\frac{27}{4}$ $\quad\therefore \frac{1}{3}\int_0^3 g(x)dx=\frac{1}{3}\left\{9-\int_0^3 g(x)dx\right\}=\frac{1}{3}\cdot\frac{27}{4}=\frac{9}{4}$

09 $y=4px$이므로 초점의 좌표는 $F(p,\ 0)$이고 준선은 $x=-p$

$\overline{PF} : \overline{QF}=2:5$이므로 $\overline{QF}=5p$

점 Q에서 l에 내린 수선의 발을 Q'라 하고 P에서 $\overline{QQ'}$에 내린 수선의 발을 H라 하면

$\overline{QQ'}=5p$, $\overline{HQ}=3p$

$\overline{SQ} : \overline{FQ}=5:3$

$$\frac{\overline{QF}}{\overline{FS}}=\frac{5p}{\overline{QS}-\overline{QF}}=\frac{3}{2}$$

10 먼저 사격한 선수만 10점을 얻는 사건을 B, 그 선수가 A인 사건을 A라 하면

$$P(A|B)=\frac{P(A\cap B)}{P(B)}$$

$$P(A\cap B)=\frac{3}{4}\cdot\frac{1}{3}=\frac{3}{12}$$

$$P(B)=\frac{3}{4}\cdot\frac{1}{3}+\frac{2}{3}\cdot\frac{1}{4}=\frac{5}{12}$$

$$\therefore\ P(A|B)=\frac{P(A\cap B)}{P(B)}=\frac{\frac{1}{4}}{\frac{5}{12}}=\frac{3}{5}$$

11

$$\pi\int_0^6(\sqrt{x+2})^2dx-\pi\int_0^2(\sqrt{-x+2})^2dx-\pi\int_2^6(\sqrt{2x+4})^2dx$$

$$=\pi\left\{\int_0^6(x+2)dx+\int_2^6(x+2)dx-\int_0^2(-x+2)dx-\int_2^6(2x+4)dx\right\}$$

$$=\pi\left\{[x^2]_0^2+\left[-\frac{1}{2}x^2+6x\right]_2^6\right\}$$

$$=\pi(4-16+24)=12\pi$$

12 $y=f'(x)$ 그래프의 개형은 다음과 같다.

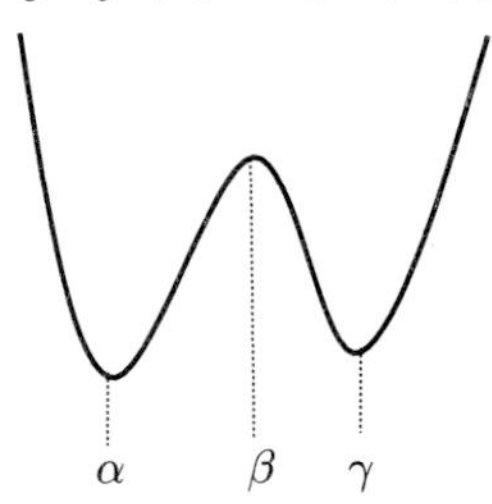

㉠

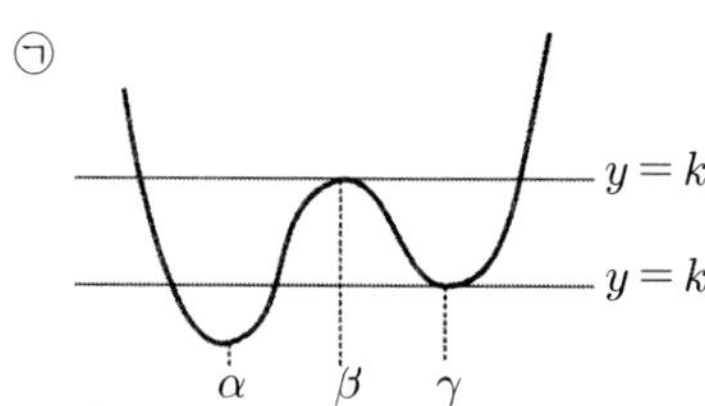

서로 다른 세 실근을 가지면 극댓값은 $f(\beta)$이지만 $f(\beta)$가 k일 필요는 없다.

㉡ $f(\alpha)f(\beta)f(\gamma)<0$이면 셋 중 하나만 음수이거나 모두 음수이다.
그래프를 보면 $f(x)=0$이 서로 다른 두 실근을 가진다.

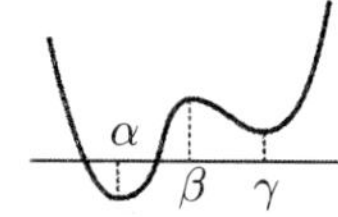

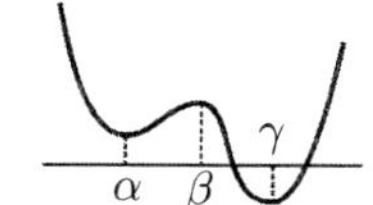

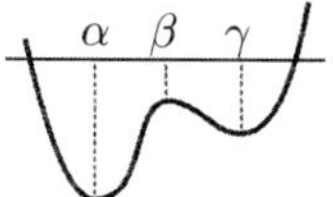

㉢ $f(x)=0$이 서로 다른 네 실근을 가지려면 $f(\alpha)<0, f(\gamma)<0, f(\beta)>0$ 이어야 한다.

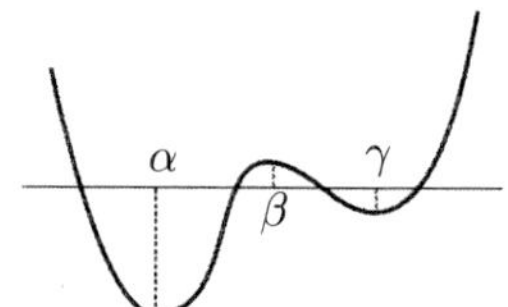

13 $t=0,\ I=100,\ t=28,\ I=79$

$$\begin{cases}100=a\log(0+7)+b\\79=a\log(28+7)+b\end{cases}$$

$a\log7+b=a\log7+b+a\log5$

$0.7a=-21,\ \therefore a=-30$

$t=63$일 때 정확도 I는

$I=-30\log(63+7)+b\equiv-30\log70+b$

$=-30(\log7+1)+b=100-30=70$

14 반구의 밑면의 넓이를 S라 하면

$S_1\cdot\cos\theta=S,\quad S_2\cdot\cos\left(\frac{\pi}{2}-\theta\right)=\frac{1}{2}S$

$S_1:S_2=3:2$이므로

$\frac{3}{2}S\frac{1}{\sin\theta}=2S\frac{1}{\cos\theta}$

$\therefore\ \frac{3}{4}=\frac{\sin\theta}{\cos\theta}=\tan\theta$

15 (가) $S_2=\frac{1\cdot 2}{2+1}+\frac{2\cdot 3}{2+2}=\frac{13}{6}$

(나) $S_{m+1}-S_m=-2\left(\frac{1}{m+1}+\frac{2}{m+2}+\frac{3}{m+3}+\cdots+\frac{m}{2m}\right)+\frac{m(m+1)}{(m+1)+m}+\frac{(m+1)(m+2)}{(m+1)+m+1}$

$\therefore f(m)=\frac{m(m+1)}{2m+1}$

(다) $\frac{1}{m+m}+\frac{2}{m+m}+\cdots+\frac{m}{m+m}=\frac{\frac{m(m+1)}{2}}{2m}=\frac{m+1}{4}$

$\therefore g(m)=\frac{m+1}{4}$

$\therefore af(3)g(3)=\frac{13}{6}\cdot\frac{3\cdot 4}{6+1}\cdot\frac{3+1}{4}=\frac{26}{7}$

16 그림의 어두운 원 2개를 포함하고 있는 직사각형은 모두 닮음이므로 닮음비만 구하면 공비를 알 수 있다.

직사각형의 길이비는 $\sqrt{2}:1$이므로 원의 넓이비는 $2:1$, 공비는 $\frac{1}{2}$

가장 큰 원의 반지름을 r_1이라 하면

$\frac{1}{2}\cdot\sqrt{2}\cdot\frac{1}{2}=\frac{r_1}{2}\left(\frac{\sqrt{3}}{2}+\frac{\sqrt{3}}{2}+\sqrt{2}\right)$

$r_1=\frac{\sqrt{2}}{2(\sqrt{3}+\sqrt{2})}=\frac{\sqrt{6}-2}{2}$

$S_1=2\cdot\pi\cdot\left(\frac{\sqrt{6}-2}{2}\right)^2=(5-2\sqrt{6})\pi$

$\therefore \sum_{n=1}^{\infty}S_n=\frac{(5-2\sqrt{6})\pi}{1-\frac{1}{2}}=2(5-2\sqrt{6})\pi$

17 $(0,\ 1)$까지 3회 이동

$(0,\ 2)$까지 $3+11$회 이동

$(0,\ 3)$까지 $3+11+19$회 이동

⋮

$(0,\ 10)$까지 $3+11+19+\cdots$ 회 이동

$\therefore \sum_{n=1}^{10}(8n-5)$회 이동

$\therefore k=8\cdot\frac{10\cdot 11}{2}-50=390$

18 사각형 $BCDE$는 xy평면의 정사각형이다.
따라서 사각뿔의 부피를 $f(t)$라 하면

$$f(t)=\frac{1}{3}(\sqrt{2}t)^2\cdot(4-t)\,(0<t<4)$$

$$f(t)=\frac{1}{3}2t^2\cdot(4-t)=\frac{2}{3}(4t^2-t^3)$$

$$f'(t)=\frac{2}{3}(8t-3t^2)=\frac{2}{3}t(8-3t)$$

$0<t<4$에서 $t=\frac{8}{3}$일 때 극대이자 최대가 된다.

$\therefore\ t=\frac{8}{3}$일 때 사각뿔의 부피가 최대가 된다.

19 $\triangle ABG$는 직각삼각형이고 그림과 같이 나타낼 수 있다.

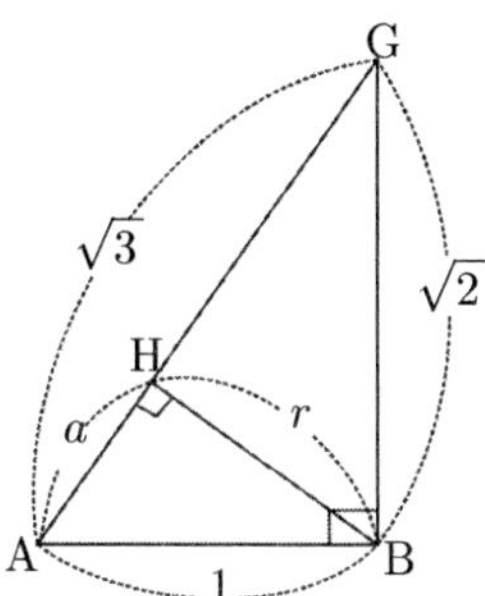

$\triangle AHB$, $\triangle ABG$가 닮음이므로 $1:r=\sqrt{3}:2 \Leftrightarrow r=\frac{\sqrt{6}}{3}$

$$a^2=1-\left(\frac{\sqrt{6}}{3}\right)^2=\frac{1}{3} \Leftrightarrow a=\frac{\sqrt{3}}{3}$$

$$\therefore\ ar=\frac{\sqrt{3}}{3}\cdot\frac{\sqrt{6}}{3}=\frac{\sqrt{2}}{3}$$

20 ㉠ $f(0)\cdot g(0)=0$

$\lim_{x\to-0}f(x)g(x)=(-1)\cdot 0=0$

$\lim_{x\to+0}f(x)g(x)=0\cdot 0=0$

$\therefore\ f(x)g(x)$는 $x=0$에서 연속

㉡ $f(g(0))=0$

$\lim_{x\to-0}f(g(x))=f(-0)=-1$

$\lim_{x\to+0}f(g(x))=f(+0)=0$

㉢ $f(x)=[x]$는 항상 정수값을 갖고 $g(x)=\sin\pi x$는 x가 정수이면 항상 0이므로 $g(f(x))=0$인 상수함수이고 모든 실수에서 연속이다.

따라서, 옳은 것은 ㉠, ㉢이다.

21 ㉠ $X=\begin{pmatrix}1 & 0\\0 & -1\end{pmatrix}$이라 하면, $X^2=\begin{pmatrix}1 & 0\\0 & 1\end{pmatrix}$이므로 $X^2\in M$이지만 $X\notin M$이다.

㉡ $X^2=X$

$(E-X)^2=X^2-2X+E=X-2X+E=-X+E$

$\therefore\ E-X\in M$

㉢ $(X^m+Y^n)^2=(X^m)^2+X^mY^n+Y^nX^m+(Y^n)^2$

$=X+X^mY^n+Y^nX^m+Y$

$=X+XY-XY+Y$

$=X+Y$

$\because\ X^2=X,\ Y^2=Y,\ XY=-YX$

$X^2=X,\ X^3=X^2\cdot X=X^2=X\cdots\ \therefore\ X^m=X$

$Y^2=Y,\ Y^3=Y^2\cdot Y=Y^2=Y\cdots\ \therefore\ Y^n=Y$

따라서 옳은 것은 ㉡, ㉢이다.

22 $\overline{PA}=\overline{AB}$이므로 $\log_a x:\log_b x=2:1$이다.

$b=a^2$

$\overline{PA}=\frac{1}{3},\ \overline{CQ}=\frac{2}{3}$

점 $P\left(a^{\frac{2}{3}},\ \frac{2}{3}\right)$, 점 $Q\left(a^{\frac{4}{3}},\ \frac{2}{3}\right)$

따라서 사각형 PAQC의 넓이는 $\frac{1}{2}\left(\frac{1}{3}+\frac{2}{3}\right)\cdot(a^{\frac{4}{3}}-a^{\frac{2}{3}})=1 \Leftrightarrow (a^{\frac{4}{3}}-a^{\frac{2}{3}})=2$

$(a^{\frac{2}{3}})^2-(a^{\frac{1}{3}})^2-2=0,\ \ a^{\frac{2}{3}}=2$

$\therefore\ ab=a^3=16\sqrt{2}$

23

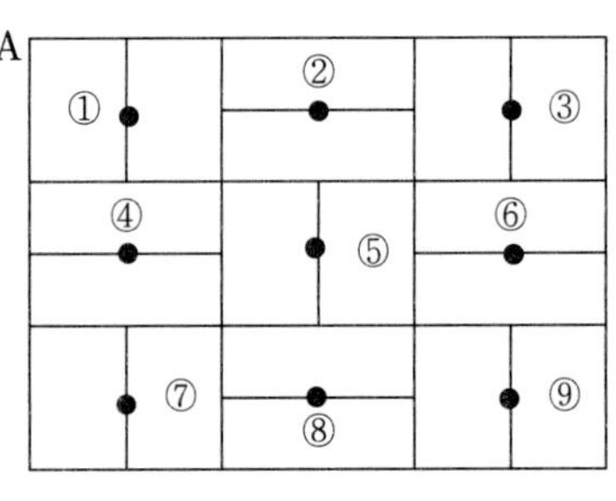

①과 ⑨, ②와 ⑧, ③과 ⑦, ④와 ⑥을 지나는 경우의 경로수는 같다.

①과 ⑨ : $\frac{4!}{2!2!}=6$

②와 ⑧ : $\frac{3!}{2!}=3$

③과 ⑦ : 1

④와 ⑥ : $\frac{3!}{2!}=3$

⑤ : $2\cdot 2=4$

$\therefore\ 2(6+3+1+3)+4=30$(개)

24 X가 정규분포 시 $N(100,\ 0.6^2)$을 따르고
$n=9$이므로 $\overline{X}$가 정규분포 $N(100,\ 0.2^2)$을 따른다.
전면적인 조사를 할 확률이 5% 이하이므로 신뢰도 95% 이상이다.

표준정규분포표에 의하면 $|\overline{X}-n|=k\dfrac{\sigma}{\sqrt{n}}\le c$

$1.96\times\dfrac{0.6}{\sqrt{9}}=0.392\le c$

25 $\begin{pmatrix}-b-1 & a-8\\ 2a & 2b+2\end{pmatrix}\begin{pmatrix}x\\ y\end{pmatrix}=\begin{pmatrix}0\\ 0\end{pmatrix}$이 $x=0, y=0$ 이외의 해를 가지려면 역행렬이 존재하지 않아야 한다.
$D=(-b-1)(2b+2)-(a-8)(2a)=0$
$-2(b+1)^2-2a(a-8)=0 \Leftrightarrow a(a-8)+(b+1)^2=0$
$(a-4)^2+(b+1)^2=16$
따라서, 원의 넓이는 $S=16\pi$
$\therefore\ \dfrac{S}{\pi}=\dfrac{16\pi}{\pi}=16$

26 (가) $f(x)$는 이차식이고 최고차항의 계수는 $\dfrac{11}{3}$임을 알 수 있다.
(나) $f(x)$는 x를 인수로 가진다.
$\therefore$ 조건 (가), (나)에 의해 $f(x)=\dfrac{11}{3}x(x+a)$로 둘 수 있다.

$\lim\limits_{x\to0}\dfrac{f(x)}{x}=\lim\limits_{x\to0}\dfrac{\frac{11}{3}x(x+a)}{x}=\dfrac{11}{3}\cdot a=-11\ ,\ a=-3$

$\therefore\ \lim\limits_{x\to3}\dfrac{f(x)}{x-3}=\lim\limits_{x\to3}\dfrac{\frac{11}{3}x(x-3)}{x-3}=11$

27
타원 $\dfrac{x^2}{5^2}+\dfrac{y^2}{4^2}=1$ 위의 점 $(3,\ \dfrac{16}{5})$에서의 접선의 방정식은 $\dfrac{3x}{5^2}+\dfrac{\frac{16}{5}y}{4^2}=1$
초점 $F,\ F'$의 좌표는 $(3,\ 0),\ (-3,\ 0)$
$dd'=\dfrac{|9-25|}{\sqrt{9+25}}\cdot\dfrac{|-9-25|}{\sqrt{9+25}}=\dfrac{16\cdot34}{34}=16$

28 $|\overrightarrow{AP}| \cdot |\overrightarrow{OQ}|\cos\theta \geq 0,\ 0 \leq \theta \leq \frac{\pi}{2}$

따라서 $\overline{AP}$의 중점을 M이라 하면 점 Q는 $\overline{MP}$위를 움직인다.

점P에서 $\overline{AO}$위에 수선의 발 H를 내리면 $\overline{AH}=\frac{1}{2}$, $\overline{PH}=\frac{\sqrt{3}}{2}$

Q가 존재하는 영역은 밑면의 반지름이 $\overline{PH}$, 높이가 $\overline{AH}$인 원뿔의 높이를 반으로 밑면과 평행하게 자른 원뿔대의 옆면의 넓이이다.

θ'는 $\sqrt{3}\pi$이므로

$S=\frac{1}{2}\sqrt{3}\pi-\frac{1}{2}\left(\frac{1}{2}\right)^2\sqrt{3}\pi=\frac{3}{8}\sqrt{3}\pi$

$\therefore\ p+q=11$

29

X	3	4	5	계
P	$\frac{{}_5C_3 \cdot {}_5C_2}{{}_{10}C_5} \cdot 2=\frac{100}{126}$	$\frac{{}_5C_4 \cdot {}_5C_1}{{}_{10}C_5} \cdot 2=\frac{25}{126}$	$\frac{{}_5C_5}{{}_{10}C_5} \cdot 2=\frac{1}{126}$	1

$E(X)=\frac{300+100+5}{126}=\frac{405}{126}=\frac{45}{14}$

$E(Y)=E(14X+14)=14E(X)+14=59$

30 198이 적힌 바둑돌은 198행의 흰 바둑돌과 가장 가까운 4개 또는 6개의 흰색의 바둑돌에 적힌 숫자의 합이 198인 검은 바둑돌이다.

㉠ **제198행의 흰 바둑돌의 수** : 198행의 총 바둑돌 수는 199개이고 3개를 묶음으로 n회 반복하여 놓여져 있으므로 $3n=199$, $n=66$이므로 검은 바둑돌 수는 67개이다. 따라서 흰바둑돌의 수는 $199-67=132$개다.

㉡ **흰 바둑돌의 합이 198인 검은 바둑돌의 수** : 가장 가까운 4개의 흰색 바둑돌 합은 $4n+1=198$로 나타낼 수 있다. 하지만 이것을 만족하는 자연수 n은 존재하지 않는다. 가장 가까운 6개의 흰색 바둑돌 합은 $6n=198$, $n=33$이므로 제 33행에 있는 12개의 검은 바둑돌 중 양끝의 검은 바둑돌을 제외한 검은 바둑돌들이다. 따라서 10개이다.

$\therefore 132+10=142$

07 2012학년도 정답 및 해설

ANSWER

01	02	03	04	05	06	07	08	09	10	11	12	13	14	15	16	17	18	19	20
⑤	④	②	①	②	③	②	④	⑤	③	⑤	④	③	①	⑤	③	①	②	⑤	⑤
21	**22**	**23**	**24**	**25**	**26**	**27**	**28**	**29**	**30**										
④	①	②	③	15	145	140	60	16	20										

01

$$\frac{a_n}{b_n}=\frac{\sqrt{4n+1-2\sqrt{4n^2+2n}}}{\sqrt{2n+1-2\sqrt{n^2+n}}}$$

$$=\frac{\sqrt{(\sqrt{2n+1}-\sqrt{2n})^2}}{\sqrt{(\sqrt{n+1}-\sqrt{n})^2}}$$

$$=\frac{\sqrt{2n+1}-\sqrt{2n}}{\sqrt{n+1}-\sqrt{n}}$$

$$=\frac{\sqrt{2n+1}-\sqrt{2n}}{\sqrt{n+1}-\sqrt{n}}\times\frac{\sqrt{n+1}+\sqrt{n}}{\sqrt{n+1}+\sqrt{n}}\times\frac{\sqrt{2n+1}+\sqrt{2n}}{\sqrt{2n+1}+\sqrt{2n}}$$

$$=\frac{\sqrt{n+1}+\sqrt{n}}{\sqrt{2n+1}+\sqrt{2n}}$$

$$\lim_{n\to\infty}\frac{a_n}{b_n}=\lim_{n\to\infty}\frac{\sqrt{n+1}+\sqrt{n}}{\sqrt{2n+1}+\sqrt{2n}}$$

분모, 분자를 $\sqrt{n}$ 으로 나누면,

$$=\lim_{n\to\infty}\frac{\sqrt{1+\frac{1}{n}}+1}{\sqrt{2+\frac{1}{n}}+\sqrt{2}}=\frac{2}{2\sqrt{2}}=\frac{\sqrt{2}}{2}$$

02

$$f'(c)=\frac{f(e^2)-f(e)}{e^2-e}=\frac{e^2\ln e^2-e\ln e}{e^2-e}=\frac{2e^2-e}{e^2-e}$$

$$f'(x)=(x\ln x)'=\ln x+1\ \rightarrow f'(c)=\ln c+1$$

$$\ln c=\frac{2e^2-e}{e^2-e}-1=\frac{e^2}{e^2-e}=\frac{e}{e-1}$$

03 $\lim_{n\to\infty} S_n + 1 = \lim_{n\to\infty}\sum_{k=1}^{n}\sqrt{1+2(\frac{k}{n})}\times\frac{3}{n}+1$

적분의 정의에 따라 $\Delta x = \frac{1}{n}$, $x_k = \frac{k}{n}$이라 하면 위의 식은

$\int_0^1 3\sqrt{1+2x}\,dx+1 = \left[(1+2x)^{\frac{3}{2}}\right]_0^1+1 = 3\sqrt{3}-1+1 = 3\sqrt{3}$

$\therefore \lim_{n\to\infty} S_n + 1 = 3\sqrt{3}$

04 $(x, y) = (t-\sin 2t, 1-\cos 2t)$이다.

점 P의 속도는 위치를 시간에 대한 미분을 이용하여 구하면 $(1-2\cos 2t, 2\sin 2t)$이 된다.

속력은 속도의 크기이므로 $v = \sqrt{(1-2\cos 2t)^2+(2\sin 2t)^2} = \sqrt{5-4\cos 2t}$ $(t \geq 0)$

최대의 v는 $\cos 2t = -1$일 때 이므로 $v = 3$

05 $3\sin x + 3\sin x cos 2x - 6\sin x cos x - \cos x + 1 = 0$

$\Rightarrow 3\sin x(1+\cos 2x - 2\cos x) - \cos x + 1 = 0$

$\Rightarrow 3\sin x(2\cos^2 x - 2\cos x) - \cos x + 1 = 0$

$\Rightarrow 6\sin x\cos x(\cos x - 1) - \cos x + 1 = 0$

$\Rightarrow (\cos x - 1)(6\sin x\cos x - 1) = 0$

$\Rightarrow (\cos x - 1)(3\sin 2x - 1) = 0$

$\cos x = 1$을 만족하는 x는 없다($x=0$, 2π는 조건 $0 < x < 2\pi$를 만족하지 못한다).

$3\sin 2x = 1$을 만족하는 가장 작은 x를 α라 하면 $x = \alpha$, $\frac{\pi}{2}-\alpha$, $\pi+\alpha$, $\frac{3\pi}{2}-\alpha$

모든 실근의 합은 $\alpha + \frac{\pi}{2} - \alpha + \pi + \alpha + \frac{3\pi}{2} - \alpha = 3\pi$

06 $\frac{{}_6C_1}{k} + \frac{{}_6C_2}{k} + \dots + \frac{{}_6C_6}{k} = 1 \Rightarrow k = 63$

$m = 1\times\frac{{}_6C_1}{k} + 2\times\frac{{}_6C_2}{k} + 3\times\frac{{}_6C_3}{k} + \cdots + 6\times\frac{{}_6C_6}{k}$

$= \frac{6+2\times15+3\times20+4\times15+5\times6+6\times1}{k} = \frac{192}{k} \Rightarrow mk = 192$

$mk^2 = 192\times63 = 2^6\times3^3\times7 = 2^a\times2^b\times2^c \Rightarrow a=6,\ b=3, c=1$

$\therefore\ a+b+c = 10$

07 $2^k = \left(1+8.3\frac{A(t)}{20A(t)}\right)^c$ $\quad\because\ P(t) = 20A(t)$

양변에 자연로그를 취하면

$k\log 2 = c\log 1.415$ ($\log 1.415 = 0.15$이고, $\log 2 = 0.30$이므로) $k = \frac{1}{2}c$

08 사건 A와 사건 B가 서로 독립이다. $\leftrightarrow \mathrm{P}(A)\mathrm{P}(B)=\mathrm{P}(A\cap B)$
사건 $A\cap B$와 사건 C는 서로 배반이다. $\leftrightarrow \mathrm{P}((A\cap B)\cap C)=\varnothing$

$A\cup B\cup C=S$, $\mathrm{P}(A)=\frac{1}{2}$, $\mathrm{P}(B)=\frac{1}{3}$, $\mathrm{P}(C)=\frac{2}{3}$, $S=1$이므로,

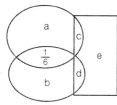

a
c
$\frac{1}{6}$
e
d
b

$a+c=\frac{2}{6}$, $b+d=\frac{1}{6}$, $c+d+e=\frac{2}{3}$, $a+b+c+d+e=\frac{5}{6}$

따라서, $e=\frac{2}{6}$, $c+d=\frac{2}{6}$가 된다.

$\mathrm{P}(A|C)+\mathrm{P}(B|C)=\frac{P(A\cap C)}{P(C)}+\frac{P(B\cap C)}{P(C)}=\frac{c+d}{c+d+e}=\frac{1}{2}$

09 $B=(-1,\ b)$이를 $-\frac{7\pi}{12}$만큼 회전변환하면 $C=(c,\ 0)$가 되어야한다.

$c^2=1+b^2$, $1=c\cos\frac{7\pi}{12}=c\cos(\frac{\pi}{4}+\frac{\pi}{3})=c(\cos\frac{\pi}{4}\cos\frac{\pi}{3}-\sin\frac{\pi}{4}\sin\frac{\pi}{3})=c(\frac{\sqrt{6}-\sqrt{2}}{4})$

식을 정리하면 $c=\sqrt{6}+\sqrt{2}$ 이므로, $b=2+\sqrt{3}$

점 A는 B를 $-\frac{\pi}{3}$만큼 회전변환해야하므로 $\begin{pmatrix}\cos-\frac{\pi}{3} & -\sin-\frac{\pi}{3}\\ \sin-\frac{\pi}{3} & \cos-\frac{\pi}{3}\end{pmatrix}$과 $\begin{pmatrix}-1\\ 2+\sqrt{3}\end{pmatrix}$을 곱하여 계산하면 $\begin{pmatrix}1+\sqrt{3}\\ 1+\sqrt{3}\end{pmatrix}$

x좌표와 y좌표의 곱은 $(1+\sqrt{3})^2=4+2\sqrt{3}$

10 접선 l의 방정식 $y=2\sqrt{2}(x-\sqrt{2})+2=2\sqrt{2}x-2$
점근선 m의 방정식 $y=2x$, 점근선 n의 방정식 $y=-2x$
교점 $Q=(\sqrt{2}+1,\ 2\sqrt{2}+2)$, $R=(\sqrt{2}-1,\ -2\sqrt{2}+2)$, $P=(\sqrt{2},\ 2)$
$\mathrm{PQ}=\sqrt{1^2+(2\sqrt{2})^2}=3$
$\mathrm{QR}=\sqrt{2^2+(4\sqrt{2})^2}=6$
$\Rightarrow \mathrm{QR}=2\mathrm{PQ}$, $k=2$

11 ㉠ $\lim_{x\to-1-0} g(f(x))=g(\lim_{x\to-1-0} f(x))=g(-1)=-1$ 좌극한부터 1이 아니다.

㉡ $\lim_{x\to-1-0} f(g(x))=f(\lim_{x\to-1-0} g(x))=f(-1-0)=-1$

$\lim_{x\to-1+0} f(g(x))=f(\lim_{x\to-1+0} g(x))=f(1-0)=-1$

좌우극한이 일치하므로 $\lim_{x\to-1} f(g(x))=-1$이다.

㉢ $f(g(x))$는 $x=-1,\ 1$ 두 점에서 불연속이다.

$\therefore$ ㉡, ㉢

12 사면체의 부피=사면체를 둘러싸는 직육면체 부피−사면체를 제외한 삼각뿔들의 부피

$2\times2\times4-\left(\frac{1}{3}\times\frac{1}{2}\times2\times2\times4+\frac{1}{3}\times\frac{1}{2}\times2\times2\times4+\frac{1}{3}\times\frac{1}{2}\times2\times2\times4+\frac{1}{3}\times\frac{1}{2}\times2\times2\times4\right)=\frac{16}{3}$

삼각형 ABC는 피타고라스 정리를 이용 $2\sqrt{5}$, $2\sqrt{5}$, $2\sqrt{2}$ 인 이등변삼각형임을 안다.

다시 피타고라스 이용 높이를 구하고 넓이(S)를 구하면 S=$S=\frac{1}{2}\times2\sqrt{2}\times3\sqrt{2}=6$

사면체 부피$=\frac{1}{3}\times S\times$ 선분 DH의 길이 이므로 $DH=\frac{8}{3}$

13

$S_n=\frac{1}{2}(2n+1)\sqrt{n+1}$, $T_n=\frac{1}{2}(n+1)\sqrt{n+1}$

$$\lim_{n\to\infty}\frac{S_n+T_n}{S_n-T_n}=\lim_{n\to\infty}\frac{\frac{1}{2}(2n+1)\sqrt{n+1}+\frac{1}{2}(n+1)\sqrt{n+1}}{\frac{1}{2}(2n+1)\sqrt{n+1}-\frac{1}{2}(n+1)\sqrt{n+1}}$$

$$=\lim_{n\to\infty}\frac{(2n+1)+(n+1)}{(2n+1)-(n+1)}=\lim_{n\to\infty}\frac{3n+2}{n}=3$$

14

㉠ $g'(x)=-2xe^{-x^2}f(x)+e^{-x^2}f'(x)\Rightarrow g'(0)=f'(0)>0$

㉡ $f'(a)+g'(a)=0-2ae^{-a^2}f(a)+e^{-a^2}f'(a)=-2ae^{-a^2}f(a)$ ($f'(a)=0$ 이므로)

$a>0$이고 $e^{-a^2}>0$, $f(a)>0$이므로 $f'(a)+g'(a)<0$이 된다.

㉢ $g(b)g'(b)=\left\{e^{-b^2}f(b)\right\}\left\{-2be^{-b^2}f(b)+e^{-b^2}f'(b)\right\}$ ($f'(b)=0$이므로)

$=(1-2b)e^{-b^2}f(b)$ ($1-2b$는 0보다 클 수도 작을 수도 있으므로 알 수 없다.)

∴ ㉠

15

□ $APTS$의 한 변의 길이는 1이고, 중점을 연결한 마름모의 넓이는 정사각형 넓이의 반이 되므로 $a_1=\frac{1}{2}$,

$a_2=\frac{1}{4}$, $a_3=\frac{1}{8}$, $\cdots$, $a_n=\frac{1}{2^n}$

B_n, D_n은 한 변의 길이가 A_n과 같고 나머지 변의 길이가 $\sqrt{3}$배 이므로 $b_n=d_n=\frac{\sqrt{3}}{2^n}$

마찬가지로 $c_n=\frac{3}{2^n}$

$$\sum_{n=1}^{\infty}(a_n-b_n+c_n-d_n)=\sum_{n=1}^{\infty}\left(\frac{4-2\sqrt{3}}{2^n}\right)=\frac{2-\sqrt{3}}{1-\frac{1}{2}}=4-2\sqrt{3}$$

$p=4$, $q=-2\Rightarrow p+q=2$

16 ㉠ AB의 역행렬이 존재한다면, A와 B행렬 각각의 역행렬이 존재해야하는데,
$(A^2B^3)=O \to (A^{-2})(A^2B^3)(B^{-2})=O \Rightarrow B=O$는 역행렬이 존재하지 않는다.
마찬가지로 $A=O$가 되면 역행렬이 존재하지 않으므로, AB의 역행렬은 존재하지 않는다.

㉡ $AB=BA$이려면 $B=kE$(k : 상수) 이거나 B를 A에 관한 다항식으로 표현할 수 있어야 한다. 그런데 $B=kE$이면 B는 역행렬이 존재하고 마찬가지로 B가 A에 관한 다항식이면 A가 역행렬이 존재하므로 B는 역행렬이 존재하게 된다. 이는 ㉠에서 설명한 A, B가 동시에 역행렬 존재가 불가능한 조건에 의해 $AB=BA$일 수 없게 된다.

㉢ $B=2A-E$이므로 B가 A에 관한 다항식으로 표현되며 $AB=BA$가 된다.
$(AB)^{2012}=(AB)(AB)(AB)\cdots=A^{2012}B^{2012}$ ($AB=BA$ 이용)
$A^{2012}B^{2012}$는 나열하였을 때 $A^2B^3=O$를 포함하므로 $A^{2012}B^{2012}=O$

∴ ㉠, ㉢

17

A_n-B_n 원소가 존재하기 위해서는 $n^2+n>\frac{1}{2}n+5 \Rightarrow 2n^2+2n>n+10$이어야 한다.
$(2n+5)(n-2)>0$이고, n은 자연수이므로 $n>2$이어야한다.
① n이 홀수 $(n=2m+1)$ $(m=1,\ 2,\ 3,\ \dots,\ 9) \Rightarrow a_n=4m^2+5m-3$
② n이 짝수 $(n=2m+2)$ $(m=1,\ 2,\ 3,\ \dots,\ 9) \Rightarrow a_n=4m^2+9m$

$$\sum_{n=1}^{20} a_n=\sum_{m=1}^{9} 8m^2+14m-3=8\times\frac{9\times10\times19}{6}+14\times\frac{9\times10}{2}-3\times9=2280+630-27=2883$$

18

$$f(i)=(i+1)\left(\frac{[\log3^{i+1}]}{i+1}\right)=[\log3^{i+1}]$$

$$g(m)=\sum_{k=1}^{m}[\log3^{k+1}]+[\log3],\ h(m)=[\log3^{m+1}]$$

$f(n)+g(n)-h(n)=\sum_{k=1}^{n}[\log3^{k+1}]=9$이므로 $[\log3^{k+1}]$를 k값에 따라 계산한다.

$k=1,\ [\log3^{k+1}]=0$ $k=2,\ [\log3^{k+1}]=1$ $k=3,\ [\log3^{k+1}]=1$
$k=4,\ [\log3^{k+1}]=2$ $k=5,\ [\log3^{k+1}]=2$ $k=6,\ [\log3^{k+1}]=3$
$(0+1+1+2+2+3)=9$이므로 조건을 만족시키는 자연수 n은 6이다.

19

㉠ $\mathrm{M}=\left(1+\frac{\sin\theta+\cos\theta}{2},\ \sqrt{3}+\frac{\sqrt{3}\sin\theta-\sqrt{3}\cos\theta}{2}\right)=(x,\ y)$

$2(x-1)^2+\frac{2}{3}(y-\sqrt{3})^2=1$이 되어 타원의 방정식을 만족한다.

㉡ 중점이 $(1,\ \sqrt{3})$이므로 점 C$(1,\ 0)$에서의 최대거리와 최소거리의 합은 중점까지 거리의 2배이다. 또는 $x=1$을 대입하여 y값의 차이를 구하여도 된다. $\mathrm{CD}+\mathrm{CE}=2\sqrt{3}$

㉢ $D\left(1,\ \sqrt{3}+\frac{\sqrt{6}}{2}\right)$, $E\left(1,\ \sqrt{3}-\frac{\sqrt{6}}{2}\right)$

$OD=a$, $OE=b$라 하고 $\alpha=p-q$라 가정한다. ($p=\angle COD$, $q=\angle COE$)

$$\tan\alpha=\frac{\sin\alpha}{\cos\alpha}=\frac{\sin(p-q)}{\cos(p-q)}=\frac{\sin p\cos q-\cos p\sin q}{\cos p\cos q+\sin p\sin q}$$

$$=\frac{\frac{\sqrt{3}+\frac{\sqrt{6}}{2}}{a}\times\frac{1}{b}-\frac{1}{a}\times\frac{\sqrt{3}-\frac{\sqrt{6}}{2}}{b}}{\frac{1}{a}\times\frac{1}{b}+\frac{\sqrt{3}+\frac{\sqrt{6}}{2}}{a}\times\frac{\sqrt{3}-\frac{\sqrt{6}}{2}}{b}}$$

$$=\frac{\sqrt{3}+\frac{\sqrt{6}}{2}-\sqrt{3}+\frac{\sqrt{6}}{2}}{1+3-\frac{6}{4}}$$

$$=\frac{2}{5}\sqrt{6}$$

∴ ㉠, ㉡, ㉢

20

㉠ $f'(x)=-\frac{1}{x^2}\ln x+\frac{1}{x^2}=\frac{1}{x^2}(1-\ln x)\Rightarrow 1-\ln x$는 $x=e$ 지점에서 음에서 양으로 변환된다.

즉 최댓값은 $f(e)=\frac{1}{e}\ln e=\frac{1}{e}$

㉡ $2011^{2012}>2012^{2011}$ 양변에 자연로그를 취하면, $2012\ln 2011>2011\ln 2012$

$\frac{1}{2011}\ln 2011>\frac{1}{2012}\ln 2012$

($f'(x)$가 e 이후로는 0보다 작으므로 감소함수이다 따라서 $f(2011)>f(2012)$)

㉢ $(0,\ e)$에서는 $f'(x)$가 0보다 크고 e에 가까워지면서 0으로 수렴하므로 위로 볼록

∴ ㉠, ㉡, ㉢

21

$y'=-e^{-x}$이므로 l의 방정식 $y=-e(x+1)+e=-ex\Rightarrow x$축과의 교점 $Q(0,\ 0)$

l에 수직인 방정식 $y=\frac{1}{e}x\Rightarrow y=e^{-x}$와의 교점 $R\left(1,\ \frac{1}{e}\right)$

회전체의 부피 $=\int_{-1}^{1}\pi(e^{-x})^2dx-\int_{-1}^{0}\pi(-ex)^2dx-\int_{0}^{1}\pi(\frac{1}{e}x)^2dx$

$$=\pi(-\frac{1}{2e^2}+\frac{1}{2}e^2-\frac{1}{3}e^2-\frac{1}{3e^2})=\pi(\frac{1}{6}e^2-\frac{5}{6e^2})$$

22

$\cos 2\alpha = \cos^2\alpha - \sin^2\alpha = 2\cos^2\alpha - 1 = \frac{1}{4} \Rightarrow \cos\alpha = \frac{\sqrt{10}}{4}$, $\sin 2\alpha = \frac{\sqrt{15}}{4}$

$\cos\alpha = \frac{1^2 + (\text{AM})^2 - 1^2}{2\times 1\times \text{AM}} \Rightarrow \text{AM} = \frac{\sqrt{10}}{2}$

ABM은 AB = BM인 이등변삼각형 $\angle\text{AMB} = \alpha$이다.

$$\cos(\pi - \alpha) = \frac{1^2 + (\frac{\sqrt{10}}{2})^2 - \text{AC}^2}{2\times 1\times \frac{\sqrt{10}}{2}} \Rightarrow -\frac{\sqrt{10}}{4} = \frac{1 + \frac{10}{4} - \text{AC}^2}{\sqrt{10}} \Rightarrow \text{AC} = \sqrt{6}$$

$$\cos\beta = \frac{(\sqrt{6})^2 + (\frac{\sqrt{10}}{2})^2 - 1^2}{2\times \frac{\sqrt{10}}{2}\times\sqrt{6}} = \frac{\sqrt{15}}{4},\ \sin\beta = \frac{1}{4}$$

$$8\cos(2\alpha - \beta) = 8\cos 2\alpha\cos\beta + 8\sin 2\alpha\sin\beta = 8\times\frac{1}{4}\times\frac{\sqrt{15}}{4} + 8\times\frac{\sqrt{15}}{4}\times\frac{1}{4} = \sqrt{15}$$

23 모든 $0 < a < b < 1$에 대하여 만족하므로 조건을 만족하는 a, b를 가정하면 쉽게 푼다.

$a = 0.2$, $b = 0.5$ 가정

$\text{P} = (0.2,\ 1)$, $\text{Q} = (0.5,\ 1)$, $\text{R} = \left(\frac{1}{0.2},\ -1\right) = (5,\ -1)$, $\text{S} = \left(\frac{1}{0.5},\ -1\right) = (2,\ -1)$

$\alpha = -1.11\ldots$, $\beta = -0.416\ldots$, $\gamma = -1.33\ldots$, $\delta = -0.44\ldots$

24 ㉠ $h(x) = |(2\sqrt{2})^{2x} - (2\sqrt{2})^{x+1} + 2|$가 0이 되려면 $(2\sqrt{2})^{2x} - (2\sqrt{2})^{x+1} = -2$인데 $(2\sqrt{2})^x = p$로 치환하면, $p^2 - 2\sqrt{2}p + 2 = 0$이 된다. $p = \sqrt{2}$일 때 유일한 한 근을 가지므로 x축과는 한 점에서 만난다.

㉡ $h(x) = |4^{2x} - 4^{x+1} + 2| = |(4^x - 2)^2 - 2|$이므로 x값 조건에 따라 $h(x)$ 값이 달라진다.

㉢ $1 = |a^{2x} - a^{x+1} + 2| = \left|(a^x - \frac{1}{2}a)^2 - \frac{1}{4}a^2 + 2\right|$이므로 $a = 2$이면

$|(2^x - 1)^2 + 1|$가 $|(2^x - 1)^2 + 1| \geq 1$인 조건에 따라 오직 한 점에서만 만나게 된다.

∴ ㉠, ㉢

25 $a_{10} = a_1 + 9d = 27 \Rightarrow d = 3$

$a_{10} = a_1 + 27 = S_{10} = \frac{10}{2}(2a_1 + 27) \Rightarrow a_1 = -12$

$\therefore\ S_{10} = a_{10} = 15$

26

음이 아닌 정수이므로 0, 1, 2, 3...이다. $\sum_{k=1}^{5} x_k = a$, $\sum_{k=6}^{10} x_k = b$라 하면, $2a + 3b = 8$이다.

이를 만족할 수 있는 $(a,\ b)$의 순서쌍은 $(1,\ 2)$, $(4,\ 0)$이다.

① $(a,\ b) = (1,\ 2)$의 경우의 수는

a에서 0이 4개, 1이 1개 총 5개의 조합

b에서 0이 4개, 2가 한 개인 5개 조합과 0이 3개, 1이 두 개인 $\frac{5!}{2!\times 3!} = 10$개 조합

총 $5\times(5 + 10) = 75$개 조합

② $(a,\ b)=(4,\ 0)$의 경우의 수는

a에서 0이 4개, 4가 한 개인 5개 조합

0이 3개, 2가 두 개인 $\frac{5!}{2!\times3!}=10$개 조합

0이 3개, 1이 한 개 3이 한 개인 $\frac{5!}{3!}=20$개 조합

0이 2개, 1이 두 개 2가 한 개인 $\frac{5!}{2!\times2!}=30$개 조합

0이 1개, 1이 네 개인 5개 조합

총 $5+10+20+30+5=70$개 조합

27 모든 실수 x에 대하여 $(x-2)^2\geq0$이므로 조건을 만족하는 집합 $A=\{2,\ 4<x<6\}$ (4, 6은 분모를 0으로 만들기 때문에 제외한다)

$A\cap B=\{2\}\cup\{5\leq x<6\}$이므로 $f(x)$는 집합 B의 조건을 만족하기 위해 5를 근으로 갖고, 5보다 작고 2보다 큰 근 1개와 6보다 크거나 같은 근 1개를 가진다.

$A^C\cap B^C=(A\cup B)^C=\{3<x\leq4\}$ 조건을 만족하기 위해서는 5보다 작고 2보다 큰 근은 3이고, 6보다 크거나 같은 근은 6이 된다.

따라서, $f(x)=(x-3)(x-5)(x-6)$이다.

$f(10)=7\times5\times4=140$

28 원의 중심점은 (1, 2)이고 직선 $y=2x$는 (1, 2)를 지나므로 삼각형 PQR은 직각삼각형이다.

$x^2+y^2-2x-4y-11=0\Rightarrow(x-1)^2+(y-2)^2=4^2$

즉, 반지름이 4이다.

조건 $8A^2=4A+7E$를 정리하면 $A^2-\frac{1}{2}A-\frac{7}{8}E=O$이고 이는 케일리-헤밀턴 정리이다.

따라서 $\sin\alpha+\cos\beta=\frac{1}{2}$, $\sin\alpha\cos\beta-\sin\beta\cos\alpha=-\frac{7}{8}$이며, 직각삼각형이므로 $\alpha+\beta=90^\circ$이다.

$\sin\alpha+\cos(90^\circ-\alpha)=\frac{1}{2}\Rightarrow\sin\alpha=\frac{1}{4}$, $\cos\alpha=\frac{\sqrt{15}}{4}$ $(\sin^2\alpha+\cos^2\alpha=1)$

선분 PR$=$지름$\times\cos\alpha=8\times\frac{\sqrt{15}}{4}=2\sqrt{15}$

선분 QR$=$지름$\times\sin\alpha=8\times\frac{1}{4}=2$

$S=\frac{1}{2}\times2\sqrt{15}\times2=2\sqrt{15}$

따라서 $S^2=60$

29

$$(2+a_n)\sin\frac{\pi}{n}=a_n \Rightarrow a_n=\frac{-2\sin\frac{\pi}{n}}{\sin\frac{\pi}{n}-1}$$

$$(2-b_n)\sin\frac{\pi}{n}=b_n \Rightarrow b_n=\frac{2\sin\frac{\pi}{n}}{\sin\frac{\pi}{n}+1}$$

$$\frac{1}{\pi^3}\lim_{n\to\infty}n^3(a_n+b_n)(a_n-b_n)$$

$\frac{\pi}{n}$을 p로 치환하여 정리하면,

$$=\frac{1}{\pi^3}\lim_{p\to0}\frac{\pi^3}{p^3}\left(\frac{-2\sin p}{\sin p-1}+\frac{2\sin p}{\sin p+1}\right)\left(\frac{-2\sin p}{\sin p-1}-\frac{2\sin p}{\sin p+1}\right)$$

$$=\lim_{p\to0}\frac{1}{p^3}\left(\frac{-4\sin p}{\sin^2 p-1}\right)\left(\frac{-4\sin^2 p}{\sin^2 p-1}\right)$$

$=16\lim_{p\to0}\frac{\sin^3 p}{p^3}\times\left(\frac{1}{\sin^2 p-1}\right)^2$ ($\lim_{p\to0}\frac{\sin p}{p}=1$, $p\to0$일 때, $\left(\frac{1}{\sin^2 p-1}\right)^2=1$이다)

$=16$

30

AB의 중점을 M이라고 하면, 삼각형 OCM은 이등변 삼각형, 한 각을 $\frac{\pi}{3}$로 가지므로 정삼각형이다. 따라서, $\mathrm{OM}=\mathrm{CM}=\mathrm{OC}$이다. $\mathrm{OM}=\frac{1}{2}(a+b)$이므로 무게중심 성질인 중선을 2: 1로 내분한다는 법칙에 따라 $\mathrm{OG}=\frac{1}{3}(a+b)$가 된다.

$\mathrm{CA}=\mathrm{OA}-\mathrm{OC}=a-c$, $\mathrm{CB}=\mathrm{OB}-\mathrm{OC}=b-c$를 이용하여 CM을 구하면 $\mathrm{CM}=\frac{1}{2}(a+b-2c)$

CG는 삼각형 OM을 2: 1로 내분하는 선이므로 OC와 CM을 이용하여 표현하면,

$$\mathrm{CG}=\frac{2}{3}\left\{\frac{1}{2}(a+b-2c)\right\}+\frac{1}{3}(-c)=\frac{1}{3}(a+b-3c)$$

OC를 $3p$라 가정하면, OG는 $2p$, 사잇각은 $\frac{\pi}{3}$이므로 코사인법칙에 따라 $\mathrm{CG}=\sqrt{7}p$

이를 이용하여 OH를 구하면 $\frac{3\sqrt{3}}{\sqrt{7}}p$. 피타고라스의 정리를 사용하여 CH와 GH를 구한다.

$\mathrm{CH}=\frac{6}{\sqrt{7}}p$, $\mathrm{GH}=\frac{1}{\sqrt{7}}p$를 구할 수 있다.

즉, $\mathrm{CH}:\mathrm{GH}=6:1$이므로

$$\mathrm{CH}==\frac{6}{7}\times CG=\frac{6}{7}\times\frac{1}{3}(a+b-3c)=\frac{2}{7}(a+b-3c)$$

$$\mathrm{OH}=\mathrm{OC}+\mathrm{CH}=c+\frac{2}{7}(a+b-3c)=\frac{1}{7}(2a+2b+c)=pa+qb+rc$$

$p=\frac{2}{7}$, $q=\frac{2}{7}$, $r=\frac{1}{7}$, $28(p+q+r)=28\times\frac{5}{7}=20$

08 2013학년도 정답 및 해설

ANSWER

01	02	03	04	05	06	07	08	09	10	11	12	13	14	15	16	17	18	19	20
②	①	②	②	④	④	③	③	①	②	④	①	①	⑤	④	③	⑤	②	⑤	③
21	22	23	24	25	26	27	28	29	30										
④	③	③	①	17	69	12	17	379	18										

01

$$\sqrt[6]{9^5}\times 24^{-\frac{2}{3}}=9^{\frac{5}{6}}\times 24^{-\frac{2}{3}}$$
$$=(3^2)^{\frac{5}{6}}\times(2^3\times 3)^{-\frac{2}{3}}=3^{\frac{5}{3}}\times 2^{-2}\times 3^{-\frac{2}{3}}$$
$$=2^{-2}\times 3=\frac{3}{4}$$

02

$x-\frac{\pi}{2}=t$라고 치환하면 $x=\frac{\pi}{2}+t$

$\cos^2 x=\cos^2\left(\frac{\pi}{2}+t\right)=(-\sin t)^2=\sin^2 t\ \ 2x-\pi=2\left(\frac{\pi}{2}+t\right)-\pi=2t$

$\rightarrow \lim_{x\to\frac{\pi}{2}}\frac{\cos^2 x}{(2x-\pi)^2}=\lim_{t\to 0}\frac{\sin^2 t}{(2t)^2}=\lim_{t\to 0}\frac{\sin^2 t}{4t^2}=\lim_{t\to 0}\frac{\sin^2 t}{t^2}\times\frac{1}{4}=\frac{1}{4}$

03

주어진 식의 양변을 x에 대하여 미분하면 $2x+y+x\frac{dy}{dx}+2y\frac{dy}{dx}=0$

위의 점$(2, 1)$에서의 접선의 기울기는 $x=2,\ y=1$을 대입하면

$4+1+2\frac{dy}{dx}+2\frac{dy}{dx}=0$

$\frac{dy}{dx}=-\frac{5}{4}$가 된다.

04

$$\lim_{n\to\infty}\frac{4}{n}\sum_{k=1}^{n}\sqrt{2-\left(\frac{k}{n}\right)^2}=4\int_0^1\sqrt{2-x^2}\,dx$$

이때 $x=\sqrt{2}\sin\theta$라고 치환하면 $x=0,\ \theta=0$ 이고 $x=1,\ \theta=\frac{\pi}{4}$이 된다.

양변을 θ에 관하여 미분하면

$$\frac{dx}{d\theta}=\sqrt{2}\cos\theta,\quad dx=\sqrt{2}\cos\theta\, d\theta$$

$$\begin{aligned}4\int_0^1\sqrt{2-x^2}\,dx &= 4\int_0^{\frac{\pi}{4}}\sqrt{2-2\sin^2\theta}\times\sqrt{2}\cos\theta\, d\theta\\ &=4\int_0^{\frac{\pi}{4}}\sqrt{2(1-\sin^2\theta)}\times\sqrt{2}\cos\theta\, d\theta=8\int_0^{\frac{\pi}{4}}\cos^2\theta\, d\theta\\ &=8\int_0^{\frac{\pi}{4}}\frac{1+\cos 2\theta}{2}d\theta=8\left[\frac{1}{2}\theta+\frac{1}{4}\sin 2\theta\right]_0^{\frac{\pi}{4}}\\ &=8\left(\frac{\pi}{8}+\frac{1}{4}\sin\frac{\pi}{2}\right)=8\left(\frac{\pi}{8}+\frac{1}{4}\right)=\pi+2\end{aligned}$$

05 모집단이 정규분포 $N(50,\ 10^2)$를 따르고 표본의 크기가 25이므로 표본평균 $\overline{X}$는

정규분포 $N\left(50,\ \frac{100}{25}\right)=N(50, 2^2)$

이때 $Z=\frac{\overline{X}-50}{2}$ 로 놓으면

$P(48\le\overline{X}\le 54)$
$=P(-1\le Z\le 2)$
$=P(-1\le Z\le 0)+P(0\le Z\le 2)$
$=P(0\le Z\le 1)+P(0\le Z\le 2)$
$=0.3413+0.4772=0.8185$

06 (1) 정회원 두 명이 4개를 $(2,2)$ 가진다면 준회원 두 명은 6개를 $(1,5),(2,4),(3,3),(4,2),(5,1)$ 5가지로 가질 수 있다.

(2) 정회원 두 명이 5개를 $(2,3),(3,2)$ 가진다면 준회원 두 명은 5개를 $(1,4),(2,3),(3,2),(4,1)$ 4가지로 가질 수 있다.

(3) 정회원 두 명이 6개를 $(2,4),(3,3),(4,2)$ 가진다면 준회원 두 명은 4개를 $(1,3),(2,2),(3,1)$ 3가지로 가질 수 있다.

(4) 정회원 두 명이 7개를 $(2,5),(3,4),(4,3),(5,2)$ 가진다면 준회원 두 명은 3개를 $(1,2),(2,1)$ 2가지로 가질 수 있다.

(5) 정회원 두 명이 8개를 $(2,6),(3,5),(4,4),(5,3),(6,2)$ 가진다면 준회원 두 명은 2개를 $(1,1)$ 1가지로 가질 수 있다. 따라서 전체 경우의 수는 $1\times5+2\times4+3\times3+4\times2+5\times1=35$가지가 된다.

07 $A\left(\frac{b}{4},\ a^{\frac{b}{4}}\right)$, $B(a,\ a^a)$, $C(b,\ b^b)$, $D(1,\ b)$ 가 된다.

점A, C의 y좌표가 같으므로

$a^{\frac{b}{4}}=b^b$ ⋯(1)

점B, D의 y좌표가 같으니까

$a^a=b$ ⋯(2)

(2)를 (1)에 대입하면

$$a^{\frac{b}{4}} = a^{ab}$$

$$\frac{b}{4} = ab, \quad a = \frac{1}{4} \rightarrow a^2 = \frac{1}{16}$$

$$b = \left(\frac{1}{4}\right)^{\frac{1}{4}} = \left(\frac{1}{2}\right)^{\frac{1}{2}} \rightarrow b^2 = \frac{1}{2}$$

$$a^2 + b^2 = \frac{1}{16} + \frac{1}{2} = \frac{9}{16}$$

08 현재 개체수가 5000이 되면 $N=5000,\ t=0$을 대입해서 $\log 5000 = k$가 된다.

$$\log N = k + t\log\frac{4}{5}$$

$N = 10^{k+t\log\frac{4}{5}}$이 되어서 개체수가 1000 보다 작아진다고 했으므로 $10^{k+t\log\frac{4}{5}} \le 1000$
지금으로부터 n년 후라고 했으므로

$$10^{\log 5000 + n\log\frac{4}{5}} \le 10^3$$

$$\log 5000 + n\log\frac{4}{5} \le 3$$

$$3 + \log 5 + n(2\log 2 - \log 5) \le 3$$

$$n(2\log 2 - \log 5) \le -\log 5$$

$$-0.097n \le -0.699$$

$$n \ge \frac{0.699}{0.097}$$

$$n \ge 7.2\cdots$$

따라서 8년 후가 된다.

09 $\begin{pmatrix} 1 & -1 \\ 3 & -1 \end{pmatrix}\begin{pmatrix} 1 \\ 2 \end{pmatrix} = \begin{pmatrix} -1 \\ -1 \end{pmatrix}$ 가 되어서 점$B(-1,-1)$

$M^3 = \begin{pmatrix} 1 & 0 \\ 0 & 1 \end{pmatrix}$이 되어서 $\begin{pmatrix} 1 & 0 \\ 0 & 1 \end{pmatrix}\begin{pmatrix} 2 \\ 0 \end{pmatrix} = \begin{pmatrix} 2 \\ 0 \end{pmatrix}$ 이 되어서 점$D(2,0)$이 된다.

$$\overrightarrow{OB} = (-1, -1)$$

$$\overrightarrow{BD} = \overrightarrow{OD} - \overrightarrow{OB} = (2,0) - (-1,-1) = (3,1)$$

$$\overrightarrow{OB} \cdot \overrightarrow{BD} = -3 - 1 = -4$$

$$|\overrightarrow{OB}||\overrightarrow{BD}| = \sqrt{2} \times \sqrt{10} = 2\sqrt{5}$$

$$\rightarrow \ \overrightarrow{OB} \cdot \overrightarrow{BD} = |\overrightarrow{OB}||\overrightarrow{BD}|\cos\theta$$

$$2\sqrt{5}\cos\theta = -4$$

$$\cos\theta = -\frac{2\sqrt{5}}{5}$$

10 $x+y=1$, $xy=-1$이면 근과 계수와의 관계에 의해서

$t^2-t-1=0$ 이 되니까 (가)$=-1$... (1)

첫째항이 x^{n-1} 이고 공비가 $\frac{y}{x}$인 등비수열의 합

$$a_n=\frac{x^{n-1}\left\{1-\left(\frac{y}{x}\right)^n\right\}}{1-\frac{y}{x}}=\frac{\frac{x^n}{x}\left(1-\frac{y^n}{x^n}\right)}{1-\frac{y}{x}}=\frac{\frac{x^n}{x}-\frac{y^n}{x}}{1-\frac{y}{x}}=\frac{x^n-y^n}{x-y}$$

$(x-y)^2=(x+y)^2-4xy=5$

$x-y=\sqrt{5}\ (x>y)$

$x^2-y^2=(x+y)(x-y)=\sqrt{5}$

$x^3-y^3=(x-y)(x^2+xy+y^2)=2\sqrt{5}$

$\cdots$

$x^n-y^n=(n-1)\sqrt{5}$

$\rightarrow a_n=\frac{x^n-y^n}{x-y}=\frac{(n-1)\sqrt{5}}{\sqrt{5}}$

(나) $f(n)=(n-1)\sqrt{5}\ \rightarrow\ f(3)=2\sqrt{5}\cdots$(2)

(1)과 (2)에 의해서

$m+\{f(3)\}^2=(-1)+(2\sqrt{5})^2=(-1)+20=19$가 된다.

11 포물선 $y^2=8x$에서 $4p=8$, $p=2$가 되어서 초점 $F(2,0)$이 되고 준선은 $x=-2$가 된다.

$\overline{AF}=3k$, $\overline{BK}=k$라고 하고

점A에서 준선에 수선을 그어서 만나는 교점을 점H_1이라고 하면 $\overline{AH_1}=3k$

점B에서 준선에 수선을 그어서 만나는 교점을 점H_2이라고 하면 $\overline{BH_2}=k$가 된다.

점A에서 x축에 수선이 되게 연장선을 긋고 점B에서 x축과 평행이 되게 연장선을 그어서 만나는 교점을 점C라고 하면 직각삼각형ABC 가 생긴다.

$\overline{AF}$: $\overline{AB}=3:4$가 되고

닮음비를 사용하면 $3:4=(3k-4):2k$

$k=\frac{8}{3}$이 된다.

$\rightarrow$선분AB의 길이 $4k=4\times\frac{8}{3}=\frac{32}{3}$

12 $\frac{x^2}{a^2}-\frac{y^2}{b^2}=1$, $\quad b^2x^2-a^2y^2=a^2b^2$ 점A의 x좌표가 c가 되니까 대입을 하면

$b^2c^2-a^2y^2=a^2b^2$

$y^2=\frac{b^2c^2-a^2b^2}{a^2}$

$y=\sqrt{\frac{b^2c^2-a^2b^2}{a^2}}$ 과 $\frac{1}{2}\overline{AB}=\frac{\sqrt{2}}{2}c$와 같아지니까 $\sqrt{\frac{b^2c^2-a^2b^2}{a^2}}=\frac{\sqrt{2}}{2}c$

양변을 제곱하면

$$\frac{b^2c^2-a^2b^2}{a^2}=\frac{c^2}{2}$$

$\Rightarrow a^2c^2=2b^2(c^2-a^2)\cdots(1)$

또한 거리의 차가 $2a$인 쌍곡선의 방정식에서는 $b^2=c^2-a^2$, $c^2=a^2+b^2$ $\cdots(2)$가 성립하니까

(2)를 (1)에 대입하면 $a^2(a^2+b^2)=2b^2(a^2+b^2-a^2)$

$(a^2+2b^2)(a^2-b^2)=0$

$a>0, b>0$ 이 되어야 하니까 $\Rightarrow a=b$

13 $f(x)=2\sin 2x+4\sin x-4\cos x+1$

합성을 해보면 $4\sin x-4\cos x=4\sqrt{2}\sin(x+\theta)$

최대값은 $2+2\sqrt{2}$, 최솟값은 $2-6\sqrt{2}$

최댓값과 최솟값의 합은 $4-4\sqrt{2}$

14

$$f(x)=\int_1^x(x^2-t)dt$$

$$=\left[x^2t-\frac{1}{2}t^2\right]_1^x=x^3-\frac{3}{2}x^2+\frac{1}{2}$$ 와

$y=6x-k$ 가 접하려면

$$x^3-\frac{3}{2}x^2+\frac{1}{2}=6x-k$$

$k=-x^3+\frac{3}{2}x^2+6x-\frac{1}{2}$ 이 식을 직선과 곡선으로 나누면

$$g(x)=k,\ h(x)=-x^3+\frac{3}{2}x^2+6x-\frac{1}{2}$$

$h'(x)=-3x^2+3x+6=-3(x-2)(x+1)$가 되어서 증감표를 구해보면

	$\cdots$	-1	$\cdots$	2	$\cdots$
$h'(x)$	$-$	0	$+$	0	$-$
$h(x)$	↘	-4	↗	$\frac{19}{2}$	↘

$k=-4$과 $k=\frac{19}{2}$에서 접하게 되므로 양수 $k=\frac{19}{2}$가 된다.

15 점 A는 $(3,\ 0)$이 되므로

$$\begin{pmatrix} \frac{\sqrt{6}}{4} & -\frac{\sqrt{2}}{4} \\ \frac{\sqrt{2}}{4} & \frac{\sqrt{6}}{4} \end{pmatrix}\begin{pmatrix} 3 \\ 0 \end{pmatrix}=\begin{pmatrix} \frac{3\sqrt{6}}{4} \\ \frac{3\sqrt{2}}{4} \end{pmatrix}$$

점 B는 $\left(\frac{3}{2},\ \frac{3\sqrt{3}}{2}\right)$

$$\begin{pmatrix} \frac{\sqrt{6}}{4} & -\frac{\sqrt{2}}{4} \\ \frac{\sqrt{2}}{4} & \frac{\sqrt{6}}{4} \end{pmatrix}\begin{pmatrix} \frac{3}{2} \\ \frac{3\sqrt{3}}{2} \end{pmatrix}=\begin{pmatrix} 0 \\ \frac{3\sqrt{2}}{2} \end{pmatrix}$$

E_1의 넓이 $S_1=\frac{1}{2}\times\frac{9}{4}\times2\times\frac{\pi}{6}=\frac{3}{8}\pi$

E_2의 넓이 $S_2=\frac{1}{2}\times\frac{9}{4}\times\frac{\pi}{6}=\frac{3}{16}\pi$

$\therefore\ S_1+S_2=\frac{3}{8}\pi+\frac{3}{16}\pi=\frac{9}{16}\pi$

16 $\begin{cases} x\le0 & y=-(x+1)^2+1 \\ x=1 & y=0 \\ 1<x\le2 & y=2x-3 \\ x>2 & y=(x-2)^2 \end{cases}$

㉠ 함수 $f(x-1)$는 $f(x)$를 x축의 방향으로 1만큼 평행이동시킨 그래프가 되므로 $x=0$에서 연속이 된다. (참)

㉡ $f(-1)\cdot f(1)=0$

$\lim_{x\to1+}f(x)\cdot f(-x)=-1$이므로 불연속 (거짓)

㉢ $x\to3+0$일 때, $t=f(x)\to1+0$이고 $t\to1+0$일 때, $f(t)\to-1$이므로 $\lim_{x\to3+0}f(f(x))=-1$

$x\to3-0$일 때, $t=f(x)\to1-0$이고 $t\to1-0$일 때, $f(t)\to0$이므로 $\lim_{x\to3-0}f(f(x))=0$

따라서 함수 $f(f(x))$는 $x=3$에서 불연속이다.(참)

17 $(AB)^2=A^2B^2\to AB=BA$ ⋯(1)

$BA=AC$ ⋯(2)

㉠ $B^2A=BBA=BAB$

$=ACC=AC^2$ (참)

㉡ $A^2B^2=(AB)^2$

$A^2B^2=ABAB$ 양변에 B^{-1}을 곱하면

$A^2B^2B^{-1}=ABABB^{-1}$

$A^2B=ABA=AAC=A^2C$ (참)

㉢ $AC^2=B^2A$ 가 ㉠에서 성립했으므로

$(AC)^{-1}AC^2=(AC)^{-1}B^2A$

$C^{-1}A^{-1}AC^2=C^{-1}A^{-1}BBA$

$C=C^{-1}A^{-1}BAB=C^{-1}A^{-1}ACB=B$ (참)

18 ㉠ $f(x)=|x|$라 하면

$$\lim_{h\to0}\frac{f(a+h^2)-f(a)}{h^2}$$
$$=\lim_{h\to0}\frac{|a+h^2|-|a|}{h^2}$$
$$=\lim_{h\to0}\frac{|a|+h^2-|a|}{h^2}=1$$

따라서 미분불가능이다. (거짓)

㉡ 항상 성립한다. (참)

㉢ $f(x)=|x|$라 하면

$$\lim_{h\to0}\frac{h(a+h)-f(a-h)}{2h}$$ 에서

$a=0$일 때 $\lim_{h\to0}\frac{|0+h|-|0-h|}{2h}=0$이므로

극한값은 존재하지만 미분불가능이다. (거짓)

19 ㉠ $0\le x\le\frac{\pi}{2}$에서 $1\le 1+\sin x\le 2$, $0\le\sin 2x\le 1 \Rightarrow f(x)=\frac{\sin 2x}{1+\sin x}\ge 0$ (참)

㉡ 로피탈의 정리를 사용하면 $f'(x)=\frac{2\cos 2x}{\cos x}=0$

$2\cos 2x=0$, $\cos 2x=0$

$2x=\frac{\pi}{2}$, $x=\frac{\pi}{4}$가 되므로 (참)

㉢ $1+\sin x=t$ 양변을 x에 대해 미분하면 $\cos x\,dx=dt$

$$\int_0^{\frac{\pi}{2}}\frac{\sin 2x}{1+\sin x}dx$$
$$=\int_0^{\frac{\pi}{2}}\frac{2\sin x\cos x}{1+\sin x}dx$$
$$=\int_0^{\frac{\pi}{2}}\frac{2\sin x}{1+\sin x}\cos x\,dx$$
$$=\int_1^2\frac{2(t-1)}{t}dt$$
$$=\int_1^2\left(2-\frac{2}{t}\right)dt$$
$$=[2t-2\ln t]_1^2$$
$$=(4-2)-2(\ln 2-\ln 1)$$
$$=2-2\ln 2$$ (참)

20

$f(x)=\frac{(\ln x)^6}{x^2}$ 몫의 미분법을 사용하면 $f'(x)=\frac{6(\ln x)^2\times\frac{1}{x}\times x^2-(\ln x)^6\times 2x}{x^4}=\frac{2x(\ln x)^5(3-\ln x)}{x^4}$

$2x(\ln x)^5(3-\ln x)=0$이 되는 x의 값은 $x=1,\ e^3\ (x>0)$

증감표를 그려보면

	(0)	⋯	1	⋯	e^3	⋯
$f'(x)$		$-$	0	$+$	0	$-$
$f(x)$		↘		↗		↘

㉠ $x=e^3$ 에서 극댓값을 갖는다. (참)

㉡ $x=1$ 에서 극솟값을 갖는다. (거짓)

㉢ 그래프를 그려보면 $f(x)=1$의 실근의 개수는 3개다. (참)

21

송신신호가 1이 되고 수신신호도 1이 되는 확률은 $0.6\times0.95=0.57$

송신신호가 0이 되고 수신신호가 1이 되는 확률은 $0.4\times0.05=0.02$가 된다.

따라서 수신신호가 1이었을 때, 송신 신호가 1이었을 확률은 → $\frac{0.57}{0.02+0.57}=\frac{0.57}{0.59}=\frac{57}{59}$

22

θ의 값이 0에서 $\frac{\pi}{2}$까지 변할 때 점(4, 0)은 점(0, 4)로 이동한다.

두 원의 중심이 연결한 선분은 반지름의 길이가 5인 원이 되므로

점(4, 0)에서 출발한 점P가 움직인 거리는 10이 된다.

23

$a_1=0\cdots(1),\ b_1=2$라고 했으므로

$a_2=a_1+\frac{b_1}{2}=0+1=1$

$b_2=b_1-\frac{b_1}{2}=2-1=1$

$a_3=a_2-\frac{a_2}{3}=1-\frac{1}{3}\cdots(2)$

$b_3=b_2+\frac{a_2}{3}=1+\frac{1}{3}=\frac{4}{3}$

$a_5=a_4-\frac{a_4}{5}=1-\frac{1}{5}\cdots(3)$

⋮

$a_1,\ a_3,\ a_5,\ \cdots$

$=0,\ 1-\frac{1}{3},\ 1-\frac{1}{5},\ \cdots$

$=0,\ 1-\frac{1}{2\times1+1},\ 1-\frac{1}{2\times2+1},\ \cdots$

$a_{41}=1-\frac{1}{2\times20+1}=\frac{40}{41}=\frac{q}{p}$

$p=40,\ q=41\Rightarrow p+q=41+40=81$이 된다.

24 F_1의 둘레의 길이 $l_1 = 6\pi \times \frac{1}{3} \times 2 = 4\pi$

F_2의 둘레의 길이를 구하기 위해 반지름의 길이를 x라 하면 $\left(\frac{3}{2}\right)^2 + \left(\frac{x}{2}\right)^2 = (3-x)^2$

$x^2 - 8x + 9 = 0$, $x = 4 \pm \sqrt{16-9}$

그런데 $x < 3$이므로 $x = 4 - \sqrt{7}$

그러므로 공비 $r = \frac{4-\sqrt{7}}{3}$

$\therefore \sum_{n=1}^{\infty} l_n = \dfrac{4\pi}{1 - \frac{4-\sqrt{7}}{3}} = 2\pi(\sqrt{7}+1)$

25 분모가 0이 되게 하는 무연근 x는 0과 12는 제외시켜야 한다.

최소공배수 $5x(x-12)$를 각 항에 곱하면 $5(x-12) + 5x = 2x(x-12)$

$x^2 - 17x + 30 = 0$ 모든 실근의 합은 17이 된다.

26 두 점 B, C 를 지나는 직선의 방정식은

$\frac{x-1}{4} = \frac{y+1}{-2} = \frac{z-2}{6} = t$로 놓으면

$x = 4t+1$, $y = -2t-1$, $z = 6t+2$

점 A에서 직선 BC에 내린 수선의 발을 H라 하면 점 H는 직선 BC 위의 점이므로

$H(4t+1, -2t-1, 6t+2)$로 놓을 수 있다.

$\overrightarrow{AH} = (4t-3, -2t-7, 6t-5)$

직선 BC의 방향벡터를 $\vec{u}$라 하면

$\vec{u} = (4, -2, 6)$ 이고 $\overrightarrow{AH} \perp \vec{u}$ 이므로

$\overrightarrow{AH} \cdot \vec{u} = 0$

$16t - 12 + 4t + 14 + 36t - 30 = 0$

$56t = 28$, $t = \frac{1}{2}$

따라서 $\overrightarrow{AH} = (-1, -8, -2)$이므로

$d = \sqrt{69} \Rightarrow d^2 = 69$가 된다.

27 회전체의 부피는

$\pi \int_1^e \left\{(\ln x + 3)^2 - \left(\ln\frac{1}{x} + 3\right)^2\right\} dx$

$= 12\pi \int_1^e \ln x dx$

$= 12\pi [x\ln x - x]_1^e$

$= 12\pi$

28 정육면체 한 변의 길이를 4라고 하면 $\triangle PMQ$는 직각삼각형이 되고

$\overline{PQ}=2\sqrt{2}$, $\overline{PM}=\sqrt{18}=3\sqrt{2}$ $\Rightarrow$ $\triangle PMQ=\frac{1}{2}\times2\sqrt{2}\times3\sqrt{2}=6$

$\triangle PMQ$에서 평면 $EFGH$에 내린 정사영의 넓이를 S'라고 하면 $S'=\frac{1}{2}\times2\sqrt{2}\times\sqrt{2}=2$

그러므로 $6\cos\theta=2$, $\cos\theta=\frac{1}{3}$, $\tan^2\theta=8$, $\sec^2\theta=9$

$\therefore\ \tan^2\theta+\sec^2\theta=8+9=17$

29 $a_1=1$

$a_2=21=20+a_1$

$a_3=422=400+a_2+a_1$

$a_4=8444=8000+a_3+a_2+a_1$

$\vdots$

$\frac{a_1}{20}=\frac{1}{20}$

$\frac{a_2}{20^2}=\frac{20+a_1}{20^2}=\frac{1}{20}+\frac{a_1}{20^2}$

$\frac{a_3}{20^3}=\frac{400+a_2+a_1}{20^3}=\frac{1}{20}+\frac{a_2+a_1}{20^3}$

$\vdots$

$\frac{a_n}{20^n}=\frac{1}{20}+\frac{a_{n-1}+a_{n-2}+\cdots+a_1}{20^n}$

그러므로 $a_n=2^{n-1}\times10^{n-1}+2^{n-2}\sum_{k=1}^{n-1}10^{k-1}$

$=\frac{1}{20}\times20^n+\frac{1}{4}\times2^n\frac{10^{n-1}-1}{10-1}$

$\frac{a_n}{20^n}=\frac{1}{20}+\frac{1}{4}\times\frac{1}{9\cdot10}-\frac{1}{4\cdot9}\times\left(\frac{1}{10}\right)^n$

$\lim_{n\to\infty}\frac{a_n}{20^n}=\frac{1}{20}-\frac{1}{18\cdot20}=\frac{19}{360}$

따라서 $p+q=379$

30 $x=0,\ y=0\Rightarrow f(1)=h(0)=1$

$x=0,\ y=1\Rightarrow f(1)=h(1)=1$

그러므로 $h(x)=1$

$x=-1,\ y=1\Rightarrow f(0)=-g(1)+h(0)=-1$

그러므로 $f(x)=2x-1$

$x=1,\ y=-1\Rightarrow f(0)=g(-1)+h(0)-1=g(-1)+1$

$g(-1)=-2,\ g(1)=2$

그러므로 $g(x)=2x$

$\therefore\ \int_0^3\{f(x)+g(x)+h(x)\}dx=\int_0^3 4xdx=\left[2x^2\right]_0^3=18$

09 2014학년도 정답 및 해설

ANSWER

01	02	03	04	05	06	07	08	09	10	11	12	13	14	15	16	17	18	19	20
②	①	③	①	③	②	⑤	④	②	④	②	⑤	④	②	⑤	③	④	③	④	⑤
21	**22**	**23**	**24**	**25**	**26**	**27**	**28**	**29**	**30**										
①	150	58	24	192	182	36	27	259	13										

01 준식$=\log_2\dfrac{4\sqrt{2}-\sqrt{10}}{4-\sqrt{5}}=\log_2\dfrac{\sqrt{2}(4-\sqrt{5})}{4-\sqrt{5}}=\dfrac{1}{2}$

02 준식$=\lim\limits_{x\to1}\dfrac{x^{-1}}{3x^2}=\dfrac{1}{3}$

03 $|3\vec{a}-2\vec{b}|^2=36$

$9|\vec{a}|^2-12\vec{a}\cdot\vec{b}+4|\vec{b}|^2=36$

$36-12\vec{a}\cdot\vec{b}+36=36$

$\therefore\ \vec{a}\cdot\vec{b}=3$

04 네 자리의 자연수를 $xyzw$라 하면 $x+y+z+w=9$, 여기서 $x=0$일 때, 즉 세 자리의 자연수를 뺀다.

$${}_4H_9-{}_3H_9={}_{12}C_9-{}_{11}C_9$$
$$={}_{12}C_9-{}_{11}C_9$$
$$={}_{12}C_3-{}_{11}C_2$$
$$=\frac{12\cdot11\cdot10}{3\cdot2\cdot1}-\frac{11\cdot10}{2\cdot1}$$
$$=220-55$$
$$=165$$

05 임의로 꺼낸 3개의 공에 적힌 수들 중 두 수의 합이 나머지 수와 같은 경우는

(1, 2, 3), (1, 3, 4), (1, 4 ,5), (2, 3, 5)이므로 $\dfrac{4}{513}=\dfrac{2}{5}$

$B(25,\ \dfrac{2}{4})$ 이므로, $E(X)=25\times\dfrac{2}{5}=10$, $V(X)=25\times\dfrac{2}{5}\times\dfrac{3}{4}=6$

$\therefore\ E(X^2)=V(X)+E(X^2)=6+100=106$

06

$$103(\alpha+\beta)=\cos\alpha\cdot\cos\beta-\sin\alpha\cdot\sin\beta=-\frac{1}{2}$$

$$\cos(\alpha-\beta)=\cos\alpha\cdot\cos\beta+\sin\alpha\cdot\sin\beta=\frac{\sqrt{3}}{2}$$

$$\sin(\alpha+\beta)=\sin\alpha\cdot\cos\beta+\cos\alpha\cdot\sin\beta=\frac{\sqrt{3}}{2}$$

$$\sin(\alpha-\beta)=\sin\alpha\cdot\cos\beta-\cos\alpha\cdot\sin\beta=-\frac{1}{2}$$

그러므로 $\alpha-\beta=-\frac{\pi}{6}$, $\alpha+\beta=\frac{2}{3}\pi$이다.

$$2\alpha=\frac{\pi}{2}$$

$$3\alpha+\beta=2\alpha+(\alpha+\beta)=\frac{\pi}{2}+\frac{2}{3}\pi$$

$$\begin{aligned}\cos(3\alpha+\beta)&=\cos\left(\frac{\pi}{2}+\frac{2}{3}\pi\right)\\&=\cos\left(\pi+\frac{\pi}{6}\right)\\&=-\cos\frac{\pi}{6}\\&=-\frac{\sqrt{3}}{2}\end{aligned}$$

07

$$a_n=\int_0^n\sqrt{x}\,dx=\frac{2}{3}n^{\frac{3}{2}},\ b_n=\int_{n-1}^n(\sqrt{x}+1)dx=\frac{2}{3}\left(n^{\frac{3}{2}}-(n-1)^{\frac{3}{2}}\right)+1$$

$$a_3=2\sqrt{3},\ b_4=\frac{2}{3}(8-3\sqrt{3})+1=\frac{16}{3}-2\sqrt{3}+1$$

$$\therefore\ a_3+b_4=\frac{19}{3}$$

08

$$\begin{aligned}a_{10}&=\int_0^{10}f(x)dx\\&=\int_0^{10}g(x)dx\end{aligned}$$

그런데 $\int_{n-1}^n g(x)dx=2n+3$이므로

$$\int_0^1 g(x)dx=2+3$$

$$\int_1^2 g(x)dx=4+3$$

$$\vdots$$

$$\int_9^{10} g(x)dx=20+3$$

$$\int_0^{10} g(x)dx = 3\times 10 + \frac{10(2+20)}{2}$$
$$= 30 + 110 = 140$$
$$\therefore a_{10} = \int_0^{10} g(x)dx = 140$$

09 $f(1)=2,\ f'(1)=\frac{1}{2},\ f(2)=3,\ f'(2)=4,\ g(3)=2$이므로

$$\lim_{x\to 3}\frac{g(g(x))-1}{x-3} = \lim_{x\to 3} g'(g(x))\cdot g'(x)\ (\because \text{로피탈의 정리})$$
$$= g'(g(x))\cdot g'(3)$$
$$= g'(g(3))\cdot g'(3)$$
$$= \frac{1}{f'(1)}\times\frac{1}{f'(2)} = \frac{1}{2}$$

10 $S_2 = 2S_1$이고 $x=1$에서 대칭축이므로

$$\int_0^1 \left(\sin\frac{\pi}{2}x - k\right)dx = 0$$
$$\Rightarrow \left[-\frac{2}{\pi}\cos\frac{\pi}{2}x - kx\right]_0^1 = 0$$
$$\Rightarrow -k - \left(-\frac{2}{\pi}\right) = 0$$
$$\therefore k = \frac{2}{\pi}$$

11 이항분포 3의 배수의 눈이 나오는 횟수를 확률변수 Y라 하면 확률변수 Y는 $B\left(72,\ \frac{1}{3}\right)$을 따를 때 정규분포 $N(24,\ 4^2)$을 따른다. 즉, $E(Y)=24,\ V(Y)=16$

72회 반복할 때, 점 A의 좌표 X는

$X = 3Y - 2(72-Y)$
$\quad = 5Y - 144$

$E(Y) = E(5Y-144) = 120 - 144 = -24$

$V(Y) = V(5Y-144) = 25V(Y) = 25\times 16 = 400$

확률변수 X는 정규분포 $N(-24,\ 20^2)$을 따른다.

$P(X \geq 11) = P(Z \geq \frac{7}{4}) = P(Z \geq 1.75) = 0.0401$

12 ㉠ $A-B=E$의 양변에 A를 곱하면
$A^2 - AB = A \Rightarrow A^2 - A = AB = O$ …… (참)

㉡ $A^2 - A = A(A-E) = O$
A의 역행렬이 존재하면 $A=E$이다. (대우) …… (참)

㉢ $(A+B)(3A-B-2E)$
$= 3A^2 + 2AB - B^2 - 2A - \sim B\ (\because AB = BA)$
$= A^2 + 2(A^2 - A) - B^2 - \sim B + \sim AB$

$= A^2 - B^2 - 2B \; (\because \; A^2A = O, \; AB = O)$
$= B^2 + 2B + E - B^2 - 2B \; (\because \; A^2 = (B+E)^2 \Rightarrow, \; A^2 = B^2 + 2B + E)$
$= E \cdots\cdots$ (참)

13 $y = 1 + \sqrt{1-x^2} \; (\because \; y \geq 1)$

$$2\pi\int_0^1 (1+\sqrt{1-x^2})^2 dx = 2\pi\int_0^1 (1+2\sqrt{1-x^2}+1-x^2)dx$$
$$= 2\pi\int_0^1 (2-x^2)dx + 4\pi\int_0^1 \sqrt{1-x^2}\,dx$$
$$= 2\pi\left[2x - \frac{1}{3}x^3\right]_0^1 + 4\pi \cdot \frac{1}{4}\pi$$
$$= \frac{10}{3}\pi + \pi^2$$

14 $f'(x) = e^x(x^2+ax+b) + e^x(2x+a)$
$= (x^2 + (a+2)x + a + b)e^x \cdots\cdots$ ㉠
$x = -3$ 극댓값을 가지므로
$f'(-3) = (9 - 3(a+2)) + a + b)e^{-3} = 0$
$2a - b = 3 \cdots\cdots$ ㉡
$g'(x) = -e^{-x}(x^2+ax+b) + e^{-x}(2x+a)$
$= e^{-x}(-x^2 + (2-a)x + a - b) \cdots\cdots$ ㉢
$x = 2$에서 극댓값을 가지므로
$g'(2) = e^{-2}(-4 + 2(2-a) + a - b) = 0$
$a + b = 0 \cdots\cdots$ ㉣
㉡과 ㉣를 연립하면 $a = 1, \; b = -1$
이를 ㉠과 ㉢에 대입하면
$f'(x) = (x^2+3x)e^x = 0$
$x = 0, \; -3$
$x = 0$에서 극소
$g'(x) = -(x^2 - x - 2) \cdot e^{-x} = 0$
$x = 2, \; -1$
$x = -1$에서 극소이다.
그러므로
$m_1 = f(0) = -1$
$m_2 = g(-1) = -e$
$\therefore \; m_1 + m_2 = -e - 1$

15

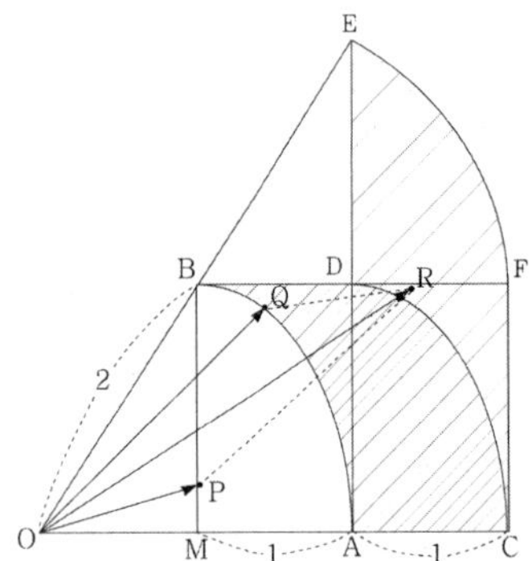

$P \to O$일 때 Q가 호 BA를 움직이면 영역 BA
$P \to M$일 때 Q가 호 BA를 움직이면 영역 DC
$P \to B$일 때 Q가 호 BA를 움직이면 영역 EF
P가 $\overline{BP}$를 움직이고 Q가 호 BA를 움직일 때 도형 DPC가 된다.
그러므로 영역은 표시된 부분이 된다.
$\therefore$ 사각형 $BFCM$은 $2 \times \sqrt{3} = 2\sqrt{3}$

16

$$a_{n+1} - 2\sum_{k=1}^{n}\frac{a_k}{k} - a_n - 12\sum_{k=1}^{n-1}\frac{a_k}{k} = 2^{n+1}(n^2+n+2) - 2^n(n^2-n+2)$$

(가) $2^n(n^2+3n+2)$

(나) 2^n

$$\frac{a_{n+1}}{(n+1)(n+2)} - \frac{a_n}{n(n+1)} = 2^n$$

$b_3 - b_2 = 2^2$

$b_4 - b_3 = 2^3$

$b_5 - b_4 = 2^4$

$b_6 - b_5 = 2^5$

변끼리 더하면

$b_6 - b_2 = 2^2 + 2^3 + 2^4 + 2^5 = 60$

$b_2 = 0$이므로

$\therefore h(6) = 60$

그러므로 $\dfrac{f(4)}{g(5)} + h(6) = \dfrac{2^4(16+12+2)}{2^5} + 60$

$= 15 + 60 = 75$

17

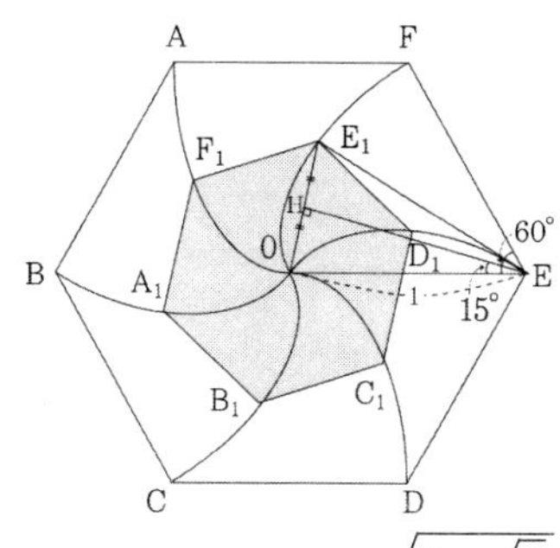

$\overline{OH}=1\times\sin 15^\circ=\dfrac{\sqrt{2-\sqrt{3}}}{2}$

$\overline{OE_1}=\sqrt{2-\sqrt{3}}$

정육각형 $A_nB_nC_nD_nE_nF_n$의 한 변의 길이를 a_n이라 하면

a_n은 초항 $a_1=1$이고 공비 $r=\sqrt{2-\sqrt{3}}$ 인 등비수열이다.

$S_n=\dfrac{1}{2}\times(a_n)^2\times\dfrac{\sqrt{3}}{2}\times 6=\dfrac{3\sqrt{3}}{2}\times(a_n)^2$이므로

$$\sum_{n=1}^{\infty}S_n=\frac{3\sqrt{3}}{2}\sum_{n=1}^{\infty}(a_n)^2$$

$$=\frac{\frac{3\sqrt{3}}{2}(2-\sqrt{3})}{1-(2-\sqrt{3})}$$

$$=\frac{9-3\sqrt{3}}{4}$$

18

$f(x)=\dfrac{\cos x}{\sin x+2}=0$

$\cos x=0,\ x=\dfrac{\pi}{2}$ 이므로

$$\int_0^{\frac{\pi}{2}}\frac{cox\,x}{\sin x+2}dx-\int_{\frac{\pi}{2}}^{\pi}\frac{\cos x}{\sin x+2}dx$$

$\sin x+2=t$로 치환하면

$\cos x\cdot dx=dt$

$$\int_2^3\frac{1}{t}dt-\int_3^2\frac{1}{t}dt$$

$$=\int_2^3\frac{1}{t}dt+\int_2^3\frac{1}{t}dt$$

$$=2\int_2^3\frac{1}{t}dt$$

$$=[\ln t]_2^3$$

$$=2(\ln 3-\ln 2)$$

$$=2\ln\frac{3}{2}$$

19

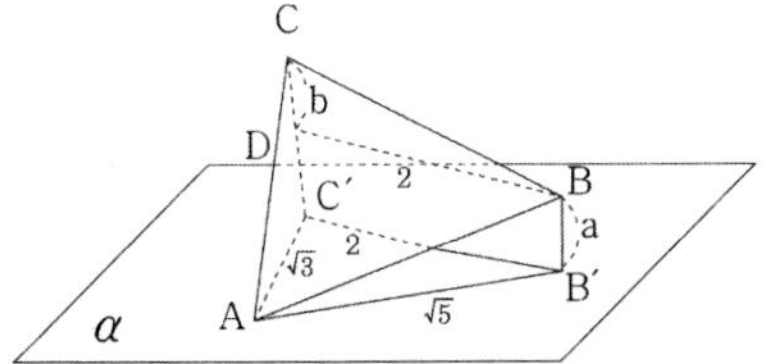

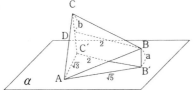

$\overline{C'D} = \overline{BB'} = a$, $DC = b$, $\overline{AB} = \overline{BC} = \overline{CA} = x$

$\overline{AB'}^2 + \overline{BB'}^2 = x^2 \Rightarrow 5 + a^2 = x^2 \Rightarrow a^2 = x^2 - 5$ …… ㉠

$\overline{AC'}^2 + \overline{CC'}^2 = x^2 \Rightarrow 3 + (a+b)^2 = x^2$ …… ㉡

$\overline{BD}^2 + \overline{CD}^2 = x^2 \Rightarrow 4 + b^2 = x^2 \Rightarrow b^2 = x^2 - 4$ …… ㉢

㉡을 전개해서 ㉠과 ㉢을 대입한다.

$3 + a^2 + b^2 + 2ab = x^2$

$3 + x^2 - 5 + x^2 - 4 + 2\sqrt{x^2-5}\sqrt{x^2-4} = x^2$

$x^2 - 6 = -2\sqrt{x^4 - 9x^2 + 20}$

양변 제곱 : $x^4 - 12x^2 + 36 = 4x^4 - 36x^2 + 80$

$3x^4 - 24x^2 + 44 = 0$

$x^2 = \dfrac{12 + 2\sqrt{3}}{3}$

$\triangle ABC$의 넓이 : $\dfrac{\sqrt{3}}{4} \times \dfrac{12 + 2\sqrt{3}}{3} = \dfrac{\sqrt{3}(6 + \sqrt{3})}{2 \times 3}$

$= \dfrac{1 + 2\sqrt{3}}{2}$

20 증감표

x		0		$\frac{\pi}{2}$		$\frac{3}{4}\pi$
f'	$-$	0	$+$	1	$+$	$-$

위의 증감표에 의하면 ㉠, ㉢은 참이다.

$f(x) = x\sin x$, $g(x) = x$에서

$x\sin x = x$

$x(\sin x - 1) = 0$, $x = 0$, $\sin x = 1$

즉, $x = 0$, $x = \dfrac{\pi}{2}$

$f'(x) = x\, cox\, x + \sin x$, $g'(x) = 1$

$f'\left(\dfrac{\pi}{2}\right) = \dfrac{\pi}{2} \times 0 + 1 = 1$, $g'\left(\dfrac{\pi}{2}\right) = 1$

그러므로 $x = \dfrac{\pi}{2}$에서 접한다. ㉡ 참

21 ㈏에서 $f(x+1)+f(x)=e-1$

x와 $x+1$의 치역의 합을 항상 $e-1$로 일정하다.

그리고 $f(x+2)=-f(x+1)+e-1$

$=-(-f(x)+e-1)+e-1$

$=f(x)$

즉, 주기가 2인 함수이다.

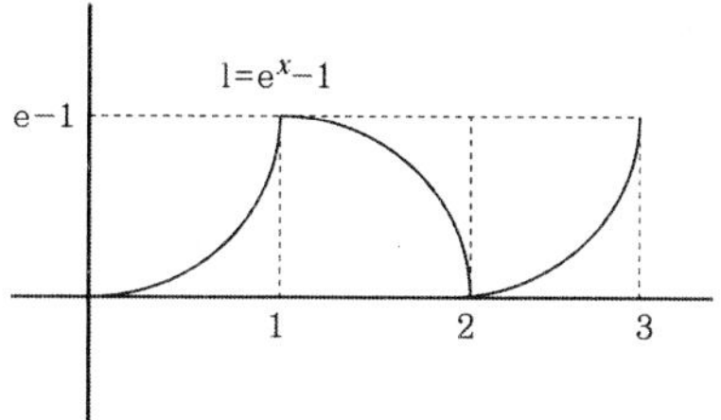

$$\int_0^3 f(x)dx=1\times(e-1)+\int_0^1(e^2-1)dx$$

$$=e-1+e-2$$

$$=2e-3$$

22

$$g\circ f=\begin{pmatrix}\frac{1}{2} & -\frac{\sqrt{3}}{2}\\ \frac{\sqrt{3}}{2} & \frac{1}{2}\end{pmatrix}\begin{pmatrix}1 & 0\\ 0 & -1\end{pmatrix}$$

$$=\begin{pmatrix}\frac{1}{2} & \frac{\sqrt{3}}{2}\\ \frac{\sqrt{3}}{2} & -\frac{1}{2}\end{pmatrix}$$

$$(g\circ f)^{-1}=\begin{pmatrix}\frac{1}{2} & \frac{\sqrt{3}}{2}\\ \frac{\sqrt{3}}{2} & -\frac{1}{2}\end{pmatrix}$$

$\therefore a=\frac{\sqrt{3}}{2},\ b=\frac{\sqrt{3}}{2}$

$$100\left(\frac{3}{4}+\frac{3}{4}\right)=100\times\frac{3}{2}$$

$$=150$$

$$=150$$

23

동아리 \ 구분	남학생(명)	여학생(명)	합계(명)
A	$8+x$	16	$24+x$
B	12	$12-x$	$24-x$

$\frac{8+x}{24+x}\times 100=y,\ \frac{12}{24-x}\times 100=y+5$

연립하면 $\frac{800+100\pi}{24+x}+5=\frac{1200}{24-x}$

정리하면 $5x^2-16x-192=0$

$(5x+24)(x-8)=0$

$\therefore\ x=8,\ y=50$

$x+y=8+50=58$

24

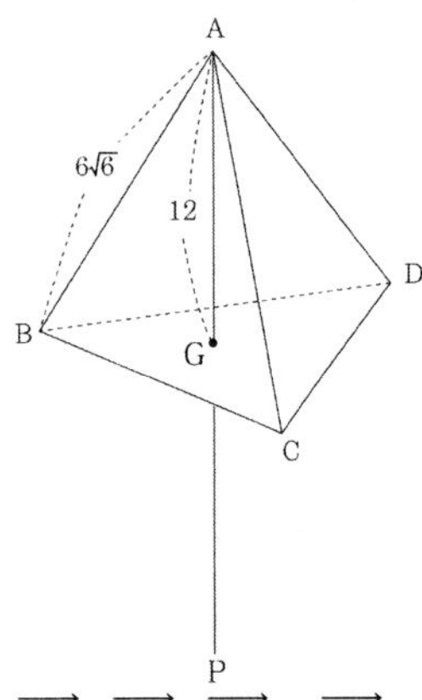

$\overrightarrow{PB}+\overrightarrow{PC}+\overrightarrow{PD}=2\overrightarrow{PA}$

$\overrightarrow{AB}-\overrightarrow{AP}+\overrightarrow{AC}-\overrightarrow{AP}+\overrightarrow{AD}-\overrightarrow{AP}=-2\overrightarrow{AP}$

$\overrightarrow{AB}+\overrightarrow{AC}+\overrightarrow{AD}=\overrightarrow{AP}$

$|\overrightarrow{AG}|=12$

$\overline{PG}=2\overline{AG}$

그러므로 24

25

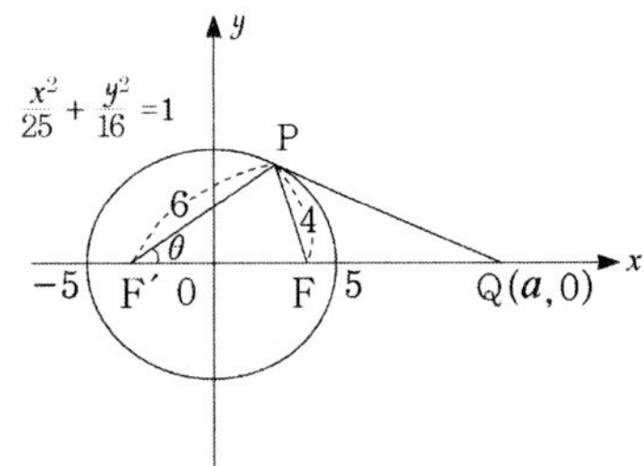

$\overline{PF}:\ \overline{PF'}=2:3$이므로 $\overline{PF}=2k,\ \overline{PF'}=3k$

$2k+3k=5k=10,\ \therefore\ k=2$

그러므로 $\overline{PF}=4,\ \overline{PF'}=6$

초점 $F(\pm c, 0)$일 때, $c^2=25-16=9$

$\angle PF'P$를 θ라 하면

$\cos\theta=\frac{36+36-16}{2\cdot6\cdot6}=\frac{7}{9}$

$Q(a, 0)$이라 하면

$\overline{QF}:\overline{QF'}=2:3$이므로 $a-3:a+3=2:3$

$a=15$ 그러므로 $Q(15, 0)$이다.

$\overline{PQ}^2=6^2+18^2-2\times6\times18\times\frac{7}{9}=192$

26 이기는 경우(W), 지는 경우(L), 비기는 경우(D)의 확률이 각각 $\frac{1}{3}$이다.

지호가 받은 사탕의 총 개수가 5의 경우는

$\begin{pmatrix}WWD\\WWL\end{pmatrix}$ $\quad {}_3C_2\cdot\left(\frac{1}{3}\right)^2\cdot\frac{1}{3}\cdot2=\frac{2}{9}$

$\begin{pmatrix}LLLLL\\DDDDD\end{pmatrix}$ $\quad \frac{1}{3^5}\cdot2=\frac{2}{243}$

$\begin{pmatrix}WLLL\\WDDD\end{pmatrix}$ $\quad {}_4C_1\cdot\frac{1}{3^4}\cdot2=\frac{8}{81}$

$\begin{pmatrix}WLLD\\WLDD\end{pmatrix}$ $\quad \frac{4!}{2!}\cdot\frac{1}{3^4}\cdot2=\frac{24}{81}$

$\begin{pmatrix}LLLLD\\LDDDD\end{pmatrix}$ $\quad {}_5C_1\cdot\frac{1}{3^5}\cdot2=\frac{10}{243}$

$\begin{pmatrix}LLLDD\\LLDDD\end{pmatrix}$ $\quad {}_5C_2\cdot\frac{1}{3^5}\cdot2=\frac{20}{243}$

그러므로 $\frac{2}{9}+\frac{2}{243}+\frac{8}{81}+\frac{24}{81}+\frac{30}{243}$

$=\frac{54+2+24+72+30}{243}$

$=\frac{182}{243}$

$\therefore\ \frac{k}{243}$에서 k는 182

27

$\overline{CD}=\sin2\theta$, $\overline{OD}=\cos2\theta$, $\overline{MN}=\sin\theta$, $\overline{ON}=\cos\theta$, $\overline{DN}=\cos\theta-\cos2\theta$

$S(\theta)=\frac{1}{2}(\overline{CD}+\overline{MN})\times DN$

$\quad=\frac{1}{2}(\sin2\theta+\sin\theta)\times(\cos\theta-\cos2\theta)$

$$\lim_{\theta\to+0}\frac{S(\theta)}{\theta^3}=\lim_{\theta\to+0}\frac{\frac{1}{2}(2\sin\theta+\sin\theta)(\cos\theta-2\cos^2\theta+1)}{\theta^3}$$

$$=\lim_{\theta\to0}\frac{-\sin\theta(2\cos\theta+1)(2\cos\theta+1)(\cos\theta-1)\times(\cos\theta+1)}{2\theta^3}$$

$$=\lim_{\theta\to0}\frac{\sin\theta}{\theta}\times\frac{\sin^2\theta}{\theta^2}\times\frac{(2\cos\theta+1)^2}{2(\cos\theta+1)}$$

$$=1\times1\times\frac{3^2}{2\times2}$$

$$=\frac{9}{4}$$

$\therefore\ 16a=16\times\frac{9}{4}=36$

28 평면 $x+y+z=0$은 원점을 지나면서 법선벡터 $F'=(1,\ 1,\ 1)$을 가지므로 정팔면체의 각면인 정삼각형의 중점을 지난다.

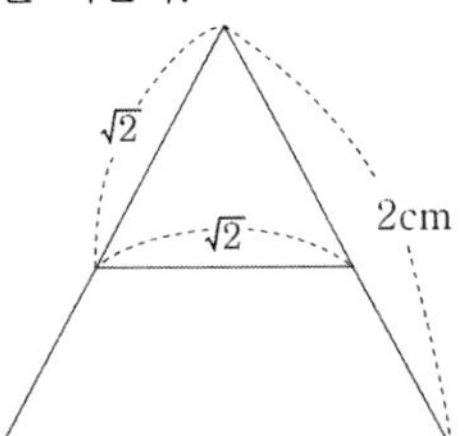

중점을 지나는 선분을 연결하면 정육각형이 나온다.

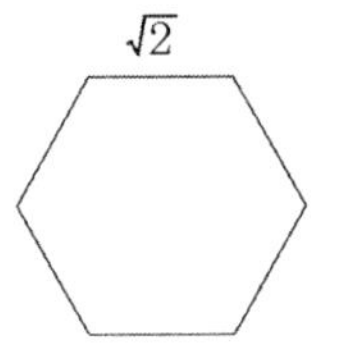

그러므로 $S=\frac{\sqrt{3}}{4}-\sqrt{2^2}\times6=3\sqrt{3}$

$\therefore\ S^2=27$

29

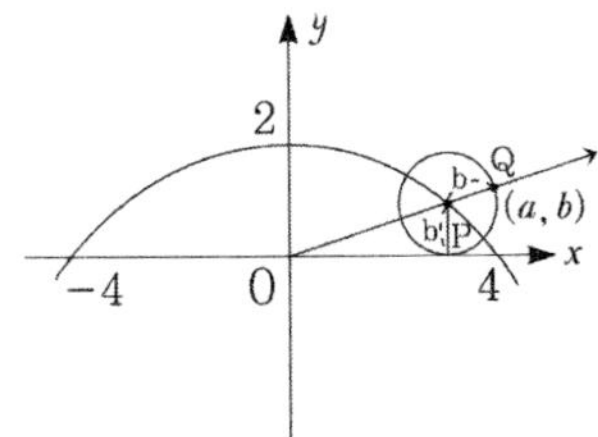

점 $P(a,\ b)$로 하면 반지름은 b이다.

세 점 (4, 0), (−4, 0), (0, 2)을 지나는 포물선이므로

$y=-\frac{1}{8}(x-4)(x+4)$

점 $P(a,\ b)$는 포물선 위의 점이므로

$-8b = a^2 - 16 \Rightarrow a^2 = 16 - 8b$

$\overline{OQ} = \overline{OP} + \overline{PQ}$

$= \sqrt{a^2 + b^2} + b$

$= \sqrt{b^2 - 8b + 1b} + b$

$= \sqrt{(4-6)^2} + b \ (\because b \leq 2)$

$= 4$

즉, Q가 그리는 도형은 반지름 $\overline{OQ} = 4$인 원이 된다.
그러므로 회전체는 구가 되므로 구의 부피는

$V = \dfrac{4}{3}\pi \times 4^3 = \dfrac{256}{3}\pi$

$\therefore p + g = 259$

30

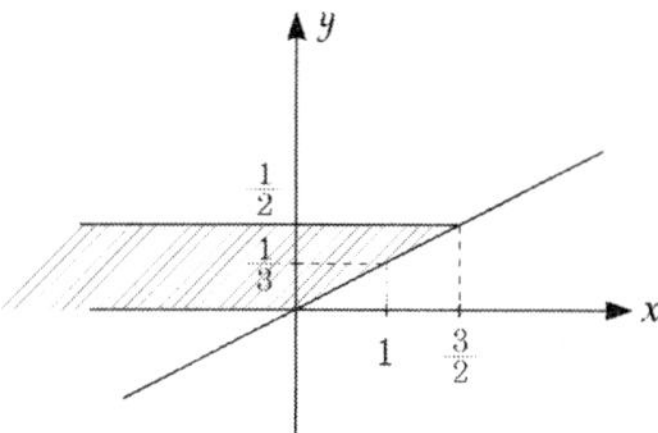

$\log 1 = 0 + 0,\ f(1) = 0,\ g(0) = 0$

$\log 2 = 0 + \log 2,\ f(2) = 0,\ g(2) = \log 2$

$\log 3 = 0 + \log 3,\ f(3) = 0,\ g(3) = 1og3 < \dfrac{1}{2}$

$\log 4 = 0 + \log 4,\ f(4) = 0,\ g(4) = \log 4 > \dfrac{1}{2}$

$\log 21 = 1 + \log 2.1,\ f(21) = 1,\ g(21) = \log 2.1 < \dfrac{1}{3}$

$\log 22 = 1 + \log 2.2,\ f(22) = 1,\ g(22) = \log 2.2 > \dfrac{1}{3}$

$\vdots$

$\log 31 = 1 + \log 3.1,\ f(31) = 1,\ g(31) = \log 3.1 < \dfrac{1}{3}$

$\log 32 = 1 + \log 3.2,\ f(32) = 1,\ g(32) = \log 3.2 > \dfrac{1}{2}$

$\therefore 1 \leq m \leq 3,\ 22 \leq n \leq 31$

$\therefore n = 1,\ 2,\ 3,\ 22,\ 23,\ \ldots,\ 31$

n의 개수는 13개

10 2015학년도 정답 및 해설

ANSWER

01	02	03	04	05	06	07	08	09	10	11	12	13	14	15	16	17	18	19	20
⑤	①	③	②	②	③	④	④	④	②	①	④	③	⑤	①	⑤	②	①	③	⑤
21	**22**	**23**	**24**	**25**	**26**	**27**	**28**	**29**	**30**										
⑤	50	3	250	21	39	20	14	80	9										

01 $\log_2 9 \times \log_3 8 = \log_2 3^2 \times \log_3 2^3 = 2\log_2 3 \times 3\log_3 2 = 6$

02 행렬 $A = \begin{pmatrix} -3 & -5 \\ 2 & 3 \end{pmatrix}$에 대해 A의 역행렬이 존재하므로

$X = A^{-1}(A+B) = E + A^{-1}B$

이다. $A^{-1} = \begin{pmatrix} 3 & 5 \\ -2 & -3 \end{pmatrix}$이므로

$X = \begin{pmatrix} 1 & 0 \\ 0 & 1 \end{pmatrix} + \begin{pmatrix} 3 & 5 \\ -2 & -3 \end{pmatrix}\begin{pmatrix} 4 & 5 \\ -2 & 1 \end{pmatrix} = \begin{pmatrix} 3 & 20 \\ -2 & -12 \end{pmatrix}$

따라서 행렬 X의 모든 성분의 합은 9이다.

03 두 벡터 $\vec{a}, \vec{b}$가 이루는 각의 크기가 $60°$이므로

$\vec{a} \cdot \vec{b} = |\vec{a}||\vec{b}|\cos 60° = 3$.

한편

$|\vec{a} - 2\vec{b}|^2 = |\vec{a}|^2 - 4\vec{a} \cdot \vec{b} + 4|\vec{b}|^2 = 28$

이므로 $|\vec{a} - 2\vec{b}| = \sqrt{28} = 2\sqrt{7}$이다.

04 함수 $f(x)$에 대해

$$\begin{aligned} f(x) &= 8\sin x + 4\cos 2x + 1 \\ &= 8\sin x + 4(1 - 2\sin^2 x) + 1 \\ &= -8\sin^2 x + 8\sin x + 5 \\ &= -8\left(\sin x - \frac{1}{2}\right)^2 + 7 \end{aligned}$$

$\sin x = \frac{1}{2}$일 때, 함수 $f(x)$의 최댓값이 7이다.

05 A 지점에서 B 지점까지 최단거리로 가는 경우는 P, Q, R 세 지점을 경유하는 경우로 나눌 수 있다.

P 지점을 지나는 경우의 수는 $\frac{4!}{3!}\times\frac{4!}{3!}=16$,

Q 지점을 지나는 경우의 수는 $\frac{5!}{4!}\times\frac{5!}{4!}=25$,

R 지점을 지나는 경우의 수는 1이므로 최단거리로 가는 경우의 수는 $16+25+1=42$이다.

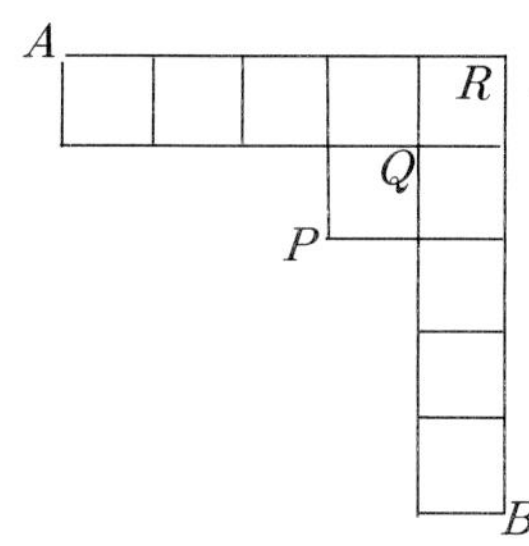

06 원 C_1을 회전변환 f에 의해 변환하면 중심이 $(0, 5)$, 반지름이 4인 원이 되고, 다시 닮음 변환 g에 의해 변환하면 중심이 $(0, 5k)$, 반지름이 $4k$인 원 C_2가 된다. 이때, 두 원이 외접하기 위해서는 중심사이의 거리가 반지름의 합과 같아야 하므로

$\sqrt{5^2+(5k)^2}=4+4k$

$25+25k^2=16k^2+32k+16$

$\therefore 9k^2-32k+9=0$

따라서 이를 만족하는 모든 k의 합은 근과 계수와의 관계에 의해 $\frac{32}{9}$이다.

07 상품의 수요량이 9배로 증가하고 공급량이 3배로 증가하면 판매가격 P'은

$$\begin{aligned}\log_2 P' &= C+\log_3 9D-\log_9 3S\\ &= C+\log_3 D-\log_9 S+\log_3 9-\log_9 3\\ &=\log_2 P+\frac{3}{2}\end{aligned}$$
이다.

따라서 $\log_2 P'-\log_2 P=\frac{3}{2}$에서 $\frac{P'}{P}=2^{\frac{3}{2}}$이고

그러므로 $P'=2\sqrt{2}P$이다. 따라서 $k=2\sqrt{2}$이다.

08

$-10<x<10$에 대하여 부등식 $\frac{x+1}{f(x)}>x$을 풀면

i) $f(x)>0$이고 $x>0$인 경우 $\frac{x+1}{x}>f(x)$을 풀면 $0<x<1$이다.

ii) $f(x)>0$이고 $x<0$인 경우 $\frac{x+1}{x}<f(x)$을 풀면 $-1<x<0$이다.

$f(x)<0$이고 $x>0$을 만족하는 x는 존재하지 않고,

iii) $f(x)<0$이고 $x<0$인 경우 $\frac{x+1}{x}>f(x)$을 만족하는 x는 $-10<x<-1$이다.

한편, $x=0$이면 부등식을 만족하므로 정수 x는 $x=-9, -8, \cdots, -3, -2, 0$ 모두 9개다.

09 초점의 x 좌표가 2, 준선은 $x=-2$인 포물선에 대해, 점 A의 좌표를 $\left(\frac{y_1^2}{8}, y_1\right)$, 점 B의 좌표를 $\left(\frac{y_2^2}{8}, y_2\right)$라 했을 때, 점 A, B에서 초점에 이르는 거리는 각각 준선에 이르는 거리와 같으므로

$2+\frac{y_1^2}{8}+2+\frac{y_2^2}{8}=14 \quad \therefore y_1^2+y_2^2=80$

또한, $\overline{AF}$의 기울기와 $\overline{BF}$의 기울기가 같으므로

$\frac{y_1-0}{\frac{y_1^2}{8}-2}=\frac{y_2-0}{\frac{y_2^2}{8}-2} \qquad \therefore y_1y_2=-16$

$(y_1+y_2)^2=y_1^2+y_2^2+2y_1y_2=80-32=48$

$\therefore y_1+y_2=4\sqrt{3} \quad (\because m>0)$

직선 l의 기울기는 $\overline{AB}$의 기울기이므로

$\frac{y_1-y_2}{\frac{y_1^2}{8}-\frac{y_2^2}{8}}=\frac{8}{y_1+y_2}=\frac{2\sqrt{3}}{3}$

10 $Y=3X$이므로

$P(X\le k)=P(Y\ge k)=P(3X\ge k)=P\left(X\ge \frac{k}{3}\right)$

확률변수 X가 평균이 10인 정규분포를 따르므로 두 확률이 같기 위해서는

$\frac{k+\frac{k}{3}}{2}=10$

따라서 $k=15$이다.

11 시행 후에 두 주머니에 있는 검은 공의 개수가 같아지는 경우는 (1)주머니 A에서 검은 공 두 개를 꺼내고 다시 주머니 B에서 검은 공 한 개, 흰 공 한 개를 꺼내는 경우와, (2)주머니 A에서 검은 공 한 개, 흰 공 한 개를 꺼내고 다시 주머니 B에서 흰 공 두 개를 꺼내는 경우이다. (1)의 경우의 확률은

$\frac{{}_4C_2}{{}_6C_2}\times\frac{{}_4C_1\times{}_4C_1}{{}_8C_2}=\frac{6}{15}\times\frac{16}{28}$,

(2)의 경우의 확률은

$\frac{{}_2C_1\times{}_4C_1}{{}_6C_2}\times\frac{{}_5C_2}{{}_8C_2}=\frac{8}{15}\times\frac{10}{28}$

따라서 두 주머니에 있는 검은 공의 개수가 같아졌을 때, 주머니 A에서 꺼낸 공이 모두 검은 공이었을 확률은 조건부 확률로써

$$\frac{\frac{6}{15}\times\frac{16}{28}}{\frac{6}{15}\times\frac{16}{28}+\frac{8}{15}\times\frac{10}{28}}=\frac{96}{96+80}=\frac{6}{11}$$

12 주어진 타원은 장축의 길이가 8이므로 $\overline{PA}=a$, $\overline{PB}=b$라 하면 $a+b=8$이다.
또한 포물선의 방정식은 $y^2=12x$이고 점 P에서 준선 $x=-3$에 내린 수선의 발을 H라 하면 $\overline{PH}=\overline{PB}=b$가 된다.
그러므로 점 P의 좌표는 $\left(-3+b,\ \sqrt{a^2-b^2}\right)$이고 점 P는 포물선 위에 있는 점이므로

$$\left(\sqrt{a^2-b^2}\right)^2=12(-3+b)$$
$$a^2-b^2=-36+12b$$

한편 $a=8-b$이므로 이를 위 식에 대입하여 b를 구하면 $b=\dfrac{25}{7}$이다. 따라서 $\overline{PB}=b=\dfrac{25}{7}$이다.

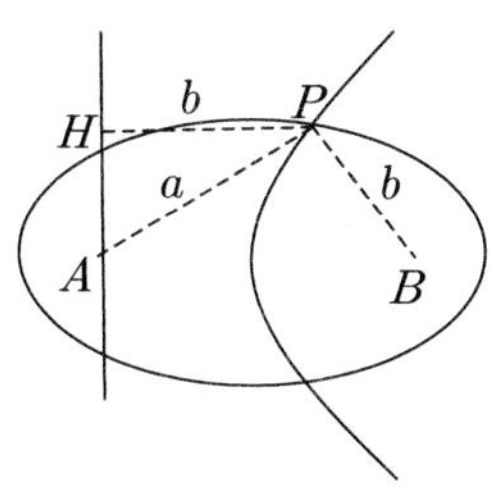

13 주어진 무한급수를 정적분으로 바꾸면

$$\lim_{n\to\infty}\frac{2}{n}\sum_{k=1}^{n}f\left(2+\frac{2}{n}k\right)+\lim_{n\to\infty}\frac{8}{n}\sum_{k=1}^{n}g\left(a+\frac{8}{n}k\right)$$
$$=\int_{2}^{4}f(x)\,dx+\int_{a}^{a+8}g(x)\,dx$$

그림에서 보는 것처럼 $\displaystyle\int_{a}^{a+8}g(x)\,dx$는 직선 $y=x$에 대하여 대칭이동하여 생긴 도형 $EABD$의 넓이와 같으므로 구하는 정적분의 값은 직사각형 $DOCB$의 넓이에서 직사각형 $EOFA$의 넓이를 뺀 것과 같다.

$$\int_{2}^{4}f(x)\,dx+\int_{a}^{a+8}g(x)\,dx$$
$$=4\times(a+8)-2\times a$$
$$=2a+32=50$$

$\therefore a=9$

14 부채꼴 OAB의 내부를 x축 둘레로 회전시켜 생기는 도형의 부피는 도형 $A'ABB'$을 회전시켜 생기는 도형의 부피에서 삼각형 $OA'A$와 삼각형 OBB'을 회전시켜 생기는 직원뿔의 부피를 뺀 것과 같다.

$$\pi\int_{-1}^{\sqrt{3}}(4-x^2)\,dx-\frac{1}{3}\times\pi\times\sqrt{3}-\frac{1}{3}\times\pi\times3$$
$$=\frac{8(\sqrt{3}+1)}{3}\pi$$

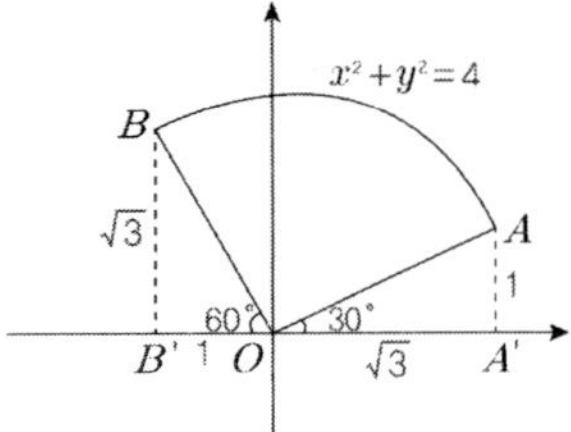

15

$\overline{AB}=1-\frac{t^2}{2}-\sqrt{1-t^2}$ 이므로

$S_1=\frac{1}{2}t\left(1-\frac{t^2}{2}-\sqrt{1-t^2}\right)$

$\overline{CD}=\sin^4 t$

$S_2=\frac{1}{2}t\sin^4 t$

$$\lim_{t\to+0}\frac{S_1}{S_2}=\lim_{t\to+0}\frac{1-\frac{1}{2}t^2-\sqrt{1-t^2}}{\sin^4 t}$$
$$=\lim_{t\to+0}\frac{\left(1-\frac{1}{2}t^2-\sqrt{1-t^2}\right)}{\sin^4 t}\frac{\left(1-\frac{1}{2}t^2+\sqrt{1-t^2}\right)}{\left(1-\frac{1}{2}t^2+\sqrt{1-t^2}\right)}$$
$$=\lim_{t\to+0}\frac{1}{4}\frac{t^4}{\sin^4 t}\frac{1}{\left(1-\frac{1}{2}t^2+\sqrt{1-t^2}\right)}$$
$$=\frac{1}{4}\times\frac{1}{2}=\frac{1}{8}$$

16 $(A+2B)(2A-B)=E$이므로

$2A^2-AB+4BA-2B^2=E$ …… (1)

또한 교환법칙이 성립하여 $(2A-B)(A+2B)=E$이므로

$2A^2+4AB-BA-2B^2=E$ …… (2)이다.

(1)−(2)하면 $-5AB+5BA=O$이고 $AB=O$이므로

$BA=O$ $\quad\therefore AB=BA=O$이고

$2A^2-2B^2=E$ …… (3)이다.

㉠ $BA=O$ (참)

㉡ (3)에서 $(A+B)2(A-B)=E$이므로 $(A+B)^{-1}=2(A-B)$ (참)

㉢ $A^2+B^2=\frac{1}{2}E$일 때, (3)과 연립하면 $A^2=\frac{1}{2}E$가 되어 A^{-1}이 존재한다.

$AB=O$이므로 A^{-1}을 양변에 곱하면 $B=O$이다. (참)

17 삼각형 ABC는 이등변삼각형이므로 $\angle AM_1B=90^\circ$이고 $\overline{B_1C_1}//\overline{BC}$이므로

$\angle B_1M_2M_1=\angle C_1M_2M_1=90^\circ$이다.

또한 $\overline{B_1M_2}=\overline{C_1M_2}$이므로 직각삼각형 $B_1M_2M_1$과 직각삼각형 $C_1M_2M_1$은 합동이며 각각 직각이등변삼각형이다.

따라서 $\overline{B_1M_1}=\overline{C_1M_1}$이므로 삼각형 $B_1M_1C_1$은 직각이등변삼각형이다.

$\overline{BM_1}=3$, $\overline{AM_1}=4$이고 $\overline{AM_2}=x$라 하면 $\overline{M_1M_2}=4-x$, 직각삼각형 AB_1M_2와 직각삼각형 ABM_1은 닮음도형이므로 $\overline{B_1M_2}=\frac{3}{4}x$이다.

따라서 $4-x=\frac{3}{4}x \quad \therefore x=\frac{16}{7}$

삼각형 ABC와 삼각형 AB_1C_1의 닮음비는

$\overline{BC}:\overline{B_1C_1}=6:\frac{24}{7}=1:\frac{4}{7}$이고 면적비는 $1:\frac{16}{49}$이다.

한편 $S_1=\frac{1}{2}\frac{3}{4}x(4-x)=\frac{144}{49}$이고 따라서 수열 S_n은 첫째항이 $S_1=\frac{144}{49}$이고

공비가 $r=\frac{16}{49}$인 등비수열이므로 $\sum_{n=1}^{\infty}S_n=\frac{S_1}{1-r}=\frac{\frac{144}{49}}{1-\frac{16}{49}}=\frac{48}{11}$이 된다.

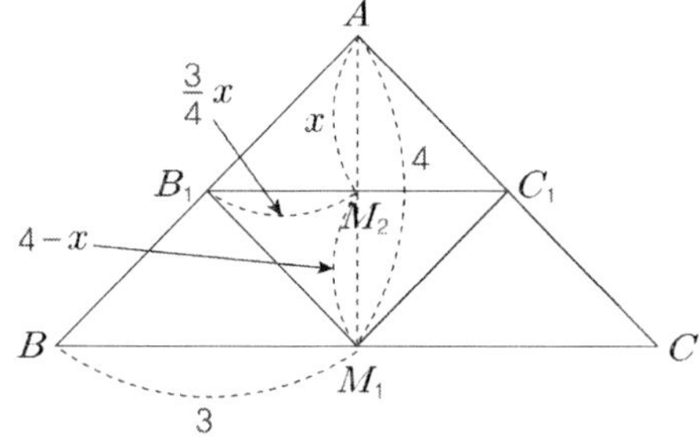

18 점 B_n의 좌표가 (a_n, a_nb_n)이므로

$\overline{OB_n}=\sqrt{a_n^2+a_n^2b_n^2}=a_n\sqrt{1+b_n^2}$

이어서 ㈎에 해당하는 수는 $p=1$이다.

한편,

$$\begin{aligned}a_{n+1}&=a_n+2r_n\\&=a_n+2\frac{a_n\left(b_n-1+\sqrt{1+b_n^2}\right)}{2}\\&=a_n\left(1+b_n-1+\sqrt{1+b_n^2}\right)\\&=\left(b_n+\sqrt{1+b_n^2}\right)\times a_n\end{aligned}$$

이므로 ㈏에 알맞은 식은

$f(n)=b_n+\sqrt{1+b_n^2}$이다.

$b_n = \frac{1}{2}\left(n+1-\frac{1}{n+1}\right)$이므로

$1+b_n^2 = 1+\frac{1}{4}\left\{(n+1)^2-2+\frac{1}{(n+1)^2}\right\} = \frac{1}{4}\left\{(n+1)+\frac{1}{(n+1)}\right\}^2$이고,

따라서 $\sqrt{1+b_n^2} = \frac{1}{2}\left(n+1+\frac{1}{n+1}\right)$이므로

결국 $f(n)=n+1$이다.

이제 $a_{n+1}=(n+1)a_n$으로부터

$a_n = na_{n-1} = n(n-1)a_{n-2} = \cdots = n(n-1)(n-2)\cdots 2a_1 = 2\times n!$이므로

(다)에 알맞은 식은 $g(n)=2\times n!$이다.

따라서 $p+f(4)+g(4)=1+5+2\times 4!=54$이다.

19 세 점 A_1, A_k, A_m이 한 직선 위에 있으므로 A_k의 x좌표와 A_m의 x좌표는 다르다. 따라서 두 자연수 k, m이 10보다 크고 1000보다 작으므로 $f(k)=1$, $f(m)=2$이고,

$\log k = 1+\alpha$
$\log m = 2+\beta$

라 하면 $A_0(0, 0)$, $A_k(1, \alpha)$, $A_m(2, \beta)$이다. 선분 $\overline{A_0A_1}$의 기울기와 선분 $\overline{A_1A_2}$의 기울기가 같으므로

$\alpha = \beta - \alpha \quad \therefore \beta = 2\alpha$이다.

그러므로

$2\log k - \log m = 0$
$\log k^2 - \log m = 0$
$\log \frac{k^2}{m} = 0$
$\therefore k^2 = m$

두 자리 자연수로서 제곱하여 세 자리 자연수를 넘지 않은 최대 자연수 $k=31$이고 이때 $m=k^2=961$이므로 $k+m$의 최댓값은 $31+961=992$이다.

20 주어진 전개도로 사면체를 만들면 아래 그림과 같다. 삼각형 ADC와 삼각형 ABC가 직각 삼각형이므로 $\overline{AD}=2\sqrt{3}$, $\overline{AB}=2\sqrt{3}$이다. 직각삼각형 ABC와 직각삼각형 ADC가 합동이므로 꼭짓점 D에서 변 $\overline{AC}$에 내린 수선의 발을 H라 한다면 $\overline{BH}\perp\overline{AC}$이다. 따라서 두 면 ACF, ABC가 이루는 각 θ은 변 $\overline{DH}$, $\overline{BH}$가 이루는 각과 같고 $\overline{DH}=\overline{BH}=\sqrt{3}$이므로 삼각형 BHD에서

$\cos\theta = \frac{3+3-4}{2\times\sqrt{3}\times\sqrt{3}} = \frac{1}{3}$이다.

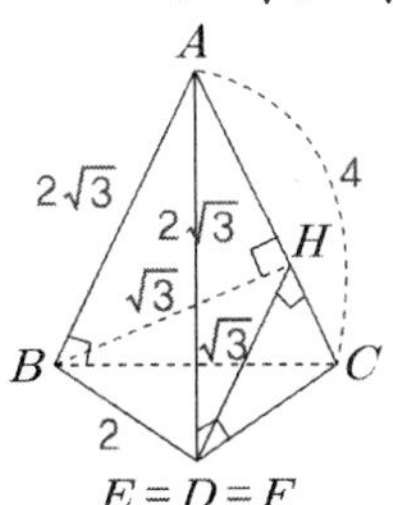

21 원 C가 굴러간 거리가 t일 때의 점 P의 좌표를 (x, y)라 하고 점 P에서 $x=t$에 내린 수선의 발을 H, 원의 중심을 $O(t,\ 2)$라 할 때, $\angle POH=\pi-t$이므로

$\overline{PH}=\sin(\pi-t)=\sin t$

$\overline{OH}=\cos(\pi-t)=-\cos t$

따라서 점 P가 나타내는 곡선 F는

$$\begin{cases} x=t-\sin t \\ y=2+\cos t \end{cases}$$

도함수는

$$\frac{dy}{dx}=\frac{\frac{dy}{dt}}{\frac{dx}{dt}}=\frac{-\sin t}{1-\cos t}$$

$t=\frac{2}{3}\pi$일 때 곡선 F 위의 점에서의 기울기는 $\frac{-\sin\frac{2}{3}\pi}{1-\cos\frac{2}{3}\pi}=-\frac{\sqrt{3}}{3}$이다.

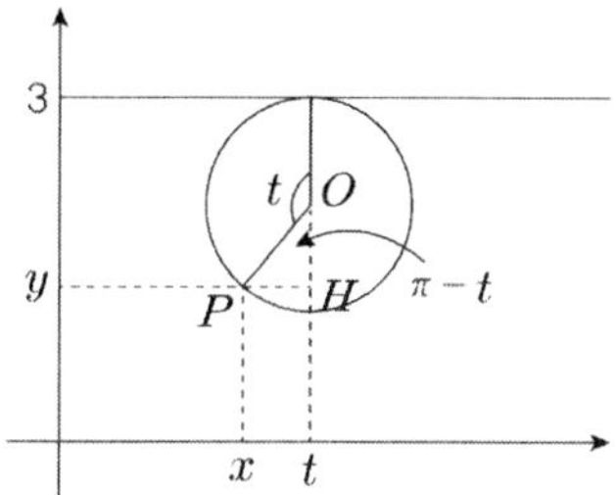

22 등차수열 $\{a_n\}$의 공차를 d라 하면

$a_2+a_4=2a_1+4d=16 \quad \therefore a_1+2d=8$

$a_8+a_{12}=2a_1+18d=58 \quad \therefore a_1+9d=29$

두 식을 연립해서 풀면 $a_1=2,\ d=3$

$a_n=3n-1$

그러므로 $a_{17}=50$이다.

23 방정식 $\sqrt{x+3}=|x|-3$에서 $x\geq-3$, $|x|-3\geq0$ 즉, $x=-3$이거나 $x\geq3$임을 알 수 있다. $x\geq3$인 경우

$\sqrt{x+3}=x-3$

$x+3=x^2-6x+9$

$x^2-7x+6=0$

$\therefore x=6$

$x=-3$ 역시 방정식을 만족하므로 방정식의 모든 근의 합은 $-3+6=3$이다.

24 모든 실수 x에 대하여

$$\int_0^x t^2f'(t)dt = \frac{3}{2}x^4 + kx^3$$

x에 대해 미분하면

$x^2f'(x) = 6x^3 + 3kx^2$

$\therefore f'(x) = 6x + 3k$

또한, $x=1$에서 극솟값을 가지므로 $f'(1) = 6+3k = 0$ $\therefore k=-2$이고

$f'(x) = 6x - 6$

$\therefore f(x) = 3x^2 - 6x + C$

함수 $f(x)$가 $x=1$에서 극솟값 7을 가지므로 $f(1) = 3-6+C=7$ $\therefore C=10$이고

$f(x) = 3x^2 - 6x + 10$

그러므로 $f(10) = 250$이다.

25 $x > 0$에 대해

$f'(x) = x^{n-1}(n\ln x + 1)$

따라서 함수 $f(x)$는 $x = e^{-\frac{1}{n}}$에서 극솟값을 가지면서 최솟값을 가진다. 최솟값 $g(n)$은

$g(n) = f\left(e^{-\frac{1}{n}}\right) = -\frac{1}{ne}$이므로 부등식 $g(n) \le -\frac{1}{6e}$을 만족하는 n은 $n \le 6$이어야 한다.

따라서 이런 자연수 n들의 합은 21이다.

26 이차함수 $f(x)$에 대하여 $g(x) = \begin{cases} ax^2 & (0 \le x < 1) \\ a(x-1)^2 + a & (1 \le x \le 2) \end{cases}$이고 $\int_0^2 g(x)\,dx = 1$이므로

$$\begin{aligned} \int_0^2 g(x)\,dx &= \int_0^1 ax^2dx + \int_1^2 \{a(x-1)^2 + a\}dx \\ &= \frac{5}{3}a = 1 \\ \therefore a &= \frac{3}{5} \end{aligned}$$

$$\begin{aligned} P(a \le X \le a+1) &= P\left(\frac{3}{5} \le X \le \frac{8}{5}\right) \\ &= \int_{\frac{3}{5}}^1 \frac{3}{5}x^2dx + \int_{\frac{3}{5}}^{\frac{8}{5}} \left\{\frac{3}{5}(x-1)^2 + \frac{3}{5}\right\}dx \\ &= \frac{14}{25} \end{aligned}$$

$p+q = 25+14 = 39$

27 두 함수 $f(x)$, $g(x)$가 직선 $x=2$와 만나는 교점 P, Q에서의 접선의 기울기는 각각 $x=2$에서의 미분계수와 같다. 두 접선이 x축과 이루는 각을 각각 θ_1, θ_2라 한다면

$\tan\theta_1 = f'(2) = -\frac{1}{4}$, $\tan\theta_2 = g'(2) = -\frac{k}{4}$

두 접선이 이루는 예각의 크기가 $\frac{\pi}{4}$이므로

$|\tan(\theta_1-\theta_2)| = \left|\tan\frac{\pi}{4}\right|$

$\left|\frac{\tan\theta_1-\tan\theta_2}{1+\tan\theta_1\tan\theta_2}\right| = \left|\frac{-\frac{1}{4}+\frac{k}{4}}{1+\frac{k}{16}}\right| = 1$

$\therefore \left|\frac{4k-4}{16+k}\right| = 1$

$k>1$이므로 $\frac{4k-4}{16+k}=1$에서 $k=\frac{20}{3}$이고 따라서 $3k=20$이다.

28 구의 중심을 $O(6,-1,5)$, 원의 중심을 $O'(0,2,1)$라 하자.
원 위의 임의의 점 Q에 대해 $\overline{PQ}$의 길이의 최댓값은 $\overline{OQ}+4$이다. 점 Q의 좌표를 $(0,y,z)$라 하면

$\overline{OQ} = \sqrt{6^2+(y+1)^2+(z-5)^2}$

$(y+1)^2+(z-5)^2$은 점 $A(0,-1,5)$에서 원 위의 점 Q에 이르는 거리의 제곱과 같다.

이 값의 최댓값은 $(\overline{O'A}+3)^2 = (\sqrt{9+16}+3)^2 = 64$이기 때문에 $\overline{OQ}$의 최댓값은 $\sqrt{36+64}=10$이다.

$\overline{PQ} \le \overline{OQ}+4 = \sqrt{36+\overline{AQ}^2}+4$

$\le \sqrt{36+(\overline{O'A}+3)^2}+4 = 10+4 = 14$

따라서 $\overline{PQ}$의 최댓값은 14이다.

29 두 벡터 $\overrightarrow{AB}$, $\overrightarrow{CX}$의 내적은 $\overrightarrow{AB}\cdot\overrightarrow{CX} = -\overrightarrow{CD}\cdot\overrightarrow{CX}$이므로 내적이 최대가 되는 경우는 아래 그림에서와 같이 점 X가 선분 $\overline{CD}$에 평행한 원의 지름의 양 끝점 중에서 C에 가까운 점에 있는 경우이다. 이 때 점 X의 직선 $\overline{CD}$위로의 수선의 발을 H라 한다면 $\overrightarrow{AB}\cdot\overrightarrow{CX}$의 최댓값은 $\overline{CD}\times\overline{CH}$이다. 원의 반지름을 r이라 하면

$r^2 = 2(4-r)^2 \quad \therefore r = 8-4\sqrt{2}$

$\overline{CD}=4$, $\overline{CH}=2r-4=12-8\sqrt{2}$

내적의 최댓값은 $4\times(12-8\sqrt{2}) = 48-32\sqrt{2}$이다. 따라서 $a=48$, $b=32$ $\therefore a+b=80$이다.

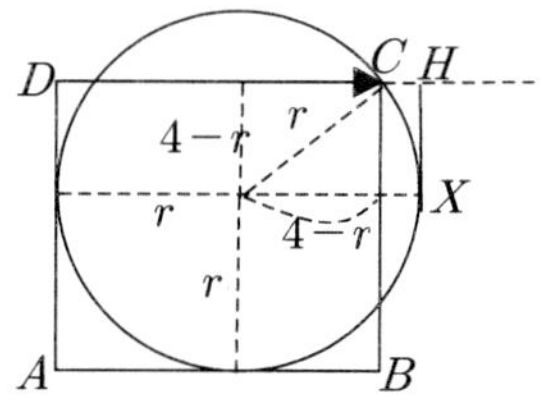

30 함수 $f(x)=-xe^{2-x}$에 대해

$f'(x)=e^{2-x}(x-1), \quad f''(x)=e^{2-x}(2-x)$

따라서 함수 $f(x)$는 $x=1$에서 극소이고 $x=2$에 해당하는 점이 변곡점이 된다.

조건에 맞는 접선은 변곡점 $(2,-2)$에서의 접선이므로

$g(x)=x-4$

두 곡선과 y축으로 둘러싸인 부분의 넓이는

$$\int_0^2 \{f(x)-g(x)\}dx=\int_0^2 \{-xe^{2-x}-x+4\}dx$$

부분적분에 의해

$$\begin{aligned}\int_0^2 (-xe^{2-x})dx &= \left[xe^{2-x}\right]_0^2-\int_0^2 e^{2-x}dx \\ &= 2+\left[e^{2-x}\right]_0^2 \\ &= 3-e^2\end{aligned}$$

$\int_0^2 (-x+4)dx=6$이므로 넓이는 $9-e^2$이다. 따라서 $k=9$이다.

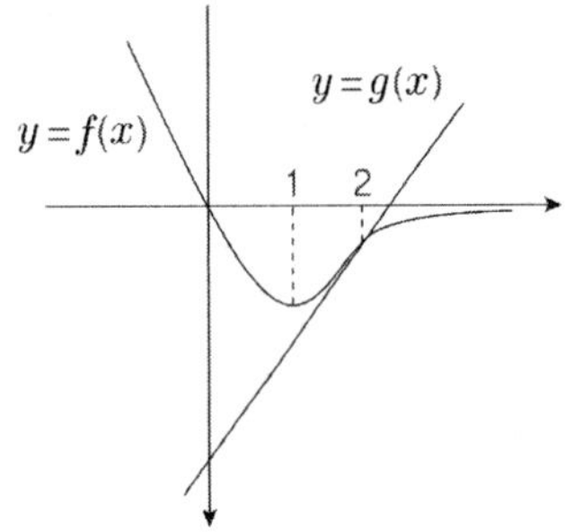

11 2016학년도 정답 및 해설

ANSWER

01	02	03	04	05	06	07	08	09	10	11	12	13	14	15	16	17	18	19	20
⑤	⑤	③	④	①	②	①	④	④	②	③	②	①	③	⑤	①	④	②	③	④
21	**22**	**23**	**24**	**25**	**26**	**27**	**28**	**29**	**30**										
⑤	64	90	12	9	23	75	160	78	8										

01 $_3H_1+{}_3H_2+{}_3H_3={}_3C_1+{}_4C_2+{}_5C_3=3+6+10=19$

02 두 행렬을 각각 $A=\begin{pmatrix} a & b \\ c & d \end{pmatrix}$, $B=\begin{pmatrix} a' & b' \\ c' & d' \end{pmatrix}$라고 하면 $(A+B)\begin{pmatrix} 1 \\ 1 \end{pmatrix}=\begin{pmatrix} 3 \\ 6 \end{pmatrix}$에서

$$A\begin{pmatrix} 1 \\ 1 \end{pmatrix}+B\begin{pmatrix} 1 \\ 1 \end{pmatrix}=\begin{pmatrix} a+b \\ c+d \end{pmatrix}+\begin{pmatrix} a'+b' \\ c'+d' \end{pmatrix}=\begin{pmatrix} a+b+a'+b' \\ c+d+c'+d' \end{pmatrix}=\begin{pmatrix} 3 \\ 6 \end{pmatrix}$$

따라서 $a+b+a'+b'=3$, $c+d+c'+d'=6$이고

이를 더하면 $(a+b+c+d)+(a'+b'+c'+d')=9$

$$2+(a'+b'+c'+d')=9 \quad (\because a+b+c+d=2)$$

$$\therefore a'+b'+c'+d'=7$$

이므로 행렬 B의 모든 성분의 합은 7이다.

03 두 점 $A(2,\ 3,\ -1)$, $B(-1,\ 3,\ 2)$에 대해 선분 AB를 $1:2$로 내분하는 점의 좌표 (a, b, c)는

$$a=\frac{1\times(-1)+2\times2}{1+2}=1$$

$$b=\frac{1\times3+2\times3}{1+2}=3$$

$$c=\frac{1\times2+2\times(-1)}{1+2}=0$$

이므로 $a+b+c=4$이다.

04 행렬 AB는 $AB=\begin{pmatrix} 2 & 1 \\ 1 & 1 \end{pmatrix}\begin{pmatrix} a & b \\ c & d \end{pmatrix}=\begin{pmatrix} 2a+c & 2b+d \\ a+c & b+d \end{pmatrix}$이고

$$AB\begin{pmatrix} 1 \\ 0 \end{pmatrix}=\begin{pmatrix} 2a+c \\ a+c \end{pmatrix}=\begin{pmatrix} 0 \\ 2 \end{pmatrix}$$

$$AB\begin{pmatrix} 0 \\ 1 \end{pmatrix}=\begin{pmatrix} 2b+d \\ b+d \end{pmatrix}=\begin{pmatrix} -2 \\ 0 \end{pmatrix}$$

이므로 $a+c=2$, $b+d=0$ $\therefore a+b+c+d=2$이다.

05 쌍곡선 $7x^2-ay^2=20$ 위의 점 $(2,\ b)$에서의 접선의 방정식은 $14x-aby=20$이고
이 접선이 점 $(0,-5)$을 지나므로
$5ab=20\ \therefore ab=4\ \cdots(1)$
이다. 또한 점 $(2,b)$는 쌍곡선위의 점이므로
$28-ab^2=20\ \cdots(2)$
을 만족한다. (1)을 (2)에 대입하면 $b=2$이고 (1)에서 $a=2$, 따라서 $a+b=4$이다.

06 정적분 $\int_0^1 tf(t)\,dt=a$라 하면 함수 $f(x)$는 $f(x)=e^x+a$이고

$$a=\int_0^1 t(e^t+a)dt$$
$$=\int_0^1 te^t dt+\int_0^1 at\,dt$$
$$=[e^t t]_0^1-\int_0^1 e^t dt+\frac{a}{2}$$
$$=e-[e^t]_0^1+\frac{a}{2}$$
$$=1+\frac{a}{2}$$
$$\Rightarrow a=2$$

따라서 $f(x)=e^x+2$이고

$$\int_0^1 f(x)\,dx=\int_0^1(e^x+2)\,dx=[e^x+2x]_0^1=e+1$$

07 임의로 선택한 9개 사과의 무게의 평균을 $\overline{X}=\frac{X}{9}$라 하고 배 4개의 무게의 평균을 $\overline{Y}=\frac{Y}{4}$라 하면 $\overline{X}$는 정규분포 $N(350,10^2)$을 따르고 $\overline{Y}$는 정규분포 $N(490,20^2)$을 따른다. 이 때,

$$P(X\geq 3240 \text{ and } Y\geq 2008)=P(X\geq 3240)P(Y\geq 2008)$$
$$=P(\overline{X}\geq 360)P(Y\geq 502)$$

표준화 $Z=\frac{\overline{X}-350}{10}$, $Z=\frac{\overline{Y}-490}{20}$ 하여 확률을 계산하면

$$P(\overline{X}\geq 360)P(Y\geq 502)=P(Z\geq 1)P(Z\geq 0.6)$$
$$=(0.5-0.34)(0.5-0.23)$$
$$=0.0432$$

08 온도가 각각 0°, 50°일 때의 증기압 P_1, P_2에 대해 주어진 식에 대입하여 풀면

$$\log P_1=k-\frac{1000}{0+250}$$
$$\log P_2=k-\frac{1000}{50+250}$$
$$\log P_1-\log P_2=\frac{2}{3}$$
$$\therefore \frac{P_1}{P_2}=10^{\frac{2}{3}}$$

09 주머니에서 첫 번째 꺼낸 공이 검은 공인 사건을 A, 두 번째 꺼낸 공이 검은 공인 사건을 E라 하면 확률 $P(E)$는

$$\begin{aligned}P(E)&=P(A\cap E)+P(A^c\cap E)\\&=P(A)P(E|A)+P(A^c)P(E|A^c)\\&=\frac{3}{6}\times\frac{4}{7}+\frac{3}{6}\times\frac{3}{7}\\&=\frac{21}{42}\end{aligned}$$

두 번째 공이 검은 공이었을 때 첫 번째 공도 검은 공일 확률은 $P(A|E)$이므로

$$P(A|E)=\frac{P(A\cap E)}{P(E)}=\frac{\frac{12}{42}}{\frac{21}{42}}=\frac{4}{7}$$

10 삼각함수의 덧셈정리와 합성을 이용하면

$$\begin{aligned}f(x)&=2\sin\left(x+\frac{\pi}{3}\right)+\sqrt{3}\cos x\\&=\sin x+\sqrt{3}\cos x+\sqrt{3}\cos x\\&=\sin x+2\sqrt{3}\cos x\\&=\sqrt{13}\sin(x+\alpha)\end{aligned}$$

이때 $\cos\alpha=\frac{1}{\sqrt{13}}$, $\sin\alpha=\frac{2\sqrt{3}}{\sqrt{13}}$

$0\le x\le\pi$에서 함수 $f(x)$가 최댓값을 가질 때는 $x+\alpha=\frac{\pi}{2}$일 때이므로 $\theta=\frac{\pi}{2}-\alpha$이고

따라서 $\tan\theta=\tan\left(\frac{\pi}{2}-\alpha\right)=\cot\alpha=\frac{\cos\alpha}{\sin\alpha}=\frac{1}{2\sqrt{3}}=\frac{\sqrt{3}}{6}$

11 곡선 $x=2\cos\theta+\cos 2\theta$, $y=2\sin\theta+\sin 2\theta$에 대해

$$\frac{dy}{dx}=\frac{\frac{dy}{d\theta}}{\frac{dx}{d\theta}}=\frac{2\cos\theta+2\cos 2\theta}{-2\sin\theta-2\sin 2\theta}$$ 이므로

$\theta=\frac{\pi}{6}$에서의 접선의 기울기는 $\dfrac{2\cos\frac{\pi}{3}+2\cos\frac{2\pi}{3}}{-2\sin\frac{\pi}{3}-2\sin\frac{2\pi}{3}}=-1$

12 $0 \le \theta \le \pi$일 때, 곡선의 길이 l은

$$l = \int_0^\pi \sqrt{\left(\frac{dx}{d\theta}\right)^2 + \left(\frac{dy}{d\theta}\right)^2}\, d\theta$$
$$= \int_0^\pi \sqrt{(-2\sin\theta - 2\sin 2\theta)^2 + (2\cos\theta + 2\cos 2\theta)^2}\, d\theta$$
$$= \int_0^\pi \sqrt{8 + 8(\cos\theta\cos 2\theta + \sin\theta\sin 2\theta)}\, d\theta$$
$$= \int_0^\pi \sqrt{8 + 8\cos(\theta - 2\theta)}\, d\theta$$
$$= \int_0^\pi \sqrt{8(1 + \cos\theta)}\, d\theta$$
$$= \int_0^\pi \sqrt{8 \times 2 \times \sin^2\frac{\theta}{2}}\, d\theta$$
$$= 4\int_0^\pi \sin\frac{\theta}{2} d\theta$$
$$= -8\left[\cos\frac{\theta}{2}\right]_0^\pi$$
$$= 8$$

13 무리방정식을 풀면

$f(x) - \sqrt{f(x)+3} = 3$
$f(x) - 3 = \sqrt{f(x)+3}$ (단, $f(x) \ge 3$)
$\{f(x)\}^2 - 7f(x) + 6 = 0$
$\therefore f(x) = 6$ ($\because f(x) \ge 3$)

따라서 이차 방정식 $x^2 + 2kx + 2k^2 + k - 6 = 0$이 서로 다른 두 개의 실근을 가지려면

$\frac{D}{4} = k^2 - 2k^2 - k + 6 > 0$이어야 하므로 $-3 < k < 2$이다.

따라서 이 조건을 만족하는 정수k는 $k = -2, -1, 0, 1$이므로 이들의 합은 -2이다.

14 먼저 주어진 무한급수를 정적분으로 바꾸면

$$\lim_{n\to\infty}\sum_{k=1}^{n} g\left(1+\frac{3k}{n}\right)\frac{1}{n}$$
$$=\frac{1}{3}\lim_{n\to\infty}\sum_{k=1}^{n} g\left(1+\frac{(4-1)k}{n}\right)\frac{(4-1)}{n}$$
$$=\frac{1}{3}\int_{1}^{4} g(x)\,dx$$

함수 $f(x)$와 역함수 $g(x)$의 그래프는 아래 그림과 같다.

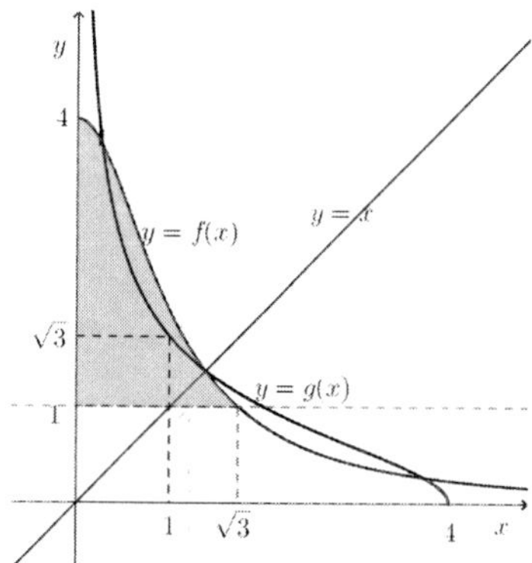

한편, $f(\sqrt{3})=1,\ f(0)=4$이므로 $g(1)=\sqrt{3},\ g(4)=0$이다.

함수 $g(x)$와 함수 $f(x)$는 직선 $y=x$에 대해 대칭이므로 위 정적분은 $\frac{1}{3}\int_{1}^{4} g(x)dx=\frac{1}{3}\left\{\int_{0}^{\sqrt{3}} f(x)dx-\sqrt{3}\right\}$

$$\int_{0}^{\sqrt{3}} f(x)\,dx=\int_{0}^{\sqrt{3}}\frac{4}{1+x^2}\,dx$$
$$=\int_{0}^{\frac{\pi}{3}}\frac{4}{1+\tan^2\theta}sec^2\theta\,d\theta \quad (x=\tan\theta\text{로 치환})$$
$$=\int_{0}^{\frac{\pi}{3}} 4\,d\theta=\frac{4\pi}{3}$$

$$\frac{1}{3}\int_{1}^{4} g(x)dx=\frac{1}{3}\left\{\int_{0}^{\sqrt{3}} f(x)dx-\sqrt{3}\right\}$$
$$=\frac{1}{3}\left\{\frac{4\pi}{3}-\sqrt{3}\right\}$$
$$=\frac{4\pi-3\sqrt{3}}{9}$$

15 선분 OP와 선분 OA가 이루는 각을 θ라 하면 $\overline{OP}=2$, $\overline{OQ}=2\sin\theta$, $\overline{PQ}=2\cos\theta$이므로 삼각형 PQR의 넓이를 $f(\theta)$라 하면

$$f(\theta)=\frac{1}{2}2\cos\theta\left(2\sin\theta-\frac{1}{3}\right)=\sin2\theta-\frac{1}{3}\cos\theta$$

$$\begin{aligned}f'(\theta)&=2\cos2\theta+\frac{1}{3}\sin\theta\\&=2(1-2\sin^2\theta)+\frac{1}{3}\sin\theta\\&=-\frac{12\sin^2\theta-\sin\theta-6}{3}\\&=-\frac{(2\sin\theta+2)(4\sin\theta-3)}{3}\end{aligned}$$

$0<\theta<\frac{\pi}{2}$이므로 $f'(\theta)=0$이 되는 θ을 α라 하면 $\sin\alpha=\frac{3}{4}$, $\cos\alpha=\frac{\sqrt{7}}{4}$을 만족한다.

$0<\theta<\frac{\pi}{2}$일 때, 함수 $f(\theta)$는 $\theta=\alpha$에서 극대이면서 아울러 최댓값을 가진다. 따라서 최댓값은

$$\begin{aligned}f(\alpha)&=\sin2\alpha-\frac{1}{3}\cos\alpha\\&=2\sin\alpha\cos\alpha-\frac{1}{3}\cos\alpha\\&=2\times\frac{3}{4}\times\frac{\sqrt{7}}{4}-\frac{1}{3}\times\frac{\sqrt{7}}{4}\\&=\frac{7\sqrt{7}}{24}\end{aligned}$$

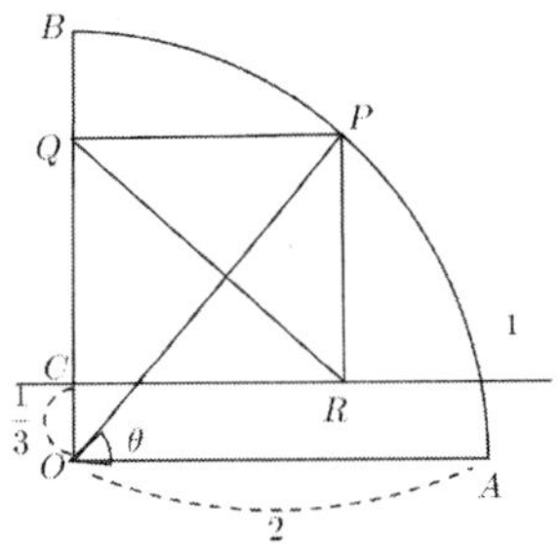

16 각 과정에서 얻어지는 도형들은 닮음이기 때문에 닮음비를 구해본다.
처음 정사각형과 두 번째 얻어지는 정사각형의 닮음비는 직각삼각형 $A_1B_1M_1$과 직각삼각형 $B_2A_2B_1$의 닮음비와 같다.

변 A_2B_2의 길이를 a라 하면 변 B_1B_2의 길이는 $1-\frac{a}{2}$이므로 $\overline{A_1B_1}:\overline{A_1M_1}=\overline{B_2A_2}:\overline{B_2B_1}$으로부터

$2:1=a:1-\frac{a}{2}$이고 따라서 $a=1$이다.

그러므로 닮음비는 $2:a=1:\frac{1}{2}$이고 면적비는 $1:\frac{1}{4}$이므로 원들의 넓이는 공비가 $\frac{1}{4}$인 등비수열을 이룬다.

그림 R_1에서의 내접원의 반지름을 r이라 하면 $\frac{1}{2}\times2\times1=\frac{1}{2}r(2+1+\sqrt{5})$로부터 $r=\frac{2}{3+\sqrt{5}}$이다.

따라서 $S_1=2\times\pi\times\left(\frac{2}{3+\sqrt{5}}\right)^2=(7-3\sqrt{5})\pi$이므로

$\therefore \lim_{n\to\infty}S_n=\frac{(7-3\sqrt{5})\pi}{1-\frac{1}{4}}=\frac{4(7-3\sqrt{5})\pi}{3}$

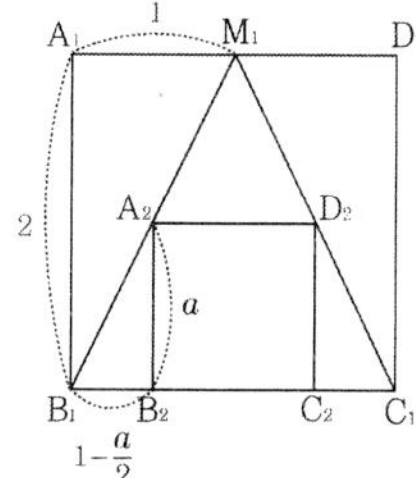

17 $(*)$ 양변에 2를 더하면

$$a_{n+1}+2=-\frac{3a_n+2}{a_n}+2$$
$$=-\frac{3a_n+2-2a_n}{a_n}$$
$$=-\frac{a_n+2}{a_n}$$

이므로 (가)에 알맞은 수는 $p=2$이다. 위 식에서 역수를 취하면

$$\frac{1}{a_{n+1}+2}=-\frac{a_n}{a_n+2}=-\frac{(a_n+2)-2}{a_n+2}=\frac{2}{a_n+2}-1$$

$b_n=\frac{1}{a_n+2}$이라 하면

$b_{n+1}=2b_n-1$

따라서 (나)에 알맞은 수는 $q=1$이다. 이때, 수열 $\{b_n\}$의 일반항은

$$b_n=b_1+\sum_{k=1}^{n-1}(b_2-b_1)2^{k-1}$$
$$=3+\sum_{k=1}^{n-1}(5-3)2^{k-1}\ (\because b_2=2b_1-1=5)$$
$$=3+\frac{2(2^{n-1}-1)}{2-1}$$
$$=2^n+1$$

따라서 (다)에 알맞은 식은 $f(n)=2^n+1$이다.
그러므로 $p\times q\times f(5)=2\times1\times33=66$이다.

18 함수 $f(x)$의 그래프는 아래 그림과 같다.

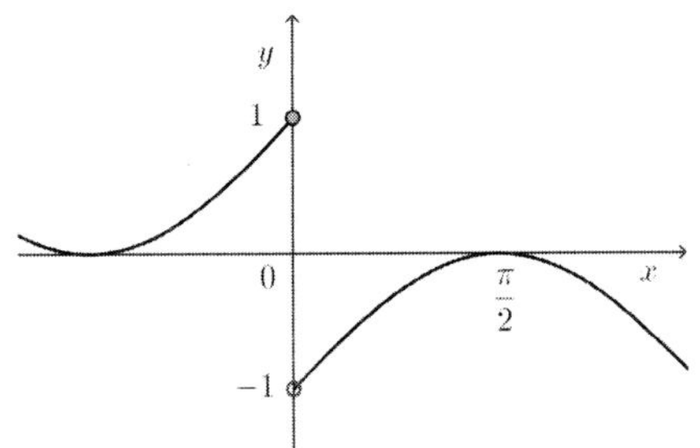

㉠ $\lim_{x\to+0} f(x)=-1$이고 $x\to+0$일 때, $t=-x\to-0$이고 $t\to-0$일 때 $f(t)\to1$이므로 $\lim_{x\to+0} f(x)f(-x)=-1$

$\lim_{x\to-0} f(x)=1$이고 $x\to-0$일 때, $t=-x\to+0$이고 $t\to+0$일 때 $f(t)\to-1$이므로 $\lim_{x\to-0} f(x)f(-x)=-1$

따라서 $\lim_{x\to0} f(x)f(-x)=-1$

그러므로 ㉠은 참이다.

㉡ $f\left(f\left(\frac{\pi}{2}\right)\right)=f(0)=1$이다.

$x\to\frac{\pi}{2}+0$일 때, $t=f(x)\to-0$이고 $t\to-0$일 때, $f(t)\to1$이므로 $\lim_{x\to\frac{\pi}{2}+0} f(f(x))=1$이다.

$x\to\frac{\pi}{2}-0$일 때, $t=f(x)\to-0$이고 $t\to-0$일 때, $f(t)\to1$이므로 $\lim_{x\to\frac{\pi}{2}-0} f(f(x))=1$이다.

따라서 $\lim_{x\to\frac{\pi}{2}} f(f(x))=f\left(f\left(\frac{\pi}{2}\right)\right)=1$이므로 함수 $f(f(x))$는 $x=\frac{\pi}{2}$에서 연속이다. 그러므로 ㉡은 참이다.

㉢ $g(x)=\{f(x)\}^2$이라 하면 $g(x)=\begin{cases}(1+\sin x)^2 & (x\le0)\\(-1+\sin x)^2 & (x>0)\end{cases}$이고,

$g'(x)=\begin{cases}2(1+\sin x)\cos x & (x\le0)\\2(-1+\sin x)\cos x & (x>0)\end{cases}$에서 $g'(0)=\begin{cases}2 & (x\le0)\\-2 & (x>0)\end{cases}$이므로

함수 $\{f(x)\}^2$는 $x=0$에서 미분불가능하다. 따라서 ㉢은 거짓이다.

19 구의 중심을 $C(2,\ 2,\ 1)$라 하고 점 P의 좌표를 $(a,\ b,\ 0)$이라 하면

$(a-2)^2+(b-2)^2=8$

$\therefore a^2-4a+b^2-4a=0 \quad \cdots (1)$

평면 α의 법선벡터가 $\vec{n}=\overrightarrow{CP}=(a-2,\ b-2,\ -1)$이고 점 $A(3,\ 3,\ -4)$을 지나므로 평면 α의 방정식은

$(a-2)(x-3)+(b-2)(y-3)-(z+4)=0$

$\therefore (a-2)x+(b-2)y-z-3(a-2)-3(b-2)-4=0$

점 P는 평면 α위의 점이므로

$(a-2)(a-3)+(b-2)(b-3)-(0+4)=0$

$\therefore a^2-5a+b^2-5b+8=0 \quad \cdots (2)$

(1)과 (2)을 연립해서 풀면, $a+b=8$이다. 이때, 원점과 평면 α사이의 거리는

$\frac{|-3(a-2)-3(b-2)-4|}{\sqrt{(a-2)^2+(b-2)^2+1}}=\frac{|-3(a+b)+8|}{\sqrt{8+1}}=\frac{16}{3}$이 된다.

20 구의 그림자는 구의 중심을 지나고 직육면체 밑면에 평행한 평면과의 교선(원)의 그림자와 같다. 또한 교선을 포함하는 평면은 직육면체의 밑면과 평행하므로, 교선을 포함하는 평면과 삼각기둥의 두 옆면이 이루는 각은 직육면체의 밑면과 삼각기둥의 옆면이 이루는 각과 같다. 각각의 평면이 이루는 각을 구하기 위해 구의 중심과 선분 AD, 선분 BC의 중점을 지나면서 직육면체의 밑면에 수직인 평면의 단면을 그리면 아래 그림과 같다.

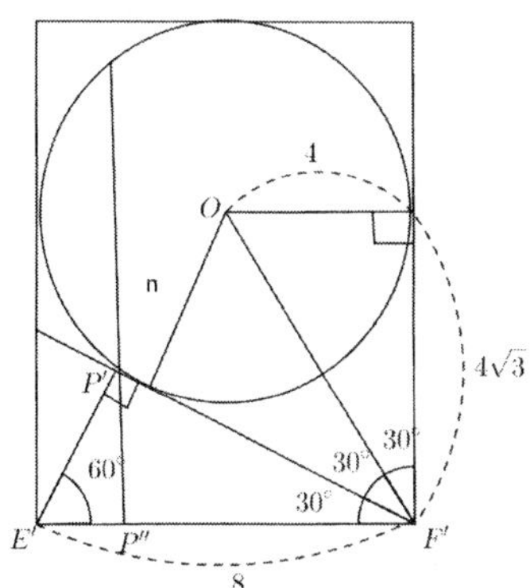

그림에서 보듯이 직육면체 밑면과 삼각기둥의 두 옆면 $PFGQ$, $EPQH$과 이루는 각은 각각 $30°$, $60°$ 이다.
직각삼각형 $P'E'F'$에서 $\overline{E'P'}=4$이고 따라서 $\overline{E'P''}=2$이다.

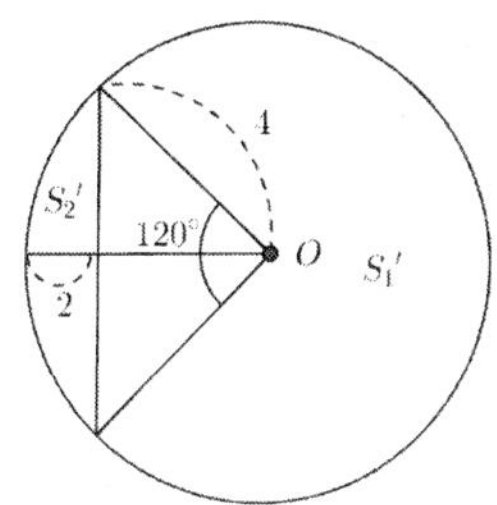

즉, 위의 그림에서 보듯이 교선(원)이 삼각기둥에 의해 나누어지는 부분은 중심으로부터 거리가 2인 현에 의해 분할되는 부분과 같다. 교선에서 각각의 영역의 넓이를 S_1', S_2'이라 하면

$$S_1' = \frac{1}{2}\times 4^2 \times \frac{4\pi}{3} + \frac{1}{2}\times 4^2 \times \sin\frac{2\pi}{3} = \frac{32\pi}{3} + 4\sqrt{3}$$

$$S_{2'} = \frac{1}{2}\times 4^2 \times \frac{2\pi}{3} - \frac{1}{2}\times 4^2 \times \sin\frac{2\pi}{3} = \frac{16\pi}{3} - 4\sqrt{3}$$

따라서 그림자의 넓이 S_1, S_2는

$$S_1 \cos\frac{\pi}{6} = S_1',\ S_2 \cos\frac{\pi}{3} = S_2'$$

$$\therefore S_1 = \frac{64\sqrt{3}\pi}{9} + 8,\ \ S_2 = \frac{32\sqrt{3}\pi}{9} - 8\sqrt{3}$$

그러므로 $S_1 + \frac{1}{\sqrt{3}} S_2 = \frac{32\sqrt{3}\,\pi}{3}$ 이다.

21 $1 < x < 10^5$인 x에 대해 $0 < \log x < 5$이다.
$\log x = n + \alpha\ (0 \le \alpha < 1)$라고 하면 $f(x) = n$, $g(x) = \alpha$이며,
$\log 2x = n + \alpha + \log 2$
$\log 3x = n + \alpha + \log 3$
$\sum_{k=1}^{3} f(kx) = 3f(x)$에서 $f(x) + f(2x) + f(3x) = 3f(x)$, 즉 $f(2x) + f(3x) = 2f(x) = 2n$이 되므로
$f(2x) = f(3x) = n$이어야 한다. 따라서 $\alpha + \log 3 < 1 \quad \therefore \alpha < 0.5229$을 만족한다.
$\log x^2 = 2\log x = 2n + 2\alpha$
$\log x^3 = 3\log x = 3n + 3\alpha$
$\log x^4 = 4\log x = 4n + 4\alpha$
$\log x^5 = 5\log x = 5n + 5\alpha$
$\log x^{10} = 10\log x = 10n + 10\alpha$
$\sum_{k=1}^{5} g(x^k) = g(x^{10}) + 2$에서
$0 \le \alpha < \frac{1}{10}$이면 $\alpha + 2\alpha + 3\alpha + 4\alpha + 5\alpha = 10\alpha + 2 \quad \therefore \alpha = \frac{2}{5}$이므로 성립하지 않는다.
$\frac{1}{10} \le \alpha < \frac{2}{10}$이면 $\alpha + 2\alpha + 3\alpha + 4\alpha + 5\alpha = 10\alpha - 1 + 2 \quad \therefore \alpha = \frac{1}{5}$이므로 성립하지 않는다.
$\frac{2}{10} \le \alpha < \frac{3}{10}$이면 $\alpha + 2\alpha + 3\alpha + 4\alpha + 5\alpha - 1 = 10\alpha - 2 + 2 \quad \therefore \alpha = \frac{1}{5}$이므로 성립한다.
⋮ ⋮
$\frac{4}{10} \le \alpha < \frac{5}{10}$이면 $\alpha + 2\alpha + 3\alpha + 4\alpha + 5\alpha - 4 = 10\alpha - 4 + 2 \quad \therefore \alpha = \frac{2}{5}$이므로 성립한다.
⋮ ⋮
위에서 보듯이 $\log x$가 (가)조건을 만족하는 경우는 $\alpha = \frac{1}{5}, \frac{2}{5}$ 두 가지 경우이고 이 때 지표 n은 각각에 대해 $n = 0, 1, 2, 3, 4$이다.
이를 만족시키는 모든 실수 x을 곱한 값이 A이고 그 때 $\log A$는 이들 지표와 가수들을 모두 합한 값과 같다.
$\log A = \left(\frac{1}{5} + \frac{2}{5}\right) \times 5 + 2 \times (0 + 1 + 2 + 3 + 4) = 23$

22 수열 $\{a_n\}$에 대해 $a_{n+1} = a_n + 3n$이므로 $a_7 = a_1 + \sum_{k=1}^{6} 3k = 1 + 3 \times \frac{6 \times 7}{2} = 64$이다.

23 일차변환 f에 대해 합성변환 $f \circ f$을 나타내는 행렬은 $\frac{1}{9}\begin{pmatrix} 0 & -2 \\ 2 & 0 \end{pmatrix}$이다. 합성변환 $f \circ f$에 의해 네 점이 옮겨지는 좌표를 각각 A', B', C', D'라 하면

$$A' = \frac{1}{9}\begin{pmatrix} 0 & -2 \\ 2 & 0 \end{pmatrix}\begin{pmatrix} 2 \\ 0 \end{pmatrix} = \begin{pmatrix} 0 \\ \frac{4}{9} \end{pmatrix}$$

$$B' = \frac{1}{9}\begin{pmatrix} 0 & -2 \\ 2 & 0 \end{pmatrix}\begin{pmatrix} 2 \\ 2 \end{pmatrix} = \begin{pmatrix} -\frac{4}{9} \\ \frac{4}{9} \end{pmatrix}$$

$$C' = \frac{1}{9}\begin{pmatrix} 0 & -2 \\ 2 & 0 \end{pmatrix}\begin{pmatrix} -3 \\ 4 \end{pmatrix} = \begin{pmatrix} -\frac{8}{9} \\ -\frac{6}{9} \end{pmatrix}$$

$$D' = \frac{1}{9}\begin{pmatrix} 0 & -2 \\ 2 & 0 \end{pmatrix}\begin{pmatrix} -3 \\ -3 \end{pmatrix} = \begin{pmatrix} \frac{6}{9} \\ -\frac{6}{9} \end{pmatrix}$$

이를 좌표평면에 나타내면 그림처럼 사다리꼴이고 따라서 사각형의 넓이 S는

$S = \frac{1}{2} \times \left(\frac{14}{9} + \frac{4}{9}\right) \times \frac{10}{9} = \frac{10}{9}$이다. 그러므로 $81S = 90$이다.

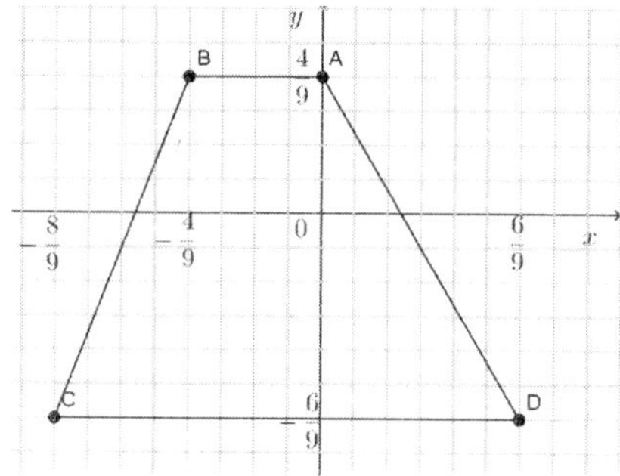

24 타원 $\frac{x^2}{8} + \frac{y^2}{16} = 1$에서 $\overline{PF} = p$, $\overline{PF'} = q$라 하면 $p + q = 8$, $\frac{q}{p} = 3$이다. $q = 3p$이므로 $p = 2$, $q = 6$

따라서 $\overline{PF} \times \overline{PF'} = pq = 12$

25 $A-E$의 역행렬이 $A-3E$이므로

$(A-E)(A-3E)=E$

$\therefore A^2=4A-2E$

주어진 두 번째 식의 양변에 A을 곱하면

$A^2\begin{pmatrix}-1\\2\end{pmatrix}=A\begin{pmatrix}2\\0\end{pmatrix}$

$A^2\begin{pmatrix}-1\\2\end{pmatrix}=(4A-2E)\begin{pmatrix}-1\\2\end{pmatrix}=4A\begin{pmatrix}-1\\2\end{pmatrix}-2\begin{pmatrix}-1\\2\end{pmatrix}=4\begin{pmatrix}2\\0\end{pmatrix}-2\begin{pmatrix}-1\\2\end{pmatrix}=\begin{pmatrix}10\\-4\end{pmatrix}$

$A\begin{pmatrix}2\\0\end{pmatrix}=\begin{pmatrix}10\\-4\end{pmatrix}$

$\therefore A\begin{pmatrix}1\\0\end{pmatrix}=\begin{pmatrix}5\\-2\end{pmatrix}$

그러므로 $A\begin{pmatrix}3\\0\end{pmatrix}=3A\begin{pmatrix}1\\0\end{pmatrix}=3\begin{pmatrix}5\\-2\end{pmatrix}=\begin{pmatrix}15\\-6\end{pmatrix}$

$x=15,\ y=-6\ \ \therefore x+y=9$이다.

26 이차함수 $f(x)$는 미분 가능한 함수이므로 주어진 식에서 극한값이 존재하여야 한다.

따라서 $\lim_{x\to0}\ln f(x)=0$, 즉 $f(0)=1$이다.

이때, $\lim_{x\to0}\frac{\ln f(x)-\ln f(0)}{x-0}=\frac{f'(0)}{f(0)}=f'(0)$이므로

$f'(1)=f'(0)+\frac{1}{2}\ \cdots(1)$

이차함수 $f(x)$를 $f(x)=ax^2+bx+c$라 하면

$f'(x)=2ax+b$

따라서 (1)에서 $2a+b=b+\frac{1}{2}$이고 그러므로 $a=\frac{1}{4}$이다.

$f(0)=1$에서 $c=1$이고 $f(1)=2$에서 $a+b+c=2$, $\therefore b=\frac{3}{4}$이다.

그러므로 $f(x)=\frac{1}{4}x^2+\frac{3}{4}x+1$이고 $f(8)=23$이 된다.

27 점 P, R의 좌표는 각각 $P(t, \cos 2t)$, $R(0, 1)$이고, $\overline{CR}=\overline{CP}$이므로 $f(t)=a$라 하면

$$1-a=\sqrt{t^2+(\cos 2t-a)^2}$$
$$1-2a+a^2=t^2+\cos^2 2t-2\cos 2t\, a+a^2$$
$$\therefore a=f(t)=\frac{1-t^2-\cos^2 2t}{2-2\cos 2t}$$
$$=\frac{\sin^2 2t-t^2}{2(1-\cos 2t)}$$

$$\lim_{t\to+0} f(t)=\lim_{t\to+0}\frac{\sin^2 2t-t^2}{2(1-\cos 2t)}$$
$$=\lim_{t\to+0}\frac{\sin^2 2t-t^2}{2(1-\cos 2t)}\times\frac{1+\cos 2t}{1+\cos 2t}$$
$$=\lim_{t\to+0}\frac{\sin^2 2t-t^2}{2\sin^2 2t}\times(1+\cos 2t)$$
$$=\lim_{t\to+0}\frac{\sin^2 2t-t^2}{2\sin^2 2t}\times\lim_{t\to+0}(1+\cos 2t)$$
$$=2\lim_{t\to+0}\left(\frac{1}{2}-\frac{t^2}{2\sin^2 2t}\right)$$
$$=2\left(\frac{1}{2}-\frac{1}{8}\right)$$
$$=\frac{3}{4}$$

따라서 $\alpha=\frac{3}{4}$이고 $100\alpha=75$이다.

28 원기둥을 잘랐을 때 생기는 단면이 원기둥의 밑면과 이루는 각 θ에 대해, 밑면 반지름이 2이고 높이가 4인데 $\tan\theta=2$이므로 단면은 단축 길이가 4, 장축 길이가 $4\sqrt{5}$인 타원의 절반이 된다. 직선 AB을 x축, 밑면 중심을 원점으로 하는 좌표평면을 고려하여 타원의 방정식을 구하면

$$\frac{x^2}{4}+\frac{y^2}{20}=1$$

이때, 회전체의 부피 V는 $V=2\pi\int_0^2 y^2 dx=2\pi\int_0^2(20-5x^2)dx=\frac{160\pi}{3}$이고

따라서 $\frac{3V}{\pi}=160$이다.

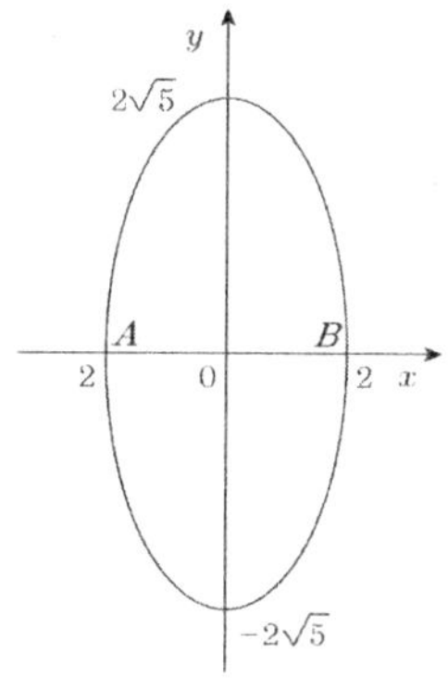

29 시행을 3번 반복한 결과 2개의 앞면(H)과 3개의 뒷면(T)이 나오게 되는 경우를 그려보면 아래 그림과 같다.

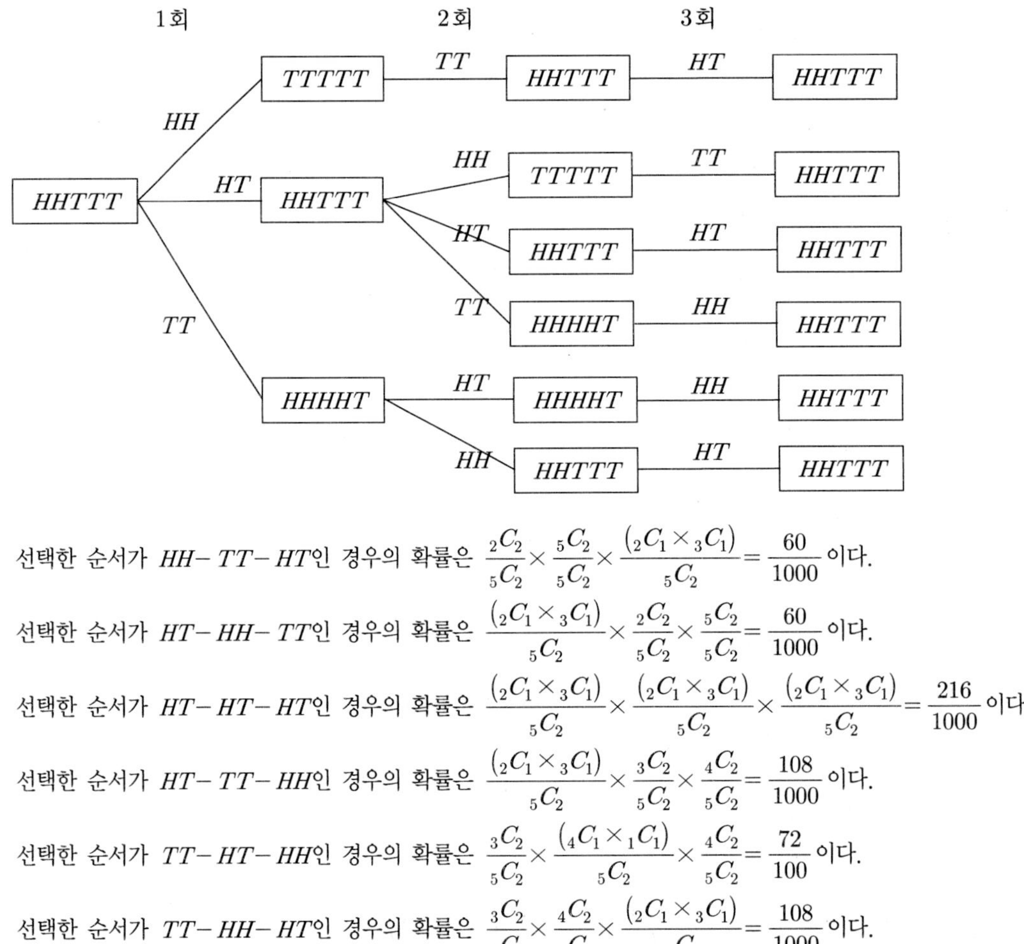

선택한 순서가 $HH-TT-HT$인 경우의 확률은 $\frac{{}_2C_2}{{}_5C_2}\times\frac{{}_5C_2}{{}_5C_2}\times\frac{({}_2C_1\times{}_3C_1)}{{}_5C_2}=\frac{60}{1000}$이다.

선택한 순서가 $HT-HH-TT$인 경우의 확률은 $\frac{({}_2C_1\times{}_3C_1)}{{}_5C_2}\times\frac{{}_2C_2}{{}_5C_2}\times\frac{{}_5C_2}{{}_5C_2}=\frac{60}{1000}$이다.

선택한 순서가 $HT-HT-HT$인 경우의 확률은 $\frac{({}_2C_1\times{}_3C_1)}{{}_5C_2}\times\frac{({}_2C_1\times{}_3C_1)}{{}_5C_2}\times\frac{({}_2C_1\times{}_3C_1)}{{}_5C_2}=\frac{216}{1000}$이다.

선택한 순서가 $HT-TT-HH$인 경우의 확률은 $\frac{({}_2C_1\times{}_3C_1)}{{}_5C_2}\times\frac{{}_3C_2}{{}_5C_2}\times\frac{{}_4C_2}{{}_5C_2}=\frac{108}{1000}$이다.

선택한 순서가 $TT-HT-HH$인 경우의 확률은 $\frac{{}_3C_2}{{}_5C_2}\times\frac{({}_4C_1\times{}_1C_1)}{{}_5C_2}\times\frac{{}_4C_2}{{}_5C_2}=\frac{72}{100}$이다.

선택한 순서가 $TT-HH-HT$인 경우의 확률은 $\frac{{}_3C_2}{{}_5C_2}\times\frac{{}_4C_2}{{}_5C_2}\times\frac{({}_2C_1\times{}_3C_1)}{{}_5C_2}=\frac{108}{1000}$이다.

그러므로 구하고자 하는 확률은 $\frac{60}{1000}+\frac{60}{1000}+\frac{216}{1000}+\frac{108}{1000}+\frac{72}{1000}+\frac{108}{1000}=\frac{78}{125}$이다.

30 전개도에서 살펴보면 최단경로 l는 선분 AD이며 $\angle AOB = \angle BOC = \angle COD = 30^\circ$ 이므로 $\angle AOD = 90^\circ$ 또한 이등변삼각형 OAB에서 $\angle OAB = 75^\circ$ 인데 삼각형 OAD가 직각이등변삼각형이므로 최단경로는 선분 AB와 30° 각을 이루고 있다, 최단경로 l위의 점 P에 대하여

$$\overrightarrow{AB} \cdot \overrightarrow{OP} = \overrightarrow{AB} \cdot (\overrightarrow{AP} - \overrightarrow{AO})$$
$$= \overrightarrow{AB} \cdot \overrightarrow{AP} - \overrightarrow{AB} \cdot \overrightarrow{AO}$$

삼각형 OAB는 $\overline{OA} = \overline{OB}$인 이등변삼각형이므로 선분 AB의 중점을 M이라 한다면

$\overrightarrow{AB} \cdot \overrightarrow{AO} = |\overrightarrow{AM}||\overrightarrow{AB}| = 2$

한편, 최단경로 l이 변 OB와 만나는 점을 E라 할 때, 최단경로 l위의 점 P중에서 선분 $\overline{AP}$를 변 AB에 정사영 했을 때 길이가 최대인 점들은 선분 EF위의 점들이다.

즉, $\overrightarrow{AB} \cdot \overrightarrow{AP} \leq \overrightarrow{AB} \cdot \overrightarrow{AE}$ 이다.

삼각형 ABE에서 $\angle ABE = 75^\circ$ $\therefore \angle AEB = 75^\circ$ 이므로

삼각형 ABE는 $\overline{AE} = \overline{AB} = 2$인 이등변 삼각형이다.

그러므로 $\overrightarrow{AB} \cdot \overrightarrow{AE} = |\overrightarrow{AE}||\overrightarrow{AB}|\cos 30^\circ = 2\sqrt{3}$

결국 $\overrightarrow{AB} \cdot \overrightarrow{OP}$의 최댓값은 $2\sqrt{3} - 2$이다. 따라서 $a = 2$, $b = -2$ $\therefore a^2 + b^2 = 8$이다.

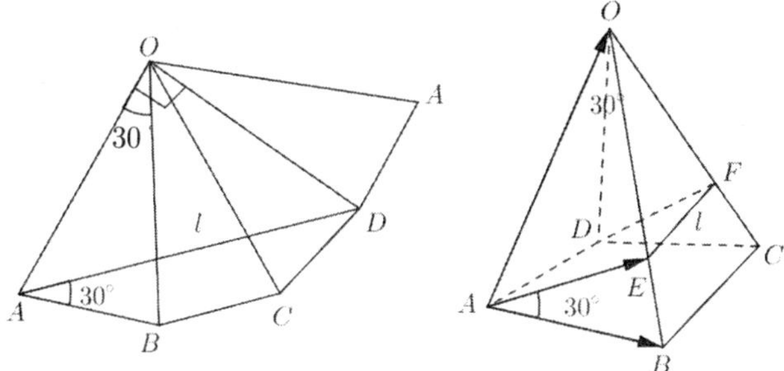

12 2017학년도 정답 및 해설

ANSWER

01	02	03	04	05	06	07	08	09	10	11	12	13	14	15	16	17	18	19	20
⑤	⑤	③	①	①	②	③	②	②	④	①	③	③	④	⑤	④	②	⑤	③	①
21	22	23	24	25	26	27	28	29	30										
④	10	62	40	25	30	28	180	58	32										

01 $\int_1^2 \frac{1}{x^2}dx=\int_1^2 x^{-2}dx=\left[-\frac{1}{x}\right]_1^2=-\frac{1}{2}+1=\frac{1}{2}$

02 $E(X)=n\times\frac{1}{4}=5$ 로부터 $n=20$ 이다.

03 삼각형 ABC 의 무게중심 G의 좌표는 $\left(\frac{6}{3}, \frac{3}{3}, \frac{-3}{3}\right)=(2, 1, -1)$이므로 선분 OG의 길이는

$\sqrt{2^2+1^2+(-1)^2}=\sqrt{6}$ 이다.

04 자연수 10의 분할 중에서 짝수로만 이루어진 경우는

$10=10$
$=8+2=6+4$
$=6+2+2=4+4+2$
$=4+2+2+2$
$=2+2+2+2+2$

이므로 개수는 7이다.

05 $A=\{2, 4, 6\}$, $B=\{2, 3, 5\}$에 대하여 $A\cap B=\{2\}$, $B\cap A^c=\{3, 5\}$이므로

$P(B|A)=\frac{n(A\cap B)}{n(A)}=\frac{1}{3}$, $P(B|A^c)=\frac{n(B\cap A^c)}{n(A^c)}=\frac{2}{3}$이다.

따라서 $P(B|A)-P(B|A^c)=\frac{1}{3}-\frac{2}{3}=-\frac{1}{3}$이다.

06 $x-\frac{\pi}{2}=t$라 하면 $\lim_{x\to\frac{\pi}{2}}(1-\cos x)^{\sec x}=\lim_{t\to 0}\left(1-\cos\left(\frac{\pi}{2}+t\right)\right)^{\frac{1}{\cos\left(\frac{\pi}{2}+t\right)}}=\lim_{t\to 0}(1+\sin t)^{\frac{1}{\sin t}(-1)}=e^{-1}=\frac{1}{e}$이다.

07 확률의 합은 1이 되어야 하므로 $a+b+c=1$ ……㉠
$E(X)=b+2c=1$ ……㉡
$V(X)=b+4c-1=\frac{1}{4}$, 즉 $b+4c=\frac{5}{4}$ ……㉢
이 세 방정식을 연립해서 풀면 $a=\frac{1}{8}$, $b=\frac{3}{4}$, $c=\frac{1}{8}$이므로 $P(X=0)=a=\frac{1}{8}$이다.

08 $\overrightarrow{OA}+\overrightarrow{OB}-\overrightarrow{OC}=\overrightarrow{OA}+\overrightarrow{CB}$이고, $\overline{OA}\perp\triangle ABC$, 즉 $\overrightarrow{OA}\perp\overrightarrow{CB}$이므로
$|\overrightarrow{OA}+\overrightarrow{OB}-\overrightarrow{OC}|^2=|\overrightarrow{OA}+\overrightarrow{CB}|^2=|\overrightarrow{OA}|^2+|\overrightarrow{CB}|^2+2\overrightarrow{OA}\cdot\overrightarrow{CB}=4+4=8$ ($\because \overrightarrow{OA}\cdot\overrightarrow{CB}=0$)에서
$|\overrightarrow{OA}+\overrightarrow{OB}-\overrightarrow{OC}|=\sqrt{8}=2\sqrt{2}$ 이다.

09 8명의 학생을 임의로 3명, 3명, 2명씩 3개조로 나누는 경우의 수는 $\frac{{}_8C_3\times{}_5C_3\times{}_2C_2}{2!}=280$이다. 두 학생 A, B가 같은 조에 속하는 경우는 6명의 학생을 1명, 3명, 2명씩 3개조로 나눈 다음 1명이 속한 조에 두 학생 A, B를 넣는 경우와 두 학생 A, B 한 조와 6명을 3명, 3명씩 2개조로 나누는 경우가 있다.
(1) 6명의 학생을 1명, 3명, 2명씩 3개조로 나누는 경우의 수
$${}_6C_1\times{}_5C_3\times{}_2C_2=60$$
(2) 6명을 3명, 3명씩 2개조로 나누는 경우의 수
$$\frac{{}_6C_3\times{}_3C_3}{2!}=10$$
따라서 A, B가 같은 조에 같은 조에 속할 확률은 $\frac{60+10}{280}=\frac{1}{4}$이다.

10 원의 반지름을 r이라고 할 때, 부채꼴 PBC의 넓이가 부채꼴 PAB의 넓이의 2배이므로 $\angle APC=\theta$라고 하면 $\angle BPC=2\theta$이다. 또한 삼각형 PBC는 이등변삼각형이므로 점 P에서 x축에 내린 수선의 발을 H라고 하면 $\angle BPH=\theta$가 된다. $\angle APH=\theta+\theta=90°$이므로 $\theta=45°$이다. 따라서 점 P의 좌표는 $\left(r-1,\ \frac{r}{\sqrt{2}}\right)$이고 이 점은 포물선 위의 점이므로 $\frac{r^2}{2}=4(r-1)$, 즉 $r^2-8r+8=0$이 성립한다. 이를 풀면 $r=4+2\sqrt{2}$ $(r>0)$이다.

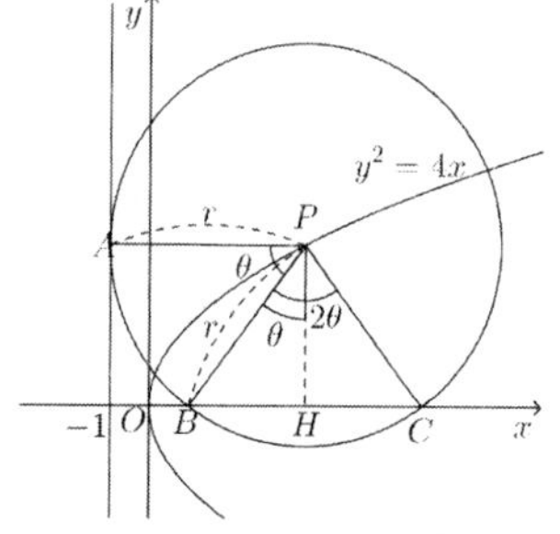

11 위장크림 1개의 무게를 확률변수 X라 하면 $P(X \geq 50) = 0.1587$이다.

$P(X \geq 50) = P\left(Z \geq \dfrac{50-m}{\sigma}\right) = 0.5 - P\left(0 \leq Z \leq \dfrac{50-m}{\sigma}\right) = 0.1587$으로부터

$P\left(0 \leq Z \leq \dfrac{50-m}{\sigma}\right) = 0.3413$, 즉 $\dfrac{50-m}{\sigma} = 1$이다. 이때 임의추출한 4개의 무게의 평균을 $\overline{X}$라 하면

$\overline{X}$는 정규분포 $N\left(m, \left(\dfrac{\sigma}{2}\right)^2\right)$을 따른다. 따라서

$P(\overline{X} \geq 50) = P\left(Z \geq \dfrac{2(50-m)}{\sigma}\right) = P(Z \geq 2) = 0.5 - P(0 \leq Z \leq 2) = 0.0228$이다.

12 그림과 같이 곡선 $y = \tan\dfrac{x}{2}$와 직선 $x = \dfrac{\pi}{2}$ 및 x축으로 둘러싸인 부분의 넓이 S는

$S = \int_0^{\frac{\pi}{2}} \tan\dfrac{x}{2}\, dx$이다. $\cos\dfrac{x}{2} = t$라 치환하면 $\sin\dfrac{x}{2}\, dx = -2dt$이므로 넓이는

$$S = \int_0^{\frac{\pi}{2}} \tan\frac{x}{2}\, dx = \int_0^{\frac{\pi}{2}} \frac{\sin\frac{x}{2}}{\cos\frac{x}{2}}\, dx = \int_1^{\frac{1}{\sqrt{2}}} \left(-\frac{2}{t}\right) dt = -2\left[\ln|t|\right]_1^{\frac{1}{\sqrt{2}}} = \ln 2 \text{ 이 된다.}$$

$$S = \int_0^{\frac{\pi}{2}} \tan\frac{x}{2}\, dx = \int_0^{\frac{\pi}{2}} \frac{\sin\frac{x}{2}}{\cos\frac{x}{2}}\, dx = \int_1^{\frac{1}{\sqrt{2}}} -\frac{2}{t}\, dt = -2\left[\ln|t|\right]_1^{\frac{1}{\sqrt{2}}} = \ln 2$$

$$S = \int_0^{\frac{\pi}{2}} \tan\frac{x}{2}\, dx = \int_0^{\frac{\pi}{2}} \frac{\sin\frac{x}{2}}{\cos\frac{x}{2}}\, dx = \int_1^{\frac{1}{\sqrt{2}}} \left(-\frac{2}{t}\right) dt = -2\left[\ln|t|\right]_1^{\frac{1}{\sqrt{2}}} = \ln 2$$

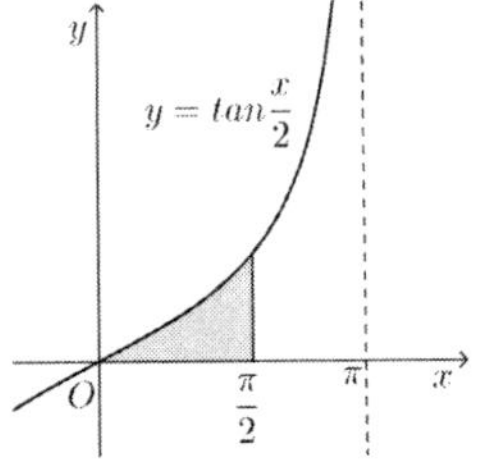

13 점 A의 좌표를 구해보면 $-\log_a x = 1$에서 $x = \dfrac{1}{a}$이므로

$A\left(\dfrac{1}{a}, 1\right)$, 점 B의 좌표는 $\log_a x = 1$에서 $x = a$이므로 $B(a, 1)$이다.

점 C의 좌표는 $C(1, 0)$이므로 직선 AC의 기울기는 $\dfrac{-1}{1-\dfrac{1}{a}} = \dfrac{-a}{a-1}$, 직선 BC의 기울기는 $\dfrac{1}{a-1}$이다.

두 직선이 수직이므로 $\dfrac{-a}{a-1} \times \dfrac{1}{a-1} = -1$에서 $a^2 - 3a + 1 = 0$이고 따라서 모든 양수 a의 값의 합은 3이다.

14 꺼낸 볼펜, 연필 그리고 지우개의 개수를 각각 a, b, c라고 하면 볼펜, 연필, 그리고 지우개가 충분히 많이 있다고 가정했을 때 8개를 꺼내는 경우의 수는 $a+b+c=8$를 만족하는 음이 아닌 정수의 해의 순서쌍의 개수, 즉 ${}_3H_8=45$이다.

여기에서 이들이 각각 6개씩 있기 때문에 꺼낸 개수가 0, 0, 8 또는 0, 1, 7인 경우의 수는 빼야 한다. 꺼낸 개수가 0, 0, 8인 경우의 수는 3가지이고, 0, 1, 7인 경우의 수는 $3!=6$이므로 8개를 꺼내는 경우의 수는 $45-(3+6)=36$가지이다.

15 선분 BC의 중점을 E, 선분 BE와 선분 MN과의 교점을 H, 꼭짓점 A에서 삼각형 BCD에 내린 수선의 발을 G라고 하면, G는 삼각형 BCD의 무게중심이고 $\overline{GH}\perp\overline{MN}$이다. 삼수선 정리에 의해 $\overline{AH}\perp\overline{MN}$이므로 사각형 $BCNM$과 평면 AMN이 이루는 각 θ은 $\theta=\angle AHG$이다.

$\overline{ED}=6\sqrt{3}$, $\overline{GD}=4\sqrt{3}$, $\overline{HD}=3\sqrt{3}$

$\therefore \overline{GH}=\sqrt{3}$ 이고 $\overline{AG}=4\sqrt{6}$, $\overline{AG}\perp\overline{GH}$이므로 $\overline{AH}=3\sqrt{11}$ 이다. 그러므로 $\cos\theta=\dfrac{\sqrt{33}}{33}$ 이다.

사각형 $BCNM$의 넓이 S는 삼각형 BCD의 넓이에서 삼각형 MND의 넓이를 뺀 것과 같으므로

$S=\dfrac{\sqrt{3}}{4}\times 12^2-\dfrac{\sqrt{3}}{4}\times 6^2=27\sqrt{3}$ 이다. 따라서 정사영의 넓이 S' 는

$S'=S\cos\theta=27\sqrt{3}\times\dfrac{\sqrt{33}}{33}=\dfrac{27\sqrt{11}}{11}$ 이다.

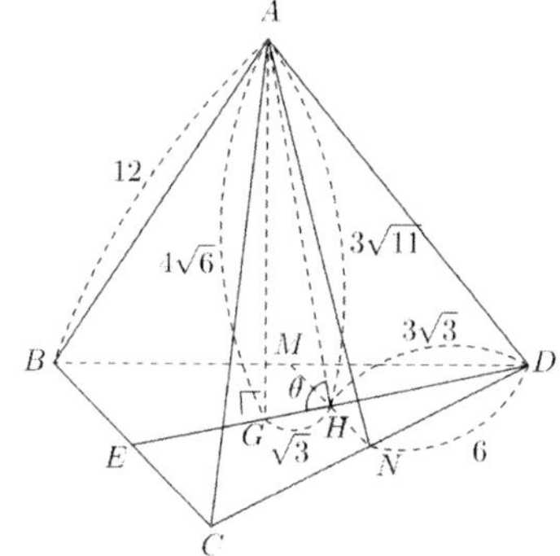

16

$1-x^2+x^4-x^6+\cdots+(-1)^{n-1}x^{2n-2}=\dfrac{(1-(-x^2)^n}{1-(-x^2)}=\dfrac{1}{1+x^2}-(-1)^n\dfrac{x^{2n}}{1+x^2}$ 이므로 (가)에 알맞은 식은 $f(x)=\dfrac{1}{1+x^2}$ 이다.

$\displaystyle\int_0^1 x^{2n}\,dx=\left[\frac{1}{2n+1}x^{2n+1}\right]_0^1=\frac{1}{2n+1}$ 이므로 (나)에 알맞은 식은 $g(n)=\dfrac{1}{2n+1}$ 이다.

$\displaystyle\int_0^{\frac{\pi}{4}}\frac{\sec^2\theta}{1+\tan^2\theta}\,d\theta=\int_0^{\frac{\pi}{4}}1\,d\theta=\frac{\pi}{4}$ 이므로 (다)에 알맞은 수는 $k=\dfrac{\pi}{4}$ 이다.

따라서 $k\times f(2)\times g(2)=\dfrac{\pi}{4}\times\dfrac{1}{1+4}\times\dfrac{1}{5}=\dfrac{\pi}{100}$ 이다.

17 점 A의 평면 β에 대해 대칭인 점을 A', 점 B의 평면 α에 대해 대칭인 점을 B' 라고 하면 $\overline{AQ}+\overline{QP}+\overline{PB}=\overline{A'Q}+\overline{QP}+\overline{PB'}\geq\overline{A'B'}$이 되어 최솟값은 선분 $A'B'$의 길이와 같다.

직선 AA'의 방향벡터는 평면 α의 법선벡터와 평행하므로 직선 AA' 방정식은 $\frac{x}{2}=\frac{y}{-1}=\frac{z}{2}$이고, 마찬가지로

직선 BB'의 방정식은 $\frac{x-2}{2}=\frac{y}{-1}=\frac{z-1}{2}$이다.

점 A'의 좌표를 $(2t, -t, 2t)$라고 하면 중점 $H\left(t, -\frac{t}{2}, t\right)$는 평면 β위에 있으므로

$2t+\frac{t}{2}+2t=6,\quad \therefore t=\frac{4}{3}$ 가 되어 $A'\left(\frac{8}{3}, -\frac{4}{3}, \frac{8}{3}\right)$이다.

점 B'의 좌표를 $(2s+2, -s, 2s+1)$라고 하면 중점 $I\left(s+2, -\frac{s}{2}, s+1\right)$는 평면 α위에 있으므로

$2s+4+\frac{s}{2}+2s+2=0\quad \therefore s=-\frac{4}{3}$가 되어 $B'\left(-\frac{2}{3}, \frac{4}{3}, -\frac{5}{3}\right)$이다.

그러므로 $\overline{A'B'}=\sqrt{\frac{100}{9}+\frac{64}{9}+\frac{169}{9}}=\sqrt{37}$이다.

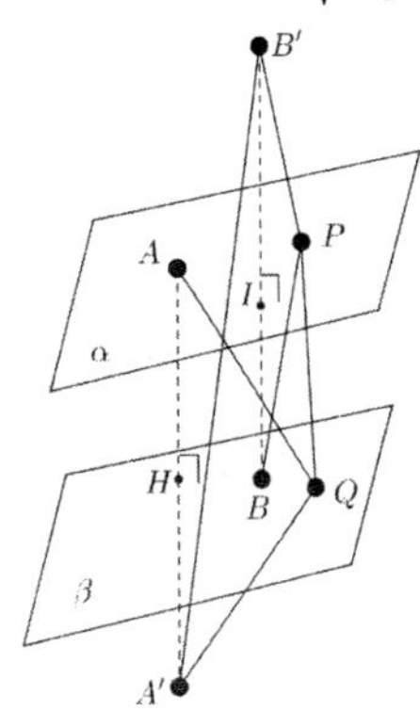

18 함수 $f(x)=\int_1^x e^{t^3}dt$에 대해 $f'(x)=e^{x^3}$이고 $f(1)=0$이다.

$\int_0^1 xf(x)\,dx=\left[\frac{1}{2}x^2f(x)\right]_0^1-\frac{1}{2}\int_0^1 x^2f'(x)\,dx=-\frac{1}{2}\int_0^1 x^2e^{x^3}dx$에서 $x^3=t$로 치환하면

$\frac{dt}{dx}=3x^2,\quad x^2dx=\frac{1}{3}dt$이므로 $\int_0^1 x^2e^{x^3}dx=\int_0^1 e^t\frac{1}{3}dt=\frac{1}{3}\left[e^t\right]_0^1=\frac{1}{3}(e-1)$이다.

따라서 주어진 정적분은 $-\frac{1}{2}\times\frac{1}{3}(e-1)=\frac{1-e}{6}$이다.

19 점 A는 직선 $x=t+5$, $y=2t+4$, $z=3t-2$, 즉 $x-5=\dfrac{y-4}{2}=\dfrac{z+2}{3}$ 위의 점이며, $\overrightarrow{OP}\cdot\overrightarrow{AP}=0$을 만족하는 점 P의 자취는 선분 OA을 지름으로 하는 구이다. 따라서 (가), (나) 두 조건을 만족하는 점 P가 나타내는 도형은 두 구의 교선인 원이다. 이 원의 중심을 C, 반지름을 $r(t)$라 하면, $\overline{OA}=\sqrt{14t^2+14t+45}$ 이고 따라서 $\overline{AP}=\sqrt{14t^2+14t+20}$ 이다. 그러므로 원의 반지름은 $r(t)=\dfrac{\overline{OP}\times\overline{AP}}{\overline{OA}}=\dfrac{5\sqrt{14t^2+14t+20}}{\sqrt{14t^2+14t+45}}$ 이고 $f(t)$는 원의 둘레의 길이로 $f(t)=10\pi\times\dfrac{\sqrt{14t^2+14t+20}}{\sqrt{14t^2+14t+45}}$ 이다.

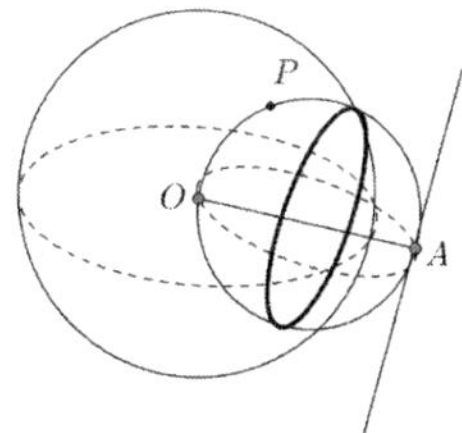

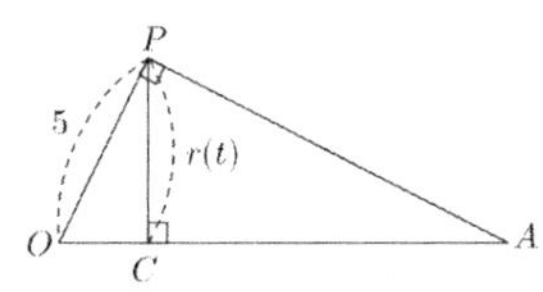

㉠ $f(0)=10\pi\times\dfrac{\sqrt{20}}{\sqrt{45}}=\dfrac{20\pi}{3}$ 이므로 참

㉡ $\lim\limits_{t\to\infty}f(t)=\lim\limits_{t\to\infty}10\pi\dfrac{\sqrt{14t^2+14t+20}}{\sqrt{14t^2+14t+45}}=10\pi$ 이므로 참

㉢ $f(t)=10\pi\times\dfrac{\sqrt{14t^2+14t+20}}{\sqrt{14t^2+14t+45}}=10\pi\sqrt{\dfrac{14t^2+14t+20}{14t^2+14t+45}}=10\pi\sqrt{1-\dfrac{25}{14t^2+14t+45}}$ 이므로

$t=-\dfrac{1}{2}$ 일 때, $f(t)$는 최솟값을 갖는다. 따라서 거짓

20 함수 $g(x)$의 그래프는 그림과 같고 $g(x)=\begin{cases}a^x & (x\le b)\\ \log_a x & (x>b)\end{cases}$ 이다. 함수 $f(x)$의 그래프와 직선 $y=x$가 만나는 점을 P라고 하면 점 P의 좌표는 (b,b)이다.

함수 $g(x)$가 실수 전체의 집합에서 미분가능하면 $x=b$에서 역시 미분가능하다.

함수 $g(x)$는 $x=b$에서 연속이므로 $a^b=\log_a b=b\cdots\cdots$㉠

또한 $x=b$에서 미분가능하므로 $g'(x)=\begin{cases}a^x\ln a & (x\le b)\\ \dfrac{1}{x\ln a} & (x>b)\end{cases}$ 에서 $a^b\ln a=\dfrac{1}{b\ln a}\cdots\cdots$㉡

㉠에서 $b=a^b$을 ㉡에 대입하면 $(b\ln a)^2=1\quad\therefore b\ln a=-1\ (\because 0<a<1,\ \ln a<0)$이다.

즉 $b=-\log_a e$ 이고 ㉠에 대입하면 $\log_a b=-\log_a e\quad\therefore b=\dfrac{1}{e}$ 이다.

다시 ㉠의 $\log_a b=b$로부터 $\log_a\dfrac{1}{e}=\dfrac{1}{e}$, $-\log_a e=\dfrac{1}{e}$, $\therefore -\ln a=e\quad\therefore a=e^{-e}$이다.

그러므로 $ab=e^{-e}e^{-1}=e^{-e-1}$이다.

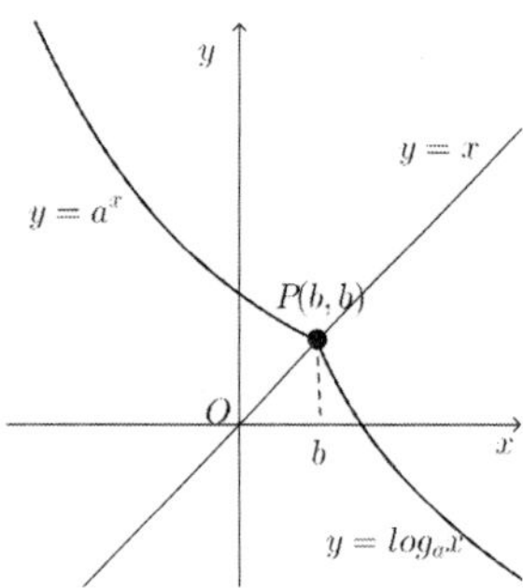

21 (나)의 조건에서

$f'(0)=\lim_{h\to 0}\frac{f(0+h)-f(0)}{h}=\lim_{h\to 0}\frac{f(h)}{h}=1$이고,

$$f'(x)=\lim_{h\to 0}\frac{f(x+h)-f(x)}{h}=\lim_{h\to 0}\frac{\frac{f(x)+f(h)}{1+f(x)f(h)}-f(x)}{h}$$
$$=\lim_{h\to 0}\frac{\frac{f(x)+f(h)-f(x)-\{f(x)\}^2 f(h)}{1+f(x)f(h)}}{h}$$
$$=\lim_{h\to 0}\left\{\frac{f(h)}{h}\frac{1-\{f(x)\}^2}{1+f(x)f(h)}\right\}$$
$$=f'(0)\times\frac{1-\{f(x)\}^2}{1+f(x)f(0)}$$
$$=1-\{f(x)\}^2$$

이므로 $\{f(x)\}^2=1-f'(x)$이다. 이때,

$\int_0^1\{f(x)\}^2dx=\int_0^1\{1-f'(x)\}dx=[x-f(x)]_0^1=1-f(1)$이다.

한편 (나)에서 $y=-x$을 대입하면 $f(0)=\frac{f(x)+f(-x)}{1+f(x)f(-x)}$인데, $f(0)=0$으로부터 $f(-x)=-f(x)$이다. 따라서 주어진 정적분은 $1-f(1)=1+f(-1)=1+k$이다.

22 $0<\theta<\frac{\pi}{2}$에서 $\sin\theta=\frac{2}{\sqrt{5}}$, $\cos\theta=\frac{1}{\sqrt{5}}$이다.

$\cos\left(\theta+\frac{\pi}{4}\right)=\cos\theta\cos\frac{\pi}{4}-\sin\theta\sin\frac{\pi}{4}=\frac{1}{\sqrt{5}}\frac{1}{\sqrt{2}}-\frac{2}{\sqrt{5}}\frac{1}{\sqrt{2}}=-\frac{1}{\sqrt{10}}=p$이다.

따라서 $\frac{1}{p^2}=10$이다.

23 A지점에서 B지점까지 최단거리로 가는 경우는 그림에서처럼 P, Q, R을 지나는 경우이다.

$A-P-B$의 경우의 수는 1가지이고, $A-Q-B$의 경우의 수는 $\frac{4!}{2!\,2!}\times\frac{5!}{3!\,2!}=60$가지이고 $A-R-B$의 경우의 수는 1가지이다. 따라서 총 경우의 수는 $1+60+1=62$이다.

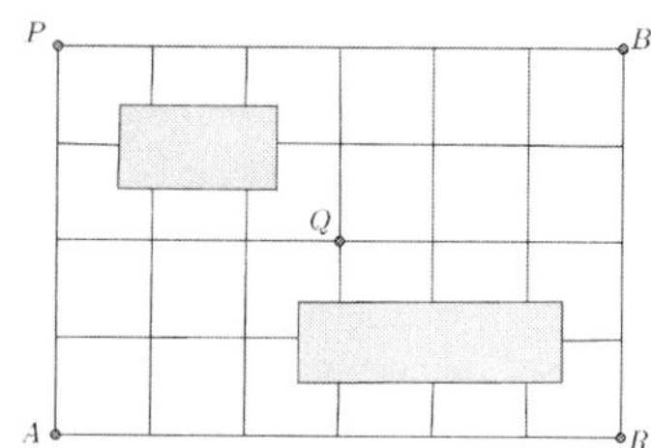

24 점 P가 타원 위의 점이므로 $\overline{PF}+\overline{PF'}=2\sqrt{a}$, 또한 쌍곡선 위의 점이므로 $|\overline{PF}-\overline{PF'}|=4$이다.

쌍곡선의 초점은 $k^2=4+5=9$이고, 타원에서 $k^2=a-16$이므로 $a=25$이다.

따라서 $|\overline{PF}^2-\overline{PF'}^2|=|(\overline{PF}+\overline{PF'})\times(\overline{PF}-\overline{PF'})|=|2\sqrt{25}\times 4|=40$이다.

25

매개변수로 나타내어진 함수 $x=t^3$, $y=2t-\sqrt{2t}$에 대하여 $\frac{dy}{dx}=\frac{\frac{dy}{dt}}{\frac{dx}{dt}}=\frac{2-\frac{1}{\sqrt{2t}}}{3t^2}$이다. x좌표가 8이 되는 t는 2이므로 곡선 위의 점은 $(8, 2)$이고 이 점에서 접선의 기울기는 $t=2$에서의 미분계수와 같다.

따라서 $a=2$, $b=\frac{2-\frac{1}{\sqrt{4}}}{3\times 4}=\frac{1}{8}$이고 $100ab=25$이다.

26 곡선 $y=\sin^2 x$에 대해 $y'=2\sin x\cos x=\sin 2x$, $y''=2\cos 2x$이고 $y''=0$이 되는 x의 값은 $x=\frac{\pi}{4}$, $\frac{3\pi}{4}$이다. 따라서 두 변곡점 A, B의 좌표는 각각 $A\left(\frac{\pi}{4}, \frac{1}{2}\right)$, $B\left(\frac{3\pi}{4}, \frac{1}{2}\right)$이고 두 점에서의 접선의 기울기는 각각 1, -1이다.

점 A, B에서의 접선의 방정식은 각각 $y=x-\frac{\pi}{4}+\frac{1}{2}$, $y=-x+\frac{3\pi}{4}+\frac{1}{2}$이고 이를 연립해서 풀면 $y=\frac{1}{2}+\frac{\pi}{4}$이므로 $p=\frac{1}{2}$, $q=\frac{1}{4}$이다. 따라서 $40(p+q)=40\left(\frac{1}{2}+\frac{1}{4}\right)=30$이다.

27 꺼낸 3개의 공에 적힌 수의 곱이 짝수인 사건을 E, 첫 번째로 꺼낸 공에 적힌 수가 홀수인 사건을 A라고 하자. 사건 E^c은 3개의 공에 적힌 수가 모두 홀수인 사건이므로 $P(E)=1-P(E^c)=1-\frac{3}{6}\times\frac{2}{5}\times\frac{1}{4}=\frac{19}{20}$ 이다.

첫 번째 공의 수가 홀수이고 세 수의 곱이 짝수인 사건은 두 번째, 세 번째의 공이 모두 홀수인 사건의 여사건이다.

따라서 $P(A\cap E)=\frac{3}{6}\times\left(1-\frac{2}{5}\times\frac{1}{4}\right)=\frac{9}{20}$ 이다.

그러므로 구하고자 하는 확률은 $P(A|E)=\dfrac{P(A\cap E)}{P(E)}=\dfrac{\frac{9}{20}}{\frac{19}{20}}=\dfrac{9}{19}$ 이고 따라서 $p+q=28$이다.

28 그림과 같이 원의 중심을 원점으로 하는 좌표평면을 생각하면 $A(0,-5)$, $B(24,-5)$가 되고 원의 방정식은 $x^2+y^2=25$이다. 원 위의 점 P의 좌표를 (x, y)하면 $\overrightarrow{PA}=(-x,-5-y)$, $\overrightarrow{PB}=(24-x,-5-y)$이고 $\overrightarrow{PA}\cdot\overrightarrow{PB}=-24x+x^2+(y+5)^2=(x-12)^2+(y+5)^2-144$이다.

이 내적의 최댓값은 $(x-12)^2+(y+5)^2$이 최대일 때고 이는 원 위의 점 (x, y)와 점 $(12,-5)$ 사이의 거리가 최대일 때이다. 원 위의 점과 점 $(12,-5)$사이의 거리의 최댓값은 $\sqrt{12^2+(-5)^2}+5=18$이므로, 내적의 최댓값은 $18^2-144=180$이다.

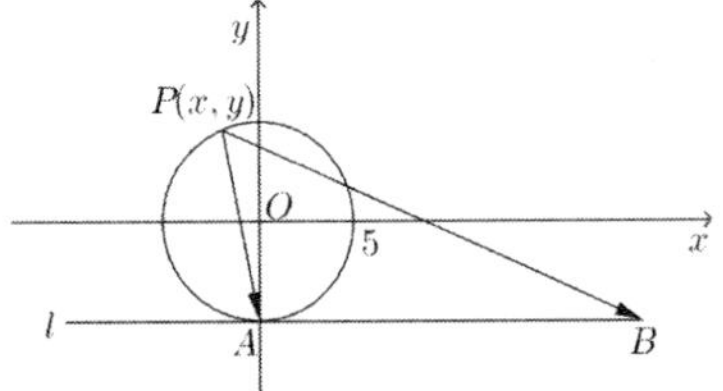

29 점 O을 원점, 직선 OA을 x축으로 하는 좌표평면을 생각하면 점 P의 좌표는 $(\cos\theta, \sin\theta)$이고 직선 QP의 기울기는 $\tan 60^\circ=\sqrt{3}$이므로 직선 QP의 방정식은 $y=\sqrt{3}x-\sqrt{3}\cos\theta+\sin\theta$이다.

이때 선분 OQ의 길이는 직선 QP의 x절편으로 $\overline{OQ}=\cos\theta-\dfrac{\sin\theta}{\sqrt{3}}$ 이다.

반원의 중심을 C라고 하면 $\overline{QC}=\dfrac{r}{\sin 60^\circ}=\dfrac{2r}{\sqrt{3}}$ 이므로

$\overline{OA}=\overline{OQ}+\overline{QC}+\overline{CA}=\cos\theta-\dfrac{\sin\theta}{\sqrt{3}}+\dfrac{2r}{\sqrt{3}}+r=1$로부터

$r(\theta)=\dfrac{\sqrt{3}}{\sqrt{3}+2}\left(1-\cos\theta+\dfrac{\sin\theta}{\sqrt{3}}\right)$이다.

$$\lim_{\theta\to 0+}\frac{r(\theta)}{\theta}=\lim_{\theta\to 0+}\frac{\sqrt{3}}{\sqrt{3}+2}\left(\frac{1-\cos\theta}{\theta}+\frac{1}{\sqrt{3}}\frac{\sin\theta}{\theta}\right)=\frac{1}{\sqrt{3}+2}=2-\sqrt{3}\ \left(\because \lim_{\theta\to 0}\frac{1-\cos\theta}{\theta}=0\right)$$

이므로 $a=2$, $b=-1$ $\therefore a^2+b^2=5$이다.

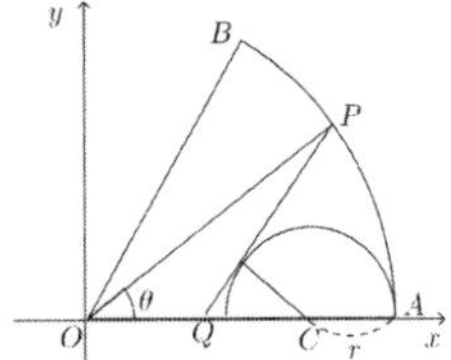

30 직선의 방정식은 $\dfrac{x-2}{a}=\dfrac{y-3}{b}=\dfrac{z-2}{1}$ 이고 이 직선이 평면 $z=1$과 만나는 교점을 H라 하면 $H(-a+2,\ -b+3,\ 1)$이다. 세 점 $A,\ B,\ C$와 점 H를 xy평면에 정사영시키면 삼각형 ABC의 둘레 및 내부에 점 H가 있어야 한다. 삼각형 ABC의 둘레 및 내부를 나타내는 부등식은 $\begin{cases} y \le x \\ y \ge -x \\ 0 \le x \le 1 \end{cases}$ 이다.

따라서 $(a,\ b)$는 $\begin{cases} -b+3 \le -a+2 \\ -b+3 \ge a-2 \\ 0 \le -a+2 \le 1 \end{cases}$, 즉 $\begin{cases} a+1 \le b \\ -a+5 \ge b \\ 1 \le a \le 2 \end{cases}$ 를 만족시킨다.

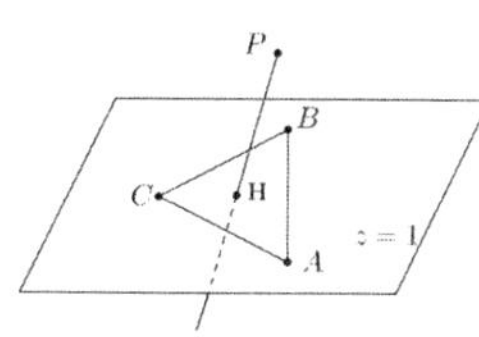

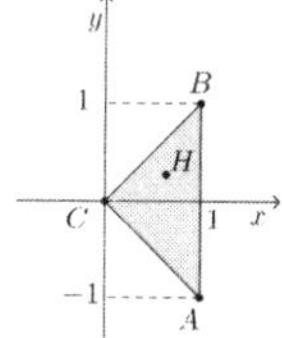

이를 점 $(a,\ b)$의 영역을 좌표평면에 나타내면 그림과 같다.

$\vec{d}+3\overrightarrow{OA}=(a,\ b,1)+(3,-3,\ 3)=(a+3,\ b-3,\ 4)$이므로 $|\vec{d}+3\overrightarrow{OA}|^2=(a+3)^2+(b-3)^2+16$의 최솟값은 점 $(-3,3)$와 점 (a,b) 사이의 거리가 최소일 때이다. 점 $(a,\ b)$가 $(1,3)$일 때 최소이므로 최솟값은 $16+16=32$이다.

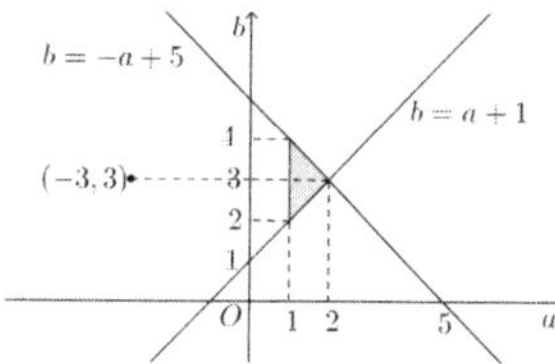

13 2018학년도 정답 및 해설

ANSWER

01	02	03	04	05	06	07	08	09	10	11	12	13	14	15	16	17	18	19	20
④	⑤	③	③	①	①	⑤	②	②	④	③	⑤	④	③	④	①	②	①	②	⑤
21	**22**	**23**	**24**	**25**	**26**	**27**	**28**	**29**	**30**										
③	80	16	36	8	17	288	49	40	30										

01 $\vec{a}-\vec{b}=(3,\ 1-k)$ 에 대하여 $\vec{a}\cdot(\vec{a}-\vec{b})=7-k=0 \quad \therefore k=7$이다.

02 확률변수 X가 이항분포 $B\left(50,\ \frac{1}{4}\right)$을 따를 때, $V(4X)=16\,V(X)=16\times 50\times\frac{1}{4}\times\frac{3}{4}=150$이다.

03 함수 $f(x)=x^2e^{x-1}$에 대하여 $f'(x)=2xe^{x-1}+x^2e^{x-1}=x(x+2)e^{x-1}$이므로 $f'(1)=3$이다.

04 $\int_0^{\frac{\pi}{3}}\tan x\,dx=\int_0^{\frac{\pi}{3}}\frac{\sin x}{\cos x}dx$이고 $\cos x=t$로 치환하면 $\sin x\,dx=-dt$이므로

$\int_1^{\frac{1}{2}}\frac{-1}{t}dt=\int_{\frac{1}{2}}^{1}\frac{1}{t}dt=[\ln|t|]_{\frac{1}{2}}^{1}=-\ln\frac{1}{2}=\ln 2$이다.

05 두 점 $A(1,2,-1)$, $B(3,1,-2)$에 대하여 선분 AB를 $2:1$로 외분하는 점의

x 좌표는 $x=\frac{2\times 3-1\times 1}{2-1}=5$, y 좌표는 $y=\frac{2\times 1-1\times 2}{2-1}=0$,

z 좌표는 $z=\frac{2\times(-2)-1\times(-1)}{2-1}=-3$이므로 외분점의 좌표는 $(5,0,-3)$이다.

06 함수 $f(x)=a\sin bx+c\ (a>0,\ b>0)$에 대하여 최댓값은 $a+c=4$, 최솟값은 $-a+c=-2$이므로 연립해서 풀면 $a=3$, $c=1$이다. 또한 이 함수의 주기는 $\frac{2\pi}{b}=\pi$이므로 $b=2$이다. 그러므로 $abc=6$이다.

07 $\int_1^x (x-t)f(t)\,dt = e^{x-1}+ax^2-3x+1$에 대하여 $x=1$을 대입하면 $0=1+a-3+1$ $\therefore a=1$이다.

한편 주어진 식을 정리하면 $x\int_1^x f(t)\,dt - \int_1^x tf(t)\,dt = e^{x-1}+x^2-3x+1$이고 양변을 x에 대하여 미분하면 $\int_1^x f(t)\,dt + xf(x) - xf(x) = e^{x-1}+2x-3$, 즉 $\int_1^x f(t)\,dt = e^{x-1}+2x-3$이다. 이 등식을 다시 x에 대하여 미분하면 $f(x)=e^{x-1}+2$이고 따라서 $f(1)=1+2=3$이다.

08 직선이 x 축과 양의 방향으로 이루는 각이 θ일 때 $\tan\theta$가 직선의 기울기와 같으므로 $\tan\theta = -\frac{3}{4}$이다.

이때 $\tan\left(\frac{\pi}{4}+\theta\right) = \dfrac{\tan\frac{\pi}{4}+\tan\theta}{1-\tan\frac{\pi}{4}\tan\theta} = \dfrac{1-\frac{3}{4}}{1+\frac{3}{4}} = \frac{1}{7}$ 이다.

09 $\lim\limits_{n\to\infty}\left\{f(x)\ln\left(1+\frac{1}{2x}\right)\right\}=4$일 때

$$\lim_{n\to\infty}\frac{f(x)}{x-3} = \lim_{n\to\infty}\left\{f(x)\ln\left(1+\frac{1}{2x}\right)\right\}\times\frac{1}{\ln\left(1+\frac{1}{2x}\right)}\times\frac{1}{x-3}$$

$$= \lim_{n\to\infty}\left\{f(x)\ln\left(1+\frac{1}{2x}\right)\right\}\times\frac{1}{\ln\left(1+\frac{1}{2x}\right)^{2x}}\times\frac{2x}{x-3}$$

$$=4\times1\times2=8 \quad \left(\because \lim_{n\to\infty}\left(1+\frac{1}{2x}\right)^{2x}=e\right)$$

10 동전을 던졌을 때 앞면이 나오는 사건을 H, 뒷면이 나오는 사건을 T 라고 하고, 택한 상자에서 임의로 꺼낸 두 개의 공의 색깔이 같은 사건을 E 라고 하면,

$P(H\cap E)=P(H)\,P(E|H)=\frac{1}{2}\times\dfrac{{}_2C_2+{}_3C_2}{{}_5C_2}=\frac{1}{5}$,

$P(T\cap E)=P(T)\,P(E|T)=\frac{1}{2}\times\dfrac{{}_3C_2+{}_4C_2}{{}_5C_2}=\frac{3}{14}$

이다. 따라서

$$P(H|E)=\frac{P(H\cap E)}{P(E)}=\frac{P(H\cap E)}{P(H\cap E)+P(T\cap E)}=\frac{\frac{1}{5}}{\frac{1}{5}+\frac{3}{14}}=\frac{14}{29} \text{ 이다.}$$

11 고등학교의 수학 점수를 확률변수 X 라 하면 X 는 정규분포 $N(67,\,12^2)$ 을 따른다. 성취도가 A 또는 B 일 확률은 $P(X\geq 79)$ 이므로 $Z=\frac{X-67}{12}$ 를 이용하면

$P(X\geq 79)=P\left(Z\geq\frac{79-67}{12}\right)=P(Z\geq 1)=0.5-P(0\leq Z\leq 1)=0.5-0.3413=0.1587$ 이다.

12 점 $(0, a, b)$ 를 지나고 평면 $x+3y-z=0$ 에 수직인 직선의 방향벡터는 평면의 법선벡터와 평행하므로 $\vec{d}=(1, 3, -1)$ 이고 이때 직선의 방정식은 $x=\frac{y-a}{3}=\frac{z-b}{-1}$ 이다. 구의 반지름이 1 일 때 직선이 구와 만나는 두 점 A, B에 대하여 선분 AB의 길이가 2 이기 위해서는 직선이 구의 중심 $(-1, 0, 2)$를 지나야 한다. 점 $(-1, 0, 2)$를 직선의 방정식에 대입하면 $-1=\frac{-a}{3}=\frac{2-b}{-1}$ $\therefore a=3,\ b=1$이므로 $a+b=4$이다.

13 입체도형에 대하여 x 축 위의 $x=t$인 점을 지나고 x축에 수직인 평면으로 자른 단면의 넓이는 $S(t)=t\left(2-\ln\frac{1}{t}\right)=t(\ln t+2)$이다. 이때 입체 도형의 부피 V는

$$V=\int_{\frac{1}{e}}^{1} S(t)dt=\int_{\frac{1}{e}}^{1} t(\ln t+2)\,dt=\int_{\frac{1}{e}}^{1} t\ln t\,dt+\int_{\frac{1}{e}}^{1} 2t\,dt$$ 이다.

$$\int_{\frac{1}{e}}^{1} t\ln t\,dt=\left[\frac{1}{2}t^2\ln t\right]_{\frac{1}{e}}^{1}-\frac{1}{2}\int_{\frac{1}{e}}^{1} t\,dt=\frac{1}{2e^2}-\frac{1}{2}\left[\frac{1}{2}t^2\right]_{\frac{1}{e}}^{1}=\frac{1}{2e^2}-\frac{1}{4}+\frac{1}{4e^2}=\frac{3}{4e^2}-\frac{1}{4}$$ 이고

$$\int_{\frac{1}{e}}^{1} 2t\,dt=\left[t^2\right]_{\frac{1}{e}}^{1}=1-\frac{1}{e^2}$$ 이므로

$$V=\frac{3}{4e^2}-\frac{1}{4}+1-\frac{1}{e^2}=\frac{3}{4}-\frac{1}{4e^2}$$ 이다.

14 $n(A)\times n(B)=2\times n(A\cap B)$ 에서 $n(A\cap B)=1$ 인 경우, $n(A)\times n(B)=2$ 이므로
$n(A)=1,\ n(B)=2$ 또는 $n(A)=2,\ n(B)=1$ 이다.
$n(A\cap B)=2$ 인 경우, $n(A)\times n(B)=4$ 이므로 $n(A)=n(B)=2$, 즉 $A=B$ 이어야 한다.
하지만 $A\neq B$ 이므로 $n(A\cap B)\neq 2$ 이다.
같은 방법으로 생각해 보면 $n(A\cap B)\neq 3,\ 4$ 이다.
따라서 $n(A\cap B)=1$ 일 때,
$n(A)=1,\ n(B)=2$ 에 대하여 집합 A, B을 선택하는 경우의 수는 $A=\{a\}$, $B=\{a, b\}$처럼 A의 원소를 한 개 택할 때 그 원소를 제외한 원소를 한 개 선택하여 B의 원소로 하는 경우이므로 ${}_4C_1\times{}_3C_1=12$이다.
또한 $n(A)=2,\ n(B)=1$에 대하여 집합 A, B를 선택하는 경우의 수는 ${}_4C_1\times{}_3C_1=12$이다. 그러므로 집합 S의 공집합이 아닌 부분집합의 개수는 $2^4-1=15$이므로,
구하는 확률은 $\frac{12\times 2}{{}_{15}P_2}=\frac{4}{35}$ 이다.

15 $\overline{PH}\perp\alpha$, $\overline{PA}\perp\overline{AB}$이므로 삼수선의 정리에 의하여 $\overline{AH}\perp\overline{AB}$이므로 $\angle PAH=\frac{\pi}{6}$이다. $\angle PHA=90^\circ$ 이고 $\overline{PA}=2\sqrt{2}$ 이므로 $\overline{AH}=\sqrt{6}$, $\overline{PH}=\sqrt{2}$ 이다. 이때 $\overline{AB}=2\sqrt{2}$ 이므로 직각삼각형 HAB의 넓이는 $\frac{1}{2}\times 2\sqrt{2}\times\sqrt{6}=2\sqrt{3}$ 이고 $\overline{PH}=\sqrt{2}$ 이므로 사면체 $PHAB$의 부피는 $\frac{1}{3}\times 2\sqrt{3}\times\sqrt{2}=\frac{2\sqrt{6}}{3}$ 이다.

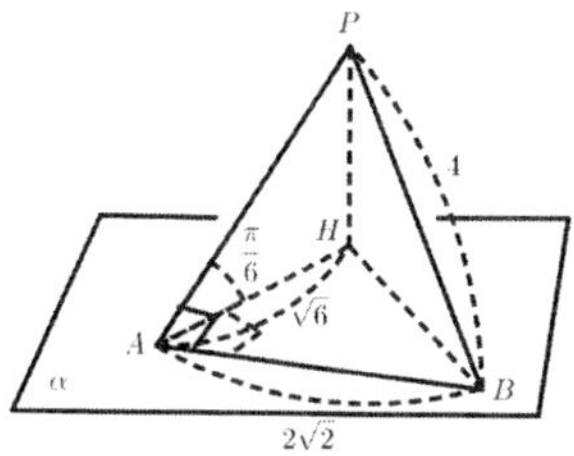

16 5회 시행에서 A, B 상자에 공 1개씩 넣은 횟수를 x, B, C 상자에 공 1개씩 넣은 횟수를 y, C, D 상자에 공 1개씩 넣은 횟수를 z 라 하면 $a=x,\ b=x+y,\ c=y+z,\ d=z$이고, $x+(x+y)+(y+z)+z=10$, 즉 $x+y+z=5$이다. 따라서 순서쌍 (a, b, c, d)의 개수는 방정식 $x+y+z=5$ 을 만족하는 음이 아닌 정수해의 순서쌍 (x, y, z)의 개수와 같다. 따라서 ${}_3H_5=21$이다.

17 확률변수 X가 k 일 확률은 짝수가 적혀 있는 $n-1$장의 카드에서 k장의 카드를 택하고 홀수가 적혀 있는 n장의 카드에서 $(\boxed{3}-k)$장의 카드를 택하는 경우의 수를 전체 경우의 수로 나눈 값이다. 따라서

$$P(X=2)=\frac{{}_{n-1}C_2\times{}_nC_1}{{}_{2n-1}C_3}=\frac{\frac{(n-1)(n-2)}{2}\times n}{\frac{(2n-1)(2n-2)(2n-3)}{6}}=\boxed{\frac{3n(n-2)}{2(2n-1)(2n-3)}}$$ 이다.

$$\begin{aligned}E(X)=\sum_{k=0}^{3}\{kP(X=k)\}&=\frac{1}{2(2n-1)(2n-3)}\{3n(n-1)+2\times 3n(n-2)+3\times(n-2)(n-3)\}\\&=\frac{6(n-1)(2n-3)}{2(2n-1)(2n-3)}\\&=\frac{\boxed{3(n-1)}}{2n-1}\end{aligned}$$

그러므로 $a=3,\ f(n)=\frac{3n(n-2)}{2(2n-1)(2n-3)},\ g(n)=3(n-1)$ 이고,

$a\times f(5)\times g(8)=3\times\frac{5}{14}\times 21=\frac{45}{2}$ 이다.

18 $n=3$ 인 경우 [그림1] 에서처럼 사각형 $A_1B_1C_1D_1$ 의 A_1 의 좌표가 $(13, 1)$ 인 경우 B_1 의 좌표는 $(16, 1)$ 이 되어 $y=\log_{16}x$ 와 한 점에서만 만나므로 조건을 만족하지 않는다.

그래서 A_1 의 좌표가 $(14, 1)$ 이고 B_1 의 좌표가 $(17, 1)$ 이면 조건을 만족하고, 이는 A_1 의 좌표가 $A_3(15, 1)$이고 B_1의 좌표가 $B_3(18, 1)$일 때까지이므로 조건을 만족하며 한 변의 길이가 3인 정사각형 개수는 $a_3=2$이다.

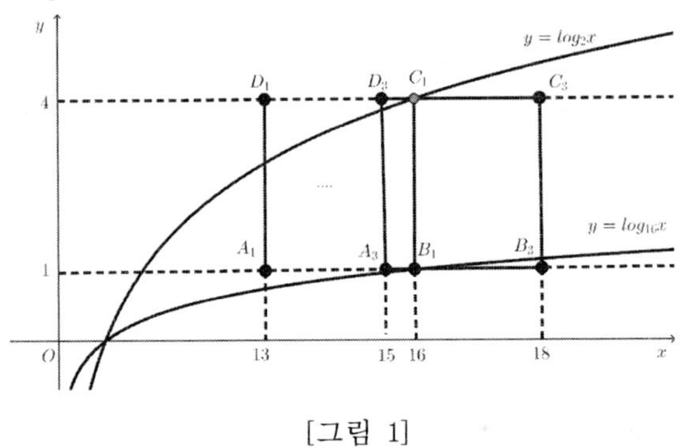

[그림 1]

마찬가지로 $n=4$인 경우, [그림2]에서처럼 사각형 $A_1B_1C_1D_1$의 A_1의 좌표가 $(13, 1)$, B_1의 좌표가 $(17, 1)$, D_1의 좌표가 $(13, 5)$일 때 조건을 만족하며, 이는 A_1의 좌표가 A_{19}가 되는 $A_{19}(31, 1)$이 될 때까지이다. 따라서 한 변의 길이가 4인 정사각형의 개수는 $a_4=19$이다.

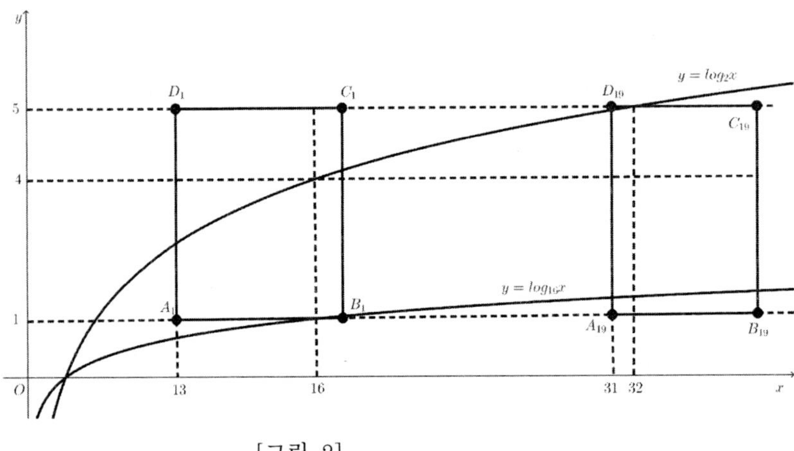

[그림 2]

그러므로 $a_3+a_4=2+19=21$이다.

19 시각 t에서의 점 $P(t^3+2t, \ln(t^2+1))$를 지나고 직선 $y=-x$에 수직인 직선의 방정식은 $y=x-t^3-2t+\ln(t^2+1)$이다. 이 직선과 직선 $y=-x$와의 교점 $Q(x, y)$를 구하면

$x=\frac{1}{2}(t^3+2t-\ln(t^2+1))$, $y=-\frac{1}{2}(t^3+2t-\ln(t^2+1))$ 이고

점 Q의 속도는 $\vec{v}=\left(\frac{1}{2}\left(3t^2+2-\frac{2t}{t^2+1}\right),\ -\frac{1}{2}\left(3t^2+2-\frac{2t}{t^2+1}\right)\right)$ 이다.

$t=1$ 일 때의 속도는 $(2,\ -2)$ 이므로 속력은 $\sqrt{2^2+(-2)^2}=2\sqrt{2}$ 이다.

20 선분 AB 위의 점 O을 중심으로 하는 원의 반지름을 r 이라고 하면, $\angle ABC=60^\circ$, $\angle BCA=30^\circ$ 이므로

$\overline{AO}=\dfrac{r}{\sin 60^\circ}=\dfrac{2\sqrt{3}\,r}{3}$, $\overline{OB}=\dfrac{r}{\sin\theta}$ 이므로 $\overline{AB}=\overline{AO}+\overline{OB}=r\left(\dfrac{2\sqrt{3}\sin\theta+3}{3\sin\theta}\right)=2$에서

$r=\dfrac{6\sin\theta}{2\sqrt{3}\sin\theta+3}$, $f(\theta)=\pi r^2=\pi\left(\dfrac{6\sin\theta}{2\sqrt{3}\sin\theta+3}\right)^2$ 이다.

이때, $\displaystyle\lim_{\theta\to 0+}\frac{f(\theta)}{\theta^2}=\lim_{\theta\to 0+}\frac{36\pi\sin^2\theta}{\theta^2}\left(\frac{1}{2\sqrt{3}\sin\theta+3}\right)^2=4\pi$이다.

한편 선분 PQ를 지름으로 하는 원의 반지름은 $r'=\dfrac{\overline{OP}-r}{2}$ 이고,

$\angle OPB=60^\circ-\theta$이므로 $\overline{OP}=\dfrac{r}{\sin(60^\circ-\theta)}$, $r'=r\left(\dfrac{1}{\sin(60^\circ-\theta)}-1\right)$ 이다.

따라서 $g(\theta)=\pi r'^2=\dfrac{f(\theta)}{4}\left(\dfrac{1}{\sin(60^\circ-\theta)}-1\right)^2$ 이므로

$\displaystyle\lim_{\theta\to 0+}\frac{g(\theta)}{\theta^2}=\lim_{\theta\to 0+}\frac{1}{4}\frac{f(\theta)}{\theta^2}\left(\frac{1}{\sin(60^\circ-\theta)}-1\right)^2=\pi\left(\frac{2\sqrt{3}}{3}-1\right)^2=\frac{19-4\sqrt{3}}{3}\pi$ 이다.

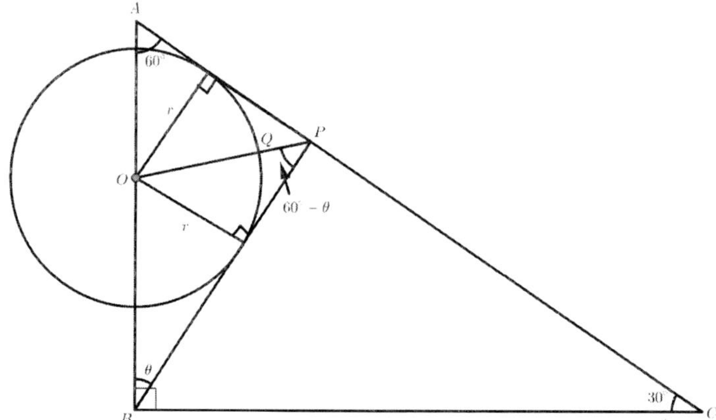

21 주사위를 4번 던질 때의 경우의 수를 수형도로 나타내면 그림과 같다.

a_1 a_2 a_3 a_4

짝수
홀수

0 — −1 — 0 — −1, 1
　　　　— 1 — −1, 0
0 — 1 — −1 — 0, 1
　　　— 0 — −1, 1

㉠ $a_2=1$일 확률은 주사위를 던졌을 때 홀수가 나오는 사건의 확률이므로 $\frac{1}{2}$이다.

따라서 참.

㉡ $a_3=1$일 확률은 짝수, 홀수가 나오는 사건의 확률이므로 $\frac{1}{2}\times\frac{1}{2}=\frac{1}{4}$이다.

$a_4=0$일 확률은 짝수, 홀수, 홀수 또는 홀수, 짝수, 짝수가 나오는 사건의 확률이므로

$\frac{1}{2}\times\frac{1}{2}\times\frac{1}{2}+\frac{1}{2}\times\frac{1}{2}\times\frac{1}{2}=\frac{1}{4}$이다. 따라서 참.

㉢ $a_9=0$일 때와 $a_9=1$또는 $a_9=1$일 때의 경우의 수를 수형도로 나타내면 그림과 같다.

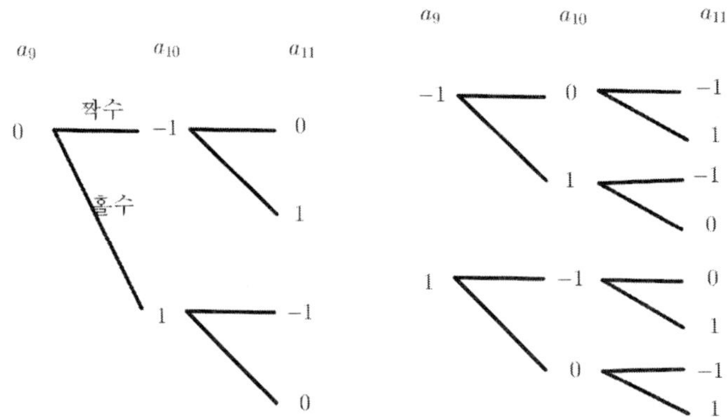

$a_{11}=0$ 일 확률은 $a_9=0$ 이고 짝수, 짝수 또는 홀수, 홀수가 나오는 사건의 확률과

$a_9=-1$ 이고 홀수, 홀수 또는 $a_9=1$ 이고 짝수, 짝수가 나오는 사건의 확률을 합한 것과 같다.

그러므로 확률은 $p\times\left(\frac{1}{2}\times\frac{1}{2}+\frac{1}{2}\times\frac{1}{2}\right)+(1-p)\left(\frac{1}{2}\times\frac{1}{2}\times2\right)=\frac{1}{2}$ 이므로 거짓.

그러므로 옳은 것은 ㉠, ㉡ 이다.

22 $(2x+1)^5$ 의 전개식에서 일반항은 ${}_5C_r(2x)^{5-r}(1)^r={}_5C_r2^{5-r}x^{5-r}$ $(r=0, 1, \cdots, 5)$ 이고 x^3 이 계수는 $r=2$ 일 때 ${}_5C_2\times2^3=80$ 이다.

23 직선 $y=-4x$ 가 곡선 $y=\frac{1}{x-2}-a$ 에 접하려면

방정식 $-4x=\frac{1}{x-2}-a$, $4x^2-(a+8)x+2a+1=0$ 에서 판별식 $D=0$ 이어야 한다.

$D=a^2-16a+48=0$ 에서 이를 만족하는 모든 실수 a의 값의 합은 16이다.

24 $\overline{PF}=\overline{RF}$, $\overline{PF'}=\overline{QF'}$ 이므로 점 F, F'은 선분 PR, PQ의 중점이다. 따라서 $\overline{QR}=2\overline{F'F}$이다. $\overline{PF}=p$, $\overline{PF'}=q$라고 하면 $\overline{RF}=p$, $\overline{QF'}=q$, $\overline{QR}=4c$이므로 삼각형 PQR의 둘레의 길이는 $2(p+q)+4c$이다. 한편 $p+q=10$, $c=4$이므로 둘레의 길이는 $2\times10+4\times4=36$이다.

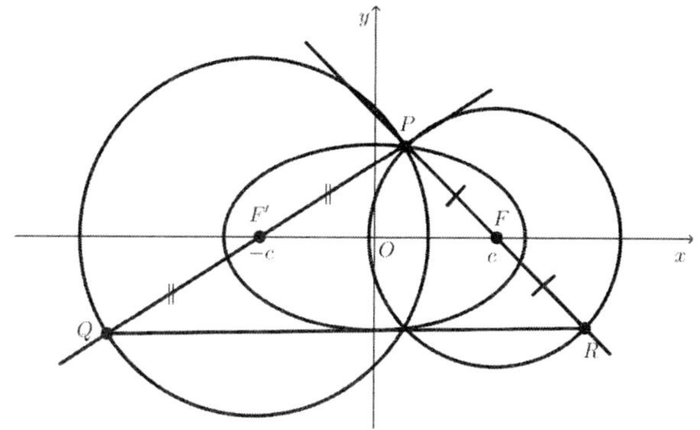

25 모든 실수 x 에 대하여 $f(-x)=-f(x)$이므로 함수 $f(x)$는 원점에 대하여 대칭인 함수이다.

따라서 $\cos x\, f(x)$는 원점에 대하여 대칭인 함수이고 $\int_{-\pi}^{\pi}\cos x\, f(x)\,dx=0$ 이므로

$\int_{-\pi}^{\pi}(x+\cos x)f(x)\,dx=\int_{-\pi}^{\pi}x f(x)\,dx+\int_{-\pi}^{\pi}\cos x\, f(x)\,dx=\int_{-\pi}^{\pi}x f(x)\,dx$이다.

그리고 $x f(x)$는 y 축에 대하여 대칭인 함수이므로 $\int_{-\pi}^{\pi}x f(x)\,dx=2\int_{0}^{\pi}x f(x)\,dx$이다.

한편,

$\int_{0}^{\pi}x^2 f'(x)\,dx=\left[x^2 f(x)\right]_0^{\pi}-2\int_0^{\pi}x f(x)\,dx=\pi^2 f(\pi)-2\int_0^{\pi}x f(x)\,dx$ 에서

$-8\pi=-2\int_0^{\pi}x f(x)\,dx \quad \therefore 2\int_0^{\pi}x f(x)\,dx=8\pi$이므로

$\int_{-\pi}^{\pi}(x+\cos x)f(x)\,dx=2\int_0^{\pi}x f(x)\,dx=8\pi$이다. 따라서 $k=8$ 이다.

26 정육각형의 6 개의 꼭짓점 중 3 개를 선택하여 만든 삼각형은 그림에서처럼 세 가지 경우이다. [그림1]과 같은 한 변의 길이가 $\sqrt{3}$ 인 정삼각형의 넓이는 $\frac{3\sqrt{3}}{4}$ 이고, [그림2]와 같은 이등변삼각형의 넓이는 $\frac{\sqrt{3}}{4}$ 이며, [그림3]과 같은 직각삼각형의 넓이는 $\frac{\sqrt{3}}{2}$ 이다.

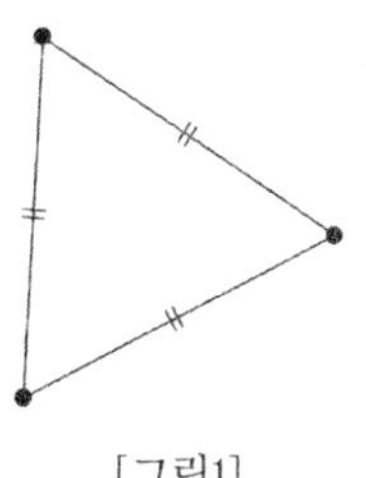
[그림1]

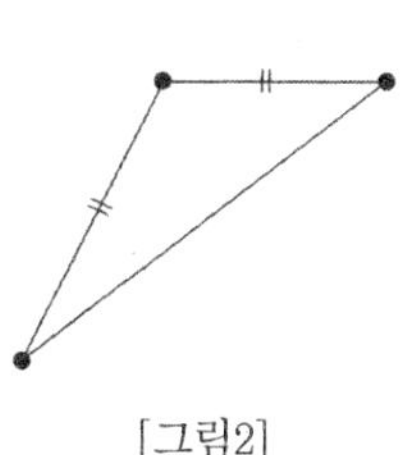
[그림2]

[그림3]

그러므로 삼각형의 넓이가 $\frac{\sqrt{3}}{2}$ 이상일 확률은 [그림1] 또는 [그림3]과 같은 삼각형을 선택할 확률과 같다.

[그림2]와 같은 삼각형의 경우의 수는 6가지이므로 구하고자 하는 확률은 $1-\frac{6}{{}_6C_3}=\frac{7}{10}$ 이므로

$p=10,\ q=7\ \ \therefore p+q=17$이다.

27 운전석에 3학년 생도 2명 중 1 명이 탑승하는 경우의 수는 2 이고 이때 1학년 생도 2명이 뒷줄에 탑승하는 경우의 수는 2명이 자리 바꿔 앉을 수 있고 그 때마다 빈 4자리에 나머지 생도 3명이 탑승하면 되므로 $2\times{}_4P_3=48$이다. 또한 1학년 생도 2명이 가운데 줄에 이웃하여 탑승하는 경우의 수는 $2\times2\times{}_4P_3=96$이다. 따라서 경우의 수는 $2\times(48+96)=288$이다.

28 함수 $f(x)=(x^3-a)e^x$에 대하여 $f'(x)=e^x(x^3+3x^2-a)$이다.
이때 $h(x)=x^3+3x^2-a$라고 하면 $h'(x)=3x(x+2)$이므로 함수 $h(x)$는 $x=-2$에서 극대, $x=0$에서 극소이다.
(1) $h(0)\geq 0$이면 함수 $h(x)$의 그래프는 [그림1]과 같고 이때 함수 $f(x)$는 $x=\alpha\ (\alpha<-2)$에서 극소이고 그래프는 [그림2]와 같다.

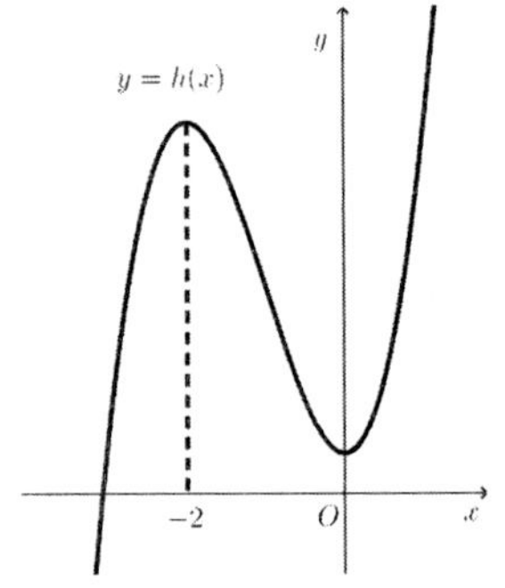

[그림1]

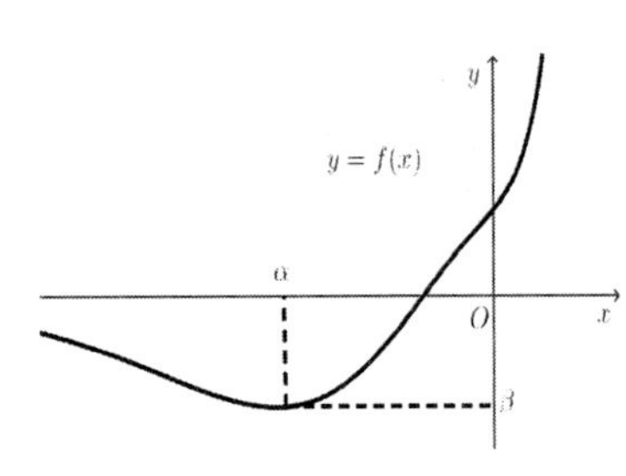

[그림2]

하지만, $h(0)=-a\geq 0\ \ \therefore a<0$은 자연수 a에 모순이므로 $h(0)\geq 0$은 아니다.
(2) $h(-2)>0,\ h(0)<0$이면 함수 $h(x)$의 그래프는 [그림3]과 같고, 이때 함수 $f(x)$의 그래프는 [그림4]와 같다. 이 경우 함수 $g(t)$는 불연속인 점의 개수는 4개다.

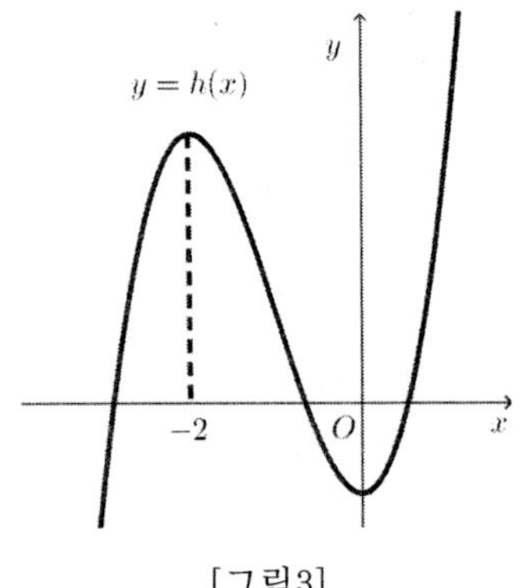

[그림3]

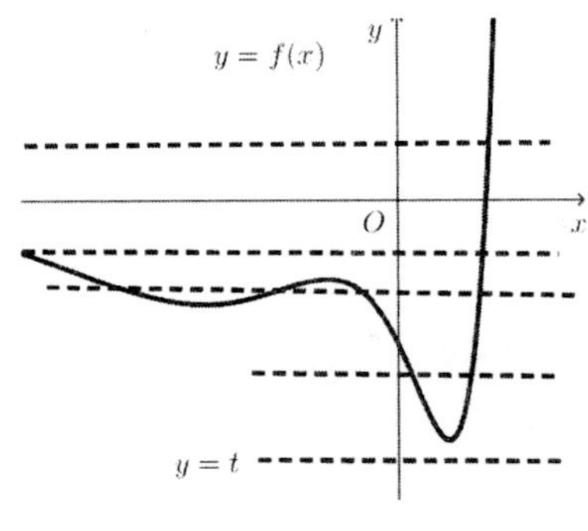

[그림4]

(3) $h(-2) \le 0$인 경우, 함수 $h(x)$의 그래프는 [그림5]와 같고, 이때 함수 $f(x)$의 그래프는 [그림6]과 같다. 이때 함수 $g(t)$가 불연속인 점의 개수는 2개다.

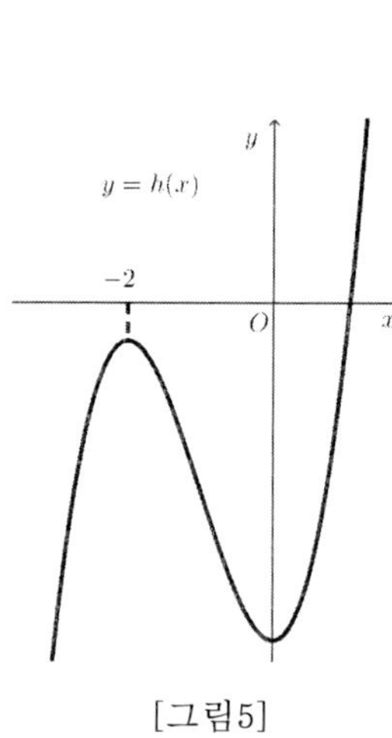

[그림5]

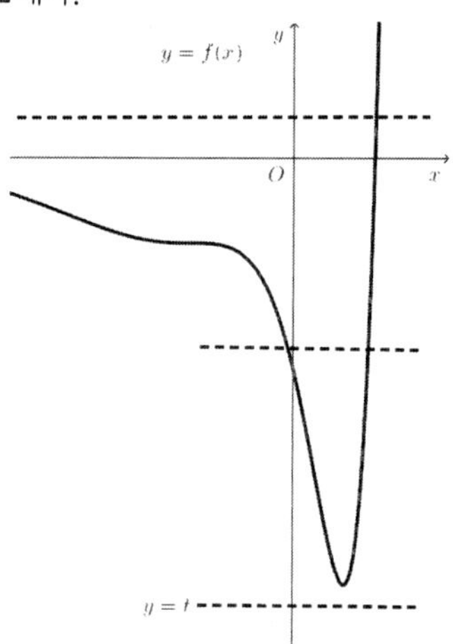

[그림6]

따라서 $h(-2)=4-a \le 0 \quad \therefore 4 \le a$이고 a는 10이하의 자연수이므로 $a=4, 5, \cdots, 10$이고 이들의 합은 49 이다.

29 [그림1]에서처럼 원의 중심을 O라 하면, $\overrightarrow{AP}=\overrightarrow{AO}+\overrightarrow{OP}$ 이고
따라서 $\overrightarrow{AP}\cdot\overrightarrow{AQ}=(\overrightarrow{AO}+\overrightarrow{OP})\cdot\overrightarrow{AQ}=\overrightarrow{AO}\cdot\overrightarrow{AQ}+\overrightarrow{OP}\cdot\overrightarrow{AQ}$ 이다. 점 Q에서 직선 AO에 내린 수선의 발을 H라 하면, $\overrightarrow{AO}\cdot\overrightarrow{AQ}=\overline{AO}\times\overline{AH}$로 점 Q가 점 B이면 최대, 점 Q가 점 C면 최소이다. 이때 $\overrightarrow{OP}\cdot\overrightarrow{AQ}$ 는 최대가 $1\times\overline{AQ}$, 최소가 $-1\times\overline{AQ}$ 이므로 점 Q가 점 B이면 최대, 점 Q가 점 C면 최소이다.

[그림2]에서 보듯이 $\angle OBA=\frac{\pi}{3}$, $\overline{AO}=a=2\sqrt{\frac{4-\sqrt{3}}{3}}$ 이고, $\angle OAB=\theta$ 라고 하면 $\cos\theta=\frac{2-\frac{1}{\sqrt{3}}}{a}$

이다. 점 B에서 선분 OA에 내린 수선의 발을 H라고 하면 $\overrightarrow{AO}\cdot\overrightarrow{AQ}=\overline{AO}\times\overline{AH}=a\times2\times\cos\theta=4-\frac{2}{\sqrt{3}}$

이고 이때 $\overrightarrow{OP}\cdot\overrightarrow{AQ}=2$이므로 $\overrightarrow{AP}\cdot\overrightarrow{AQ}$의 최댓값은 $6-\frac{2}{\sqrt{3}}$ 이다.

한편, $\overrightarrow{AP}\cdot\overrightarrow{AQ}$의 최솟값은 점 Q가 점 C일 때이므로 점 C에서 직선 OA에 내린 수선의 발을 I라 하면, $\overrightarrow{AO}\cdot\overrightarrow{AQ}=\overline{AO}\times\overline{AI}=a\times2\times\cos\left(\frac{\pi}{3}+\theta\right)$ 이다.

$\cos\left(\frac{\pi}{3}+\theta\right)=\frac{2-\frac{4\sqrt{3}}{3}}{2a}$ 이므로 $\overrightarrow{AO}\cdot\overrightarrow{AQ}=a\times2\times\frac{2-\frac{4\sqrt{3}}{3}}{2a}=2-\frac{4\sqrt{3}}{3}$ 이고,

이때 $\overrightarrow{OP}\cdot\overrightarrow{AQ}=-2$ 이므로 $\overrightarrow{AP}\cdot\overrightarrow{AQ}$ 의 최솟값은 $-\frac{4\sqrt{3}}{3}$ 이다.

따라서 최댓값과 최솟값의 합은 $6-\frac{2}{\sqrt{3}}-\frac{4\sqrt{3}}{3}=6-2\sqrt{3}$ 이므로 $a=6,\ b=-2 \quad \therefore a^2+b^2=40$ 이다.

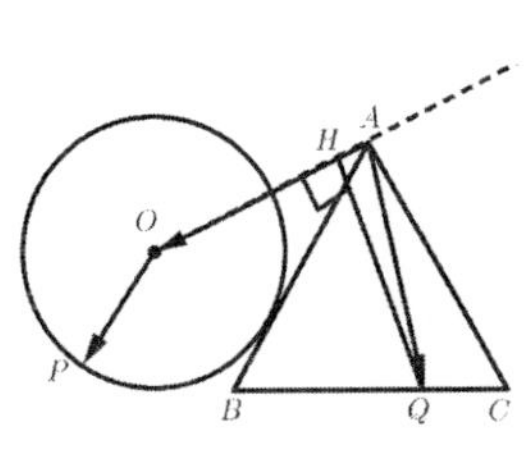

[그림1]

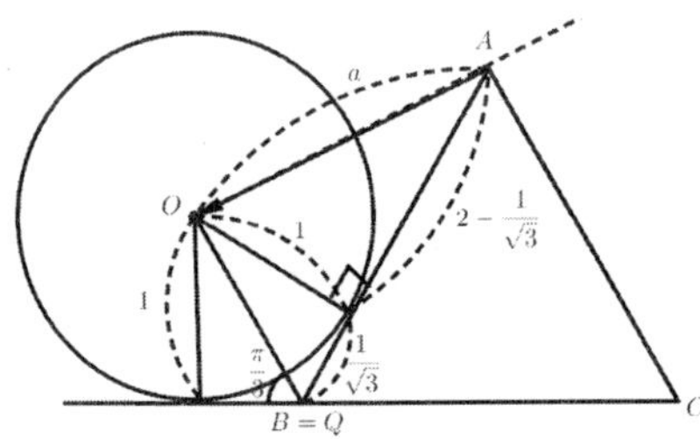

[그림2]

30 함수 $f(x)=x^3+ax^2-ax-a$ 의 역함수가 존재하기 위해서는 모든 실수 x 에 대하여 $f'(x) \geq 0$ 이어야 한다.

$f'(x)=3x^2+2ax-a$ 에서 $\frac{D}{4}=a^2+3a \leq 0$ $\therefore -3 \leq a \leq 0$ 이다.

$f(x)=n$ 을 만족하는 x 에 대하여 $g'(n)=\frac{1}{f'(x)}$ 이므로 $n \times g'(n)=1$ 에서 $g'(n)=\frac{1}{f'(x)}=\frac{1}{n}$ 이므로

$f'(x)=n$ 이다.

$f(x)=n$ 으로부터 $x^3+ax^2-ax-a=n$ $\cdots$ ㉠,

$f'(x)=n$으로부터 $3x^2+2ax-a=n$ $\cdots$ ㉡ 에서 ㉠−㉡하면

$x(x+a)(x-3)=0$ $\therefore$ $x=0,\ -a,\ 3$ 이다.

㉠ 또는 ㉡에서 $x=0$ 이면 $-a=n$, $x=3$ 이면 $5a+27=n$, $x=-a$ 이면 $a^2-a=n$ 이다.

이 세 방정식을 만족하는 실수 a 의 개수는 $-3 \leq a \leq 0$ 일 때, 곡선 $y=-a$, $y=5a+27$, $y=a^2-a$ 와 직선 $y=n$ 의 교점의 개수와 같다.

그림에서 보듯이 자연수 n 에 대하여

$1 \leq n \leq 3$ 이면 교점의 개수는 2개, $n \geq 4$ 이면 교점의 개수는 1 개이므로

$a_n=\begin{cases} 2 & (n=1,2,3) \\ 1 & (n=4,5,\cdots,27) \end{cases}$ 이다. 이때 $\sum_{n=1}^{27} a_n = 2\times3+1\times24=30$ 이다.

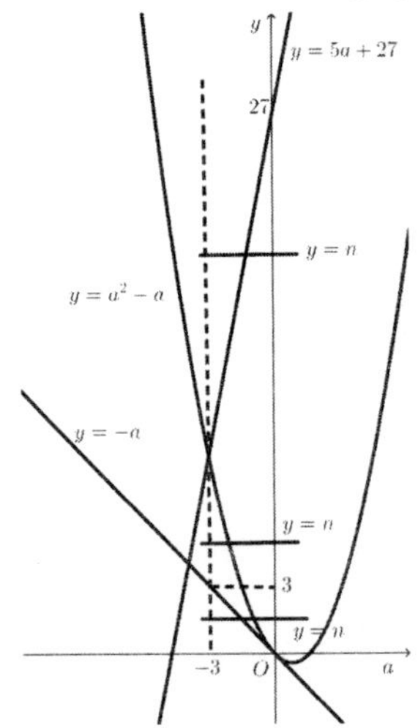

14 2019학년도 정답 및 해설

ANSWER

01	02	03	04	05	06	07	08	09	10	11	12	13	14	15	16	17	18	19	20
③	①	⑤	②	②	④	③	⑤	①	③	③	②	⑤	②	③	④	④	①	⑤	④
21	**22**	**23**	**24**	**25**	**26**	**27**	**28**	**29**	**30**										
②	135	19	11	88	9	37	68	21	18										

01 $\vec{a}=(6,\,2,\,4)$, $\vec{b}=(1,\,3,\,2)$ 에 대하여 $\vec{a}-\vec{b}=(5,\,-1,\,2)$ 이므로 모든 성분의 합은 6 이다.

02 함수 $f(x)=\ln(2x+3)$ 에 대하여 $f'(x)=\dfrac{2}{2x+3}$ 이고,

$\lim\limits_{h\to0}\dfrac{f(2+h)-f(2)}{h}=f'(2)$ 이고 이때 $f'(2)=\dfrac{2}{7}$ 이다.

03 방정식에서 $2^x=t\,(t>0)$ 로 치환하면

$t+\dfrac{16}{t}-10=0$, 즉 $t^2-10t+16=0$ 에서 $t=2,\,8$ 이고 이때 $2^x=2,\;8$ $\quad\therefore x=1,\,3$ 이다.

그러므로 모든 실근의 합은 $1+3=4$ 이다.

04 $P(A\cup B)=P(A)+P(B)-P(A\cap B)$ 에서 $P(A\cap B)=\dfrac{1}{2}+\dfrac{2}{5}-\dfrac{4}{5}=\dfrac{1}{10}$ 이다.

이때 $P(B|A)=\dfrac{P(A\cap B)}{P(A)}=\dfrac{\frac{1}{10}}{\frac{1}{2}}=\dfrac{1}{5}$ 이다.

05 선분 AB 를 $3:2$ 로 외분하는 점의 좌표는

$\left(\dfrac{3\times6-2\times5}{3-2},\ \dfrac{3\times4-2\times a}{3-2},\ \dfrac{3\times b-2\times(-3)}{3-2}\right)$,

즉 $(8,\,12-2a,\,3b+6)$ 이고 이 점이 x 축 위에 있으므로 y 좌표와 z 좌표가 모두 0 이어야 한다.

$12-2a=0$, $3b+6=0$ 에서 $a=6$, $b=-2$ 이고, 이때 $a+b=6-2=4$ 이다.

06 $a+\frac{1}{3}+\frac{1}{4}+b=1$ 에서 $a+b=\frac{5}{12}$ 이고

$E(X)=0\times a+1\times\frac{1}{3}+2\times\frac{1}{4}+3\times b=\frac{11}{6}$ 에서 $b=\frac{1}{3}$ 이므로 $a=\frac{5}{12}-b=\frac{1}{12}$ 이다.

따라서 $\frac{b}{a}=\frac{\frac{1}{3}}{\frac{1}{12}}=4$ 이다.

07 시각 t 에서의 속도 $\vec{v}=(-\sin t,\ 3\cos t)$ 이고 속력 $|\vec{v}|=\sqrt{\sin^2 t+9\cos^2 t}$ 이므로

시각 $t=\frac{\pi}{6}$ 에서의 속력은 $\sqrt{\sin^2\left(\frac{\pi}{6}\right)+9\cos^2\left(\frac{\pi}{6}\right)}=\sqrt{\frac{1}{4}+\frac{27}{4}}=\sqrt{7}$ 이다.

08 정적분 $\int_1^{e^2}\frac{f(1+2\ln x)}{x}dx=5$ 에서 $1+2\ln x=t$ 로 치환하면 $\frac{1}{2}dt=\frac{1}{x}dx$ 이고

이때 $\int_1^{e^2}\frac{f(1+2\ln x)}{x}dx=\frac{1}{2}\int_1^5 f(t)dt=5$ 이므로 $\int_1^5 f(x)\,dx=10$ 이다.

09 5 회 시행할 때 흰공의 개수를 X 라 하면 확률변수 X 는 이항분포 $B\left(5,\ \frac{2}{3}\right)$ 를 따른다.

이때 얻은 점수의 합을 Y 라 하면 $Y=X+2(5-X)=-X+10$ 이다.

따라서 $P(Y=7)=P(-X+10=7)=P(X=3)={}_5C_3\left(\frac{2}{3}\right)^3\left(\frac{1}{3}\right)^2=\frac{80}{243}$ 이다.

10 곡선 $y=e^{\frac{x}{3}}$ 에 대하여 $y'=\frac{1}{3}e^{\frac{x}{3}}$ 이고, 이 곡선 위의 점 $(3,e)$ 에서의 접선의 기울기는 $\frac{e}{3}$ 이고 따라서 접선의 방정식은 $y=\frac{e}{3}x$ 이다. 그림에서처럼 곡선과 접선 및 y 축으로 둘러싸인 도형의 넓이는

$\int_0^3\left\{e^{\frac{x}{3}}-\frac{e}{3}x\right\}dx=\left[3e^{\frac{x}{3}}-\frac{e}{6}x^2\right]_0^3=\frac{3}{2}e-3$ 이다.

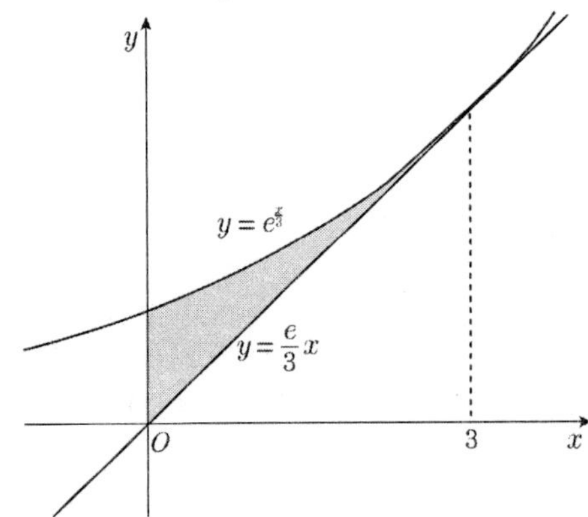

11

연속확률변수 X 의 확률밀도함수를 $f(x)$ 라 하면 $f(x)=\begin{cases} \frac{1}{4}x & (0 \le x \le 2) \\ -\frac{1}{4}x+1 & (2 \le x \le 4) \end{cases}$ 이다. $1<k<2$ 일 때

$$\begin{aligned} P(k \le X \le 2k) &= \int_k^2 f(x)dx + \int_2^{2k} f(x)dx \\ &= \int_k^2 \frac{1}{4}xdx + \int_2^{2k}\left(-\frac{1}{4}x+1\right)dx \\ &= \left[\frac{1}{8}x^2\right]_k^2 + \left[-\frac{1}{8}x^2+x\right]_2^{2k} \\ &= -\frac{5}{8}k^2+2k-1 \\ &= -\frac{5}{8}\left(k-\frac{8}{5}\right)^2+\frac{3}{5} \end{aligned}$$

이므로 $k=\frac{8}{5}$ 일 때 최대이다.

12

$xf(x)=x^2e^{-x}+\int_1^x f(t)dt$ 에서 $x=1$ 을 대입하면 $f(1)=\frac{1}{e}$ 이고,

양변을 x 에 대하여 미분하면 $f(x)+xf'(x)=2xe^{-x}-x^2e^{-x}+f(x)$ 이므로

$xf'(x)=2xe^{-x}-x^2e^{-x}$ 이다. 모든 실수 x 에 대하여 이 등식이 성립하므로

$f'(x)=2=e^{-x}(2-x)$ 이다.

그러므로

$$\begin{aligned} f(x) &= \int e^{-x}(2-x)\,dx \\ &= -e^{-x}(2-x)-\int e^{-x}dx \\ &= -e^{-x}(2-x)+e^{-x}+C \ \text{(단, } C\text{는 적분상수)} \end{aligned}$$

$f(1)=\frac{1}{e}$ 로부터 $C=\frac{1}{e}$ 이므로 $f(x)=e^{-x}(x-1)+\frac{1}{e}$ 에서 $f(2)=e^{-2}+\frac{1}{e}=\frac{e+1}{e^2}$ 이다.

13 곡선 $y=\log_3 9x=\log_3 x+2$ 는 곡선 $y=\log_3 x$ 의 그래프를 y 축의 방향으로 2 만큼 평행이동시킨 것이다. 따라서 $\overline{AB}=\overline{BC}=2$ 이다. 따라서 점 $A(a,\ b)$ 에 대하여 두 점 $B,\ C$ 는 각각 $B(a+2, b)$, $C(a+2,\ b+2)$ 이다.

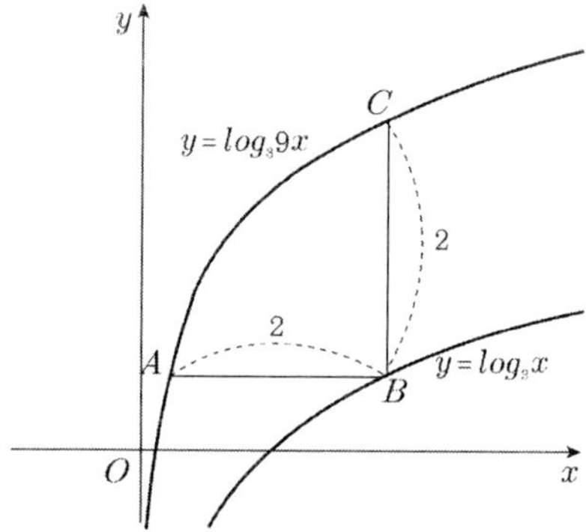

점 A 는 곡선 $y=\log_3 x+2$ 위에 있으므로 $b=\log_3 a+2$이고, 점 B 는 곡선 $y=\log_3 x$ 위에 있으므로 $b=\log_3(a+2)$ 이다. $\log_3 a+3=\log_3(a+2)$ 에서 $9a=a+2$ $\quad\therefore a=\frac{1}{4}$ 이고 $b=\log_3\frac{9}{4}$ 이다.

그러므로 $a+3^b=\frac{1}{4}+3^{\log_3\frac{9}{4}}=\frac{1}{4}+\frac{9}{4}=\frac{5}{2}$ 이다.

14 모든 실수 x 에 대하여 $-1\le\sin x\le 1$ 이고

$-f(x)\le f(x)\sin x\le f(x)$ $\quad\therefore -\frac{f(x)}{x^2}\le\frac{f(x)\sin x}{x^2}\le\frac{f(x)}{x^2}$ 에서 $\lim_{x\to\infty}\frac{f(x)\sin x}{x^2}=0$ 이 되기 위해서는 다항함수 $f(x)$ 는 1차 이하인 함수, 즉 $f(x)=ax+b$ 이다.

한편 $\lim_{x\to 0}\frac{g'(x)}{x}=6$ 에서 $g'(0)=0,\ g''(0)=6$ 이다.

$g(x)=f(x)\sin x$ 에 대하여

$g'(x)=f'(x)\sin x+f(x)\cos x,\quad g''(x)=f''(x)\sin x+2f'(x)\cos x-f(x)\sin x$ 이고

$f'(x)=a,\ f''(x)=0$ 이므로

$g'(0)=f(0)=b=0,\quad g''(0)=2f'(0)=2a=6$ 에서 $a=3,\ b=0$ $\quad\therefore f(x)=3x$ 이다.

그러므로 $f(4)=12$ 이다.

15 그림에서처럼 $\overline{PF}=p,\ \overline{PF'}=q$ 라고 하면 $\overline{F'Q}=10$ 이므로 $p+q=10$ 이다.

따라서 $2\sqrt{a}=10$ $\quad\therefore a=25$ 이다.

초점 F 의 x 좌표를 k 라고 하면 $k^2=25-12=13$ 이고 직각삼각형 $PF'F$ 에서 $p^2+q^2=4k^2$ 이 성립하므로 $p^2+(10-p)^2=4\times 13$ 을 풀면 $p=4,\ 6$ 이고 이때 $q=6,\ 4$ 인데 점 P 는 제1사분면에 있는 점이므로 $p=4,\ q=6$ 이다.

따라서 삼각형 $QF'F$ 의 넓이는 $\frac{1}{2}\times\overline{QF'}\times\overline{PF}=\frac{1}{2}\times 10\times 4=20$ 이다.

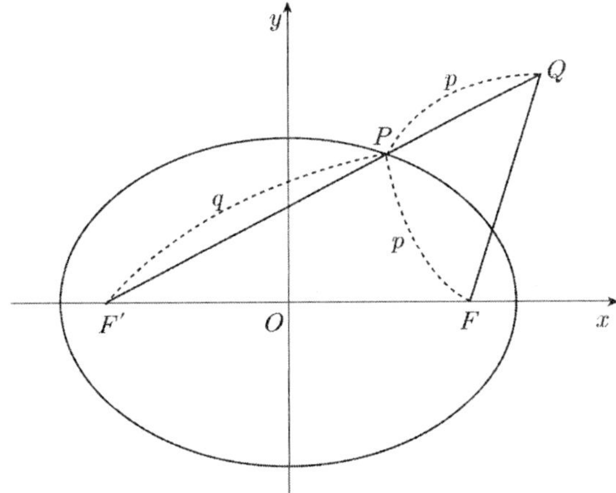

16 세 어린이 A, B, C 가 받을 수 있는 사탕의 개수를 순서쌍으로 나타내면
$(2,1,3)$, $(3, 1, 2)$, $(4, 1, 1)$, $(3, 2, 1)$ 로 4 가지 경우이다.
$(2,1,3)$ 인 경우의 수는 ${}_6C_2 \times {}_4C_1 \times {}_3C_3 = 60$,
$(3,1,2)$ 인 경우의 수는 ${}_6C_3 \times {}_3C_1 \times {}_2C_2 = 60$,
$(4,1,1)$ 인 경우의 수는 ${}_6C_4 \times {}_2C_1 \times {}_1C_1 = 30$,
$(3,2,1)$ 인 경우의 수는 ${}_6C_3 \times {}_3C_2 \times {}_1C_1 = 60$
이므로 구하고자 하는 경우의 수는 $60+60+30+60=210$ 이다.

17 $\overline{BB'} = \overline{DD'}$ 이므로 선분 $B'D'$ 와 선분 BD 는 평행하고 $\overline{AD} = \overline{AB}$ 이다. 그래서 삼각형 $AD'D$ 와 삼각형 $AB'B$ 는 합동이고 따라서 삼각형 ABD 는 $\overline{AB} = \overline{AD}$ 인 이등변삼각형이다. 선분 BD 의 중점을 M , 선분 $B'D'$ 의 중점을 M' , $\overline{MM'} = a$ 라 하면 $\overline{AM'} = 4$, $\overline{MM'} = \sqrt{a^2+16}$ 이므로

삼각형 ABD 의 넓이는 $\frac{1}{2} \times 8 \times \sqrt{a^2-16} = 4\sqrt{a^2-16}$ 이다.

두 평면이 이루는 각 θ 에 대하여 $\tan\theta = \frac{3}{4}$, 따라서 $\cos\theta = \frac{4}{5}$ 이고 삼각형 ABD 의 평면 β 위로의 정사영인

삼각형 $AB'D'$ 의 넓이는 16 이므로 $4\sqrt{a^2-16} \times \frac{4}{5} = 16$ 에서 $a=3$ 이다.

삼각형 $AM'M$ 과 삼각형 $AC'C$ 는 닮음비가 $1:2$ 인 닮음 삼각형이므로 $\overline{CC'} = 2a = 6$ 이고 사각형 $BB'C'C$ 는 선분 BB' 과 선분 CC' 이 평행인 사다리꼴이다.
점 B 에서 선분 CC' 에 내린 수선의 발을 H 라 하면 그림에서처럼
$\overline{BB'} = \overline{MM'} = 3$, $\overline{HC'} = \overline{CH} = 3$, $\overline{B'C'} = \overline{BH} = 4\sqrt{2}$ 이므로 $\overline{BC}^2 = 9+32=41$ 에서 선분 BC 의 길이는 $\sqrt{41}$ 이다.

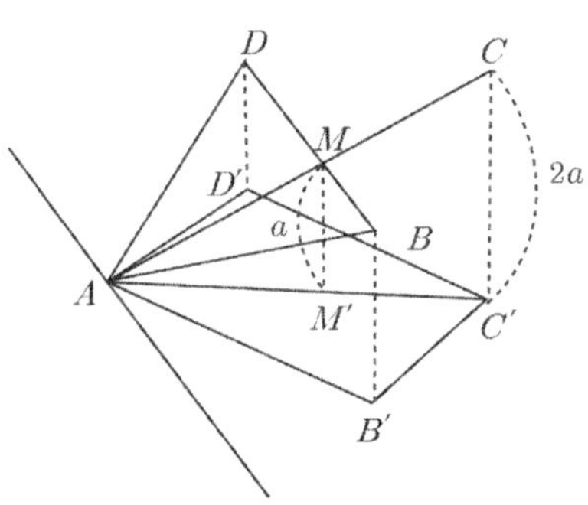

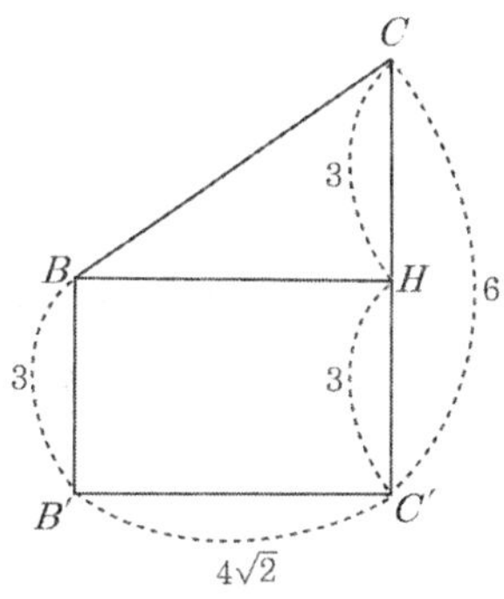

18 (ⅱ) B 또는 C를 붙이는 경우

B 또는 C 를 붙이면 상하좌우 모양이 다 다르므로 나머지 4 개의 스티커를 붙일 위치를 정하는 경우의 수는 $4!=24$ 이다. 그러므로 (가)에서 $a=24$ 이다.

(ⅲ) D를 붙이는 경우

나머지 4 개의 스티커를 붙일 위치를 정하는 경우의 수는, A 의 위치를 정하는 경우의 수는 그림에서처럼 2, 각각에 대하여 나머지 B, C, E 의 위치를 정하는 경우의 수는 $3!=6$ 이므로 $2\times6=12$ 이다. 따라서 (나)에서 $b=12$ 이다.

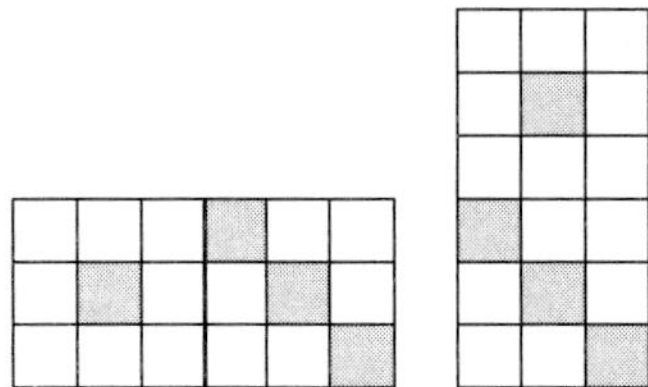

이 각각에 위치에 대하여 A 를 붙이는 경우의 수는 1, B 를 붙이는 경우의 수는 4, C 를 붙이는 경우의 수는 4, E 를 붙이는 경우의 수는 1 이므로 4 개의 스티커를 붙이는 경우의 수는 $1\times4\times4\times1=16$ 이다. 따라서 (다)에서 $c=16$ 이다.

그러므로 $a+b+c=24+12+16=52$ 이다.

19 $\angle A=90°$ 인 직각삼각형 ABC에서 $\overline{AB}=\overline{BD}=8\sin\theta$, $\overline{AC}=\overline{EC}=8\cos\theta$ 이다. 점 A 에서 변 BC 에 내린 수선의 발을 H라 하고 선분 AH의 길이를 h, 선분 ED 의 길이를 x 라 하면 $h=8\sin\theta\cos\theta$ 이고, $\overline{BD}+\overline{EC}-x=8$ 에서 $x=8(\sin\theta+\cos\theta-1)$ 이다.

따라서 삼각형 AED 의 넓이는 $S(\theta)=\frac{1}{2}\times x\times h=32\sin\theta\cos\theta(\sin\theta+\cos\theta-1)$ 이고

이때

$$\lim_{\theta\to0+}\frac{S(\theta)}{\theta^2}=\lim_{\theta\to0+}\frac{32\sin\theta}{\theta}\times\cos\theta\times\left(\frac{\sin\theta}{\theta}+\frac{\cos\theta-1}{\theta}\right)=32\times1\times(1+0)=32 \text{ 이다.}$$

20 $\overrightarrow{OA}\cdot\overrightarrow{PQ}=0$ 에서 선분 PQ는 선분 OA 에 수직이므로 선분 PQ는 x 축에 평행하다.

$\frac{t}{3}\le|\overrightarrow{PQ}|\le\frac{t}{2}$ 이므로 그림에서처럼

$t=6$ 일 때, 점 P는 $(0, 6)$, 점 Q는 선분 BC 위의 점이고,

$t=12$ 일 때, 점 P는 $(0, 12)$, 점 Q 는 선분 ED 위의 점이고,

임의의 $6\le t\le12$ 에 대해 점 P는 $(0, t)$, 점 Q는 선분 FG 위의 점이다.

따라서 $|\overrightarrow{AQ}|$ 의 최솟값은 점 Q 가 선분 BE 위에 있을 때, 최댓값은 점 Q가 선분 CD 위에 있을 때이다.

최솟값은 점 A 와 직선 BE 와의 거리이고, 직선의 방정식 $y=3x$ 에 대하여 최솟값은 $\frac{|-12|}{\sqrt{10}}=\frac{6}{5}\sqrt{10}=m$ 이다.

그리고 $\overline{AC}=\sqrt{9+36}=\sqrt{45}=3\sqrt{5}$, $\overline{AD}=6$ 이므로 최댓값은 $M=3\sqrt{5}$ 이다.

따라서 $Mm=3\sqrt{5}\times\frac{6}{5}\sqrt{10}=18\sqrt{2}$ 이다.

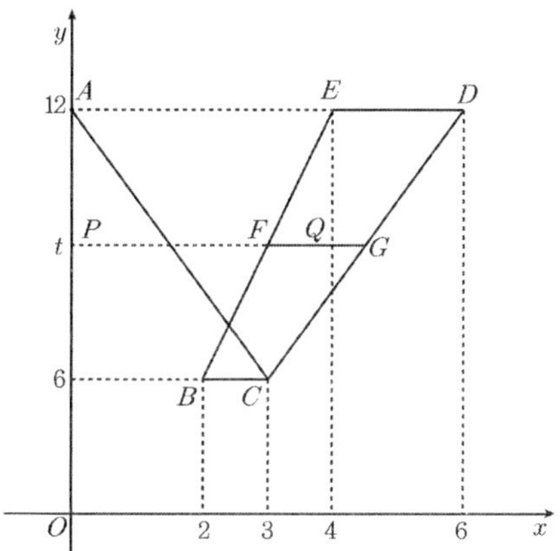

21 함수 $y=f(x)$ 와 일차함수 $y=kx$ 에 대하여 함수 $y=g(x)$ 의 그래프는 두 함수 그래프 중 아래 부분에 해당하는 그래프이다.

㉠ $k=2$ 일 때, 그림에서처럼 함수 $y=f(x)$ 와 $y=2x$ 는 점선에 해당하는 그래프이고, 함수 $y=g(x)$ 는 실선으로 나타낸 그래프이다. $f(2)=2e^2$ 은 4 보다 크므로 $g(2)=4$ 이다. 따라서 참.

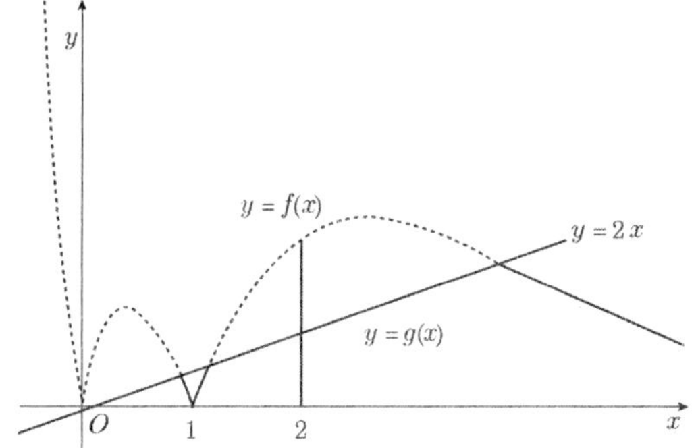

㉡ 그림에서처럼 $h(k)=\begin{cases} 4 & (0<k<e^2) \\ 2 & (e^2 \le k < e^4) \\ 1 & (k=e^4) \\ 2 & (e^4<k) \end{cases}$ 이므로 $h(k)$ 의 최댓값은 4 이다. 따라서 참.

㉢ $h(k)=2$ 를 만족시키는 k 의 값의 범위는 $e^2 \le k < e^4$ 또는 $e^4 < k$ 이므로 거짓.

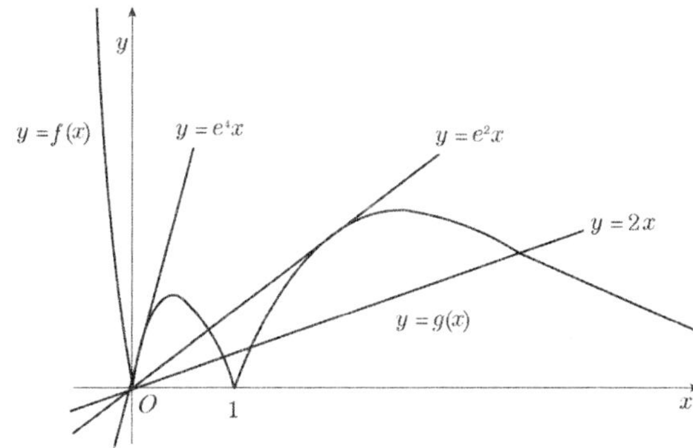

22 $\left(3x^2+\frac{1}{x}\right)^6$ 의 전개식의 일반항은 ${}_6C_r(3x^2)^{6-r}\left(\frac{1}{x}\right)^r={}_6C_r3^{6-r}x^{12-3r}$ $(r=0,1,\cdots,6)$ 이고 상수항은 $r=4$ 일 때 ${}_6C_4\,3^2=135$ 이다.

23 함수 $f(x)$ 는 $x=1$ 에서 역시 연속이므로 $\lim_{x\to1}f(x)=f(1)$ 에서 $\lim_{x\to1}\frac{5\ln x}{x-1}=-14+a$ 이다. $x-1=t$ 로 치환하면 $\lim_{x\to1}\frac{5\ln x}{x-1}=\lim_{t\to0+}\frac{5\ln(1+t)}{t}=5\lim_{t\to0+}\ln(1+t)^{\frac{1}{t}}=5\ln e=5$ 이므로 $-14+a=5$ $\therefore a=19$ 이다.

24 곡선 $x^2+y^3-2xy+9x=19$ 의 양변을 x 에 대하여 미분하면

$2x+3y^2\frac{dy}{dx}-2\left(y+x\frac{dy}{dx}\right)+9=0$ 이고 $\frac{dy}{dx}=\frac{-2x+2y-9}{3y^2-2x}$ 이다.

곡선위의 점 $(2,1)$ 에서의 접선의 기울기는 $\frac{-2(2)+2(1)-9}{3(1)-2(2)}=11$ 이다.

25 표본평균 $\overline{X}$ 는 정규분포 $N\left(85,\left(\frac{3}{2}\right)^2\right)$ 을 따르고, 이때

$P(\overline{X}\geq k)=P\left(Z\geq\frac{k-85}{\frac{3}{2}}\right)=0.0228$ 에서 $\frac{k-85}{\frac{3}{2}}=2$ $\therefore k=88$ 이다.

26 함수 $f(x)=\frac{2x}{x+1}$ 에 대하여 $f'(x)=\frac{2}{(x+1)^2}$ 이므로 그래프 위의 두 점 $(0,0)$, $(1,1)$ 에서의 접선 l, m 의 기울기는 각각 2, $\frac{1}{2}$ 이다. 두 접선 l, m 이 x 축과 이루는 각을 각각 α, β 라고 하면

$\tan\alpha=2$, $\tan\beta=\frac{1}{2}$ 이고 이때 두 접선이 이루는 예각의 크기 θ 에 대하여

$\tan\theta=|\tan(\beta-\alpha)|=\left|\frac{\tan\beta-\tan\alpha}{1+\tan\beta\tan\alpha}\right|=\frac{3}{4}$ 이다.

따라서 $12\tan\theta=12\times\frac{3}{4}=9$ 이다.

27 $\overrightarrow{BA}=\vec{a}$, $\overrightarrow{BC}=\vec{b}$ 라고 하면 $\overline{BG}:\overline{GE}=t:1-t$, $\overline{FG}:\overline{GD}=k:1-k$ 라고 하면

$\overrightarrow{BG}=t\overrightarrow{BE}=t\frac{\vec{a}+2\vec{b}}{3}=\frac{t}{3}\vec{a}+\frac{2t}{3}\vec{b}$ 이고 또한

$\overrightarrow{BG}=k\overrightarrow{BD}+(1-k)\overrightarrow{BF}=k\frac{2\vec{a}+\vec{b}}{3}+(1-k)\frac{\vec{b}}{2}=\frac{2k}{3}\vec{a}+\frac{3-k}{6}\vec{b}$ 이다.

따라서 $\frac{t}{3}=\frac{2k}{3}$, $\frac{2t}{3}=\frac{3-k}{6}$ 에서 $t=\frac{2}{3}$ 이고 이때

$\overrightarrow{BG}=\frac{2\vec{a}+4\vec{b}}{9}$, $\overrightarrow{AG}=\overrightarrow{BG}-\overrightarrow{BA}=\frac{-7\vec{a}+4\vec{b}}{9}$, $\overrightarrow{BE}=\frac{\vec{a}+2\vec{b}}{3}$ 이다.

$\overrightarrow{AG} \cdot \overrightarrow{BE} = 0$ 에서 $\dfrac{\vec{a}+2\vec{b}}{3} \cdot \dfrac{-7\vec{a}+4\vec{b}}{9} = 0$

$$-7|\vec{a}|^2 - 10\vec{a} \cdot \vec{b} + 8|\vec{b}|^2 = 0$$
$$-7 \times 9 - 10\vec{a} \cdot \vec{b} + 8 \times 16 = 0$$
$$\therefore \vec{a} \cdot \vec{b} = \frac{13}{2}$$

이고, $\vec{a} \cdot \vec{b} = |\vec{a}||\vec{b}|\cos\theta$ 에서 $\cos\theta = \dfrac{13}{24}$ $\therefore p=24,\ q=13,\ p+q=37$ 이다.

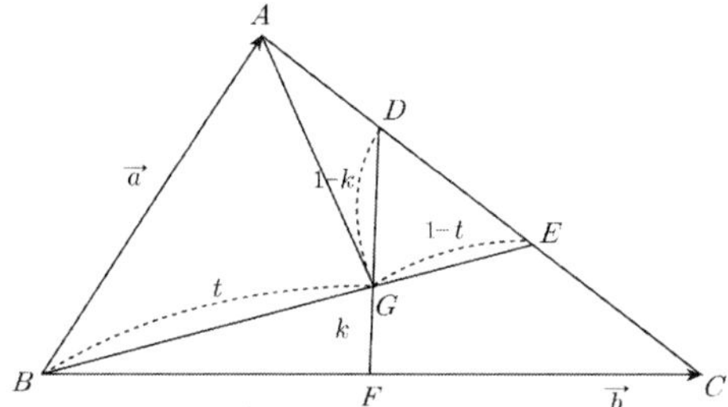

28 중심이 원점이고 반지름이 1 인 원을 12 등분한 원주위의 점 각각에 대하여 반시계방향으로 그림과 같이 숫자를 대응시키면 점 B, C 는 이 숫자에 해당하는 점이 된다. 예를 들어 $m=1$ 일 때, 점 B 는 1 에 해당하는 점이다. 삼각형 ABC 가 이등변삼각형이 되는 경우는 표와 같다.

m	1	2	3	4	5	6	8	10
n	2, 11	4, 7, 10	6, 9	8	7, 10	9	10	11

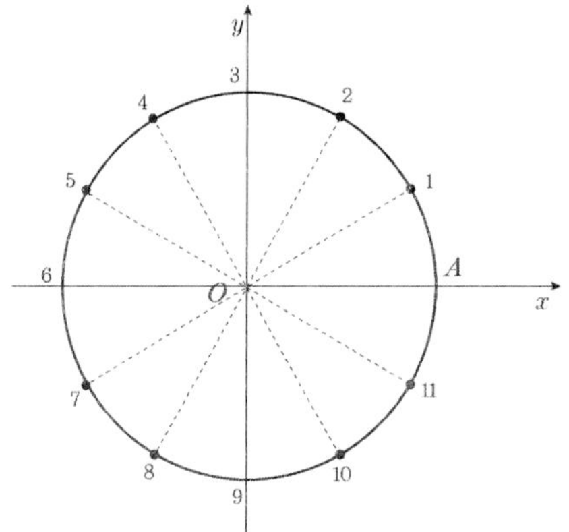

11 장의 카드에서 임의로 두 장의 카드를 선택하는 경우의 수는 ${}_{11}C_2 = 55$ 이므로 구하고자 하는 확률은 $\dfrac{q}{p} = \dfrac{13}{55}$ 이고 따라서 $p+q=68$ 이다.

29 중심이 원점이고 반지름의 길이가 $3\sqrt{2}$ 인 구와 평면 α 가 만나서 이루는 원을 C 라고 하면 점 P 의 자취는 원 C 이다. 원점에서 평면 α 에 이르는 거리는 3 이므로 원의 반지름의 길이는 3 이다. 그림에서처럼 원 C 의 중심을 A , 구 S 의 중심을 B 라고 하면

$\overrightarrow{OA}=(2, 1, 2)$, $\overrightarrow{OB}=(4, -3, 0)$ 이고, 두 벡터 $\overrightarrow{OA}$, $\overrightarrow{OB}$ 가 이루는 각을 θ 라고 하면

$\overrightarrow{OA}\cdot\overrightarrow{OB}=5$, $\cos\theta=\dfrac{\overrightarrow{OA}\cdot\overrightarrow{OB}}{|\overrightarrow{OA}||\overrightarrow{OB}|}=\dfrac{1}{3}$, $\sin\theta=\dfrac{2\sqrt{2}}{3}$ 이다.

$\overrightarrow{OP}\cdot\overrightarrow{OQ}=\overrightarrow{OP}\cdot(\overrightarrow{OB}+\overrightarrow{BQ})=\overrightarrow{OP}\cdot\overrightarrow{OB}+\overrightarrow{OP}\cdot\overrightarrow{BQ}$ 에서

$\overrightarrow{OP}\cdot\overrightarrow{BQ}$ 의 최댓값은 $|\overrightarrow{OP}||\overrightarrow{BQ}|=3\sqrt{2}\times\sqrt{2}=6$ 이므로

$\overrightarrow{OP}\cdot\overrightarrow{OQ}$ 의 최댓값은 $\overrightarrow{OP}\cdot\overrightarrow{OB}$ 의 최댓값에 의해 결정된다.

두 벡터 $\overrightarrow{OA}$, $\overrightarrow{OP}$ 가 이루는 각은 $\dfrac{\pi}{4}$ 이고 $\cos\left(\theta-\dfrac{\pi}{4}\right)=\dfrac{4+\sqrt{2}}{6}$ 이므로,

$\overrightarrow{OP}\cdot\overrightarrow{OB}$ 의 최댓값은

$\overrightarrow{OP}\cdot\overrightarrow{OB}=|\overrightarrow{OP}||\overrightarrow{OB}|\cos\left(\theta-\dfrac{\pi}{4}\right)=3\sqrt{2}\times5\times\dfrac{4+\sqrt{2}}{6}=10\sqrt{2}+5$ 이다.

따라서 $\overrightarrow{OP}\cdot\overrightarrow{OQ}$ 의 최댓값은 $10\sqrt{2}+5+6=11+10\sqrt{2}$ 이고

$a=11$, $b=10$ $\therefore a+b=21$ 이다.

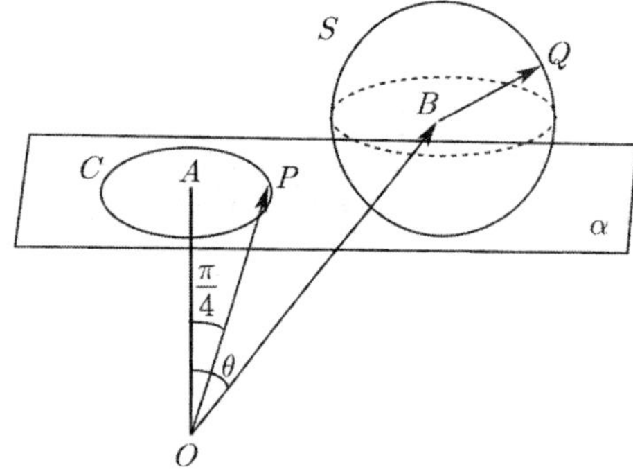

30 그림에서처럼 함수 $y=f(x)$ 의 그래프와 $y=t$ 와의 교점의 x 좌표를 각각 α, β 라고 하면

$$g(t)=\int_0^{\alpha}(-f(x)+t)dx+\int_{\alpha}^{\beta}(f(x)-t)dx+\int_{\beta}^{12}(-f(x)+t)dx$$

$$=-\int_0^{\alpha}f(x)dx+t\int_0^{\alpha}dx+\int_{\alpha}^{\beta}f(x)dx-t\int_{\alpha}^{\beta}dx-\int_{\beta}^{12}f(x)dx+t\int_{\beta}^{12}dx$$ 이고

$$g'(t)=-f(\alpha)\frac{d\alpha}{dt}+\int_0^{\alpha}dx+t\frac{d\alpha}{dt}+f(\beta)\frac{d\beta}{dt}-f(\alpha)\frac{d\alpha}{dt}-\int_{\alpha}^{\beta}dx-t\frac{d\beta}{dt}+t\frac{d\alpha}{dt}+f(\beta)\frac{d\beta}{dt}$$

$$+\int_{\beta}^{12}dx-t\frac{d\beta}{dt}$$

$$=(-2f(\alpha)+2t)\frac{d\alpha}{dt}+(2f(\beta)-2t)\frac{d\beta}{dt}+2(\alpha-\beta)+12$$ 이다.

$f(\alpha)=f(\beta)=t$ 이고, $\dfrac{d\alpha}{dt}=\dfrac{d\beta}{dt}$ 이므로

$g'(t)=2(\alpha-\beta)+12$ 이고 $\alpha-\beta=-6$ 일 때 $g'(t)=0$ 이 되어 극솟값을 가진다.

이때 $\dfrac{\alpha}{e^{\alpha}}=\dfrac{\beta}{e^{\beta}}$ 이므로 $\dfrac{\alpha}{e^{\alpha}}=\dfrac{\alpha+6}{e^{\alpha+6}}$ 에서 $\alpha=\dfrac{6}{e^6-1}$ 이고, 방정식 $f(x)=k$ 의 실근의 최솟값은 α 이므로 $a=\alpha$ 이다.

한편 $t>\dfrac{1}{e}$ 에서 $g(t)=\displaystyle\int_0^{12}(-f(x)+t)dx=-\int_0^{12}f(x)dx+t\int_0^{12}dx$ 이므로

$g'(t)=\displaystyle\int_0^{12}dx=12 \quad \therefore g'(1)=12$ 이다.

따라서 $g'(1)+\ln\left(\dfrac{6}{a}+1\right)=12+\ln\left(\dfrac{6}{\dfrac{6}{e^6-1}}+1\right)=12+\ln e^6=18$ 이다.

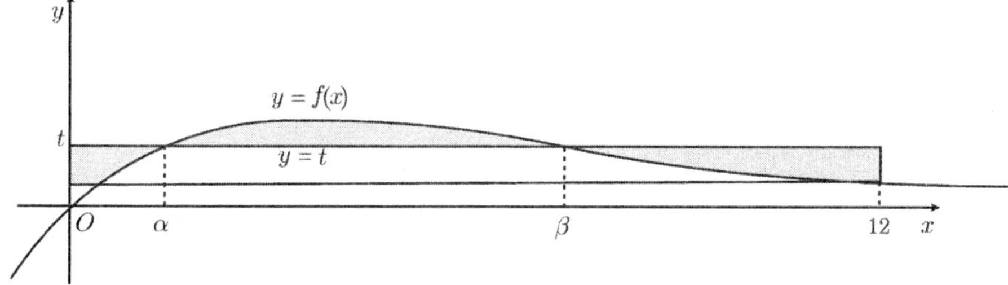

15 2020학년도 정답 및 해설

ANSWER

01	02	03	04	05	06	07	08	09	10	11	12	13	14	15	16	17	18	19	20
⑤	①	④	③	①	④	②	⑤	⑤	①	③	⑤	②	②	③	②	④	③	④	①
21	**22**	**23**	**24**	**25**	**26**	**27**	**28**	**29**	**30**										
⑤	12	6	149	20	450	14	9	7	16										

01 $\pi<\theta<\frac{3\pi}{2}$ 일 때, $\cos\theta=-\frac{1}{2}$ 이면 $\theta=\frac{4\pi}{3}$ 이고 이때 $\tan\theta=\sqrt{3}$ 이다.

02 $\overrightarrow{OA}=(2,4)$, $\overrightarrow{BC}=(3,-1)$ 이므로 $\overrightarrow{OA}\cdot\overrightarrow{BC}=2\times3+4\times(-1)=2$ 이다.

03 $\lim_{x\to0}\frac{2x\sin x}{1-\cos x}=\lim_{x\to0}\frac{2x\sin x}{1-\cos x}\times\frac{1+\cos x}{1+\cos x}=\lim_{x\to0}\frac{2x}{\sin x}\times(1+\cos x)=4$ 이다.

04
$$\begin{aligned}P(A^C\cup B)&=P(A^C)+P(B)-P(A^C\cap B)\\&=1-P(A)+P(B)-\{P(B)-P(A\cap B)\}\\&=1-P(A)+P(A\cap B)\end{aligned}$$
이므로 $\frac{2}{3}=1-P(A)+\frac{1}{6}$ $\therefore P(A)=\frac{1}{2}$ 이다.

05 먼저 흰 바둑돌 5개를 일렬로 나열한 후 6개의 빈 자리 중에서 3개를 선택하여 검은 바둑돌 2개, 1개, 1개를 나열하는 경우의 수이므로 ${}_6C_3\times\frac{3!}{2!}=60$ 이다.

06 점 P의 x좌표는 $6^2=4\times a$ $\therefore a=9$ 이고 그림에서처럼 점 P에서 준선 $x=-1$에 내린 수선의 발을 H라 하면 $\overline{PH}=\overline{PF}=a+1=10$ 이다. 따라서 $a=9$, $k=10$ $\therefore a+k=19$ 이다.

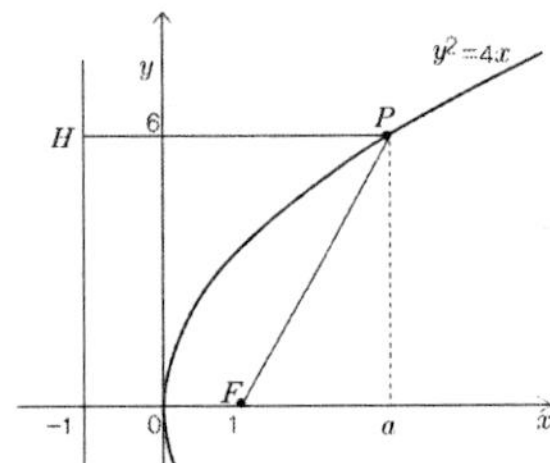

07

확률변수 X의 확률분포표는 다음과 같다.

X	0	2	4	6	합계
$P(X=x)$	a	$\frac{1}{2}$	$\frac{1}{4}$	$\frac{1}{6}$	1

이때 $a+\frac{1}{2}+\frac{1}{4}+\frac{1}{6}=1$ 이므로 $a=\frac{1}{12}$ 이다.

$E(X)=0\times\frac{1}{12}+2\times\frac{1}{2}+4\times\frac{1}{4}+6\times\frac{1}{6}=3$ 이고 $E(aX)=aE(X)=\frac{1}{12}\times 3=\frac{1}{4}$ 이다.

08

A주머니에서 꺼낸 카드에 적힌 수가 짝수인 사건을 A, B주머니에서 꺼낸 카드에 적힌 수가 짝수인 사건을 B, 두 카드에 적힌 수의 합이 홀수인 사건을 E라고 하면

$P(E)=P(A\cap B^C)+P(A^C\cap B)=\frac{2}{5}\times\frac{1}{3}+\frac{3}{5}\times\frac{2}{3}=\frac{8}{15}$ 이다.

따라서 구하는 확률은 $P(A^c|E)=\dfrac{P(A^C\cap E)}{P(E)}=\dfrac{\frac{3}{5}\times\frac{2}{3}}{\frac{8}{15}}=\frac{3}{4}$ 이다.

09

선분 AB의 중점을 M이라 하면 $\overline{PM}\perp\overline{AB}$ 이고 따라서 삼수선의 정리에 의해 $\overline{HM}\perp\overline{AB}$ 이다. 따라서 $\overline{PM}=3\sqrt{3}$, $\overline{HM}=\sqrt{27-16}=\sqrt{11}$ 이고 이때 삼각형 HAB의 넓이는

$\frac{1}{2}\times\overline{AB}\times\overline{HM}=\frac{1}{2}\times 6\times\sqrt{11}=3\sqrt{11}$ 이다.

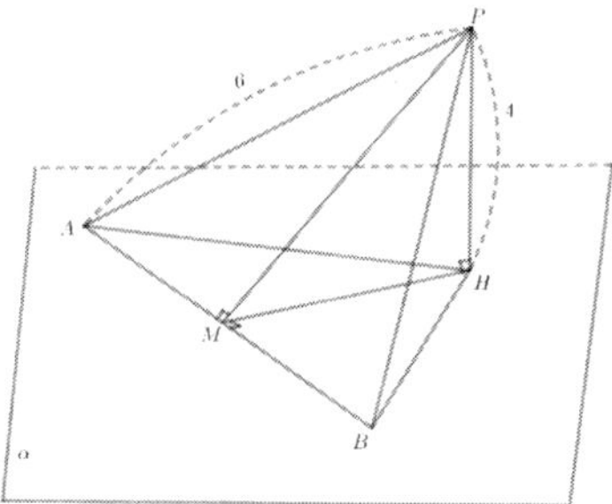

10

$g(3)=a$라 하면 $f(a)=3$에서 $\dfrac{6a^3}{a^2+1}=3 \quad \therefore a=1$ 이다.

$f'(x)=6\times\dfrac{3x^2(x^2+1)-2x^4}{(x^2+1)^2}=6\times\dfrac{x^4+3x^2}{(x^2+1)^2}$ 이고 $g'(3)=\dfrac{1}{f'(1)}$ 이므로

$f'(1)=6$, $g'(3)=\frac{1}{6}$ 이다.

11 선분 AB를 $1:2$로 내분하는 점의 좌표는 $\left(\frac{a+4}{3},\ \frac{b+4}{3},\ \frac{c+2}{3}\right)$이고 이 점이 y축 위에 있으므로 $a=-4,\ c=-2$이다. 이때 직선 AB의 방향벡터는 $(a-2,\ b-2,\ c-1)=(-6,\ b-2,\ -3)$이고 xy평면의 법선벡터는 $(0,0,1)$이므로 직선 AB와 xy평면이 이루는 각 θ에 대하여 $\sin\theta=\left|\frac{-3}{1\times\sqrt{36+(b-2)^2+9}}\right|$이다.

$\tan\theta=\frac{\sqrt{2}}{4}$에서 $\sin\theta=\frac{1}{3}$이므로 $\frac{3}{\sqrt{(b-2)^2+45}}=\frac{1}{3}$으로부터 $(b-2)^2=36$ $b-2=\pm6$에서 양수 b의 값은 $b=8$ 이다.

12 $0\le x\le 2\pi$일 때, $\tan 2x\sin 2x=\frac{3}{2}$, $\frac{\sin^2 2x}{\cos 2x}=\frac{3}{2}$, $\frac{1-\cos^2 2x}{\cos 2x}=\frac{3}{2}$ 에서

$2\cos^2 2x+3\cos 2x-2=0$ 을 풀면 $\cos 2x=\frac{1}{2}$ 이다. 이 방정식을 만족하는 해는

$2x=\frac{\pi}{3},\ \frac{5\pi}{3},\ 2\pi+\frac{\pi}{3},\ 2\pi+\frac{5\pi}{3}$ 이고 따라서 $x=\frac{\pi}{6},\ \frac{5\pi}{6},\ \pi+\frac{\pi}{6},\ \pi+\frac{5\pi}{6}$ 이다.

그러므로 모든 해의 합은 $\frac{\pi}{6}+\frac{5\pi}{6}+\pi+\frac{\pi}{6}+\pi+\frac{5\pi}{6}=4\pi$이다.

13 쌍곡선의 꼭짓점 중 x좌표가 음수인 점은 $(-2,0)$이고 점 $(3,0)$에서 원 C에 그은 접선이 쌍곡선과 한 점에서만 만나면 기울기는 점근선의 기울기 $\frac{1}{2}$과 같아야 한다. 이때 접선의 방정식은 $y=\frac{1}{2}(x-3)$, 즉 $x-2y-3=0$이다. 점 $(-2,0)$에서 접선에 이르는 거리가 반지름의 길이와 같으므로 반지름의 길이는 $\frac{|-2-3|}{\sqrt{1+5}}=\sqrt{5}$ 이다.

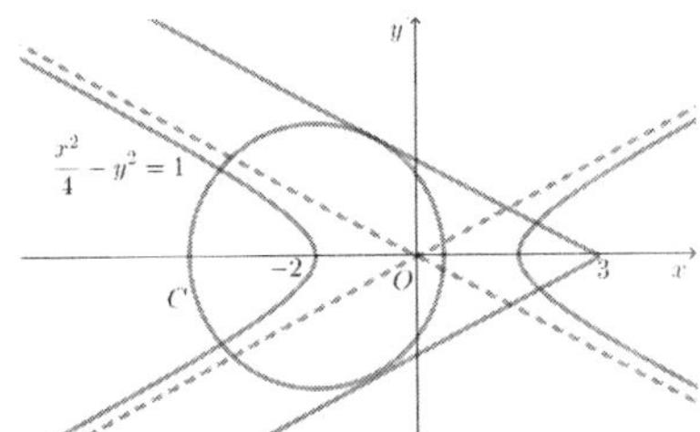

14 36명의 이동한 거리의 평균은 $\overline{X}=\frac{216}{36}=6$이고 모평균 m에 대한 신뢰도 95%의 신뢰구간이 $a\le m\le a+0.98$이므로 신뢰구간의 길이 l은 $l=2\times1.96\times\frac{\sigma}{\sqrt{36}}=a+0.98-a$에서 $\sigma=1.5$이다. 이때

$a=\overline{X}-1.96\times\frac{1.5}{\sqrt{36}}=6-1.96\times\frac{1.5}{6}=5.51$ 이다.

그러므로 $a+\sigma=5.51+1.5=7.01$ 이다.

15 직선 위의 임의의 점과 평면 사이의 거리가 일정하므로 직선과 평면은 평행하다.
직선의 방향벡터는 $\vec{d}=(a,-1,b)$ 이고 평면의 법선벡터 $\vec{n}=(2,-2,1)$ 에 대하여 $\vec{d}\perp\vec{n}$ 이므로
$\vec{d}\cdot\vec{n}=0$ 에서 $2a+b+2=0$ ⋯ ㉠
직선 위의 점 $(a,3,0)$ 에서 평면 사이의 거리가 4 이므로 $4=\dfrac{|2a-6|}{\sqrt{4+4+1}}$
즉 $|a-3|=6$ $\therefore a=9$ $(\because a>0)$ 이다.
㉠에서 $b=-20$ 이므로 $a-b=9-(-20)=29$ 이다.

16 점 A와 점 C는 직선 $y=x$에 대하여 대칭이고, 직선 AC와 직선 BD는 평행이고 $\overline{AC}\perp\overline{AD}$ 이므로
$\overline{AC}=\sqrt{2}$, $\overline{AB}=a$, $\overline{AD}=\overline{BD}=\dfrac{a}{\sqrt{2}}$ 이다.
따라서 사각형 $ADBC$의 넓이는 두 삼각형 CAB와 ADB의 넓이의 합과 같으므로
$6=\dfrac{1}{2}\times a\times 1+\dfrac{1}{2}\times\dfrac{a}{\sqrt{2}}\times\dfrac{a}{\sqrt{2}}$ 에서 $a=4$ 이다.
직각이등변삼각형 ADB에서 $\overline{AD}=2\sqrt{2}$ 이므로 점 D의 좌표는 $D(3,2)$ 이고 점 D는 곡선 $y=\log_b x$ 의 그래프 위에 있으므로 $2=\log_b 3$ 에서 $b=\sqrt{3}$ 이다.
그러므로 $a\times b=4\sqrt{3}$ 이다.

17 입체도형을 x축에 수직인 평면으로 자른 단면은 한 변의 길이가 $\dfrac{3}{x}-\sqrt{\ln x}$ 인 정사각형이므로 입체도형의 부피 V는 $V=\displaystyle\int_1^e\left(\frac{3}{x}-\sqrt{\ln x}\right)^2dx$ 이다.

$$V=\int_1^e\left(\frac{9}{x^2}-6\frac{\sqrt{\ln x}}{x}+\ln x\right)dx=\int_1^e\frac{9}{x^2}dx-6\int_1^e\frac{\sqrt{\ln x}}{x}dx+\int_1^e\ln x\,dx$$ 이고

$$\int_1^e\frac{9}{x^2}dx=\left[\frac{-9}{x}\right]_1^e=-\frac{9}{e}+9$$

치환적분을 이용하면 $\displaystyle\int_1^e\frac{\sqrt{\ln x}}{x}dx=\int_0^1\sqrt{t}\,dt=\left[\frac{2}{3}t^{\frac{3}{2}}\right]_0^1=\frac{2}{3}$,

$\displaystyle\int_1^e\ln x\,dx=[x\ln x-x]_1^e=1$ 이므로

$V=-\dfrac{9}{e}+9+1-6\times\dfrac{2}{3}=6-\dfrac{9}{e}$ 이다.

18 방정식 $a+b+c=3n$ 을 만족시키는 자연수 a, b, c 의 순서쌍의 개수는

$_3H_{3n-3} = {}_{3n-1}C_{3n-3} = {}_{3n-1}C_2 = \dfrac{(3n-1)(3n-2)}{2}$ 이므로 (가)에 알맞은 식은 $\dfrac{(3n-1)(3n-2)}{2}$ 이다.

$n(A^C)$ 의 값을 구하기 위해 자연수 k $(1 \le k \le n)$ 에 대하여 $a=k$ 인 경우 방정식 $b+c=3n-k$ 를 만족시키는 자연수 b, c 의 순서쌍 (b, c) 중 $b \ge k,\ c \ge k$ 인 순서쌍의 개수는

$_2H_{3n-3k} = {}_{3n-3k+1}C_{3n-3k} = {}_{3n-3k+1}C_1 = 3n-3k+1$ 이므로 (나)에 알맞은 식은 $3n-3k+1$ 이다. 그리고

$n(A^C) = \sum_{k=1}^{n}(3n-3k+1) = n(3n+1) - \dfrac{3}{2}n(n+1) = \dfrac{n(3n-1)}{2}$ 이다.

따라서 구하는 확률은

$P(A) = 1-P(A^C) = 1-\dfrac{\dfrac{n(3n-1)}{2}}{\dfrac{(3n-1)(3n-2)}{2}} = 1-\dfrac{n}{3n-2}$ 이므로 (다)에 알맞은 식은 $1-\dfrac{n}{3n-2}$ 이다.

그러므로 (가)의 식에 $n=2$ 를 대입하면 $p=\dfrac{5\times4}{2}=10$, (나)의 식에 $n=7, k=2$ 를 대입하면

$q=21-6+1=16$, (다)의 식에 $n=4$ 를 대입하면 $r=1-\dfrac{4}{12-2}=\dfrac{3}{5}$ 이므로 $p\times q\times r=10\times16\times\dfrac{3}{5}=96$

이다.

19 함수 $f(x)$ 에 대하여 $f'(x)=e^x\{(1+2x)e^x-(4x+a+4)\}$ 에서 $f'\left(-\dfrac{1}{2}\right)=0$ 이므로 $a=-2$ 이다.

이때 $f'(x)=e^x(2x+1)(e^x-2)$ 이고 함수 $f(x)$ 는 $x=-\dfrac{1}{2}$ 에서 극대, $x=\ln2$ 에서 극소이다.

그러므로 $f(x)$ 의 극솟값은 $f(\ln2)=\ln2\, e^{2\ln2}-(4\ln2-2)e^{\ln2}=4\ln2-2(4\ln2-2)=4-4\ln2$ 이다.

20 그림에서처럼 함수 $f(x)$ 에 대하여 함수 $g(x)$ 가 실수 전체의 집합에서 미분가능한 경우는 $a<0$ 이면서 $a=-1,\ b=-2$ 일 때다.

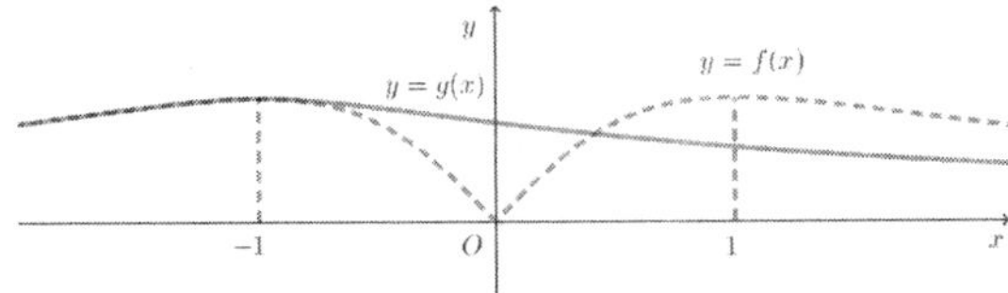

이때 $\int_a^{a-b} g(x)dx = \int_{-1}^{1} f(-2-x)dx = \int_1^3 f(x)\,dx$ 이다.

치환적분을 적용하면 $\int_1^3 f(x)dx = \int_1^3 \dfrac{x}{x^2+1}dx = \dfrac{1}{2}\int_2^{10}\dfrac{1}{t}dt = \dfrac{1}{2}\ln5$ 이다.

21 ㉠ $k=1$ 일 때, 함수 $h(x)=(f(g(x))$ 에 대하여

$$h'(x)=f'(g(x))\times g'(x)=\begin{cases} f'(2\cos x+1)\times(-2\sin x) & \left(0< x\le \dfrac{2}{3}\pi,\ \dfrac{5}{3}\pi\le x<2\pi\right) \\ f'(-2\cos x-1)\times(2\sin x) & \left(\dfrac{2}{3}\pi<x<\dfrac{5}{3}\pi\right)\end{cases}$$ 이므로

$g\left(\dfrac{2}{3}\pi\right)=0,\ f'(0)=\dfrac{2}{3}\pi,\ h'\left(\dfrac{2}{3}\pi\right)=\begin{cases}\dfrac{2}{3}\pi\times(-\sqrt{3}) & \left(0<x<\dfrac{2}{3}\pi\right)\\ \dfrac{2}{3}\pi\times(\sqrt{3}) & \left(\dfrac{2}{3}\pi<x\right)\end{cases}$ 이므로 함수 $h(x)$ 는 $x=\dfrac{2}{3}\pi$ 에서

미분가능하지 않다.

(다른풀이)

$y=g(x)=|2\cos x+1|$ 의 그래프를 나타내면 [그림1]과 같다.

$h'(x)=f'(g(x))\times g'(x)$ 에서 함수 $g(x)$ 가 $x=\dfrac{2}{3}\pi,\ \dfrac{4}{3}\pi$ 에서 미분불가능하므로 함수 $h(x)$ 또한 $x=\dfrac{2}{3}\pi,\ \dfrac{4}{3}\pi$ 에서 미분불가능하다.

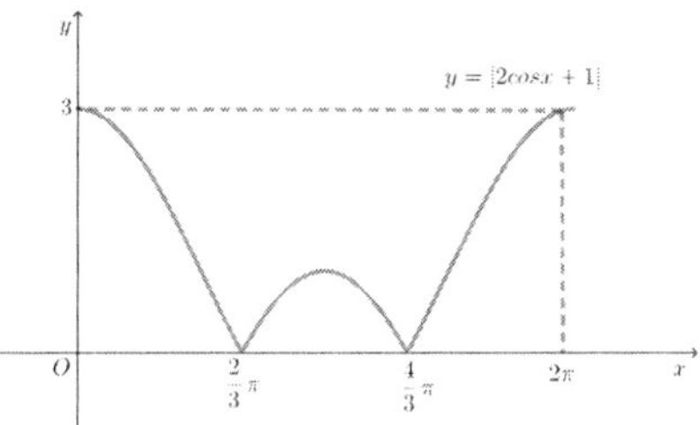

[그림 1]

㉡ $k=2$ 일 때, $h(x)=f(g(x))=4\sin\dfrac{\pi}{6}g(x)=2$ 에서 $\sin\dfrac{\pi}{6}g(x)=\dfrac{1}{2}$ 이고 $0<x<2\pi$ 일 때

$0\le g(x)\le 3,\ 0\le \dfrac{\pi}{6}g(x)\le\dfrac{\pi}{2}$ 이므로 $\dfrac{\pi}{6}g(x)=\dfrac{\pi}{6}$, 즉 $g(x)=1$ 이어야 한다.

그러므로 $2\cos 2x+1=\pm 1$ 를 풀면 $\cos 2x=0$ 또는 $\cos 2x=-1$ 에서

$x=\dfrac{\pi}{4},\ \dfrac{3}{4}\pi,\ \dfrac{5}{4}\pi,\ \dfrac{7}{4}\pi,\ \dfrac{\pi}{2},\ \dfrac{3}{2}\pi$ 이므로 실근의 개수는 6 이다.

(다른 풀이)

함수 $y=g(x)=|2\cos 2x+1|$ 의 그래프는 [그림 2]와 같다. 따라서 $g(x)=1$ 의 실근의 개수는 $y=g(x)$ 의 그래프와 직선 $y=1$ 의 교점의 개수와 같으므로 6 이다.

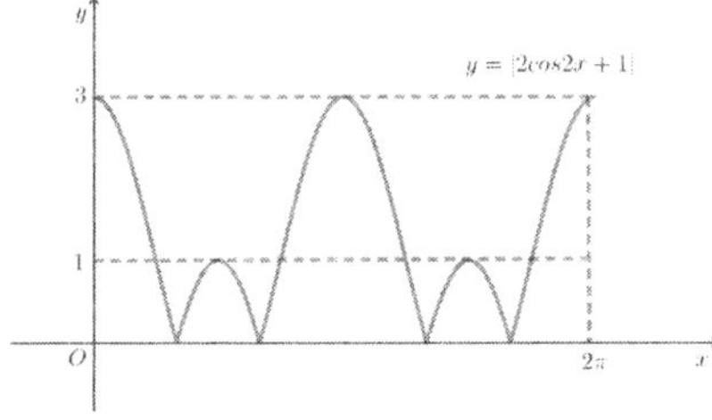

[그림 2]

㉢ 함수 $|h(x)-k|$ 가 $x=\alpha$ 에서 미분불가능한 경우는 함수 $g(x)$ 가 미분불가능하거나 또는 $h(\alpha)=k$ 를 만족하면서 $h'(\alpha)\neq 0$ 일 때이다.

$k=1$ 일 때, [그림 3]에처럼 함수 $g(x)$ 가 미분불가능한 x 는 2 개이고, $4\sin\frac{\pi}{6}g(x)=1$, $\sin\frac{\pi}{6}g(x)=\frac{1}{4}$ 에서 $\frac{\pi}{6}g(x)=t$ 로 치환하면 $\sin t=\frac{1}{4}\left(0\leq t\leq\frac{\pi}{2}\right)$를 만족하는 $t_1\left(0<t_1<\frac{\pi}{6}\right)$ 에 대하여 $g(x)=\frac{6t_1}{\pi}\left(0<\frac{6t_1}{\pi}<1\right)$ 를 만족하는 x 의 개수는 4 이므로 $a_1=2+4=6$ 이다.

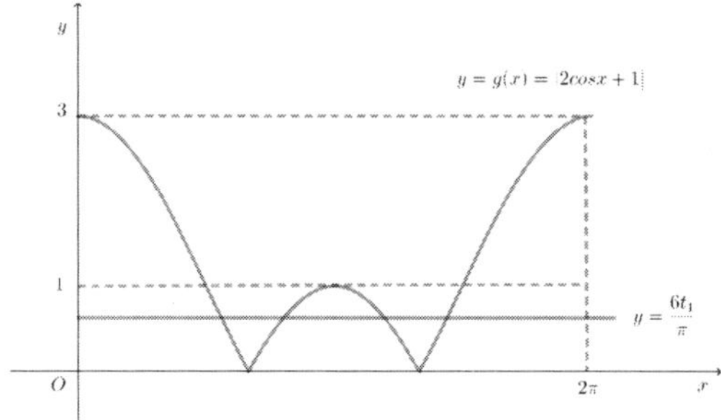

[그림 3]

$k=2$ 일 때, [그림 4]에처럼 함수 $g(x)$ 가 미분불가능한 x 는 4 개이고, $4\sin\frac{\pi}{6}g(x)=2$, $\sin\frac{\pi}{6}g(x)=\frac{1}{2}$ 에서 $\frac{\pi}{6}g(x)=t$ 로 치환하면 $\sin t=\frac{1}{2}\left(0\leq t\leq\frac{\pi}{2}\right)$를 만족하는 $t_2=\frac{\pi}{6}$ 에 대하여 $g(x)=1$ 를 만족하면서 $h'(\alpha)\neq 0$ 인 x 의 개수는 4 이므로 $a_2=4+4=8$ 이다.

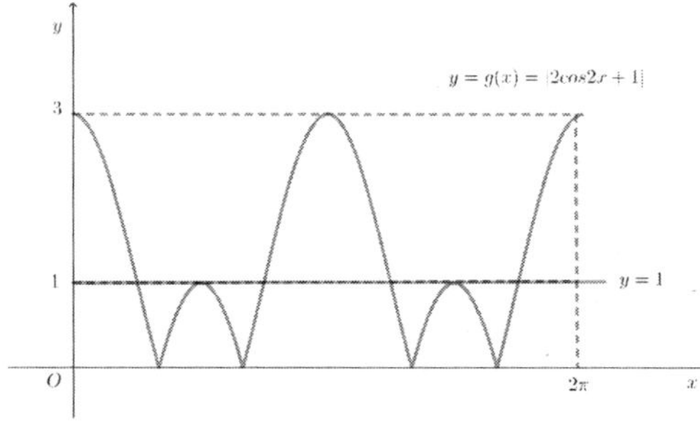

[그림 4]

$k=3$ 일 때, [그림 5]에처럼 함수 $g(x)$ 가 미분불가능한 x 는 6 개이고, $4\sin\frac{\pi}{6}g(x)=3$, $\sin\frac{\pi}{6}g(x)=\frac{3}{4}$ 에서 $\frac{\pi}{6}g(x)=t$ 로 치환하면

$\sin t=\frac{3}{4}\left(0\leq t\leq\frac{\pi}{2}\right)$를 만족하는 t_3 에 대하여 $g(x)=\frac{6t_3}{\pi}\left(1<\frac{6t_3}{\pi}<3\right)$를 만족하면서 $h'(\alpha)\neq 0$ 인 x 의 개수는 6 이므로 $a_3=6+6=12$ 이다.

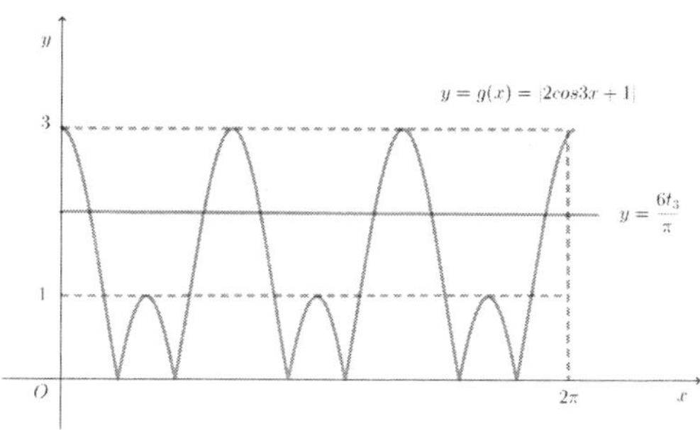

[그림 5]

$k=4$ 일 때, [그림 6]에처럼 함수 $g(x)$ 가 미분불가능한 x 는 8 개이고, $4\sin\frac{\pi}{6}g(x)=4$, $\sin\frac{\pi}{6}g(x)=1$ 에서 $\frac{\pi}{6}g(x)=t$ 로 치환하면 $\sin t=1\left(0\le t\le\frac{\pi}{2}\right)$를 만족하는 $t_3=\frac{\pi}{2}$ 에 대하여 $g(x)=\frac{6t_3}{\pi}=3$ 를 만족하면서 $h'(\alpha)\ne 0$ 인 x 의 개수는 0 이므로 $a_4=8+0=8$ 이다.

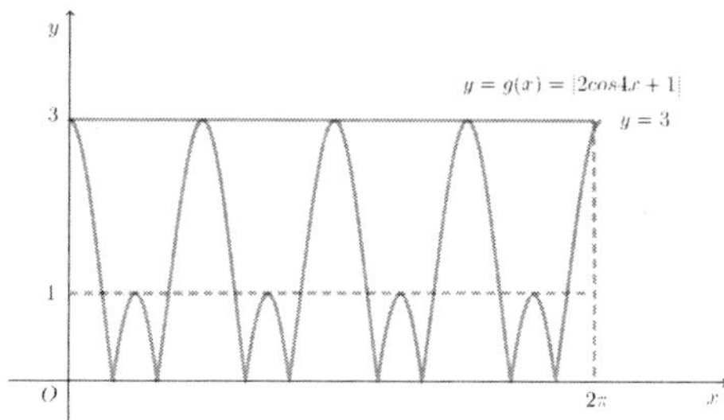

[그림 6]

그러므로 옳은 것은 ㉠, ㉡, ㉢ 이다.

22 함수 $f(x)=(3x+e^x)^3$ 에 대하여 $f'(x)=3(3x+e^x)^2\times(3+e^x)$ 이므로 $f'(0)=3\times1\times4=12$ 이다.

23 $\frac{dy}{dx}=\frac{\frac{dy}{dt}}{\frac{dx}{dt}}=\frac{\sqrt{2}\cos t-2\sqrt{2}\sin t}{2\sqrt{2}\cos t-\sqrt{2}\sin t}$ 에 대하여 $t=\frac{\pi}{4}$ 에 대응되는 점의 좌표는 (3, 3) 이고 이때 접선의 기울기는 $\frac{\sqrt{2}\times\frac{1}{\sqrt{2}}-2\sqrt{2}\times\frac{1}{\sqrt{2}}}{2\sqrt{2}\times\frac{1}{\sqrt{2}}-\sqrt{2}\times\frac{1}{\sqrt{2}}}=-1$ 이므로 접선의 방정식은 $y-3=-(x-3)$, 즉 $y=-x+6$ 이다. 그러므로 접선의 y 절편은 6 이다.

24 (가)에서 평균 $m=\frac{128+140}{2}=134$ 이다.

(나)에서 $P(m\le X\le m+10)=P\left(0\le Z\le \frac{10}{\sigma}\right)=P(0\le Z\le 1)$ 이므로 $\sigma=10$ 이다.

$P(X\ge k)=P\left(Z\ge \frac{k-134}{10}\right)=0.0668$ 이면 $P\left(Z\ge \frac{k-134}{10}\right)=0.5-P\left(0\le Z\le \frac{k-134}{10}\right)$ 이므로

$P\left(0\le Z\le \frac{k-134}{10}\right)=0.5-0.0668=0.4332$ 이다. 따라서 $\frac{k-134}{10}=1.5$ $\therefore k=149$ 이다.

25 3 개의 공에 적힌 수의 합이 나머지 두 상자에 들어 있는 6 개의 공에 적힌 숫자의 합보다 큰 상자에 들어갈 공의 숫자는 9, 8, 7 또는 9, 8, 6 의 두 경우이다. 나머지 두 상자에 들어갈 수 있는 공의 경우의 수는 각각 $\frac{{}_6C_3\times{}_3C_3}{2!}=10$ 이므로 구하는 경우의 수는 $2\times10=20$ 이다.

26 삼각형 BCA 와 BAD 는 직각삼각형이므로 $\overline{AB}=3\sqrt{6}$, $\overline{BD}=3\sqrt{10}$ 이다.
삼각형 ACD 는 정삼각형이고 삼각형 BCD 는 이등변삼각형이므로 선분 MN 의 중점 P 에서 삼각형 BCD 에 내린 수선의 발 H 는 선분 CD 의 중점 Q 에 대하여 선분 BQ 위에 있다.
평면 BCD 위에 있고 점 B 를 지나는 직선 중에서 선분 BQ 에 수직인 직선을 l 이라 하면 l 은 평면 BMN 와 평면 BCD 의 교선이고 삼수선의 정리에 의해 $\overline{BP}\perp l$ 이다. 따라서 평면 BMN 와 평면 BCD 가 이루는 각은 $\angle PBQ=\theta$ 이다. 이를 그림으로 나타내면 다음과 같다.

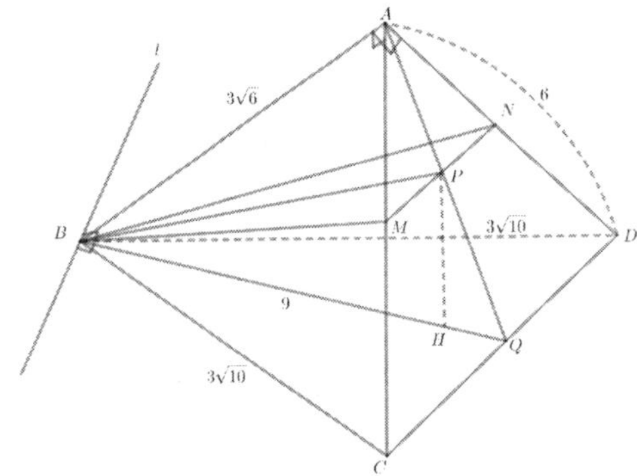

$\overline{BQ}=9$, $\overline{PQ}=\frac{3\sqrt{3}}{2}$, $\overline{MP}=\frac{3}{2}$, $\overline{BM}=3\sqrt{7}$ $\therefore \overline{BP}=\frac{9\sqrt{3}}{2}$ 이므로

삼각형 BMN 의 넓이는 $\frac{1}{2}\times\overline{MN}\times\overline{BP}=\frac{1}{2}\times3\times\frac{9\sqrt{3}}{2}=\frac{27\sqrt{3}}{4}$ 이고

$$\cos\theta=\frac{81+\frac{81\times3}{4}-\frac{27}{4}}{2\times9\times\frac{9\sqrt{3}}{2}}=\frac{5}{3\sqrt{3}}$$ 이므로

삼각형 BMN 의 평면 BCD 위로의 정사영의 넓이 S 는 $S=\frac{27\sqrt{3}}{4}\times\frac{5}{3\sqrt{3}}=\frac{45}{4}$ 이다.

그러므로 $40\times S=40\times\frac{45}{4}=450$ 이다.

27 버튼 ㉠, ㉡ 의 사용횟수를 각각 a, b 라고 하면

원점 O에서 점 $C(9, 7)$ 로 가는 경우의 수는 $\begin{cases} a+b=7 \\ a+2b=9 \end{cases}$ $\therefore a=5,\ b=2$ 이므로 $\dfrac{7!}{5!\times 2!}=21$ 가지이다.

원점 O에서 $A(5, 5)$ 를 거쳐 점 C 로 가는 경우의 수는 ㉠㉠㉠㉠㉠㉡㉡ 으로 1 가지이다.

원점 O에서 $B(6, 4)$ 를 거쳐 점 C 로 가는 경우의 수는 ㉠㉠㉡㉡㉠㉠㉠처럼 처음 4 번까지는 ㉠과 ㉡을 각각 2 번씩 사용하고 나머지 3 번은 ㉠버튼을 사용하는 경우로 $\dfrac{4!}{2!\times 2!}\times 1=6$ 가지이다.

그러므로 구하는 경우의 수는 $21-(1+6)=14$ 이다.

28 $\overline{BC}=\tan\theta,\ \overline{AC}=\sec\theta$ 이고 $\overline{AD}=\overline{AC}\times\dfrac{4}{11}=\dfrac{4}{11}\sec\theta$이다.

코사인 법칙에 의해 $\overline{BD^2}=1+\dfrac{16}{121}\sec^2\theta-2\times 1\times\dfrac{4}{11}\times\sec\theta\cos\theta=\dfrac{3}{11}+\dfrac{16}{121}\sec^2\theta$ 이므로

$\overline{BD}=\dfrac{1}{11}\sqrt{16\sec^3\theta+33}$ 이다.

$\triangle DBC=\dfrac{7}{11}\triangle ABC$ 에서 $\dfrac{1}{2}\times\overline{BD}\times\overline{EC}=\dfrac{7}{11}\times\dfrac{1}{2}\tan\theta$ 이므로 $\overline{EC}=\dfrac{7\tan\theta}{\sqrt{16\sec^2\theta+33}}$ 이다.

따라서 $\overline{BE}=\sqrt{\overline{BC}^2-\overline{EC}^2}=\sqrt{\tan^2\theta-\dfrac{49\times\tan^2\theta}{16\sec^2\theta+33}}=\dfrac{4\tan^2\theta}{\sqrt{16\sec^2\theta+33}}$ 이다.

이때 삼각형 CEB 의 넓이 $S(\theta)$ 는 $S(\theta)=\dfrac{1}{2}\dfrac{28\tan^3\theta}{16\sec^2\theta+33}$ 이고

따라서 $\displaystyle\lim_{\theta\to 0+}\frac{S(\theta)}{\theta^3}=14\lim_{\theta\to 0+}\frac{\tan^3\theta}{\theta^3}\times\frac{1}{16\sec^2\theta+33}=\frac{14}{16+33}=\frac{2}{7}$ 이다.

그러므로 $p=7,\ q=2$ $\therefore p+q=9$ 이다.

29 점 Q는 점 A를 중심으로 하고 반지름의 길이가 2인 구 위에 있고, $\overrightarrow{OA} \cdot \overrightarrow{QA} = \overrightarrow{AO} \cdot \overrightarrow{AQ} = 3\sqrt{6}$ 에서 두 벡터 $\overrightarrow{AO}$, $\overrightarrow{AQ}$가 이루는 각은 $\frac{\pi}{6}$ 이다.

구 C의 중심을 C라 하면 $\overrightarrow{AP} \cdot \overrightarrow{AQ} = (\overrightarrow{AC} + \overrightarrow{CP}) \cdot \overrightarrow{AQ} = \overrightarrow{AC} \cdot \overrightarrow{AQ} + \overrightarrow{CP} \cdot \overrightarrow{AQ}$ 이고 $\overrightarrow{CP} \cdot \overrightarrow{AQ}$의 최댓값은 $\sqrt{2} \times 2 = 2\sqrt{2}$ 이므로

$\overrightarrow{AP} \cdot \overrightarrow{AQ} = \overrightarrow{AC} \cdot \overrightarrow{AQ} + \overrightarrow{CP} \cdot \overrightarrow{AQ} \leq \overrightarrow{AC} \cdot \overrightarrow{AQ} + 2\sqrt{2}$.

$\overrightarrow{AC} = (0, -3, -5)$, $\overrightarrow{AO} = (0, -3, -3)$에 대하여 두 벡터 $\overrightarrow{AC}$, $\overrightarrow{AO}$가 이루는 각을 α라 하면 $\cos\alpha = \frac{4}{\sqrt{17}}$, $\sin\alpha = \frac{1}{\sqrt{17}}$ 이고 따라서 $\cos\left(\frac{\pi}{6} - \alpha\right) = \frac{4\sqrt{3}+1}{2\sqrt{17}}$ 이다.

내적 $\overrightarrow{AC} \cdot \overrightarrow{AQ}$의 최댓값은 두 벡터가 이루는 각이 $\frac{\pi}{6} - \alpha$ 일 때이므로

$\overrightarrow{AC} \cdot \overrightarrow{AQ} \leq \sqrt{34} \times 3\sqrt{2} \times \frac{3\sqrt{3}+1}{2\sqrt{17}} = 4\sqrt{6} + \sqrt{2}$ 이다.

그러므로 $\overrightarrow{AP} \cdot \overrightarrow{AQ} \leq \overrightarrow{AC} \cdot \overrightarrow{AQ} + 2\sqrt{2} \leq 4\sqrt{6} + \sqrt{2} + 2\sqrt{2} = 4\sqrt{6} + 3\sqrt{2}$ 이다. 따라서 $p = 3, q = 4 \quad \therefore p + q = 7$ 이다.

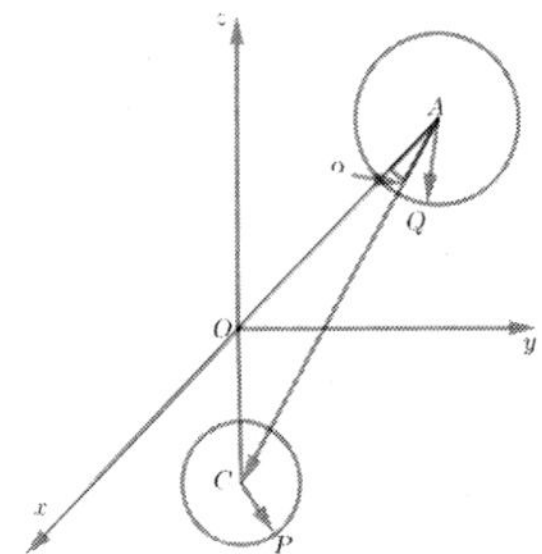

30 함수 $g(x) = \int_0^x \frac{f(t)}{|t|+1} dt$ 에 대하여 $g'(x) = \frac{f(x)}{|x|+1}$ 에서 (가)로부터 $g'(2) = 0$ 이므로 $f(2) = 0$.

$$g(x) = \begin{cases} \int_0^x \frac{f(t)}{t+1} dt & (x \geq 0) \\ \int_0^x \frac{f(t)}{-t+1} dt = \int_x^0 \frac{f(t)}{t-1} dt & (x < 0) \end{cases} \quad \cdots\cdots \text{①}$$ 에 대하여

삼차함수 $f(x)$가 [그림 1]과 같으면 함수 $g(x)$의 최솟값은 $g(2)$이고 이때 $\frac{f(t)}{t+1} < 0 \ (0 < t < 2)$ 이므로 ①에서 $g(2) = \int_0^2 \frac{f(t)}{t+1} dt < 0$ 이므로 (나)의 조건에 안 맞는다.

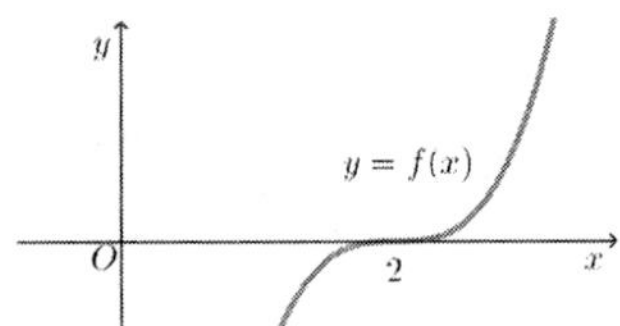

[그림 1]

또한 $x < 0$일 때 $x - 1 < 0$이고 $f(x) < 0$ 이어야 하므로 ①에서 (나)조건으로부터 $f(0) \leq 0$이다.
$x > 0$일 때 $x + 1 > 0$이고 $f(x) > 0$ 이어야 하므로 (나)조건으로부터 $f(0) \geq 0$ 이다.

그러므로 $f(0)=0$.

삼차함수 $f(x)$ 를 $f(x)=x(x-2)(x-\alpha)$ 라고 하면

$g'(-1)=\dfrac{f(-1)}{2}=\dfrac{-3(\alpha+1)}{2}$ 이 최대가 되려면 $0<\alpha<2$ 이고 $g(2)\geq 0$ 이여야 한다.

$$g(2)=\int_0^2 \frac{t(t-2)(t-\alpha)}{t+1}dt=\int_0^2\left\{t^2-(\alpha+3)t+3(\alpha+1)-3(\alpha+1)\frac{1}{t+1}\right\}dt$$
$$=-\frac{4}{3}+4(\alpha+1)-3(\alpha+1)\ln 3$$

이고 $g(2)\geq 0$ 에서 $3(\alpha+1)\geq \dfrac{4}{4-3\ln 3}$ 이다.

따라서 $g'(-1)$ 의 최대는 $f(-1)=-3(\alpha+1)=\dfrac{-4}{4-3\ln 3}$ 일 때이므로

$m=4,\ n=-4$ $\therefore$ $m\times n=16$ 이다.

MEMO

MEMO